Photoshop

APP 界面设计全解析

高鹏 编著 飞思数字创意出版中心 监制

電子工業出版社
Publishing House of Electronics Industry
北京·BEIJING

内 容 简 介

现如今，各种通信、网络连接设备与大众生活的联系日益密切。用户界面是用户与机器设备进行交互的平台，这就导致人们对各种类型 UI 界面的要求越来越高，促进 UI 设计行业的兴盛，iOS、Android 和 Windows Phone 这 3 种系统就是其中的佼佼者。

本书主要依据 iOS、Android 和 Windows Phone 这 3 种操作系统的构成元素，由浅入深地讲解了初学者需要掌握和感兴趣的基础知识和操作技巧，全面解析各种元素的具体绘制方法。全书结合实例进行讲解，详细地介绍了制作的步骤和软件的应用技巧，以便读者能轻松地学习并掌握。

本书主要根据读者学习的难易程度，以及在实际工作中的应用需求来安排章节，真正做到为学习者考虑，也让不同程度的读者更有针对性的学习内容，强化自己的弱项，并有效帮助 UI 设计爱好者提高操作速度与效率。

本书的知识点结构清晰、内容有针对性、实例精美实用，适合大部分 UI 设计爱好者与设计专业的大中专学生阅读。随书附赠的光盘中包含了书中所有实例的教学视频、素材和源文件，用于补充书中遗漏的细节内容，方便读者学习和参考。

图书在版编目（CIP）数据

Photoshop APP 界面设计全解析 / 高鹏编著 . - 北京：电子工业出版社，2014.5

ISBN 978-7-121-22944-2

Ⅰ . ① P… Ⅱ . ①高… Ⅲ . ①图像处理软件 Ⅳ . ① TP391.41

中国版本图书馆 CIP 数据核字 (2014) 第 072253 号

责任编辑：田　蕾

印　　刷：北京千鹤印刷有限公司

装　　订：北京千鹤印刷有限公司

出版发行：电子工业出版社

北京市海淀区万寿路173信箱　邮编：100036

开　　本：787×1092　1/16　印张：20　字数：512千字

印　　次：2014年5月第1次印刷

定　　价：89.00元（含光盘 1 张）

凡所购买电子工业出版社图书有缺损问题，请向购买书店调换。若书店售缺，请与本社发行部联系，联系及邮购电话：（010）88254888。

质量投诉请发邮件至zlts@phei.com.cn。盗版侵权举报请发邮件至dbqq@phei.com.cn。

服务热线：（010）88258888。

前 言

随着智能手机的普遍和广泛使用，人们对设备和程序的要求逐渐提高。提到设备程序就不得不说用户图形界面。用户图形界面是用户与程序内部进行交互的重要平台，一款好的用户界面设计应该同时具备美观与易于操作两个特性。

本书主要通过理论知识与操作案例相结合的方法，向读者介绍了使用 Photoshop 绘制 iOS、Android 与 Windows Phone 操作系统中各种构成元素的制作方法和技巧。

内容安排

本书共分为 4 章，每章均采用图文结合的基础知识，并通过大量应用案例的分析和制作步骤，循序渐进地向读者介绍了 iOS、Android 与 Windows Phone 系统中各部分元素的绘制方法与技巧，下面分别对各个章节的具体内容进行介绍：

第 1 章 UI 设计基础知识：概括地介绍了手机的分类与分辨率，以及 UI 的相关单位和色彩搭配等一系列基础知识，并详细地为读者讲解了图形元素的格式和大小，最后对常用的 Illustator、3ds Max 和 Image Optimizer 等设计软件进行了简单讲解。

第 2 章 iOS 系统实例：本章正式开始对 UI 界面设计进行详细讲解与介绍，主要向读者介绍了关于 iOS 程序的设计规范、iOS 程序元素的制作规范以及当前最流行的两个版本的 iOS 程序特点等基础知识，并通过详细的案例分析与制作步骤，教会读者如何制作出优秀、规范的 iOS 用户界面。

第 3 章 Android 系统实例：主要介绍了 Android 界面设计风格，以及 UI 设计原则、界面设计风格和 App 的常用结构，并在基础知识中插入一些基本元素和完整界面。案例部分主要包括导航栏、操作栏、指南针界面、天气界面和游戏界面等，让读者通过实践操作对其应用界面的设计特点和技巧进行灵活掌握与运用。

第 4 章 Windows Phone 系统实例：主要介绍了 Windows Phone 系统的特点和界面框架的设计以及标准控件的设计。基础知识的讲解通过具有代表性的案例制作与分析，使读者对其设计特点的印象加深。

本书特点

本书采用理论知识与操作案例相结合的教学方式，全面向读者介绍了不同类型质感处理和表现的相关知识和所需的操作技巧。

- **通俗易懂的语言**

本书采用通俗易懂的语言全面地向读者介绍各种类型 iOS、Android 和 Windows Phone 三种系统界面设计所需的基础知识和操作技巧，确保读者能够理解并掌握相应的功能与操作。

- **基础知识与操作案例相结合**

本书摈弃了传统教科书式的纯理论式教学，采用少量基础知识和大量操作案例相结合的讲解模式。

- **技巧和知识点的归纳总结**

本书在基础知识和操作案例的讲解过程中列出了大量的提示和技巧，这些信息都是结合作者长期的 UI 设计经验与教学经验归纳出来的，可以帮助读者更准确地理解和掌握相关的知识点和操作技巧。

- **多媒体光盘辅助学习**

为了增加读者的学习渠道，增强读者的学习兴趣，本书配有多媒体教学光盘。在教学光盘中提供了本书中所有实例的相关素材和源文件，以及书中所有实例的视频教学，使读者可以跟着本书做出相应的效果，并能够快速应用于实际工作中。

读者对象

本书适合 UI 设计爱好者、想进入 UI 设计领域的读者朋友，以及设计专业的大中专学生阅读，同时对专业设计人士也有很高的参考价值。希望读者通过对本书的学习，能够早日成为优秀的 UI 设计师。

本书由高鹏执笔，另外张晓景、张立峰、高巍、王延楠、范明、李晓斌、张航、于海波、王明、贾勇、梁革、罗廷兰、陶玛丽、畅利红等也参与了部分编写工作。本书在写作过程中力求严谨，由于时间有限，疏漏之处在所难免，望广大读者批评、指正。

编者

光盘内容

全书所有应用案例都配有视频操作过程，总长度约 250 分钟（光盘\视频）

全书案例包括了 37 个商业性应用案例，读者可以全面掌握 Photoshop CC 在 UI 设计中的各种操作技巧。

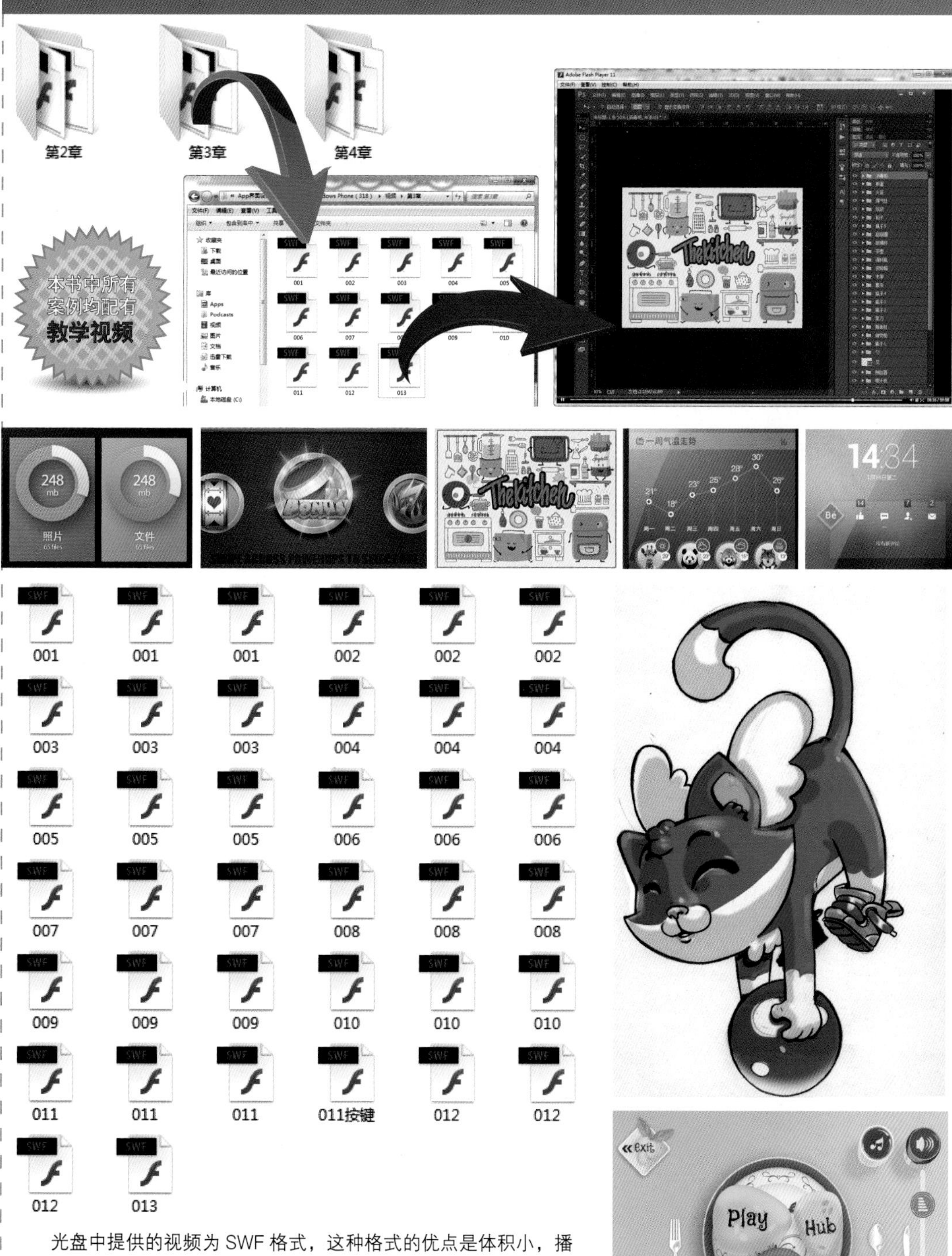

光盘中提供的视频为 SWF 格式，这种格式的优点是体积小，播放快，可操控。除了可以使用 Flash Player 播放外，还可以使用暴风影音、快播等多种播放器播放。

第1章 U I 设计基础知识……1

1.1 手机UI设计基础……2
1.1.1 手机的品牌……2
1.1.2 手机样式……2
1.1.3 手机的屏幕色彩……4
1.1.4 手机的功能分类……5
1.1.5 智能手机的屏幕分辨率……7
1.2 UI设计基础……8
1.2.1 什么是 UI 设计……9
1.2.2 手机 UI 设计的要点……9
1.2.3 手机 UI 与 Web UI 的区别……11
1.3 设计尺寸的单位……12
1.3.1 英寸……12
1.3.2 分辨率……13
1.3.3 屏幕密度……13
1.4 iOS系统概述……14
1.4.1 iOS 系统的发展历史……14
1.4.2 iOS 7 的设计主题……16
1.4.3 iOS 7 与 iOS 6 的不同……16
1.5 Android系统概述……18
1.5.1 Android 系统的发展历史……18
1.5.2 Android 系统 UI 设计要点……20
1.5.3 Android 启动图标的设计标准……22
1.6 Windows Phone系统概述……23
1.6.1 Windows Phone 系统的发展历史……23
1.6.2 Windows Phone 系统的特色……24
1.6.3 Windows Phone 的控件……25
1.7 本章小结……26

第2章 iOS系统实例……27

2.1 iOS界面的设计原则……28
2.1.1 美……28
2.1.2 一致性……29
2.1.3 直接控制……29
2.1.4 反馈……29
2.1.5 暗喻……30
2.1.6 用户控制……30
2.2 iOS界面的设计规范……31
2.2.1 确保程序在 iPad 和 iPhone 上通用……31
2.2.2 重新考虑基于 Web 的设计……31
2.3 iOS界面基本图形——直线……32
实战 1 制作 iOS 6 语言设置界面……33
操作难点分析……39
对比分析……39
2.4 iOS界面基本图形——图形……40
2.4.1 矩形……40
2.4.2 圆角矩形……40
2.4.3 圆……41
2.4.4 其他形状……41
实战 2 制作 iOS 7 快捷设置界面……42
操作难点分析……48
对比分析……49
2.5 控件的绘制……49
2.5.1 搜索栏……49
2.5.2 细节展开按钮……50
实战 3 制作 iOS 6 地址搜索界面……50
操作难点分析……56
对比分析……56
2.5.3 滚动条……57
2.5.4 切换器……57
实战 4 制作 iOS 6 亮度设置界面……58
操作难点分析……65
对比分析……65
2.6 iOS图标的绘制……66
2.6.1 程序图标……66
实战 5 制作 iOS 6 便签图标……67
操作难点分析……74
对比分析……74
2.6.2 小图标……75
2.6.3 文档图标……75
2.6.4 Web 快捷方式图标……76
2.6.5 导航栏、工具栏和 Tab 栏上用的图标……76
2.7 设计中的图片……77
2.7.1 登录图片……77
2.7.2 为 Retina 屏幕设计……78
2.8 iOS 7的设计特点……80
2.8.1 新界面……80

实战 6 制作 iOS 7 锁屏界面 ······80
操作难点分析 ······83
对比分析 ······84
实战 7 制作 iOS 7 主界面 ······84
操作难点分析 ······89
对比分析 ······89
2.8.2 更新 ······90
2.9 iOS 6与iOS 7对比 ······92
2.9.1 依从用户的操作界面 ······92
2.9.2 扁平化代替拟物化 ······93
2.9.3 易读性强的动态字体 ······93
2.9.4 无边框按钮 ······93
2.9.5 半透明的导航元素 ······93
2.9.6 留白内容 ······93
2.9.7 层次感的表现 ······93
2.9.8 尽量不使用启动画面 ······93
实战 8 制作 iOS 6 文本编辑界面 ······94
操作难点分析 ······101
对比分析 ······101
实战 9 制作 iOS 7 文本编辑界面 ······102
操作难点分析 ······108
对比分析 ······108
综合实战 10 制作时间设置界面 ······109
操作难点分析 ······120
对比分析 ······120
综合实战 11 制作 iPad 文件浏览界面 ······121
操作难点分析 ······130
对比分析 ······131
综合实战 12 制作游戏界面 ······131
操作难点分析 ······141
对比分析 ······141
2.10 本章小结 ······142
第3章 Android系统实例 ······143
3.1 Android APP UI概览 ······144
3.2 UI设计原则 ······145
3.3 Android界面设计风格 ······148
3.3.1 设备与显示 ······148
3.3.2 主题样式 ······149
3.3.3 标准和网格 ······149
3.3.4 触摸与反馈 ······150
3.3.5 字体 ······151
3.3.6 颜色 ······152
3.3.7 图标 ······152
3.3.8 写作风格 ······154
3.4 Android APP的常用结构 ······155
实战 1 制作操作栏 ······157
实战 2 制作选择栏 ······159
实战 3 制作通知 ······162
实战 4 制作启动图标 ······164
操作难点分析 ······170
对比分析 ······170
实战 5 制作主界面 ······171
操作难点分析 ······176
对比分析 ······176
3.5 控件设计 ······177
3.5.1 控件的分类 ······177
3.5.2 控件的设计规范 ······179
实战 6 制作网格列表 ······185
操作难点分析 ······188
对比分析 ······188
实战 7 制作声音设置界面 ······189
操作难点分析 ······193
对比分析 ······193
实战 8 制作音量调节对话框 ······194
操作难点分析 ······197
对比分析 ······197
实战 9 制作信息编辑界面 ······198
操作难点分析 ······204
对比分析 ······204
实战 10 制作添加联系人界面 ······205
操作难点分析 ······209
对比分析 ······209
3.6 特效的使用 ······210
实战 11 制作锁屏界面 ······211
操作难点分析 ······214
对比分析 ······215
综合实战 12 制作天气界面 ······215
操作难点分析 ······223
对比分析 ······223
综合实战 13 制作游戏界面 ······223
操作难点分析 ······229
对比分析 ······229
3.7 本章小结 ······229

第4章 Windows Phone系统实例……230

4.1 Windows Phone的设计原则……231
4.2 关于度量单位……232
4.3 关于游戏UI的设计……232
4.4 用户界面框架……233
4.4.1 主界面……233
实战1 制作WP系统主界面……234
操作难点分析……240
对比分析……240
4.4.2 状态栏……240
4.4.3 应用程序栏……241
4.4.4 应用程序栏的图标……242
4.4.5 屏幕方向……242
4.4.6 字体……243
实战2 制作功能设置界面……244
操作难点分析……247
对比分析……247
4.5 推送通知……247
4.5.1 "瓦片式"通知……248
4.5.2 烤面包式通知……248
4.5.3 原生通知……249
4.6 界面框架设计……249
4.6.1 页面标题……249
4.6.2 主题……250
4.6.3 进度指示器……250
实战3 制作视频播放界面……251
操作难点分析……254
对比分析……254
4.6.4 屏幕键盘……254
实战4 制作新建信息界面……255
操作难点分析……259
对比分析……259
4.7 应用程序界面控件……260
4.7.1 按键……260
实战5 制作应用商店界面……260
操作难点分析……264
对比分析……264
4.7.2 复选框……265
实战6 制作添加键盘界面……265
操作难点分析……268
对比分析……268
4.7.3 超链接……269
4.7.4 列表框……269
实战7 制作应用程序列表……270
操作难点分析……273
对比分析……273
4.7.5 全景视图……274
实战8 制作全景视图……275
操作难点分析……280
对比分析……280
4.7.6 密码框……281
4.7.7 进度条……281
4.7.8 单选按钮……281
实战9 制作同步设置界面……282
操作难点分析……284
对比分析……284
4.7.9 文本块……285
实战10 制作语音设置界面……285
操作难点分析……287
对比分析……288
4.7.10 输入框……288
综合实战11 制作计算器界面……289
操作难点分析……297
对比分析……297
综合实战12 制作可爱游戏界面……297
操作难点分析……305
对比分析……305
4.8 本章小结……305
附录1 Photoshop CC新增功能……306
附录2 常见手机尺寸……308
附录3 图标的设计标准……308
附录4 字体设计规范……310

第 1 章 U I 设计基础知识

本章重点:

最受欢迎 最近的

1.1 手机 UI 设计基础
在开始本书之前，首先，我们需要对手机有一定的认识和了解……

2014/1/22 | 共 20 条评论

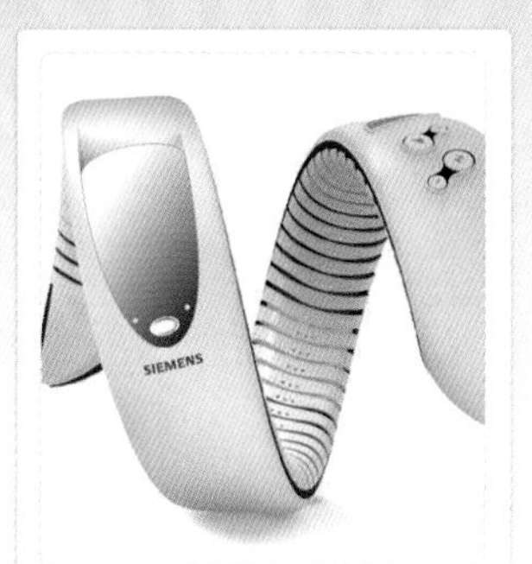

1.1.2 手机样式
手机样式是指手机的外观，目前常见的手机样式有直立式、折……

2014/1/22 | 共 10 条评论

1.2.1 什么是 UI 设计
UI 即 User Interface(用户界面) 的简称，也就是用户与界面的……

2014/1/23 | 共 33 条评论

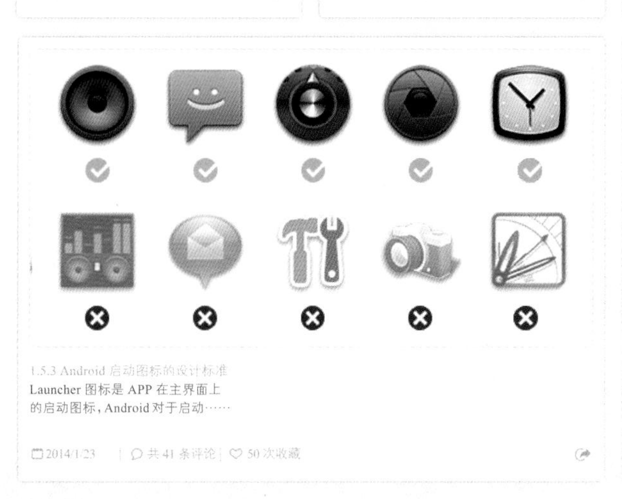

1.5.3 Android 启动图标的设计标准
Launcher 图标是 APP 在主界面上的启动图标，Android 对于启动……

2014/1/23 | 共 41 条评论 | 50 次收藏

1.4 iOS 系统概述
iOS 系统是由苹果公司开发的应用于移动设备的操作系统，因……

2014/1/23 | 共 20 条评论

前情提要:

在着手设计 U I 界面之前，首先要对 U I 界面相关的基础知识有一定的了解。手机的样式各种各样，不同型号手机的屏幕尺寸、色彩级别、屏幕密度和分辨率均不相同，设计前一定要将这些基本参数了然于胸，才可能搭建出真正可用的 UI 界面。目前，市场上较为常见的手机操作系统有 iOS、Android 和 Windows Phone。搭建 APP UI 界面时一定要仔细按照相应平台的设计准则处理 UI 界面风格，不要直接套用其他平台的 UI 元素和特定行为模式，避免产生混乱。

本章知识点:

- 手机的屏幕色彩
- 手机的屏幕分辨率
- 手机 UI 设计的特点
- 设计尺寸的单位
- iOS 系统概述
- Android 系统概述
- Windows Phone 系统概述

1.1 手机 UI 设计基础

在开始本书之前，首先，我们需要对手机有一定的认识与了解。

在市场上，我们可以看到各式各样的品牌手机，其样式也是多种多样的，下面分别为读者介绍不同类别的手机。

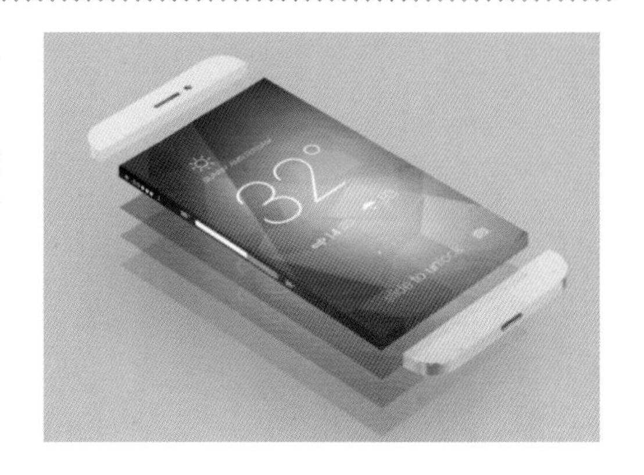

1.1.1 手机的品牌

市场上的手机品牌大致分为 3 种：欧美手机、日韩手机和国产手机。

欧美手机有：诺基亚、苹果、黑莓、摩托罗拉、索尼爱立信、飞利浦、惠普、迪士尼、戴尔等。

日韩手机有：夏普、LG、三星、泛泰、日立等。

国产手机的品牌较多，有 HTC、小米、天语、多普达、OPPO、联想、魅族、中兴、酷派、宏基、倚天、金立、HTO、步步高、华信、欧盛、华为、金鹏、华硕、长虹、托普等。

1.1.2 手机样式

手机样式是指手机的外观，目前常见的手机样式有直立式、折叠式、滑盖式手机，此外还有侧滑式、旋转式手机。

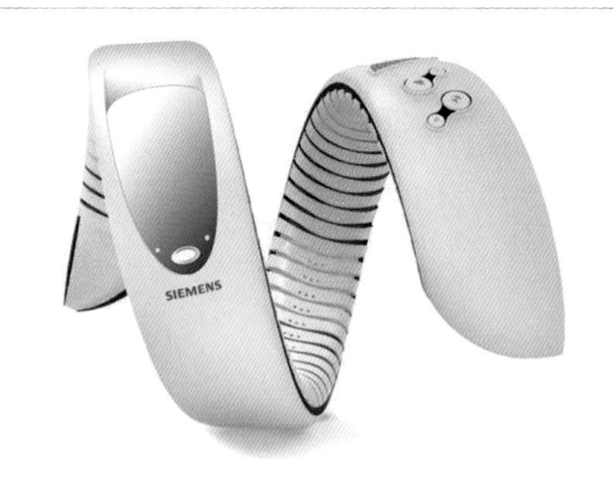

○ 直立式

直立式手机通常称为直板手机，是指屏幕与按键在同一个平面上。这种手机的外观简洁、小巧，可以直接看到屏幕上的内容，如短信、来电等。

使用直立式手机需要随时锁键盘，否则非常容易在不知情的情况下拨出电话；使用时需要按解锁后才能使用，无形中增加了手机用户的工作量。

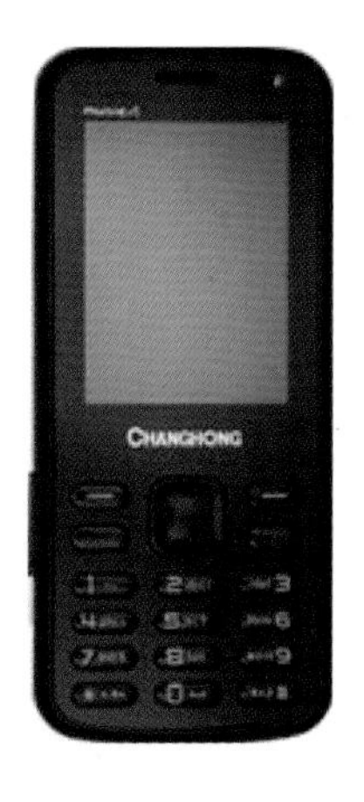

折叠式

折叠式手机也称翻盖式手机，需要翻开手机盖才可以看到主显示屏或按键。只有一个屏幕的折叠式手机为单屏翻盖手机。

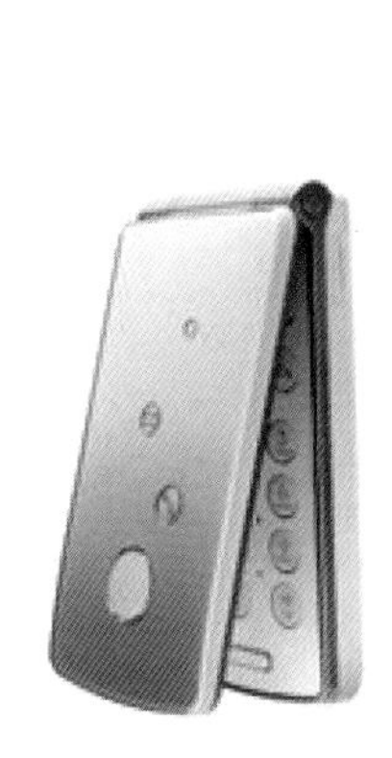

目前，市场上还推出了双屏翻盖手机，即在翻盖上有另一个副显示屏，这个屏幕通常不大，一般能显示时间、信号、电池、来电号码等功能。

折叠式手机免除了锁键盘的工作，外观大方、高雅，曾被认为是高档机型的标志，但用过一段时间以后，由于反复翻开手机盖，会对机身造成一定的损伤。

滑盖式

滑盖式手机通过抽拉才能看到整个机身。有些机型需要向上推动屏幕部分才能看到键盘；有些机型是通过滑动下盖才能看到键盘。滑盖式手机可以说是折叠式手机的一种延伸及创新。

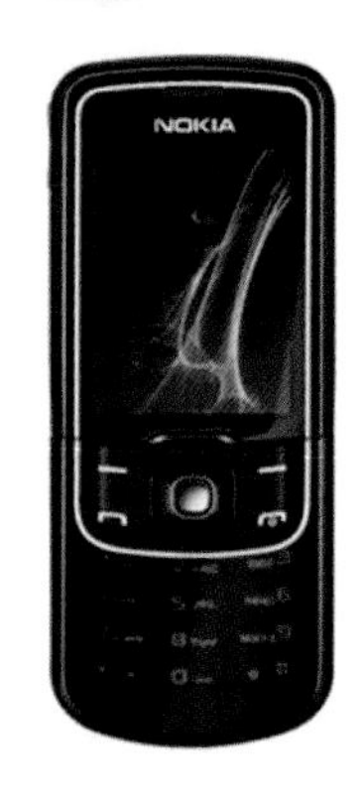

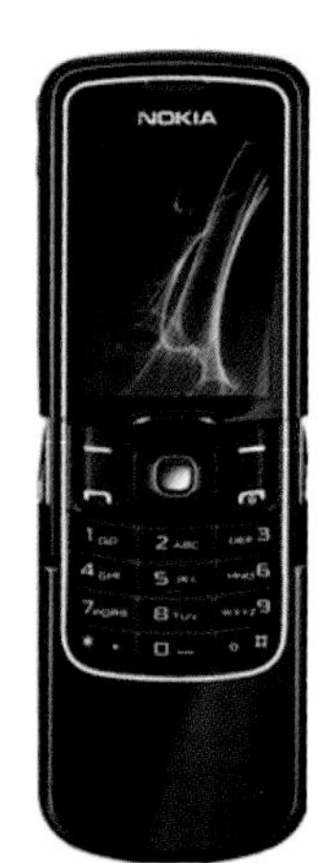

侧滑式

侧滑式手机是滑盖式手机的另一种展现形式，通过向左或向右滑动屏幕部分，从而露出键盘来进行操作。

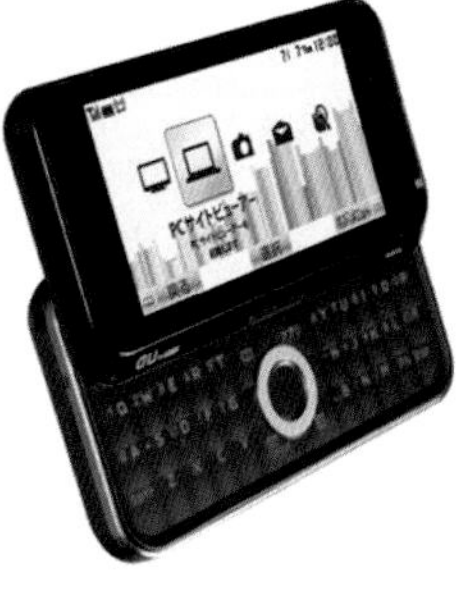

旋转式

旋转式手机分为全旋转式手机与半旋转式手机。这种类型的手机目前在市场上已经很少见了。

1.1.3 手机的屏幕色彩

早期的手机均为黑白屏的手机，这种手机屏幕小，字体大，待机时间长，适合老年人使用。

2013 年 2 月，MWC2013 移动世界大会上出现了一部电子水墨屏的智能手机，具有易读性，柔性，易廉价制造和低功耗的特点。这款手机可以正常地收发邮件、阅读体验、接打电话，不过想要看视频，就无法满足大多数用户的需求了。

黑白屏之后手机屏又经历了绿屏与蓝屏时代。

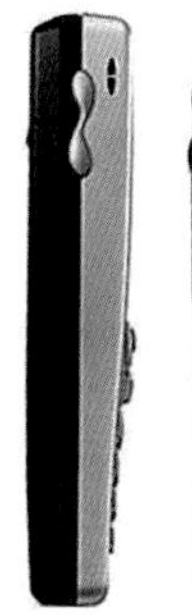

随后便进入到了现在普遍的彩屏时代，彩屏手机屏幕主要有 STN、TFT 和 UFB 这几种类型，使用的材质也各有不同。

TFT 采用的是透射光，屏幕亮度比较高，表现的画质鲜艳，缺点是比较耗电，价格高。

STN 通常叫“假彩”，功耗低，但屏幕色泽不如 TFT，亮度不高，一般在阳光下看起来比较费劲，价格也比较便宜。

UFB 是专门为移动电话和 PDA 设计的显示屏，它的特点是：超薄，高亮度。可以显示 65536 色，分辨率可以达到 128×160 的分辨率。UFB 显示屏采用的是特别的光栅设计，可以减小像素间距，获得更佳的图片质量。UFB 结合了 STN 和 TFT 的优点：耗电比 TFT 少，价格和 STN 差不多。

另外，手机的颜色也与色阶有关，通常分为 256 色、4096 色（俗称伪彩）和 65536~260000 色（俗称真彩），色阶越高越好，价格也相应提高。市场上的手机通常为 256 色、4096 色、65536 色、26 万色和 1600 万色。

索尼爱立信 T68i 256 色

摩托罗拉 E380 4096 色

诺基亚 6600 65536 色

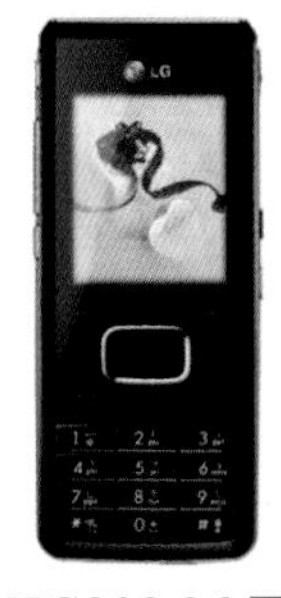

LG KG208 26 万色

iPhone 5s 1600 万色

小米 3　1600 万色

1.1.4　手机的功能分类

现在市场上的手机按照其功能可以分为：商务手机、音乐手机、游戏手机、学习手机、老人手机、相机手机、电视手机、隐形手机和智能手机。

○ 商务手机

顾名思义，就是以商务人士或就职于国家机关的人士为主要用户群而生产的手机。它可以帮助用户实现快速而顺畅的沟通，还能够高效地完成商务活动，由于其强大而完善的功能，一直深受用户群青睐，比如三星 s3970 商务机。

○ 音乐手机

除打电话、发短信等基本功能之外，更侧重于音乐播放功能。其特点是音质好，播放音乐时间持久等。

目前较好的音乐手机有 OPPO、步步高、索尼爱立信 WALKMAN 系列、诺基亚 XpressMusic 系列等手机。

OPPO Find5 X909

○ 游戏手机

游戏手机除手机的基本功能之外，比较侧重游戏功能的手机。特点是机身上有专为游戏设置的按键或方便于游戏的按键，屏幕一般也不会小，比如：ATET 1820。

○ 学习手机

学习手机是在手机的基础上增加学习功能，以手机为辅，学习为主。这种类型的手机主要适合初中、高中、大学以及留学生使用。

学习手机以“教学”为目标，将教材等放置于手机中，对学习有着辅助性的作用，同时可以随身携带，随时进入到学习状态，例如 iNobel N1。

学习手机因具备的功能：

1）教材资料：小学、初中、高中、大学各省各地英语教科书。

2）词汇学习：基础词汇、小学词库、初中词库、高中词库、大学词库、托福词汇、雅思词汇、词频词汇、分类词汇。

3）语法库：初中语法、高中语法、语法示例、语法授课。

4）听力、阅读训练：短语训练、句子训练、文章听力、阅读写作。

5）九门科目：英语、数学、语文、物理、化学、生物、地理、历史、政治，各科公式定理。

6）视频学习：视频录像、随身讲堂、名师讲堂。

7）辞典功能：学生辞典、实用英汉、实用汉英、英英辞典、发声辞典、汉语辞典、韩语辞典、日语辞典等。

○ 老人手机

现在老年化越来越严重，为了方便老年人的生活等，赛洛特率先推出老人手机以后，众多厂家纷纷效仿研制自己品牌的老人手机。老人手机在功能上力求操作简便，且屏幕大、字体大、铃声大、通话声音大、键盘大等。例如：海尔专属老人机 HT-A6、华为 G5000 等。

丨 功 方便生活的专业软件、一键拨号、验钞、手电筒、助听器、语音读电话本、读短信、读来电、读拨号等。不仅如此，还要有提高老年人的生活品质的功能：外放收音机、京剧戏曲、一键求救等。

○ 相机手机

相机手机是内建有相机功能的手机。世界上第一部相机手机，是由夏普公司制造的 J-SH04。该手机使用了比当时数码相机所用的 CCD 影像感光模组更为省电的 CMOS，让手机的电池不因为加入了相机的使用而快速用尽。目前市场上大部分手机具备了该功能。

○ 电视手机

电视手机是指以手机为终端设备，传输电视内容的一项技术或应用。目前，手机电视业务的实现方式主要有三种。第一是利用蜂窝移动网络实现，如美国的 Sprint、我国的中国移动和中国联通公司；第二是利用卫星广播的方式；第三种是在手机中安装数字电视的接收模块，直接接收数字电视信号。

○ 隐形手机

隐形手机是一款高端智能掌上电脑手机，除了超强的商务功能和连笔手写外，还具有强大的“隐藏”功能，如商务通 U8 手机。

隐藏功能的具体体现在：

1）电话、短信可以随心所欲接听、接收，不想接听、接收的全部过滤。

2）除了机主本人外，任何人都看不到发送和接收的短信，看不到手机上的通话记录。

3）除机主本人外，其他人根本无法知道通话和短信及重要名片的存在。

○ 智能手机

智能手机在具备手机的基本功能外，还具备了 PDA 的大部分功能，特别是个人信息管理以及基于无线数据通信的浏览器和电子邮件功能。

智能手机为用户提供了足够的屏幕尺寸和带宽，既方便随身携带，又为软件运行和内容服务提供了广阔的舞台，如股票、新闻、天气、交通、商品、应用程序下载、音乐图片下载等。

1.1.5 智能手机的屏幕分辨率

目前市场上常见的智能手机的屏幕分辨率有 VGA、QVGA、HVGA、WVGA 和 FWVGA 等，那么这些名称都是什么意思呢？接下来我们为读者进行详细介绍。

首先需要清楚，屏幕分辨率与屏幕大小是不同的两个概念。屏幕大小是指屏幕对角线，用单位英寸来标示；而屏幕分辨率与屏幕大小没有关系，它实际上是由一个个细微的点组成的，而这些点称为像素，分辨率就是这些像素的数量多少。

VAG（Video Graphics Array） 是 指 640×480（像素）的分辨率，纵横向显示比是 4:3，是最早的电脑屏幕和电视屏幕的标准，如黑莓 9810。

QVGA（Quarter VGA）是 VGA 分辨率的 4/1，它的分辨率长宽各是 VGA 的一半，是目前最为常见的手机屏幕分辨率，竖向的就是 240×320（像素），横向的就是 320×240（像素），纵横向显示比也是 4:3，如诺基亚 X2-01、诺基亚 E66。

HVGA（Half-size VGA）是指 VGA 的一半，即一条边不变，另一条边变为它的一半。分辨率为 320×480（像素）或 480×320（像素），纵横比为 3:2，如三星 s5830。

WVGA（Wide VGA）是指 VGA 加宽了，它的分辨率为 800×480（像素），纵横比为 5:3，如 LG GD900e。

目前，市场上的很多手机采用的 FWVGA 则更宽一些，达到了 854×480（像素）的分辨率，纵横比接近 16:9，如夏普 SH9020c。

手机的分辨率达到 854×480（像素）的显示，主要是为了适应当前智能手机终端浏览网页的需要。

如果只是单纯地以屏幕显示来说，分辨率和屏幕大小没有关系，但如果屏幕的大小一定，那么分辨率越高，屏幕显示得越清晰；如果屏幕分辨率一定，屏幕越小显示的图像越清晰。

1.2 UI 设计基础

随着智能手机的普及，手机 UI 设计也逐步发展起来，现如今，大家都在说所谓的潮流，个性，时尚。在追求美丽的道路上，不同的人有不同的看法，追求的风格也不大相同，越来越多的个性 UI 设计展现在了大众的眼前。接下来为读者介绍一些简单的 UI 设计基础。

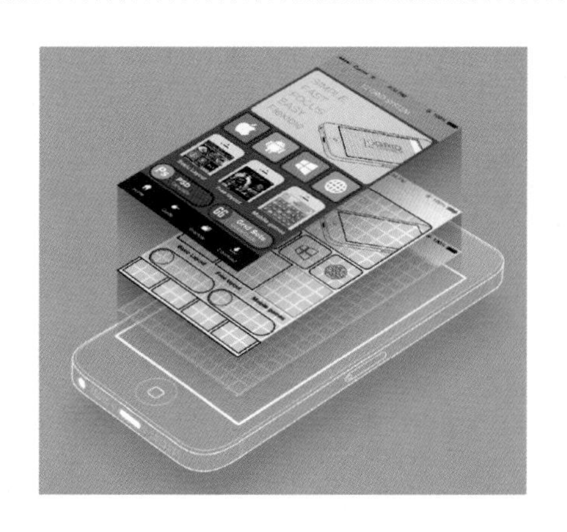

1.2.1　什么是 UI 设计

UI 即 User Interface（用户界面）的简称，也就是用户与界面的关系。UI 设计是指对软件的人机交互、操作逻辑、界面美观的整体设计，包括交互设计、用户研究和界面设计 3 个部分。

UI 设计可以分为硬件界面和软件界面两大类，这里主要是讲软件界面设计，也可以称为特殊的或狭义的 UI 设计。

一个好的 UI 设计，不仅是让软件变得个性、有品位，还要让软件的整个操作变得简单、舒适、自由，并能够充分体现软件的定位和特点。

界面设计不是单纯的美术绘画，它需要定位使用者、使用环境、使用方式、最终用户而设计，是纯粹的、科学性的艺术设计。一个友好美观的界面会给人带来舒适的视觉享受，拉近人机之间的距离，所以界面设计要和用户研究紧密结合，是一个不断为最终用户设计满意视觉效果的过程。

1.2.2　手机 UI 设计的要点

随着手机移动设备不断普及，对手机设备的软件需求越来越多，手机移动操作系统厂商都不约而同地建立手机设备应用程序市场，如 Apple 的 APP Store、Google 的 Android Market、Microsoft 的 Windows Phone 7 Marketplace 等，给手机的终端用户带来巨量的应用软件。

这些软件界面各异，手机的终端用户在众多的应用使用中，最终会选择界面视觉效果良好，且具有良好体验的应用留在自己的手机上长期使用。

那么怎样的手机界面才能给用户带来好的视觉效果即良好的体验效果呢？接下来我们为读者介绍 FaceUI 的设计师根据多年设计第三方应用的经验，以实用和独特的想法提出了 6 个手机 UI 设计的技巧。

第一眼体验

当用户首次开启应用时，在脑海中首先想到的问题是：我在哪里？我可以在这里做什么？接下来还可以做什么？要尽力做到应用在刚打开的时候就能够回答出用户的这些问题。如果一个应用能够在前数秒的时间里告诉手机用户这是一款适合他们的产品，那他们一定会更加深层次地进行发掘。

便捷的输入方式

在多数时间里，人们只使用 1 个拇指来执行应用的导航，在设计时不要执拗于多点触摸以及复杂精密的流程，只要让人们可以迅速地完成屏幕和信息间的切换和导航，让他们可以快速获得所需的信息，珍惜用户每次的输入操作即可。

例如：JoyBaby。这是一款基于 iOS 平台的母婴软件，只需要简单的触碰和输入文字就可以完成包括医院预约提醒、体检安排、成长日记、宝宝健康知识、生活百宝箱等功能。

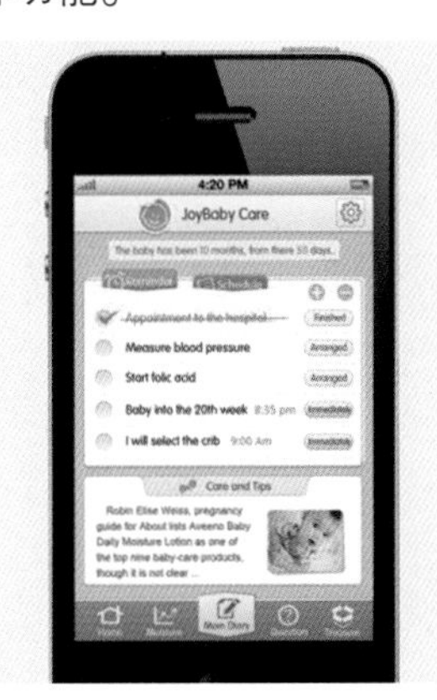

呈现用户所需

用户通常会利用一些时间间隙来做一些小事情，将更多的时间留下来做一些自己喜欢的事情。因此，不要让用户等到应用程序来做某件事情，尽可能地提升应用表现，改变 UI，让用户所需结果的呈现变得更快。

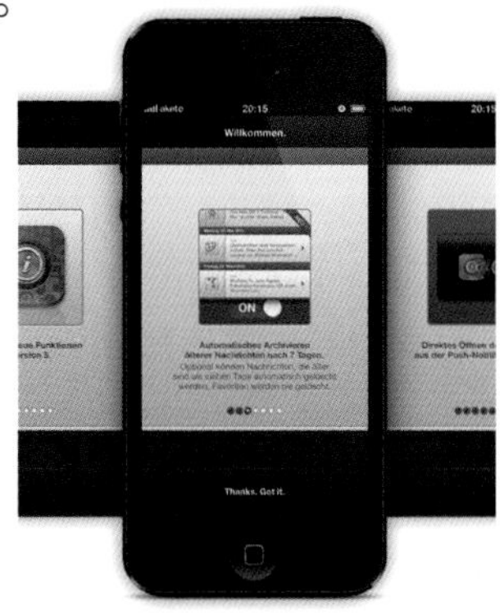

适当的横向呈现方式

对于用户来说，横向呈现带来的体验是完全不同的，利用横向这种更宽的布局，以完全不同的方式呈现新的信息。

制作个性应用

展示一个个性的、与众不同的风格。因为每个人的性格不同，喜欢的应用风格也各不相同，制作一款与众不同的应用，总会有喜欢上它的用户。

○ 不忽视任何细节

不要低估一个应用组成中的任何一项。精心撰写的介绍和清晰且设计精美的图标会让你的应用显得出类拔萃，用户会察觉到你额外投入的这些精力。

1.2.3 手机 UI 与 Web UI 的区别

在了解了 UI 设计的概念以及手机 UI 设计的要点之后，再来看一下手机 UI 与 Web UI 之间的区别有哪些。

○ 精确度不同

网页 UI 操作的媒介是鼠标，鼠标的精确度是相当高的，哪怕是再小的按钮，对于鼠标来说，也可以接受，单击的错误率不会很高。

而手机 UI 操作的媒介是手，手的准确度没有鼠标那么高，而且还要考虑一些肢端较大的用户，因此，手机 UI 中的按钮需要一个较大的范围，以减少错误率。

○ 按钮状态不同

网页中的按钮通常有 4 种状态：默认状态，鼠标经过状态，鼠标单击状态，不可用状态。

而手机界面中的按钮通常只有 3 种状态：默认状态，单击状态和不可用状态。因此，手机UI设计中，按钮需要更加明确，可以让用户一眼就知道什么地方有按钮，当用户单击后，就会触发按钮。

○ 按钮位置不同

对于网页 UI，可以说按钮在屏幕中的任何位置对于鼠标都不会有太大的影响，因此在大部分的网页中，按钮都在边缘一个狭小的空间内。

而对于手机 UI，需要考虑手机的使用环境，通常情况下，用户都会使用单手操作手机。因此，按钮通常设计在屏幕下方或者左右手大拇指能控制到的区域内。

○ 操作习惯不同

鼠标通常可以单击、双击、右键操作，在网页设计中，也可以设计右键菜单、双击等操作。

而在手机 UI 中，通常可以通过单击、长按、滑动进行控制，因此可以设计长按呼出菜单、滑动翻页或切换、双指的放大缩小以及双指的旋转等。

另外，还有一个很大的区别是，网页设计与手机 UI 输出的区域尺寸不同。目前主流显示器的尺寸通常在 19~24 英寸，而主流手机的尺寸则仅仅为 3.7~4.5 英寸，最大手机也仅仅只有 7 英寸。

由于两者之间的输出区域尺寸不同，在网页设计与手机 UI 设计中不能在同一屏里放入同样多的内容。

一般，一个应用的信息量是一定的，在网页端，需要把尽量多的内容放到首页中，避免出现过多的层级出现；而手机端，由于屏幕的限制，不能将内容都放到第一个页面中，因此需要更多的层级，以及一个非常清晰的操作流程，让用户可以知道自己在整个应用的什么位置，并能够很容易地到达自己想去的页面或步骤。

1.3 设计尺寸的单位

前面在讲屏幕分辨率的时候，已经为读者简单介绍了分辨率与屏幕物理尺寸单位——英寸的知识，本节将详细为读者介绍与设计尺寸有关的单位。

1.3.1 英寸

英寸为英制长度单位，一英寸约等于 2.54 厘米。手机的屏幕尺寸统一使用英寸来计量，其指的是屏幕对角线的长度，数值越高，屏幕越大。

市场上包括手机在内的很多电子产品的屏幕尺寸均使用英寸为计算单位，这是因为电子产品屏幕尺寸计算时使用的是对角线长度，而业界一般情况下也是将对角线的长度默认为屏幕尺寸的规格。

常见的手机尺寸有 3.5 英寸、4 英寸、4.3 英寸、5 英寸、5.3 英寸等规格。

之所以电子产品的屏幕尺寸计算选用英寸，是因为厂商在生产液晶面板时，多按照一定的尺寸进行切割，为了保证大小的统一，于是采用对角线长度来代表液晶实际可视面积。与此同时，从计算的直观性上来讲，对角线长度计算也比面积计算更加简便，因为对角线测量只需要一步，而面积测量需要分别测量长和宽。

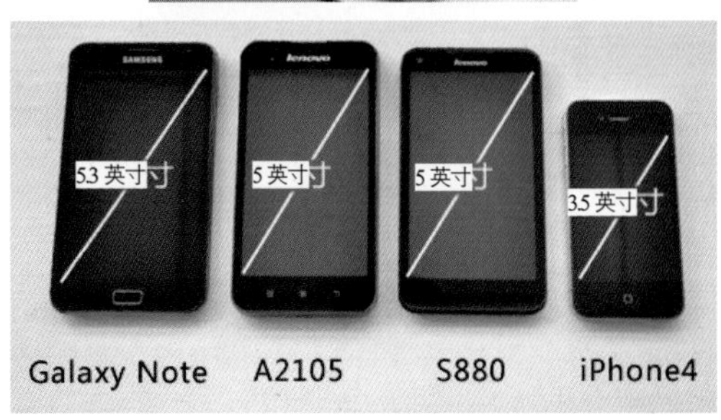

1.3.2 分辨率

分辨率是指单位长度内包含的像素点的数量，它的单位通常为像素 / 英寸（ppi）。例如：分辨率为 240 × 320（像素）的手机屏幕，横向每行有 240 个像素点，纵向每列有 320 个像素点，那么该手机屏一共有 320 × 240=76800 个像素点。

在同样大的物理面积内，像素点越多显示的图像越清晰。以 iPhone 3 和 iPhone 4 来说，它们的屏幕尺寸都是 3.5，但是 iPhone 3 的分辨率是 320 × 480=76800 个像素点；iPhone 3.5 的分辨率是 640 × 960= 614400 个像素点，因此，iPhone 3.5 显示的图像比 iPhone 3 要高。

高分辨率屏幕

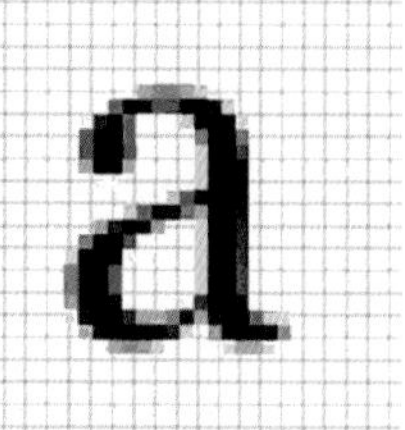

普通分辨率屏幕

1.3.3 屏幕密度

屏幕密度，或像素密度，也称为 ppi，是 pixels per inch 的缩写，即每英寸屏幕所拥有的像素数量。像素明度越大，显示画面细节就越丰富。

屏幕密度的计算方法如下：

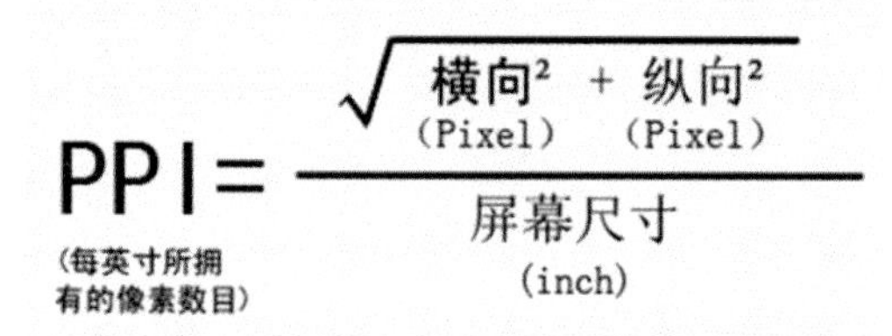

例如，小米手机 1 的屏幕物理尺寸为 4.0 英寸、分辨率为 854 × 480，它的屏幕密度 ppi=$\sqrt{(854\text{^}2+480\text{^}2)}$/4=244.912……≈ 245。

现在市售的大屏幕手机普遍分辨率都只停留在 854 × 480 的水平，同样的分辨率，屏幕越大，像素点之间的距离越大，屏幕就越粗糙。所以大屏幕也不一定能带来良好的视觉感受。

实践证明，ppi 低于 240 的让人的视觉可以察觉有明显的颗粒感。ppi 高于 300 则无法察觉。理论上讲超过 300ppi 才没有颗粒感。比如 iPhone 4 是 3.5 英寸，分辨率是 960 × 640（像素），屏幕密度为 326ppi，屏幕的清晰程度其实是由分辨率和尺寸大小共同决定的，用 ppi 指数衡量屏幕清晰程度更加准确。

下面为读者列出几款手机的 ppi 值：

iPhone 5 是 4.0 英寸，分辨率为 1136 × 640（像素），屏幕密度为 326ppi；

Galaxy S3 是 4.8 英寸，分辨率为 1280 × 720（像素），屏幕密度为 306ppi；

Galaxy NoreII 是 5.5 英寸，分辨率为 1280 × 720（像素），屏幕密度为 267ppi；

Blade V880 是 3.5 英寸，分辨率为 480 × 800（像素），屏幕密度为 266ppi；

OPPO Finder X909 是 5.0 英寸，分辨率为 1920 × 1080（像素），屏幕密度为 441ppi；

联想 K860 是 5.0 英寸，分辨率为 1280 × 720（像素），屏幕密度为 294ppi。

1.4 iOS 系统概述

iOS 系统是由苹果公司开发的应用于移动设备的操作系统，因其精美的 UI 界面和丰富的第三方 APP 支持而享誉全球。从 2007 年发布第一个版本 iOS 1，到如今的 iOS 7，苹果公司一直致力于打造更完善的用户体验，使用户能够拥有更加方便、快捷、轻松、愉悦的操作享受。

1.4.1 iOS 系统的发展历史

苹果 iOS 是由苹果公司开发的移动操作系统，最初是设计给 iPhone 使用的，后来陆续套用到 iPod touch、iPad 等产品上。原本这个系统名为 iPhone OS，直到 2010 年宣布改名为 iOS，最新版本为 iOS 7。有国外专家指出，从 iOS 1 到 iOS 6，苹果一直没有停止“去谷歌化”的脚步，而且对于新接纳的大多数第三方应用，也一直采取淡化品牌的策略。

○ iOS 1——2007 年

iOS 刚发布时名为 iPhone OS，2007 年初在 Macworld 活动上发布。当时的 iPhone 功能是非常有限的，没有 APP Store，不能进行任务切换，也不能移动主屏幕上的应用程序图标。

iOS 1 的应用包括由谷歌和雅虎提供的 YouTube、谷歌地图、天气和股票应用。虽然这 4 款应用是由苹果内部打造的，但仍需要谷歌和雅虎的服务来对这 4 款应用进行支持。此外，在移动版 Safari 浏览器中，苹果同时提供了谷歌和雅虎的搜索引擎服务，供用户自由选择。

○ iOS 2——2008 年

在推出 iOS 2 时，苹果引入了应用商店。在接下来的几年中，苹果专注于提升 iOS 平台的核心功能，并通过赋予开发者更多的权利和控制权，把应用商店打造得越来越好。自此，苹果依靠应用商店进入了“不求合作伙伴”的时代。

此外，苹果还引入了 iTunes，让用户能以统一的账户购买音乐和应用程序，并且允许从其他渠道向苹果的 MobileMe（现已被 iCloud 取代）推送电子邮件。

○ iOS 3——2009 年

苹果公司于 2009 年推出了 iOS 3。在 iOS 3 系统中，复制和粘贴功能变得更加方便，还增加了推送通知、彩信、语音控制、USB 和蓝牙传输等功能，这些功能直至今日仍然保留着。

iOS 4——2010 年

苹果公司于 2010 年推出了 iOS 3。苹果在 Safari 移动浏览器中加入了对微软新搜索服务 Bing 的原生支持。从此以后，苹果不再为用户列出搜索引擎选项，而是以“搜索”功能取而代之。

iOS 4 的新增功能还包括：多任务处理、应用图标文件夹整合、自定义主屏壁纸、拼写错误和游戏中心等。

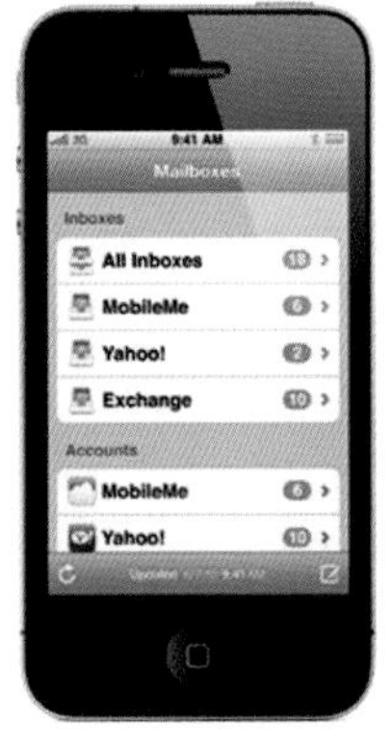

iOS 5——2011 年

iOS 5 于 2011 年正式宣发布，苹果称其加入了约 200 项新功能，其中包括：全新的通知功能、提醒事项、免费在 iOS 5 设备间发送信息的 iMessage、系统集成 Twitter、可以下载最新杂志报纸的虚拟书报亭等。同时，iCloud 也被发布，使备份和建立新的 iOS 设备更加容易。

在拍照功能上，iOS 5 允许在锁屏状态下迅速进入拍照界面，并且可以用音量键进行拍照，还能对照片进行裁切、旋转、增强效果和去除红眼。

iOS 6——2012 年

iOS 6 于 2012 年正式宣发布，iOS 6 拥有 200 多项新功能，全新的地图应用是其中较为引人注目的内容之一，它采用苹果自己设计的制图法，首次为用户免费提供在车辆需要拐弯时进行语音提醒的导航服务。

iOS 6 拥有更完善的文本输入法，并内置了对热门中文互联网服务的支持，从而让各种设备更适合中文用户使用。此外，iOS 6 还增加了 Siri、分享照片流、Passbook 和 Face time 等功能。

○ iOS 7——2013 年

iOS 7 于 2013 年推出，在用户界面上有着与之前版本完全不同的视觉设计，界面风格统一靠向扁平化，较为纤细的字体，以往的拟物风格不复存在。

iOS 7 的画面采用类 3D 的效果，在锁定画面及桌面会有 3D 的效果。所有的内置程序、解锁画面与通知中心也经过重新设计。此外还新增了控制中心界面，让用户能够快速控制各种系统功能的开关。后台多任务处理功能也经过了强化。

1.4.2 iOS 7 的设计主题

根据苹果官方的设计规范，设计师们需要遵循以下 3 个设计主题:

依从： UI 要帮助用户对内容进行理解和引导，绝不能与内容产生竞争关系。

清晰： 任何大小的文字都应该清楚、易读；图标要精细且含义明确；装饰性元素要少而精；且使用得当；要着力于功能的实现和操作流程，并以此进行设计。

纵深： 视觉外观的层次以及逼真的动画效果可以传达出界面的活力，使界面更容易被理解，提升用户的愉悦度。

苹果希望设计师在设计 UI 界面和交互模式时更关注怎样使设计形式更好地支持内容，而不是反过来压制内容。

新的计算器和日历都很好地体现了这些设计主题，在界面上做了极大的简化，去除了一切不必要的设计元素，背景也使用了干净的白色，完全以内容为中心。

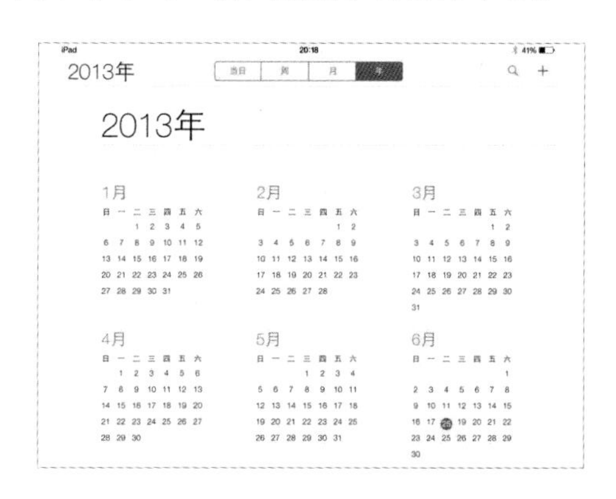

1.4.3 iOS 7 与 iOS 6 的不同

iOS 7 与 iOS 6 的界面风格有着截然不同的区别，前者偏扁平化，后者偏拟物化，总结起来有以下几点不同。

○ 半透明的导航元素

iOS7 当中最重要的设计变化之一就是在界面中引入了透明与半透明化。状态栏能够以完全透明的形式呈现，导航栏、标签栏、工具栏和其他一些控件也采用了半透明化的处理方式。此外，iOS 7 还加入全新的控制中心，用于快速访问到一些常用的功能，用户可以透过半透明毛玻璃背景看到下方界面中的内容。

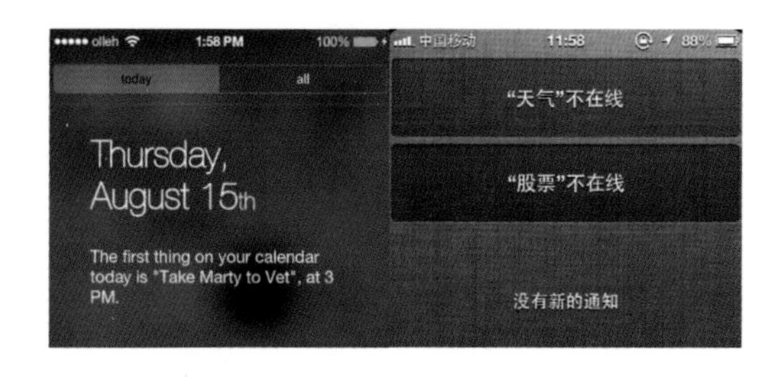

○ 按钮去掉了边框

iOS 7 中的按钮不再有边框和背景，所以按钮中的标题文字可以相对大一些，有些按钮甚至只剩下了文字。如果设计师要使用自定义的按钮，需要重新考虑它们的样式能否适用于新系统的简洁风格。

○ 抛弃了拟物化

为了更好地体现“依从”的原则，设计规范建议设计师们“避免仿真和拟物化的视觉指引形式”。用户界面应该是一种围绕着内容而存在的支持结构，不应该喧宾夺主。

iOS 7 的界面中已经很少出现 3D 质感的按钮，以及渐变、投影和浮雕等其他拟物化的设计元素，因为这会导致“UI 元素过重，以至于压倒内容”。这点可以直观地从图标上体现出来。

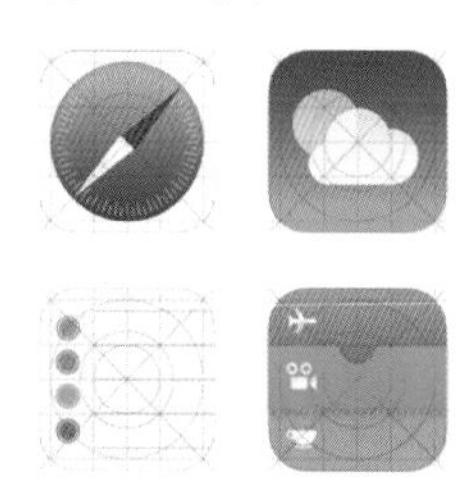

○ 更多的留白

在官方的设计规范中，苹果明确指出，希望设计师们通过留白传达出平静和稳定的感觉，确保可读性和易用性，使界面看上去更加专注和高效。

○ 重新设计应用界面

苹果公司在 iOS 7 的设计规范当中建议在 iOS 7 框架下重新设计应用的最佳方式。应该先确定功能方面的核心要素，然后通过 iOS 7 的设计主题将界面和交互模式重新构建起来。新版的指南针就采用了最小化和功能优先的设计方式，通过更注重细节的形式来展示关键信息。

○ 不再使用启动画面

但在 iOS 7 设计规范中，苹果指出要避免使用那些无意义的、用来展示品牌信息的启动画面， 或是妨碍用户使用应用完成任务的界面。我们的目的是让用户尽可能快速地获取内容或使用功能，所以除非有充分的理由，否则不要使用欢迎界面。

1.5 Android 系统概述

Android 操作系统是基于 Linux 平台的开源手机操作系统的名称，主要使用于移动设备，由 Google 公司和开放手机联盟领导及开发，中国大陆地区通常译作“安卓”或“安智”。Android 系统是目前市场占有率较高的移动设备操作平台，该平台由操作系统、中间件、用户界面和应用软件组成。

1.5.1 Android 系统的发展历史

Android 在正式发行之前，最开始拥有多个内测版本，并用甜点为不同系统版本进行名称。每个版本代表甜点的尺寸越变越大，并且按照 26 个字母进行排序，例如纸杯蛋糕（Android 1.5），甜甜圈（Android 1.6），松饼（Android 2.0/2.1），冻酸奶（Android 2.2），姜饼（Android 2.3），蜂巢（Android 3.0），冰激凌三明治（Android 4.0），果冻豆（Android4.1 和 Android 4.2）。

Cupcake
Android 1.5

Donut
Android 1.6

Eclair
Android 2.0/2.1

Froyo
Android 2.2

Gingerbread
Android 2.3

Honeycomb
Android 3.0

Ice Cream Sandwich
Android 4.0

Jelly Bean
Android 4.1
&Android 4.2

○ Android 1.1——2008 年

Android 1.1 于 2008 年 9 月发布。

○ Android 1.5——2009 年

Android 1.5（纸杯蛋糕）于 2009 年 4 月 30 日发布。主要功能有：

1）支持上传到 Youtube；

2）支持立体声蓝牙耳机；

3）采用最新技术 WebKit 的浏览器；

4）支持复制 / 粘贴和页面中搜索；

5）GPS 性能提高；

6）提供屏幕虚拟键盘；

7）主屏幕增加音乐播放器和相框小部件；

8）应用程序自动随着手机旋转；

9）短信、Gmail、日历、浏览器接口改进；

10）拍摄的图片可以直接上传到 Picasa；

11）来电照片显示等。

○ Android 1.6——2009 年

Android 1.6（甜甜圈）于 2009 年 9 月 15 日发布。主要的更新有：

1）重新设计的 Android Market 手势；

2）支持 CDMA 网络；

3）文字转语音系统；

4）快速搜索框；

5）全新的拍照接口；

6）查看应用程序耗电；
7）支持虚拟私人网络（VPN）；
8）支持更多的屏幕分辨率；
9）新增面向视觉或听觉困难人群的插件等。

○ Android 2.0——2009 年

Android 2.0 于 2009 年 10 月 26 日发布。主要的更新有：
1）优化硬件速度；
2）改良的用户界面；
3）新的浏览器用户接口，支持 HTML5；
4）新的联系人名单；
5）改进 Google Maps；
6）支持内置相机闪光灯，支持数码变焦；
7）改进的虚拟键盘；
8）支持蓝牙；
9）支持动态桌面的设计等。

○ Android 2.2/2.2.1——2010 年 5 月

Android 2.2/2.2.1（冻酸奶）于 2010 年 5 月份发布。主要的更新有：
1）整体性能大幅度提升；
2）3G 网络共享功能；
3）Flash 的支持；
4）全新的软件商店；
5）更多的 Web 应用 API 接口的开发等。

○ Android 2.3——2010 年

Android 2.3（姜饼）于 2010 年 12 月 7 日发布。主要的更新有：
1）增加了新的垃圾回收和优化处理事件；
2）原生代码可直接存取输入和感应器事件、EGL/OpenGLES、OpenSL ES；
3）新的管理窗口和生命周期的框架；
4）支持 VP8 和 WebM 视频格式，提供 AAC 和 AMR 宽频编码，提供了新的音频效果器；
5）支持前置摄像头、SIP/VOIP 和 NFC；
6）简化界面、速度提升；
7）更快、更直观的文字输入；
8）一键文字选择和复制 / 粘贴；
9）改进的电源管理系统；
10）新的应用管理方式等。

○ Android 3.0——2011 年

Android 3.0（蜂巢）于 2011 年 2 月 2 日发布。主要的更新有：
1）优化针对平板；
2）全新设计的 UI 增强网页浏览功能等。

○ Android 3.1——2011 年

Android 3.1（蜂巢）于 2011 年 5 月 11 日发布。主要的更新有：
1）经过优化的 Gmail 电子邮箱；
2）全面支持 Google Maps；
3）将 Android 手机系统跟平板系统再次合并从而方便开发者；
4）任务管理器可滚动；
5）支持 USB 输入设备；
6）支持 Google TV）可以支持 XBOX 360 无线手柄；
7）widget 支持的变化；
8）能更加容易定制屏幕 widget 插件等。

○ Android 3.2——2011 年

Android 3.2（蜂巢）于 2011 年 7 月 13 日发布。主要的更新有：
1）支持 7 英寸设备；
2）引入了应用显示缩放功能等。

○ Android 4.0——2011 年

Android 4.0（冰激凌三明治）于 2011 年 10 月 19 日发布。主要的更新有：
1）全新的 UI；
2）全新的 Chrome Lite 浏览器
3）有离线阅读、标签页、隐身浏览模式等；
4）截图功能；

5）更强大的图片编辑功能；
6）可以加滤镜、加相框，进行全景拍摄，照片还能根据地点来排序；
7）Gmail 加入手势、离线搜索功能；
8）新增流量管理工具，可具体查看每个应用产生的流量，限制使用流量，到达设置标准后自动断开网络等。

○ Android 4.1——2012 年

Android 4.1（果冻豆）于 2012 年 6 月 28 日发布。主要的更新有：
1）特效动画的帧速提高至 60fps；
2）增强通知栏；
3）全新搜索，搜索将会带来全新的 UI、智能语音搜索和 Google Now 三项新功能；
4）桌面插件自动调整大小；
5）加强无障碍操作；
6）语言和输入法扩展；
7）新的输入类型和功能；
8）新的连接类型等。

○ Android 4.2——2012 年

Android 4.2（果冻豆）于 2012 年 10 月 30 日发布。主要的更新有：
1）Photo Sphere 全景拍照功能；
2）键盘手势输入功能；
3）改进锁屏功能，包括锁屏状态下支持桌面挂件和直接打开照相功能等；
4）可扩展通知，允许用户直接打开应用；
5）Gmail 邮件可缩放显示；
6）Daydream 屏幕保护程序；
7）新增放大、缩小和旋转手势，以及专为盲人用户设计的语音输出和手势模式导航；
8）支持 Miracast 无线显示共享功能等。

○ Android 4.4——2013 年

Android 4.4（奇巧巧克力）于 2013 年 9 月 4 日发布。主要的更新有：
1）RAM 优化，优化了系统在低配硬件上的运行效果；
2）新图标、锁屏、启动动画和配色方案；
3）新的拨号和智能来电显示；
4）支持 Emoji 键盘，可以让信息更加个性化；
5）无线打印，可以使用谷歌 Cloud Print
6）无线打印手机内的照片、文档或网页；
7）屏幕录像功能；
8）内置字幕管理功能；
9）低功耗音频和定位模式；
10）新的接触式支付系统；
11）新的蓝牙配置文件和红外兼容性。

1.5.2 Android 系统 UI 设计要点

很多开发者都想把自己的 APP 发布到不同的平台上。如果要把 APP 发布到 Android 平台上，就应该按照 Android 平台的设计规范和交互习惯进行设计。因为在一个平台上看似完美的做法不一定适用于另一个平台，与平台的不一致性可能会降低用户体验低，请避免以下几个误区。

○ 不要模仿其他平台的元素风格

目前，较为常见的移动设备平台有 3 个：iOS、Android 和 Windows Phone，每个平台都有自己独特的 UI 元素风格，可以使用户区别该平台与其他平台。有时，这些元素可能看起来非常相似，但设计风格却不同。当创建自己的 APP 时，不要直接挪用其他平台的元素，也不要模仿它们的特定行为，请去查看官方的设计指南，详细了解 Android UI 元素的风格和行为模式，或者参考 Android 平台的 APP，感觉这些元素是如何应用到实际 APP 中的。

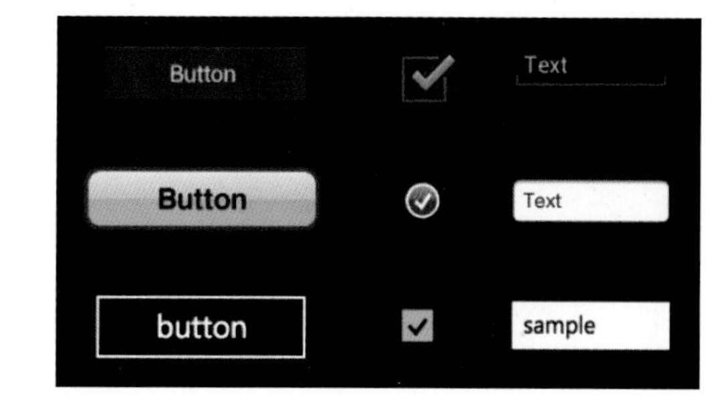

○ 不要使用其他平台的特定图标

每个平台都会为自己的基本功能提供一套图标，例如返回、搜索、删除和分享等。如果要将其他平台上的 APP 移植到 Android 平台，请记得把 Android 平台上的图标换上，否则用户在 Android 手机上看到的都是 iOS 的图标，会感到你的 APP 极不专业。

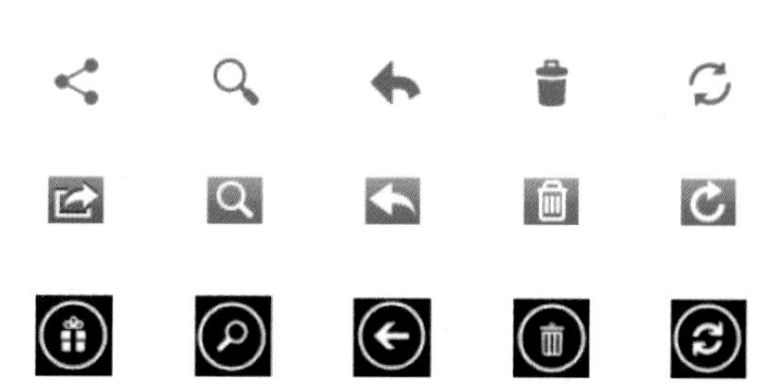

○ 不要在操作栏上添加“返回”按钮

iOS 系统会在顶部操作栏最左侧添加一个“返回”按钮让用户返回上一级页面。但是 Android 系统里的返回分两种情况：操作中的按钮表示“返回上一层级”，导航看中的按钮表示“返回上一步操作”。

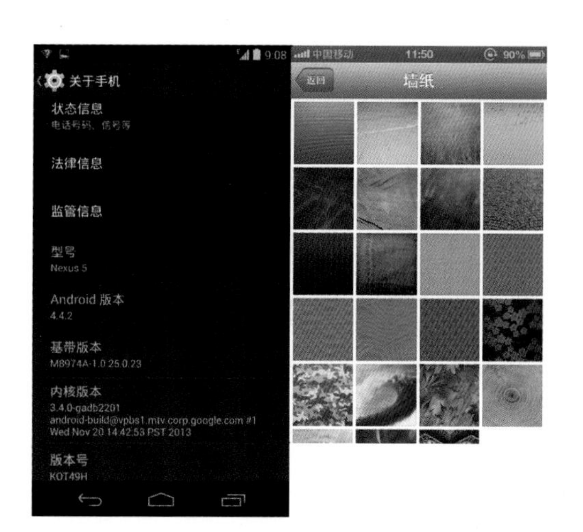

○ 不要在界面底部使用选项卡

iOS 系统会在界面底部使用选项卡，将一些较为常用的操作集合在这里。Android 平台的习惯是在顶部添加操作栏，如果有需要，还要在底部添加次级操作栏。

○ 不要在列表内容后面添加箭头

iOS 系统会在列表项目内容后面添加一个向右的箭头，表示该项还有更多的内容可供查看，Android 不会使用这样的箭头。

1.5.3 Android 启动图标的设计标准

Launcher 图标是 APP 在主界面上的启动图标，Android 对于启动图标的风格有以下要求：

1）符合当下的流行趋势，避免过度使用隐喻。

2）高度简化和夸张，小尺寸图标也能易于识别，不宜太复杂。

3）尝试抓住程序的主要特征，比如音箱作为音乐的 icon。

4）使用自然的轮廓和形状，看起来几何化和有机化，不失真实感。

5）Icon 采用前视角，几乎没有透视，光源在顶部。

6）不光滑但富有质感。

以下分别为正确图标风格和错误图标风格的示例：

启动图标既要有多样化的外观，又要保证协调统一的视觉风格，其尺寸和定位也应该统一：

右图中的红色框为图标的尺寸；蓝色框是图形的实际尺寸，比图标尺寸略小，红色到蓝色之间可以显示投影等效果；橙色边框是另外一种图形尺寸，两种类型的图形尺寸可以保证视觉上的协调统一。

1.6 Windows Phone 系统概述

Windows Phone 是微软发布的一款手机操作系统，Windows Phone 系统的应用程序始终贯彻 3 条原则：个人化、关联性和连接性，提倡创造个人化的、人性化的应用，用它们来展示用户认识的人，想去的地方，或者让用户轻松共享线上线下的信息，减轻那些忙于私人和工作事务的用户的负担。

1.6.1 Windows Phone 系统的发展历史

Windows Phone 是微软发布的一款手机操作系统，它将微软旗下的 Xbox Live 游戏、Xbox Music 音乐与独特的视频体验集成至手机中。Windows Phone 具有桌面定制、图标拖曳和滑动控制等流畅的操作体验，把网络、个人电脑和手机的优势集于一身，让人们可以随时随地享受到不同的体验。

○ WP 7.0——2010 年

Windows Phone 系统的第一个版本于 2010 年 10 月 11 日发布。

○ WP 7.1——2011 年

Windows Phone 7.1 于 2011 年 3 月 23 日发布。主要的更新有：

1）增加复制 / 粘贴功能；
2）新增了对高通 7×30 芯片的支持；
3）增加对 CDMA 网络的支持；
4）优化系统，提高游戏和应用程序启动速度；5）改善 Bing 搜索和应用市场搜索；
6）可以使用电子邮件共享 APP 下载链接；
7）完善 WiFi、Outlook、短信、Facebook、照相机软件和音频等。

○ WP 7.5——2012 年

Windows Phone 7.5 于 2012 年 2 月 28 日发布。主要的更新有：

1）群组和聊天客户端整合；
2）提供开发者应用程序和 Bing 搜索引擎的整合接口；
3）增加文本转换成语音功能；
4）集成新的 IE9 浏览器；
5）提供开发者应用程序多任务处理接口；
6）提供开发者活动瓷片接口；
7）提供中文支持；
8）支持自定义铃声；
9）支持视频聊天；
10）降低硬件要求，支持 120 种语言，改善多媒体短信传送功能。

○ WP 7.8——2012 年

Windows Phone 7.8 于 2012 年 6 月 20 日发布，仅搭载 Windows Phone 7.5 的设备到 Windows Phone 7.8。主要更新有：

1）新磁贴带来全新的开始屏幕体验；
2）设置每日 Bing 动态图片作为锁屏壁纸；
3）增强中文字体及其他语言的外观；
4）新增 20 种自定义主题色彩。

诺基亚专属更新内容有：

1）针对 DRM free 媒体文件蓝牙共享；
2）增加动态图片 Cinenagraph 功能；
3）相机附加功能的完善；
4）增加铃声制作应用 Ringtone Maker；
5）更新共享联系人应用 Contact Share；
6）更新通讯录转移工具 Contacts Transfer。

WP 8.0——2012 年

Windows Phone 8.0 于 2012 年 6 月 21 日发布，主要更新有：

1）Windows Phone 8 与 Windows 8 共享内核；

2）开放原生代码，支持 Direct3D 硬件加速；

3）内置 IE10 移动浏览器；

4）内置诺基亚地图，新增 NFC 功能，支持移动支付；

5）支持多核处理器 / 高分辨率屏幕；

6）全新的 UI 界面；

7）支持 microSD 卡扩充容量，内置 Skype；

8）增强商务与企业功能；

9）多款热门游戏登录 WP8；

10）新增儿童内容锁；

11）新增私密分享圈；

12）新增数据压缩功能。

1.6.2 Windows Phone 系统的特色

有创意的动态磁贴

磁贴是一个应用在“开始”屏幕的表示形式，可以是静态或动态的。静态磁贴显示默认内容，这通常是满磁贴徽标图像。不过动态磁贴可以提供新的和有价值的内容，邀请用户重新打开应用。

显示在动态磁贴中的内容可能显著不同，范围从简短的通知到图像再到较长内容的摘录，这些内容可鼓励用户通过打开应用进行进一步查看。

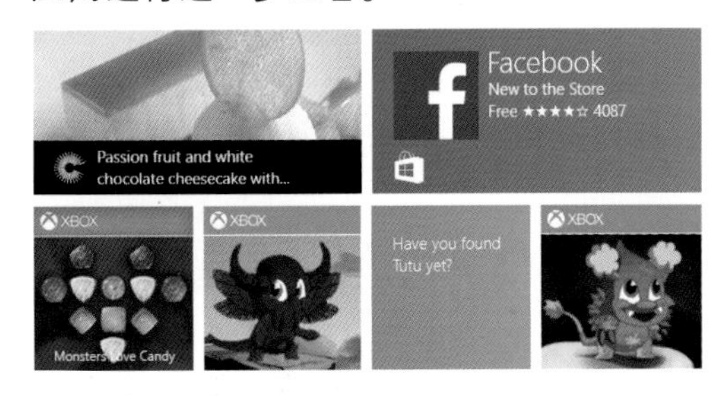

舒适实用的中文输入法

Windows Phone 的中文输入法可以说是目前为止各大智能手机操作系统中最舒服的。主要有以下几点优势：

1）有自适应能力，可以根据用户输入习惯自动调整触摸识别位置。

2）自带词库非常丰富，各种网络流行词和方言词汇一应俱全。

3）在系统自带的中文输入法中，不需要输入任何东西就能选择“好”、“嗯”、“你”、“我”、“在”等常用短语。

4）输入法还有全键盘、九宫格和手写 3 种模式可选，现已支持五笔。

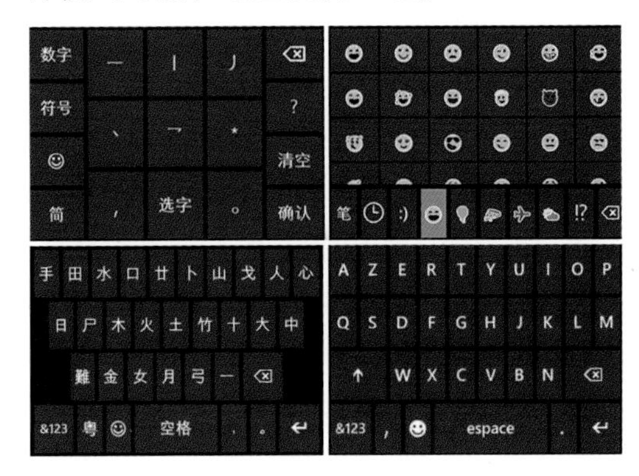

强大的“人脉”

“人脉”是 WP 系统一项很特别的设置，也是体现 WP 注重增强人与人之间交流性的手段，“人脉”的基本功能相当于传统意义上的“联系人”，只不过功能强化了不少，附带各种社交更新，还能实时云端同步。“人脉”引入了联系人分组的概念。除了常规功能之外，分组在人性化方面也很值得一提。比如自带的 Family（家人）分组，里面默认是空的，并且自动摘取联系人中所有与用户同姓的，建议加入该组。

○ 同步管理

Zune 软件类似于 iOS 用户常用的管理软件 iTunes，用户可以通过 Zune 为 Windows Phone 手机安装最新的系统更新，下载应用和游戏，以及管理并同步音乐、视频和图片等内容。

Windows Phone 8 开始取消 Zune，取而代之的是 Windows Phone 桌面同步应用，Xbox Music 音乐服务也取代现有的 Zune 在 Windows 8、Windows Phone、Xbox 上推出。微软已发布了针对传统桌面下的最新同步工具，名字也叫作 Windows Phone。

○ 软件排序

Windows Phone 对安装的所有应用程序进行首字母分类。每类前面有一个大字母，单击一下呼出全屏字母表，选择一个字母就能跳到相应的组，不管装多少软件，寻找一个应用程序只要单击三四次即可，而且字母分组是根据安装的应用数量自动出现的。

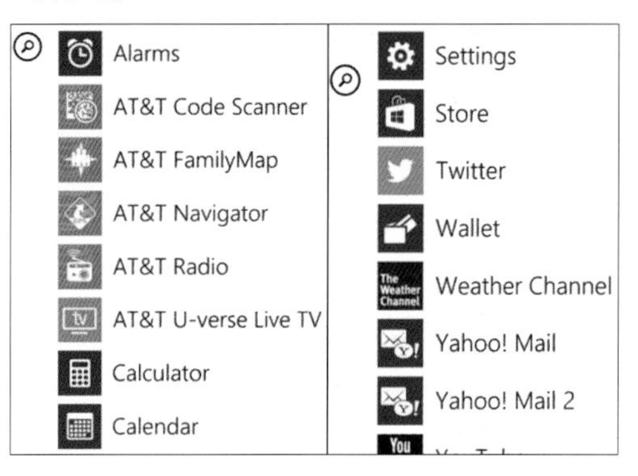

1.6.3　Windows Phone 的控件

Windows Phone 的控件有几个来源，和传统的桌面应用程序开发或 Web 开发一样，有默认提供的控件和第三方开者发布的第三方控件，用户可以直接从网络上下载微软提供的默认控件样式。

其中 MSDN 列出了 Windows 应用程序平台中可用的广泛控件集，如 Windows Phone 基本控件、全景控件、Pivot 控件以及 WebBrowser 控件。此外，Silverlightfor Windows Phone 工具包为开发人员提供用于 Windows Phone 应用程序开发且设计为与 Windows Phone 的丰富用户体验相匹配的其他控件。

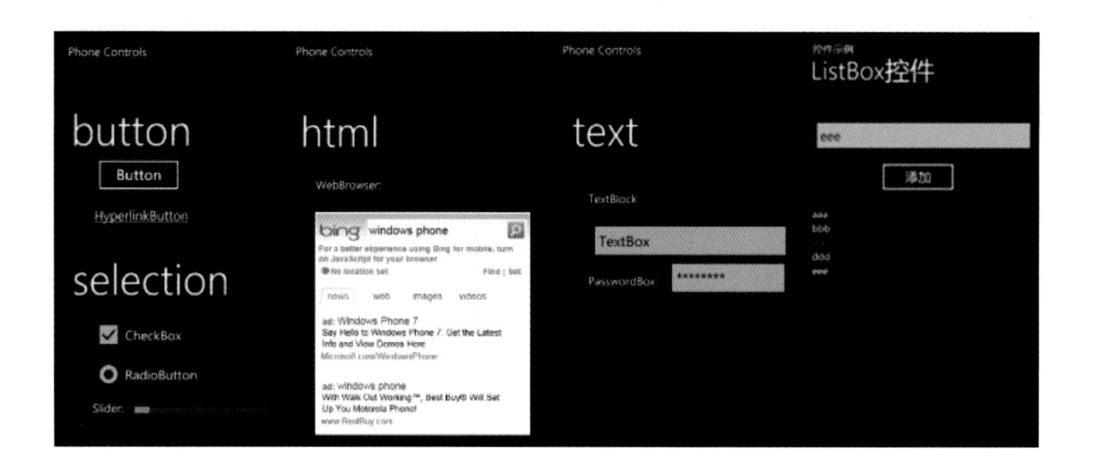

1.7 本章小结

本章主要介绍了手机 UI 设计相关的一些基础知识，包括常见的手机品牌、手机的样式、手机屏幕的色彩级别和分辨率等。由于手机屏幕的尺寸较小，直接导致 UI 设计应该尽可能简洁明了，用尽可能少的细节表现足够多的信息。

目前市场上比较常见的移动设备操作系统主要有 iOS、Android 和 Windows Phone，每个操作系统的设计规范和操作模式都不相同，创建 APP 时应该仔细参照相应平台的设计规范进行 UI 界面的设计。

Capt2　主页　目录　实战　提示　扩展　案例分析　配色　Search

设计原则 | 设计规范 | 基本形状 | 控件 | 图标 | iOS 7 的特点 | iOS 6 和 iOS 7 对比

第 2 章　iOS 系统实例

精彩案例:

最受欢迎　最近的

实战 5 制作 iOS 6 便签图标
源文件：第 2 章 \005.psd
视频：视频 \ 第 2 章 \005.swf

耗时 40min | 难度：一般

实战 6 制作 iOS 7 锁屏界面
源文件：第 2 章 \006.psd
视频：视频 \ 第 2 章 \006.swf

耗时 20min | 难度：容易

实战 7 制作 iOS 7 主界面
源文件：第 2 章 \007.psd
视频：视频 \ 第 2 章 \007.swf

耗时 40min | 难度：一般

实战 12 制作 iPad 游戏界面
源文件：第 2 章 \012.psd
视频：视频 \ 第 2 章 \012.swf

耗时 120min | 难度：困难 | 21 次收藏

实战 9 制作 iOS 7 文本编辑界面
源文件：第 2 章 \009.psd
视频：视频 \ 第 2 章 \009.swf

耗时 40min | 难度：一般

前情提要:

iOS 界面设计基础知识——通过对 iOS 界面元素和制作规范（控件、图标、界面中的图片）的详细介绍，使读者充分了解 iOS 程序。通过 iOS 6 与 iOS 7 界面及程序内部作用的分析、对比，用户会对当前界面设计风格、特点走向和发展趋势有所了解。iOS 界面设计案例制作——本章为用户提供优秀的界面设计，通过对案例配色与制作思路做简单的分析，并对界面制作步骤与制作方法做详细介绍，使读者在制作过程中不会感觉十分困难。

本章知识点:

- iOS 界面设计原则
- iOS 界面设计规范
- iOS 界面组成元素
- iOS 控件制作
- iOS 图标制作
- iOS 中的图片设计
- iOS 6 与 iOS 7

2.1 iOS 界面的设计原则

iOS 程序遵从以用户为中心的设计原则，这些原则不是基于设备的能力，而是基于用户的思考方式。例如，大多数用户都会希望自己的设备程序与屏幕能够相衬，并对于用户熟悉的手势能够有所响应。

很多手机用户也许并不了解“直接操控”和“一致性”人机交互设计原则，但用户还是会察觉出遵守原则与违背原则的程序之间有什么样的差别。

只有遵守原则的用户界面才能够符合用户的直觉，并且能够与程序的功能相辅相成，只有这样的程序才会受到用户的青睐，从而使用该程序。

而违背原则的程序使用起来会让用户感觉令人费解、逻辑混乱，这样的用户界面会使程序变成一团糟，也不会吸引用户。

2.1.1 美

除了要在外表上能够吸引用户的眼球之外，一个真正可以称得上“美”的用户界面，还要保持其外观与程序功能相衬。

例如许多手机 UI 设计师通常会将用来产生内容的程序（如 word、ppt）装饰性元素处理得很低调，并通过使用标准的控件和动作来凸显任务，这样用户在获得有关该程序目的和特性的信息时会比较容易一些，如图所示为 iOS 6 中日历、提醒事项和语言设置界面。

而在一些娱乐性应用的界面上，即使用户没有想要在游戏中能够完成非常困难的任务，但用户还是希望启动程序后能够看到华丽的、充满探索的、乐趣的界面。

2.1.2 一致性

保持界面一致性就是利用用户已经熟悉的标准和模式，并不是盲目地抄袭其他程序。保持界面一致性可以让用户继续使用那些之前已掌握的知识和技能。

从以下几个问题进行思考，就可以鉴别一个程序有没有遵从一致性原则：

- 该程序与 iOS 的标准是否一致？程序是否正确地使用了系统提供的控件、外观和图标以及它是否将程序与设备的特性有机地结合在一起？
- 该程序是否充分地保持了内部一致性？文案是否使用了统一的术语和样式？同一个图标是不是始终代表一种含义？用户能不能预测他在不同地方进行同一种操作的结果？定制的 UI 组件的外观和行为在程序内部是否表现一致？
- 该程序是不是与之前的版本保持一致？术语和意义是否保持一致？核心的概念本质有没有发生变化？

2.1.3 直接控制

当用户没有通过各种控件就能够直接控制屏幕上的某种物体时，就会在更清楚地理解行为结果的情况下更深地沉浸在任务中。使用手势而不通过鼠标等中介设备直接触动屏幕上的物体，会让用户感觉有更强的操纵感。

例如目前大多数用户比较熟悉的一款剪扣子的游戏中，界面中出现一把剪刀，用户可以直接用手指控制这个剪刀。

在 iOS 程序中，用户在以下场景中可以直接控制：

- 旋转或用其他方式移动设备影响屏幕上的物体 。
- 使用手势操纵屏幕上的物体。
- 用户可以看到直接、可见的动作结果。

2.1.4 反馈

用户期待在操纵控件时快速的反馈，通过反馈明白他们所触动的行为会产生什么样的结果；同时用户也希望在较长的流程中能够提供状态提示，以确定程序是否正在运行中。

用户执行的所有动作，iOS 的内置程序都会提供可察觉的反馈。例如单击某个选项栏中的任意一个按钮，或某个列表中的某个选项，被单击的按钮或选项会变成高光背景。

而在一些会持续很长时间的流程中，内置程序则会通过一个控件为用户显示已完成和未完成的进度，并且还会在可能的时候为用户提供解释信息。

在程序中添加顺滑的动画能够帮助用户了解动作的结果，例如列表在添加新的选项时就会向下滚动，这样用户就可以发现这个显著的变化。

另外声音在也可以为用户提供有用的反馈，但有时用户可能会在一些场合中不得不关掉声音，因此声音不可作为唯一或主要的反馈方式。

2.1.5 暗喻

使用真实世界中的物体和动作暗喻虚拟的物体和动作，可以帮助用户理解和使用程序。但在同时又要避免与模仿的现实世界中的物体和动作相同的限制。例如文件夹：人们通常会将整理好的文件放在文件夹里，相同地，在电脑上用户也就会明白手机上也可以将屏幕上的文件放在文件夹里；但现实世界中能够放在文件夹里的东西非常有限，而在这里却有很大甚至无限的空间。

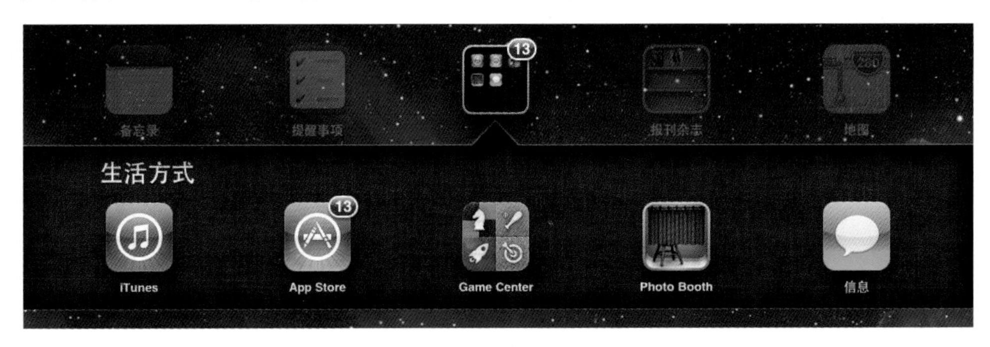

iOS 系统支持丰富的动作和图片，因此运用暗喻手法的控件是相当充足的，用户可以像在现实世界中操纵物体一样与屏幕上的物体进行交互。

iOS 系统中的暗喻包括以下方面：

- 轻触 iPod 的播放按钮 。
- 在游戏中拖拉、轻拂或水平滑动 。
- 滑动切换开关 。
- 轻拂一叠照片。
- 旋转拾取器的拨轮，做出选择。

但是在操作系统中，文件夹必须放在书柜里，这样用就不是很好用了，所以暗喻在一般情况下没有做过多隐申时效果会比较好。

2.1.6 用户控制

程序可以建议用户一些流程、操作或警示危险的结果，但所有的操作都必须由用户发出，而不是直接抛开用户由程序来做决策。有些程序更是能够平衡用户的操作权，帮助用户避免犯错。

对于用户来说，在控件和行为都很熟悉、可以预测结果的时候最有操控感。另外，用户可以很容易理解并记住非常简单直白的动作。

用户希望在进程开始执行前有足够的机会取消它，在破坏性动作执行前有再次确认的机会，在进程运行中优雅地终止它。

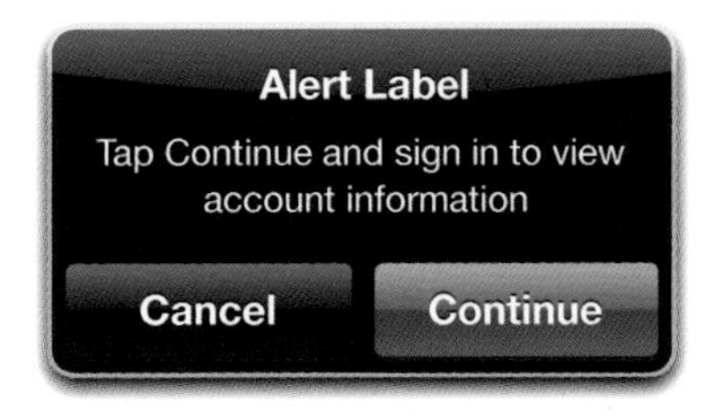

2.2 iOS 界面的设计规范

用户对于 iOS 内置应用的外观和行为都很熟悉，所以用户希望下载的程序也能带来相似的体验，因此在界面设计之前理解它们所遵循的设计规范会很有帮助。

了解 iOS 设备以及运行于其上的程序所具有的特性，并在设计中记住以下几点：

- **可单击的控件**

  用轮廓和亮度渐变的按钮、挑选器、滚动条等控件，都是欢迎用户单击的邀请。

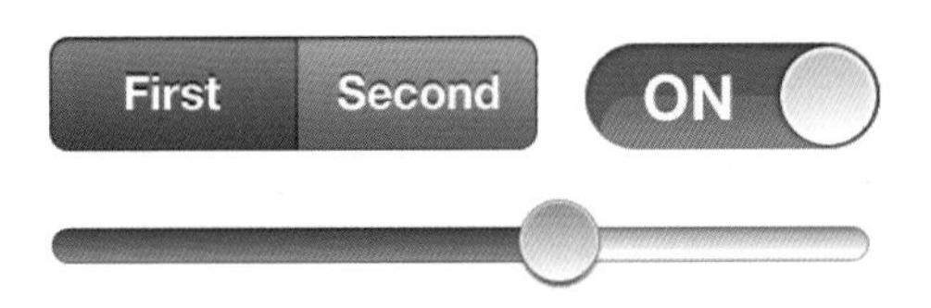

- **简明、易于导航的控件**

  iOS 系统中的每一个层级内容都为用户提供了导航栏，同时也提供展示不同组的内容或功能提供 tab 页签。

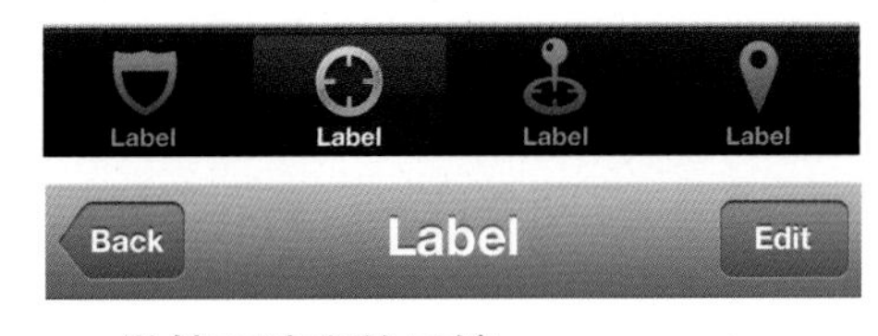

- **微妙而清晰的反馈**

  iOS 系统使用精确流畅的运动来反馈用户的操作，可以使用进度条、活动指示器来指示状态，使用警告给用户以提醒、呈现关键信息。

2.2.1 确保程序在 iPad 和 iPhone 上通用

要确保设计方案在 iPad 和 iPhone 两种设备上通用，首先要考虑以下几点：

- **为设备量身定做界面**

  大多数的界面元素都可以在两种设备上通用，知识通常会在界面布局上有很大的差异。

- **为屏幕尺寸调整图片**

  建议不要将 iPhone 上的程序在 iPad 上放大，因为用户在 iPad 上希望看到与 iPhone 上同样清晰的图片。

- **在任何设备上使用都要保持相同功能**

  既要为任务提供更深入或更具交互性的展示，还要让用户不会感觉使用的是两个完全不同的版本。

- **超越“默认”**

  iPhone 上的程序如果没有优化过，那在 iPad 上默认地会以兼容模式运行。这种模式使用户可以在 iPad 上使用现有的 iPhone 程序，但却没能给用户提供他们期待的 iPad 体验。

2.2.2 重新考虑基于 Web 的设计

若使用从 Web 中移植而来的程序，就需要确保该程序能够使用户感觉到 iOS 特有的体验，因为用户可能会使用 Safari 来浏览网页。

以下策略可以帮助 Web 开发者创建 iOS 程序：

- **关注程序**

  iOS 程序不适合网页中给访客一堆的任务和选项供用户挑选这种体验，iOS 用户期待能够立刻看到有用的内容。

○ **确保程序为用户做事**

用户可能会喜欢在网页中浏览内容，但更喜欢可以使用程序来完成一些任务。

○ **为触摸设计**

不要在 iOS 系统中复用网页设计模式。要熟悉并使用 iOS 的界面元素和模式来展示内容。重新考虑菜单、基于 hover 的交互、链接等 web 元素。

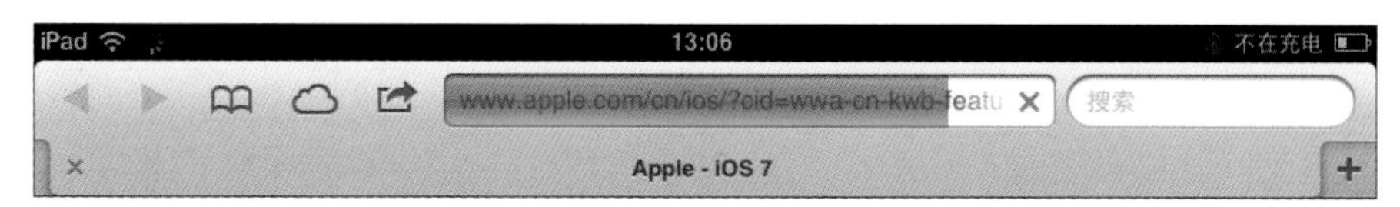

○ **让用户翻页**

在网页中，用户在顶部区域附近找不到有用的区域就会离开网页，所以大多数网页会在第一时间将重要的内容认真地展示出来。但在 iOS 设备上就不适合这种布局了，因为用户可以很轻易地翻页。如果像在网页中一样将所有内容挤在同一屏幕中，就必须缩小所有字体，这样就会导致文字或内容看不清楚，整个网页页面的布局也一团乱麻，无法使用。

○ **重置主页图标**

我们经常看到许多网页通常都会在每个页面顶部放置一个回到主页的图标。而在 iOS 中就不适合这么做了，因为 iOS 中不包括主页。另外在 iOS 程序中，用户可以单击状态栏直接回到列表的顶部，这样如果非要在顶部放一个主页图标，按状态栏就会很不方便。

2.3 iOS 界面基本图形——直线

图形是组成界面的最基本元素，手机界面制作也包括在手机程序制作中。前面我们为读者介绍过，衡量一个程序是否“美观”的因素是观察其外观与内部程序功能是否相衬。但这并不是要忽略程序的外观。

漂亮的外表是让一个人愿意更深地了解你的“敲门砖”，只有外观好看才会让人对其产生了解你的兴趣和好奇心。

一个界面的美观度能在第一时间留给人们好的印象，而要为程序制作一个美观的界面，首先要熟悉各种图形形状在界面中的用途。

iOS 界面中，当页面中要选择的选项较多或要显示的内容较复杂时，就可以使用直线。

这种装饰性较低、较简单的形状元素做分隔线，既保证了页面的整洁，又方便用户浏览。在页面中使用这种形状时，也不会添加太多的图像效果，避免复杂的图像效果导致用户在浏览内容时被干扰。

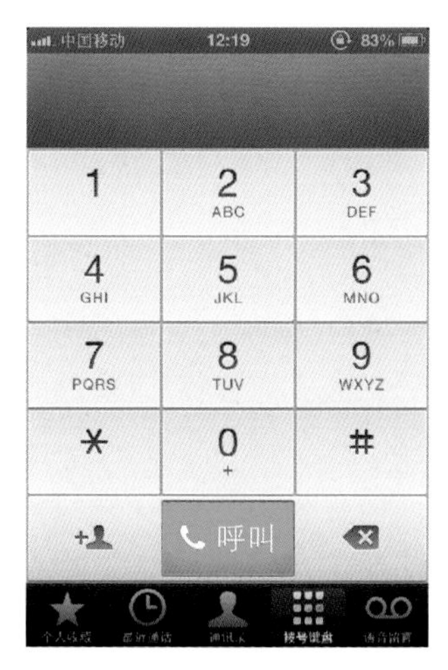

实战 1 制作 iOS 6 语言设置界面

- 源文件地址：第 2 章 \001.psd
- 视频地址：视频 \ 第 2 章 \001.swf

- 案例分析：

本案例中就是 iOS 界面中使用直线的典范，案例中有很多运用直线绘制出的元素，除了规范界面布局以外，也将直线作为装饰性元素出现。

- 配色分析：

蓝白渐变的背景，逼真而又彰显华丽贵气，整个界面既明亮而又不显轻浮；黑色的文字置于纯白的背景上，清晰又突出，方便用户阅读。

制作分析 制作思路

01	02	03	04
使用形状工具配合形状加减运算制作状态栏	使用形状工具和添加图层样式的方法制作导航栏	使用“圆角矩形工具”与“直线工具”制作白框	使用形状工具制作细节装饰，用“文字工具”输入文字

○ 制作步骤：01——制作状态栏

01 ▶执行“文件 > 打开”命令，打开背景素材“第 2 章 \ 素材 \001.jpg”。

02 ▶使用“矩形工具”在画布顶端创建一个黑色的矩形。

03 ▶使用“圆角矩形工具”在画布顶部创建一个任意颜色的形状。

04 ▶选择“矩形工具”，设置“路径操作”为“减去顶层形状”，在形状下方绘制。

提问：如何将同一个形状中的多条路径合并为一条路径？

答：设置形状工具的“工具模式”绘制出的形状会有两条或多条路径，这时可以再次修改“工具模式”为“合并形状组件”，即可将多条路径合并为一条路径。

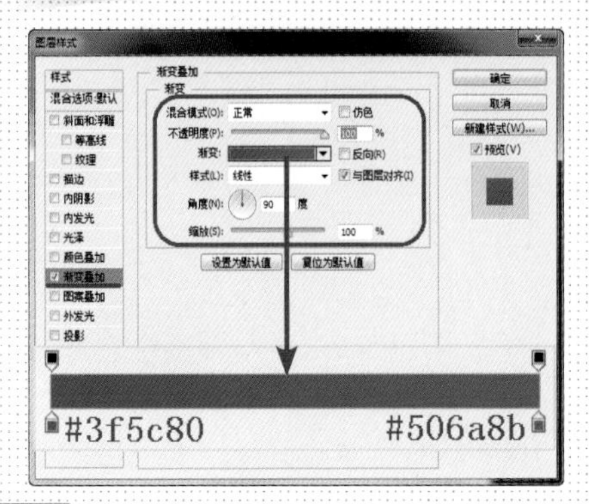

05 ▶双击该图层缩览图，打开“图层样式”对话框，选择“渐变叠加”选项设置参数。

06 ▶设置完成后单击“确定”按钮，得到形状渐变效果。

07 ▶使用“矩形工具”在画布中创建“填充”为 #c1cad6 的形状。

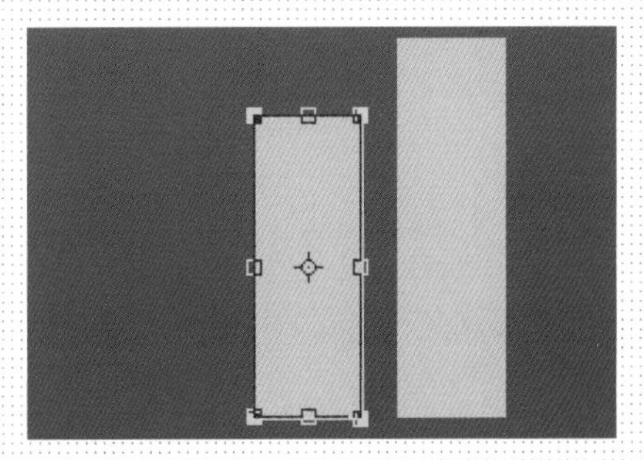

08 ▶复制该形状，按下快捷键【Ctrl+T】适当缩放并移动该形状。

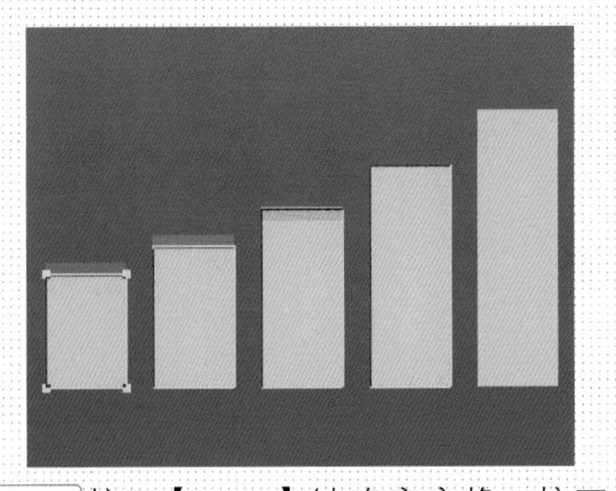

09 ▶按下【Enter】键确定变换，按下【Ctrl+Shift+Alt】快捷键不放，同时不停地单击【T】键，得到如图形状效果。

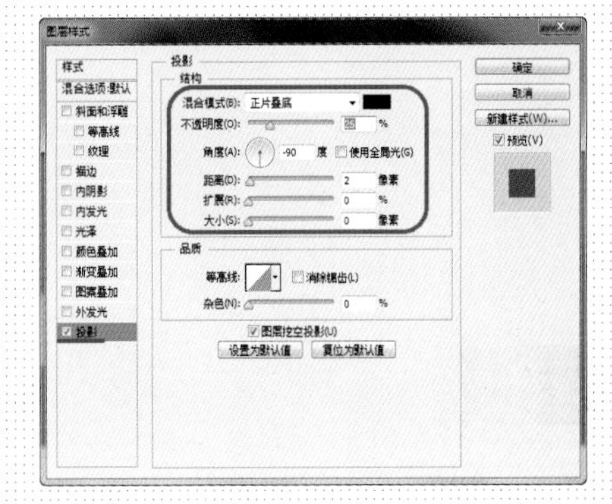

10 ▶合并“矩形 2”和“矩形 2 拷贝”。双击该图层缩览图，在弹出的“图层样式”对话框选择“投影”选项设置参数。

提问：移动并复制形状时要注意什么？

答：按下快捷键【Ctrl+Shift+Alt+T】可以在复制形状的同时使复制出的形状按照上一步骤进行的缩放和移动的轨迹与大小变化延伸，因此在本案例中制作该形状要注意缩放该形状时至缩放形状的高，不要缩放的宽；在移动形状时，一定保持形状平行移动，否则制作出的形状会偏离轨道，向下移动。

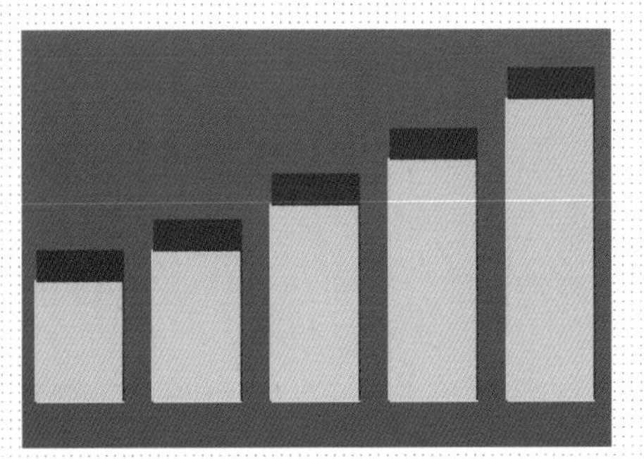

11 ▶设置完成后单击“确定”按钮，得到形状投影效果。

12 ▶打开“字符”面板设置参数，并使用“横排文字工具”在画布中输入文字。

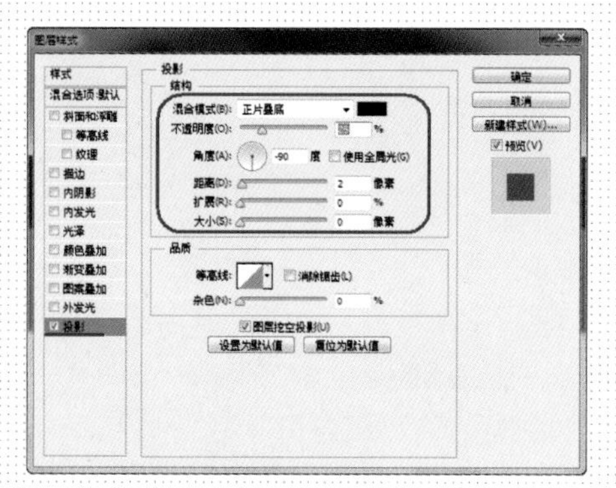

13 ▶双击该图层缩览图，在弹出的“图层样式”对话框选择“投影”选项设置参数。

14 ▶设置完成后单击“确定”按钮，得到形状投影效果。

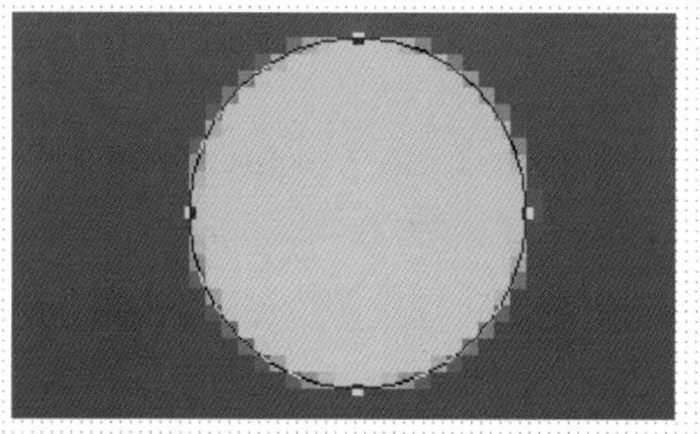

15 ▶使用“椭圆工具”在画布中创建一个“填充”为 #c1cad6 的正圆。

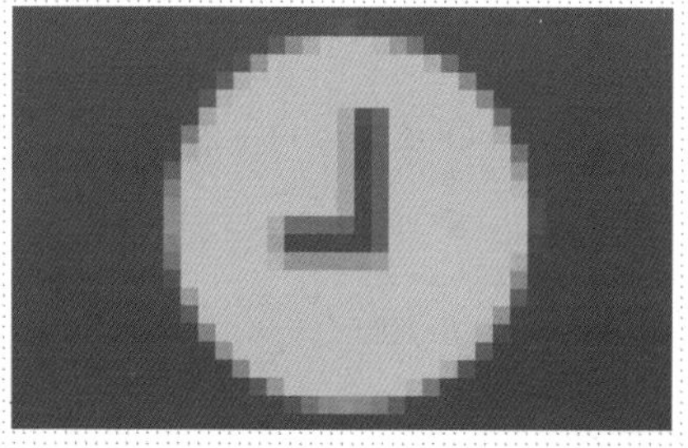

16 ▶选择“矩形工具”，设置“路径操作”为“减去顶层形状”在正圆中绘制形状。

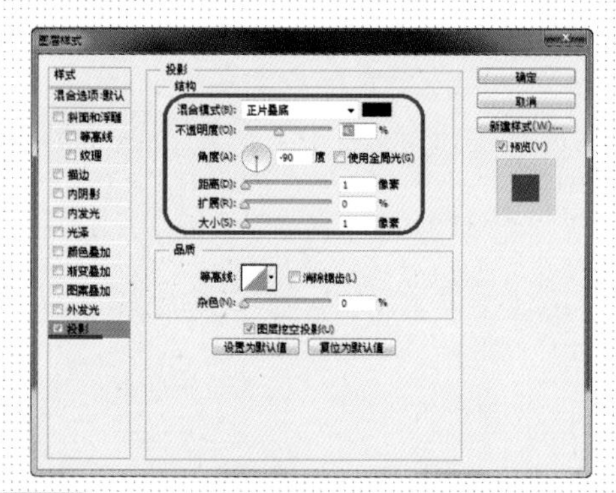

17 ▶打开“图层样式”对话框，选择“投影”选项设置参数值。

18 ▶设置完成后单击“确定”按钮，得到形状投影效果。

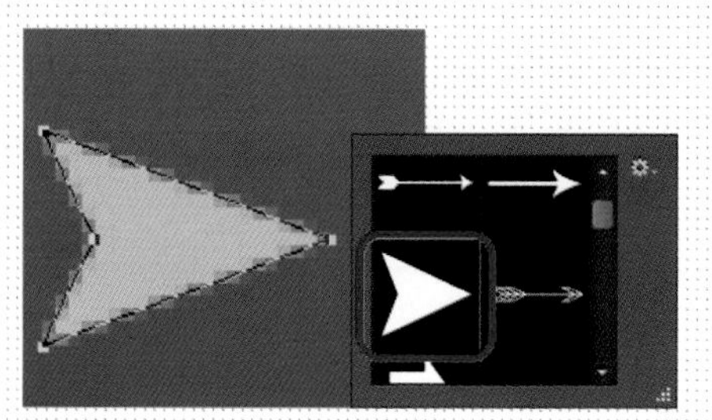

19 ▶选择“自定义形状工具”，设置“填充”为 #c1cad6，选择合适的形状在画布中绘制。

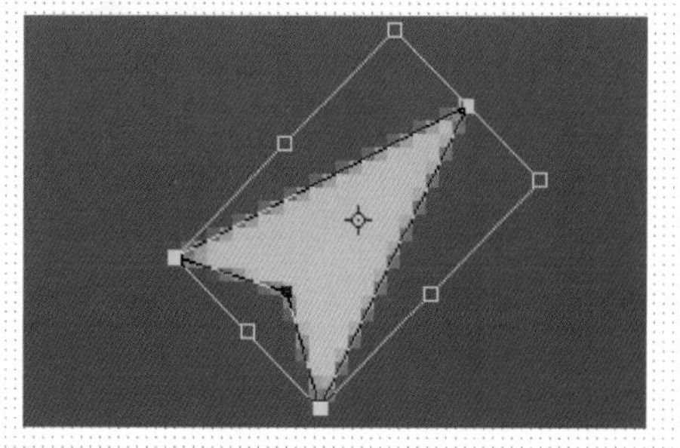

20 ▶执行“编辑 > 变换路径 > 旋转”命令，适当调整形状位置和大小。

21 ▶调整完成后按下【Enter】键，复制“椭圆 1”图层样式，粘贴在该图层。

22 ▶使用相同的方法完成相似制作，对相关图层进行编组，并重命名为“状态栏”。

○ 制作步骤：02——制作导航栏

01 ▶使用“矩形工具”在画布中创建一个“任意颜色的矩形。

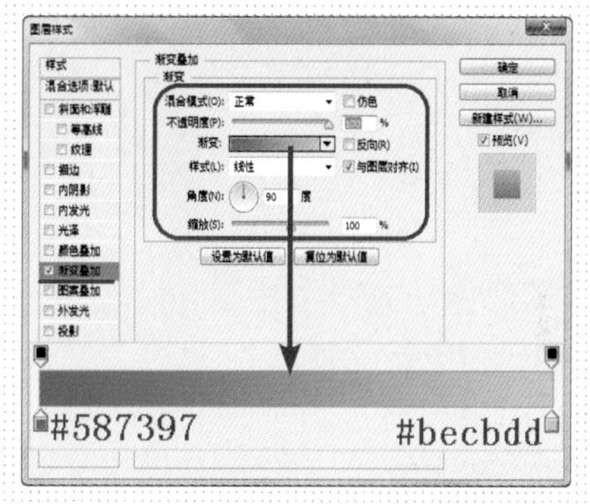

02 ▶打开“图层样式”对话框，选择“渐变叠加”选项设置参数值。

03 ▶设置完成后单击“确定”按钮，得到形状渐变效果。

04 ▶继续使用“矩形工具”在画布中创建一个任意颜色的矩形。

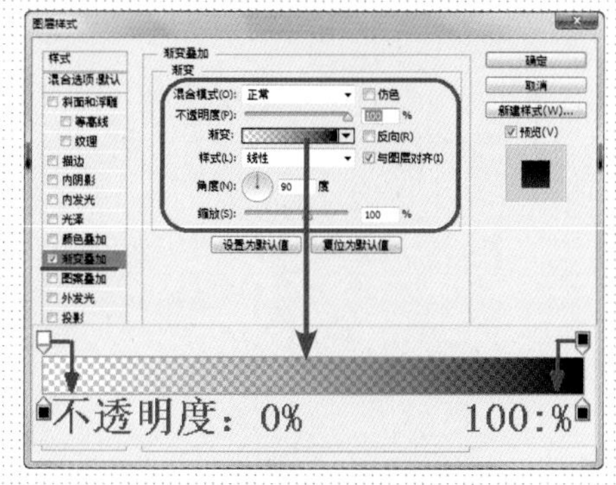

05 ▶打开“图层样式”对话框，选择“渐变叠加”选项设置参数值。

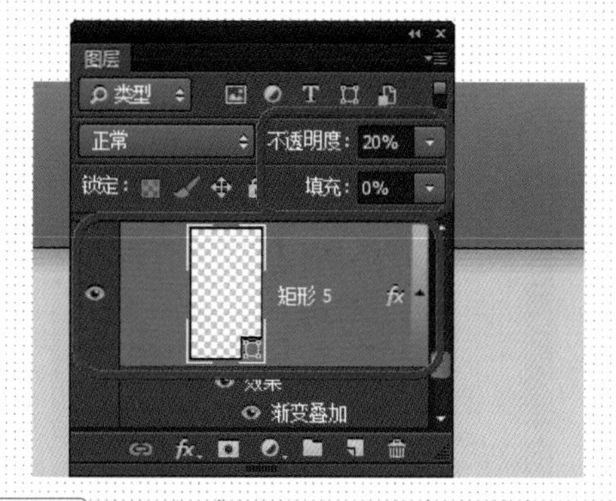

06 ▶设置完成后单击“确定”按钮，修改图层“不透明度”为 20%，“填充”为 0%。

07 ▶使用“直线工具”在蓝色渐变矩形底部绘制“填充”为 #3f5c80 的直线。

08 ▶继续在蓝色渐变矩形顶部绘制“填充”为白色，“不透明度”为 35% 的直线。

○ 制作步骤：03——制作其他

01 ▶继续在白色直线顶部绘制“填充”“不透明度”为 50% 的直线。

02 ▶使用相同的方法完成相似制作。

03 ▶使用“直线工具”在画布中绘制“填充”为 #cacaca 的直线。

04 ▶使用相同的方法完成相似制作。

05 ▶使用“直线工具”在画布中绘制“填充”为 #7f7f7f 的直线。

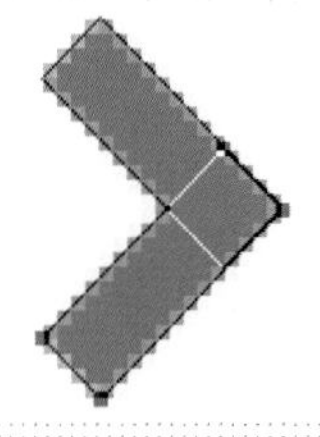

06 ▶设置“路径操作”为“合并形状”，继续绘制。

提问：绘制直线注意事项？

答：绘制直线时按下【Shift】键可绘制垂直的直线。注意在绘制时先用鼠标在画布中单击再按下【Shift】键，若先按下【Shift】键再绘制，会将直线直接选中形状合并。

07 设置“路径操作”为“合并形状组件”，可以看到形状路径。

08 使用相同的方法完成相似制作，得到界面的最终效果。

提问：图层“不透明度”和“填充”区别？

答：图层“不透明度”用于控制图层形状、像素的不透明度，若为图层添加了图层样式，也会影响图层样式；“填充”也可以用于控制形状、像素不透明度，当对图层添加了图层样式，修改图层“填充”不会影响图层样式。

操作难点分析

本案例中多次使用到了为形状制作渐变效果，为形状制作渐变效果有两种方式，直接在“填充”面板设置渐变颜色，或为形状添加“渐变叠加”图层样式。但这两种方法并不是在任何情况下都通用的，例如在“渐变叠加”图层样式中，相信读者都注意到比在“填充”面板中多了一项“混合模式”选项，因此造成了这两种使用方式的不同点，在制作中要十分注意。

对比分析

将案例中的导航栏和按钮的渐变颜色改为单一的颜色，会使整个页面看起来没有本界面利用为形状添加渐变叠加图层样式，制作出具有色彩层次感和立体感的

层次感，页面效果很单调。

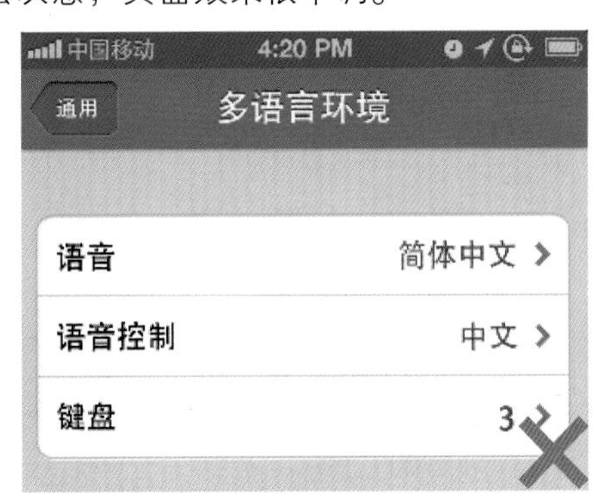

界面效果，为页面添加逼真的质感。

2.4 iOS 界面基本图形——图形

任何界面都是由各种或简单或复杂的图形形状组成的，不管是多么漂亮、华丽的界面，这些华丽的界面都以简单、没有任何装饰的图形元素做基底，然后为这些单调的形状添加各种逼真、华丽的图形特效，形成我们最终看到的华丽界面。

2.4.1 矩形

矩形是任何界面的制作中都会或多或少一定会涉及到的形状，通常会被作为许多琐碎元素或文字的垫底元素出现，将所有零散的、杂乱的复杂元素集合在一个方方正正的矩形上，既起到很好的规范页面效果的作用，又整理了所有零散元素，很好地帮助用户浏览并获取有用的信息，是一种最简单、最不可缺少的图形元素。

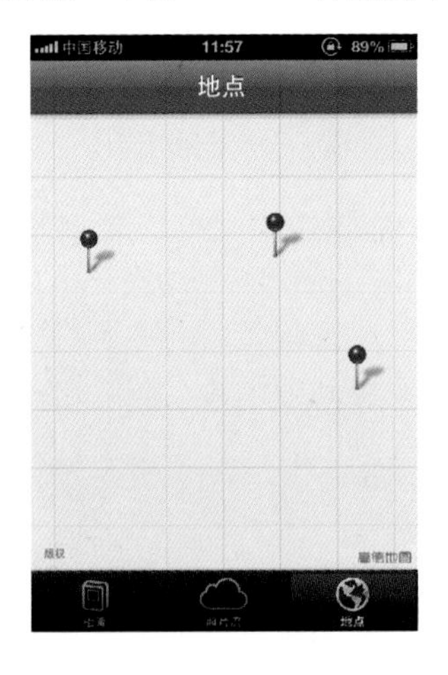

2.4.2 圆角矩形

圆角矩形不像矩形一样，在任何界面中都会见到，但这种形状也是一种经常会涉及到的图形，矩形也可以用来将所有零散的、杂乱的复杂元素集合为一个规整的整体，方便用户浏览。

在 iOS 界面的设计中，所有图标的背景都是圆角矩形的。这种形状既具有矩形一样的整齐效果，却又不像矩形一样拘束、死板，将许多形同大小的圆角矩形按钮搭配在一起，既美观又不失灵动、美观。

2.4.3 圆

圆分椭圆和正圆两种，在 iOS 界面的制作中，圆通常是作为装饰元素或模拟真实世界中的真实事物时出现的，例如在真实世界中，许多闹钟是圆形的，而 iOS 界面中也将闹钟图标的形状设计为圆形的。

2.4.4 其他形状

另外在 iOS 界面的设计中，还有许多由多种规则形状组成的不规则形状，这些形状也都是用来做装饰用途的和更形象地模拟真实世界中事物用途的。因为 iOS 程序还要具备的一个特点就是简单化，使用户即使在不认识字的情况下，也可以通过形象的图形了解一个图标或其他元素的作用。

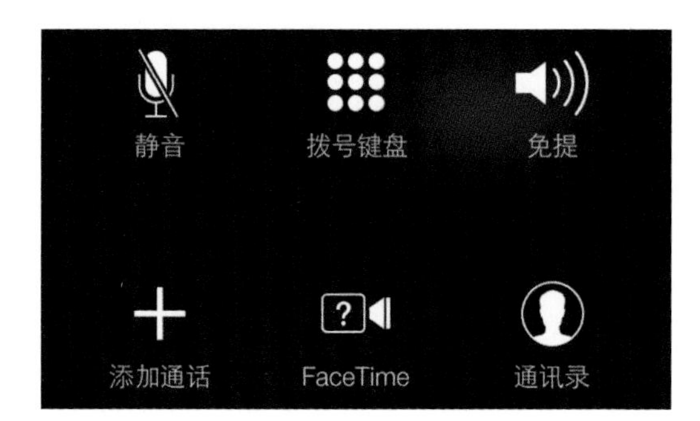

实战 2 制作 iOS 7 快捷设置界面

- 源文件地址：第 2 章 \002.psd
- 视频地址：视频 \ 第 2 章 \002.swf

○ 案例分析：

本案例中几乎包括了 iOS 界面制作中所运用到的所有图形，在制作时最好使用形状工具绘制，因为在绘制形状过程中免不了要随时调整大小，避免形状模糊。

○ 配色分析：

绿色的界面背景，十分护眼，使用户感觉亲切而舒服；界面中模糊的银白色，制作出页面质感；灰、白的图标与文字搭配，和谐而不失灵动效果。

制作分析　制作思路

01 直接拖入背景色彩，填充黑色，制作出发暗背景

02 复制背景并制作出模糊效果，填充低透明度白色图层

03 使用形状工具并配合形状路径操作制作各种形状

04 继续使用形状工具制作其他形状，并输入文字

○ 制作步骤：01——制作背景

01 ▶执行“文件 > 打开”命令，打开背景素材“第 2 章 \ 素材 \002.jpg”。

02 ▶新建图层，为画布填充黑色后修改图层“不透明度”为 40%。

03 按下快捷键【Ctrl+J】复制“背景”图层，将其拖移至最上方，并将其转换为智能图层。

04 执行“滤镜 > 模糊 > 高斯模糊”命令，在弹出的“高斯模糊”对话框设置参数。

提问：为什么将图层装换为智能图层？

答：将图层转换为智能图层，可以在“图层”面板保留对图层添加的“高斯模糊”效果的数值，以方便以后对其数值进行修改。

05 设置完成后单击“确定”按钮，可以看到图像的模糊效果。

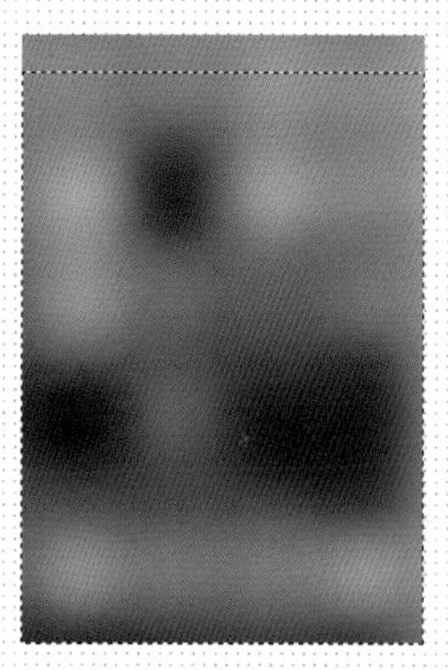

06 选择“矩形选框工具”，在画布中底部向上创建选区。

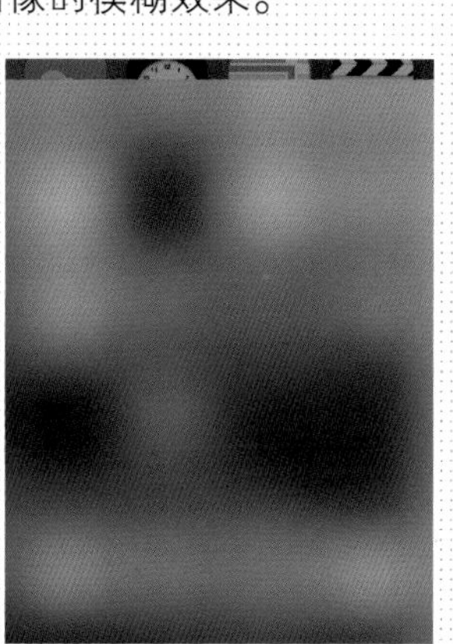

07 单击“图层”面板下方的“添加图层蒙版”按钮，为图层添加图层蒙版。

08 新建图层，将图层蒙版载入选区，填充白色，修改图层“不透明度”为 45%。

○ 制作步骤：02——制作快捷按钮

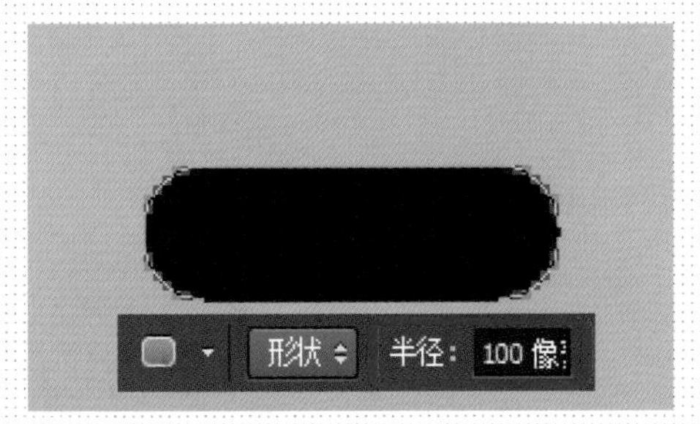

01 ▶选择“圆角矩形工具”在画布中创建“填充”为 #232826 的形状。

02 ▶执行“编辑 > 变换路径 > 旋转”命令，对形状进行旋转操作。

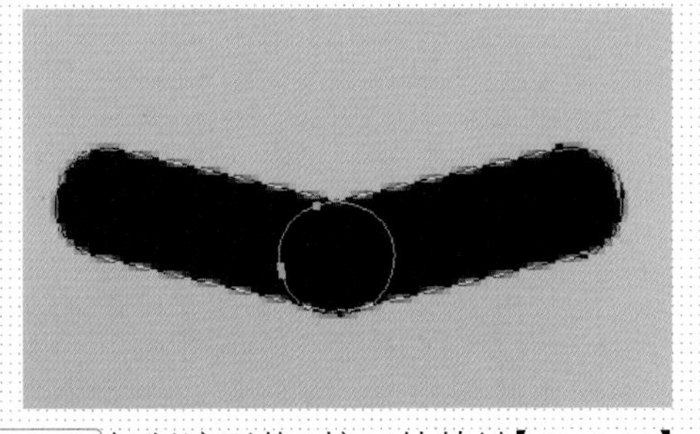

03 ▶复制该形状，按下快捷键【Ctrl+T】，调整位置，按下快捷键【Ctrl+E】合并形状。

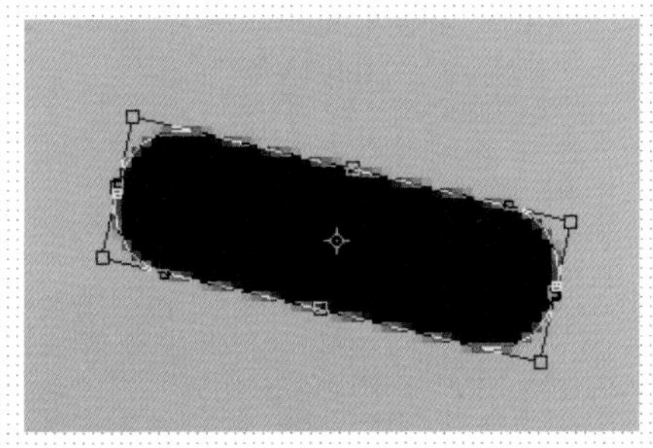

04 ▶执行“编辑 > 变换路径 > 旋转”命令，对形状进行旋转操作。

提问：合并图层后，图层如何命名？

答：合并图层时，合并后的图层名称都是以最上方图层名称而命名的。另外，如果形状图层与形状图层合并，合并后的图层仍是形状图层，如果形状图层与像素图层合并，合并后的图层就是像素图层。

05 ▶将相关图层编组，重命名为“背景”。

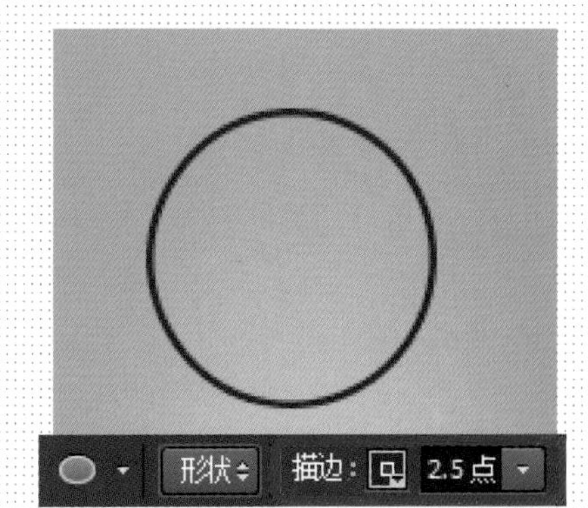

06 ▶选择“椭圆工具”，设置“填充”为“无”，创建“描边”为 #414747 的圆环。

07 ▶使用“钢笔工具”创建“填充”为#414747 的形状。

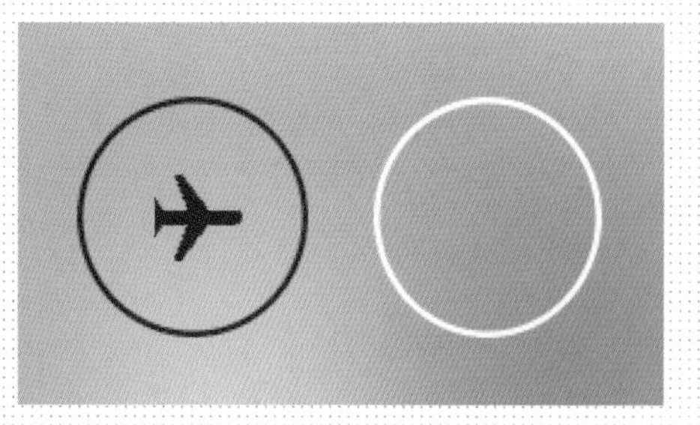

08 ▶复制“椭圆 1”，修改其“填充”白色，将其平行向右拖动。

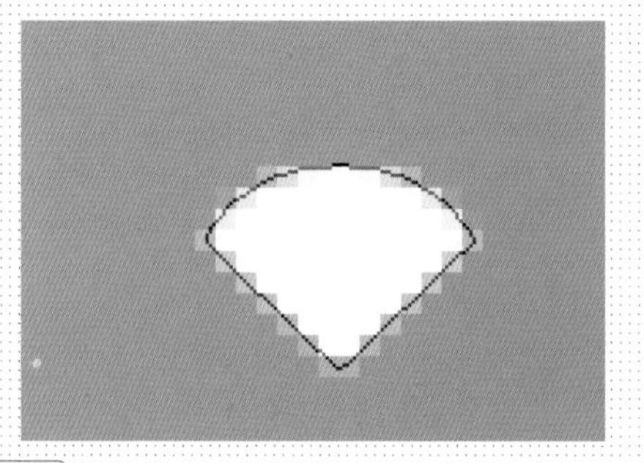

09 ▶使用“钢笔工具”在圆环中心创建白色的形状。

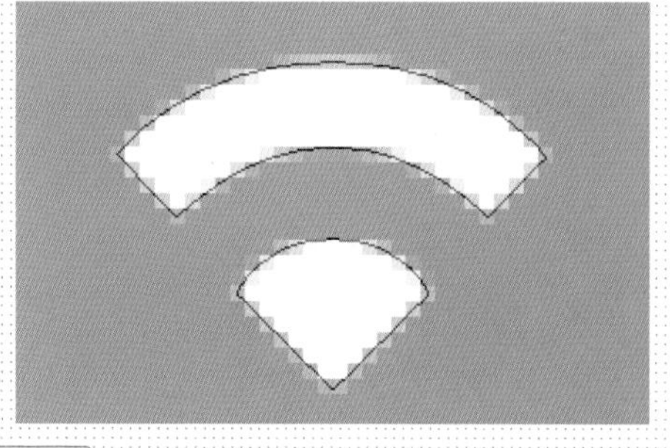

10 ▶设置“路径操作”为“合并形状”，继续在图像中绘制。

11 ▶使用相同的方法完成相似制作。

12 ▶使用相同的方法复制椭圆并调整位置。

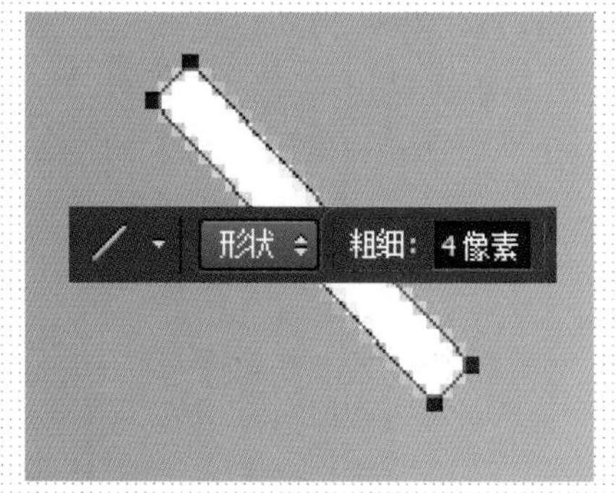

13 ▶选择“直线工具”，在圆环中心创建“填充”为白色的直线。

14 ▶设置“路径操作”为“合并形状”，继续在图像中绘制，并设置“路径操作”为“合并形状组件”。

提问：如何绘制蓝牙图标上下的尖角？

答：在绘制蓝牙图标时，针对图标上下两端较为尖锐的拐角，直接使用“直线工具”无法绘制出来，可以选择“直接选择工具”单击选择并拖动锚点，对路径稍作调整。

○ 制作步骤：03——制作快捷设置控件

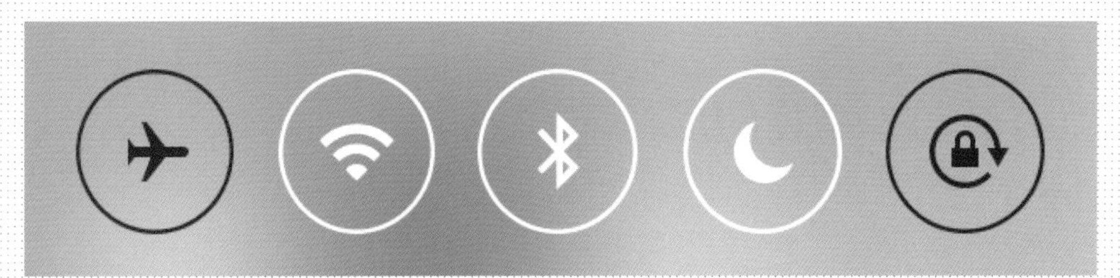

01 ▶使用相同的方法完成其他快捷图标的制作。

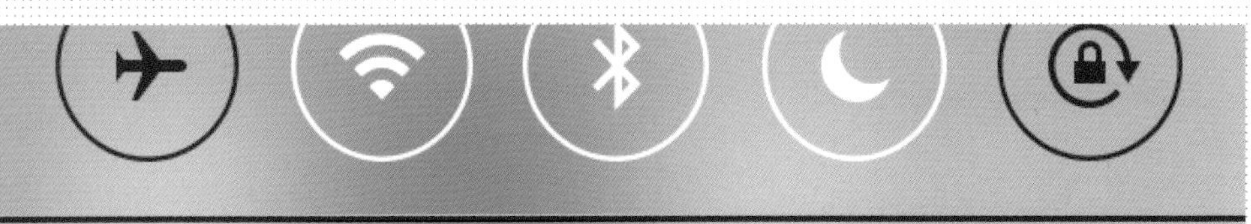

02 ▶使用“直线工具”在画布中创建“填充”为 #3f4844 的直线。

03 ▶使用“直线工具”在画布中创建“填充”为 #3f4844 的直线。

04 ▶设置“路径操作”为“合并形状”，继续在图像中绘制。

05 ▶继续使用相同的方法完成相似制作。

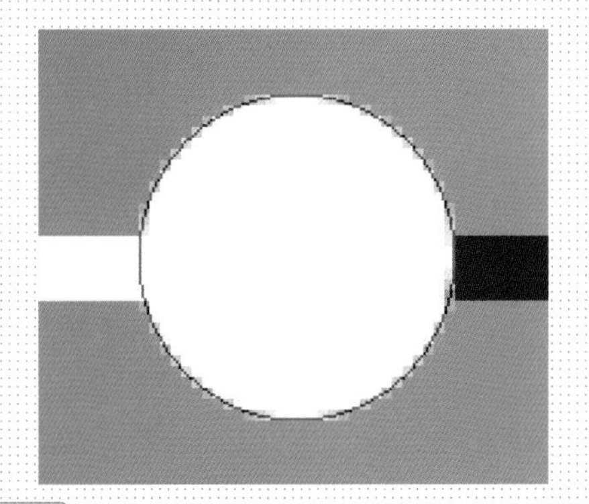

06 ▶使用“椭圆工具”在画布中创建白色的正圆。

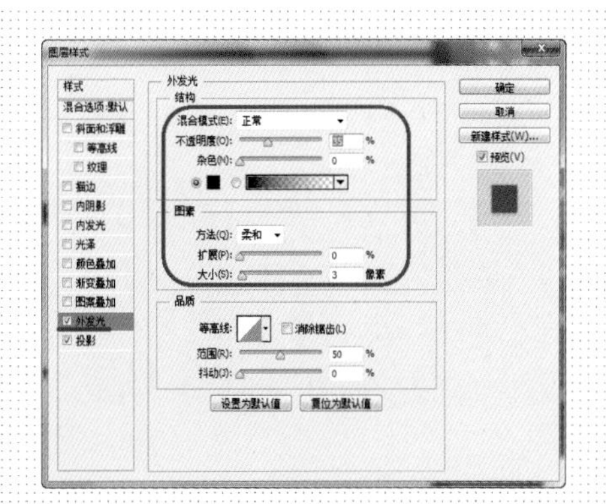

07 ▶双击该图层缩览图，在弹出的“图层样式”对话框选择“外发光”选项设置参数。

提问：如何绘制正圆？

答：在画布中单击并拖动鼠标，可以绘制出任意比例的椭圆；按下【Shift】键在画布中单击并向右下方拖动鼠标，可以绘制正圆，并且鼠标最初的落点为该形状的左上角；按下【Shift+Alt】快捷键，在画布中单击并向右下方拖动鼠标，可以绘制出以鼠标最初的落点为该形状中心点的正圆。

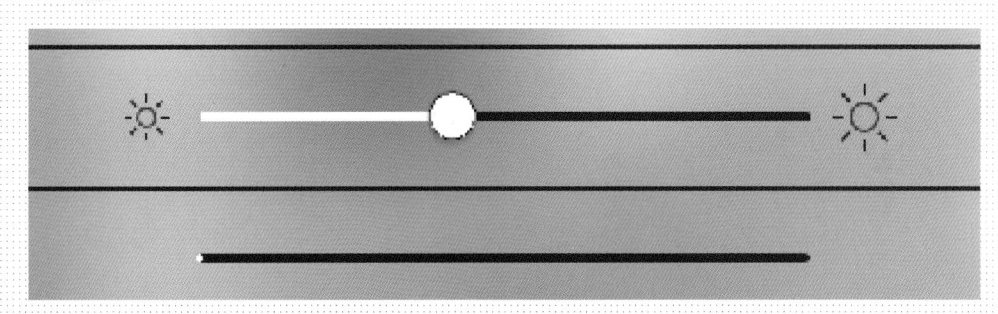

08 ▶使用相同方法完成相似制作。

09 ▶打开“字符”面板设置参数，并使用“横排文字工具”在滑动条两边输入文字。

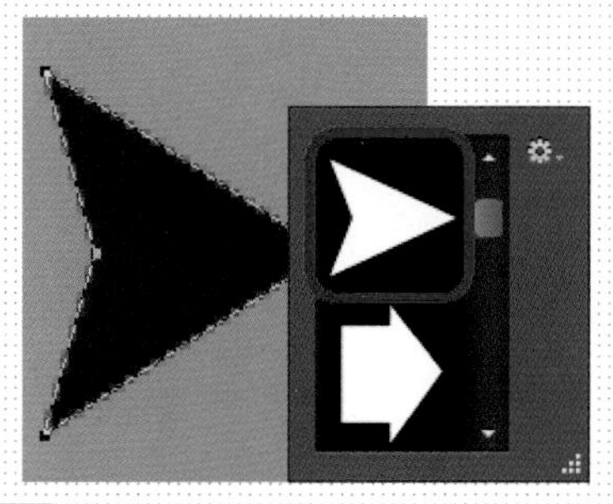

10 ▶使用“自定义形状工具”选择合适的形状创建“填充”为 #262931 的形状。

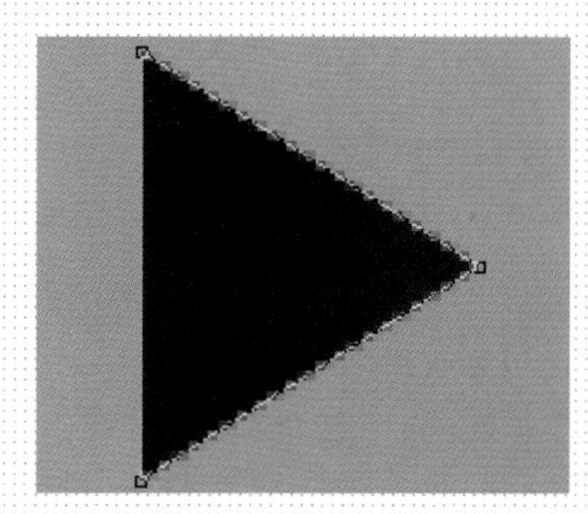

11 ▶选择“删除锚点”工具，删除形状右边的锚点。

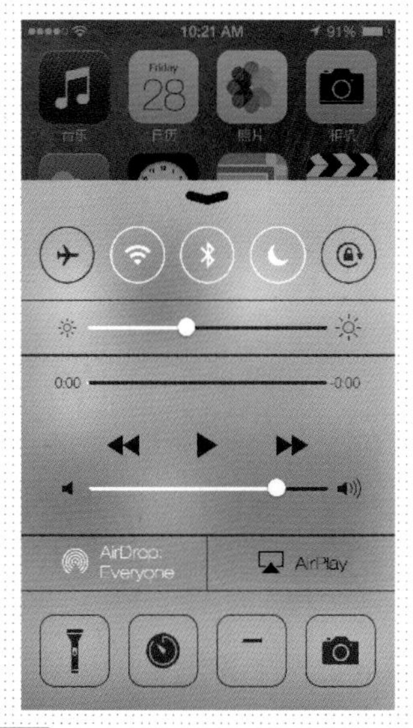

12 ▶使用相同的方法完成相似内容的制作，并对相关图层进行编组整理，得到界面的最终效果和“图层”面板的最终效果。

操作难点分析

矢量形状相比像素图像具有无限放大也不会模糊的优点，建议在制作时最好使用形状工具绘制界面中的图形。但页面中形状交叉较为复杂时，在形状调整时就会很不方便，因为使用“直接选择工具”选择单一一个图层上的形状路径或锚点时，若是两个形状图层有重叠情况的，就会将两个形状的路径都选中，这样在调整时会很不方便。Photoshop CC 新增功能为用户解决了这个烦恼；只要选择要调整图层的形状路径并用鼠标双击，即可打开形状路径单独调整模式，不会影响其他形状图层路径，调整完成后单击“图层”面板的“图层过滤”按钮，即可回到原图层模式。

对比分析

若将界面的背景填充为单一的颜色，整个界面看起来就会非常单调、死板、没有灵动感，带给人消极情绪。

界面背景利用模糊界面并添加朦胧的白色图层的制作方法，使背景看起来既色彩丰富又不混乱，恰到好处地制作出动感。

2.5 控件的绘制

iOS 程序为用户提供了大量的控件，用户利用这些控件也可以完成一些操作、浏览信息。

iOS 程序控件是由视图继承而来的，用户还可以通过诠释颜色的属性为其着色。

2.5.1 搜索栏

搜索栏可以通过用户获得文本做筛选的关键字，其外观与圆角的文本框较相似。默认情况下按钮在左侧，用户单击搜索栏后键盘会自动出现，输入的文本会在用户输入完毕后按照系统定义的样式处理。

另外搜索栏还有一些可选元素：

- **占位符文本**

  可以用作描述控件的作用，或提醒用。

- **书签按钮**

  可以用作为用户提供便捷信息的输入方式。书签按钮只有当用户在文本框中输入内容或输入占位符之外的内容时才会出现，因为用户在输入文字后，这个位置会放置一个清空按钮。

- **清空按钮**

  用于清空输入内容。当搜索栏中出现如果用户没有输入的文字时按钮就会隐藏。

- **描述性标题**

  iOS 程序中都是用搜索栏来实现搜索功能的，而不是文本框。程序为用户提供两种标准配色——黑色和蓝色，用户可以选择适当的颜色，对搜索框进行自定义设置。

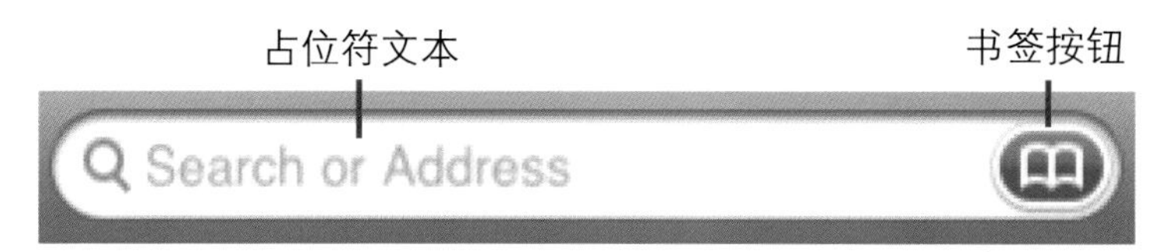

2.5.2 细节展开按钮

细节展开按钮用于展示与某个物体相关的详情或功能，它是一个UIButton Type Detail Disclosure 类型的 UIButton，细节展开按钮的出现是为用户表明当前项目还有额外的细节和相关功能，单击后会在另一个表格或视图中呈现。在 iOS 7 中，细节展开按钮使用和 Info 按钮一样的符号。

当详情展示按钮出现在表格视图的“行”里时，按在行的其他位置上只会选中行或者触发程序自定义的行为，不会激活细节展示按钮。

实战 3 制作 iOS 6 地址搜索界面

- 源文件地址：第 2 章\003.psd
- 视频地址：视频\第 2 章\003.swf

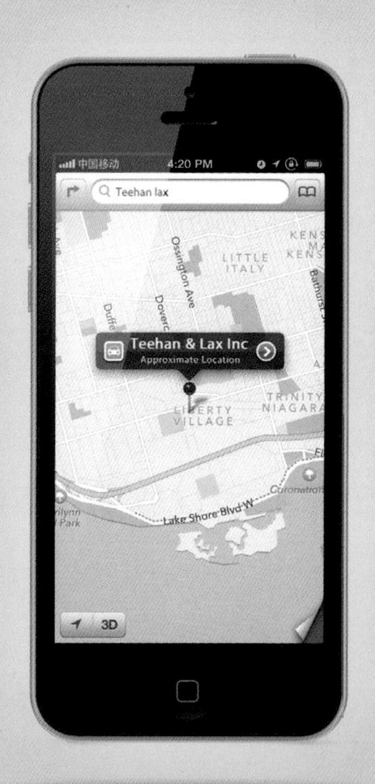

- 案例分析：

本案例中正好涉及到了搜索栏和细节展开按钮的制作，在案例中我们将详细地为读者介绍这两个控件的制作方法与步骤。

- 配色分析：

浅蓝色和浅黄色相搭配做背景，色彩鲜艳明亮，制作出明快轻盈的页面效果；适量的浅绿色夹杂其间，给人安全感，淡紫色为页面添加神秘感。

制作分析　制作思路

01	02	03	04
新建文档并拖入相应的素材，制作出页面背景	使用形状工具配合图层样式，制作出搜索栏	使用形状工具配合图层样式的使用，制作出列表	继续使用形状工具配合路径的加减操作，制作出小图标

制作步骤：01——制作背景和状态栏

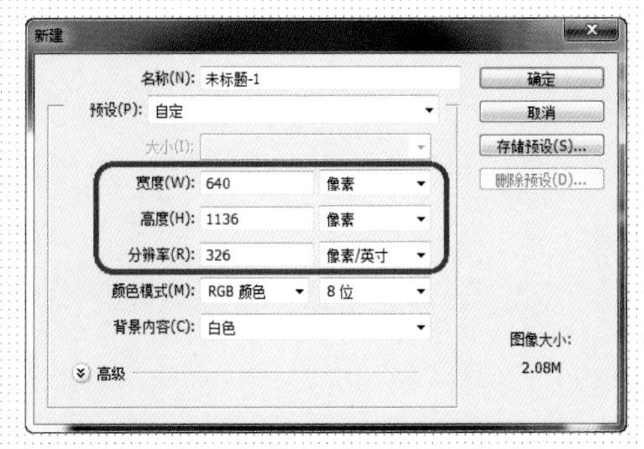

01 ▶执行“文件 > 新建”命令，新建一个空白文档。

02 ▶使用“矩形工具”在画布顶部创建一个黑色的形状。

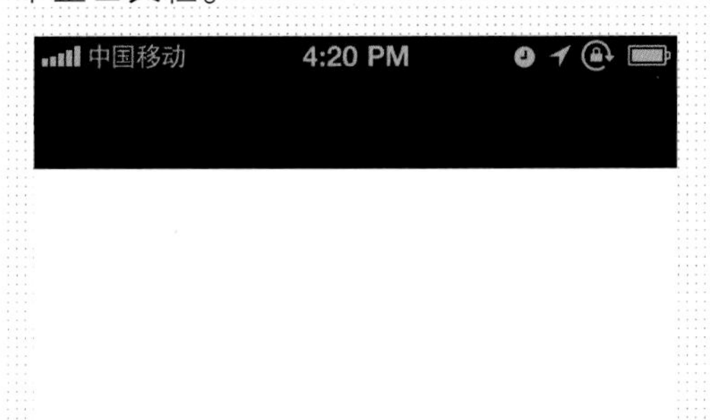

03 ▶执行“文件 > 置入”命令，置入图像“第 2 章 \ 素材 \003.png”，修改“不透明度”为 80%。

04 ▶使用相同的方法置入另一张素材“第 2 章 \ 素材 \004.jpg”。

提问：拖入素材和置入文件有什么区别？

答：将素材文件直接拖入到设计文档中，图层名称会以设计文档中像素图层排序命名，例如原本设计文档中像素图层名称排序到“图层 6”，拖入素材图层名称为“图层 7”，而置入素材图层名称则以原素材名称命名，并且图层为智能图层。

制作步骤：02——制作导航栏

01 ▶使用“圆角矩形工具”在画布中创建任意颜色的形状。

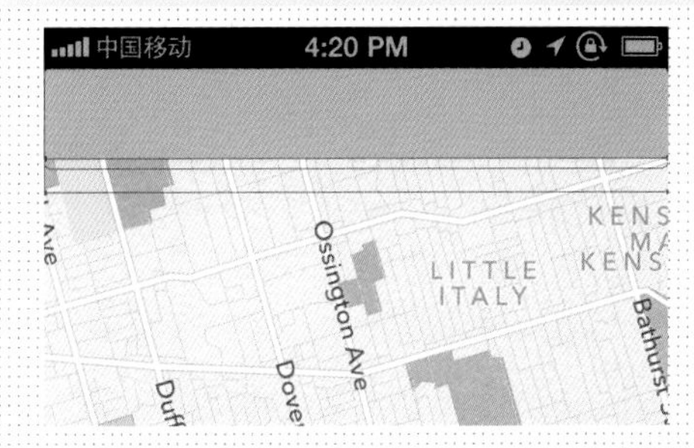

02 ▶选择“矩形工具”，设置“路径操作”为“减去顶层形状”在图形中绘制图形。

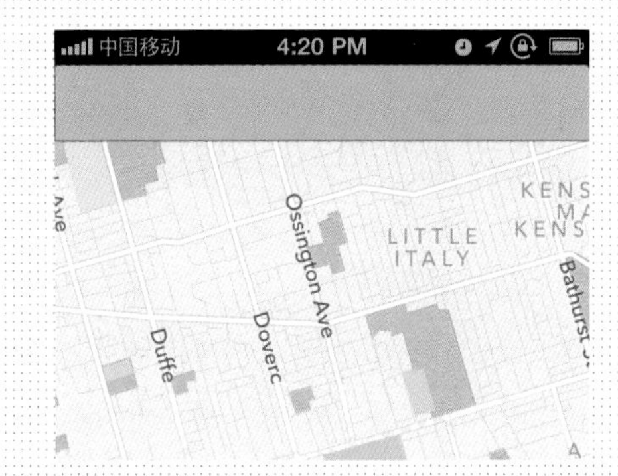

03 ▶设置“路径操作”为“合并形状组件”，合并形状路径。

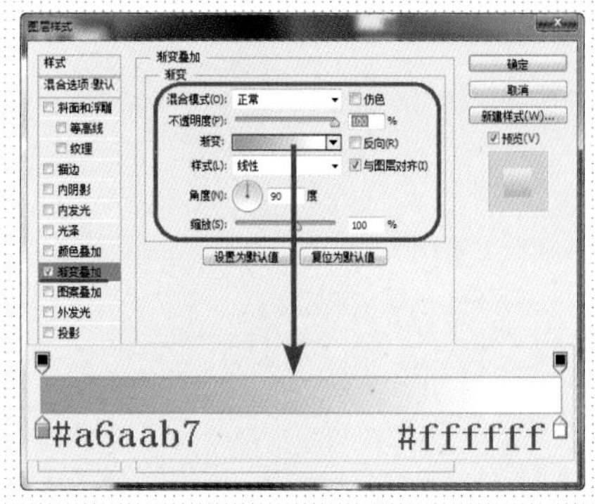

04 ▶双击该图层缩览图，打开“图层样式”对话框，选择“渐变叠加”选项设置参数。

05 ▶设置完成后单击“确定”按钮，得到形状渐变效果。

06 ▶使用“矩形工具”在画笔中创建任意颜色的形状。

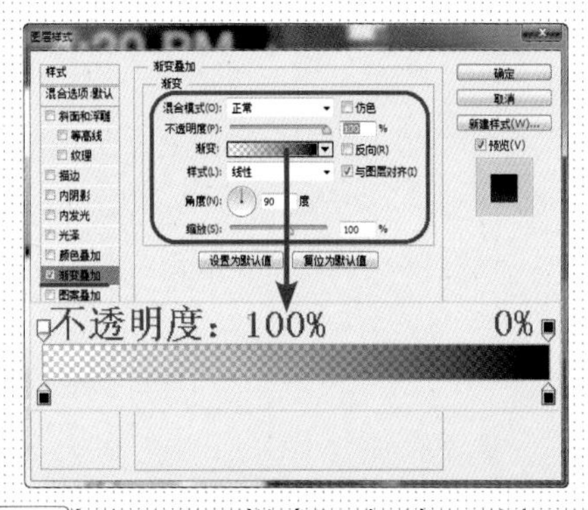

07 ▶打开“图层样式”对话框，选择“渐变叠加”选项设置参数值。

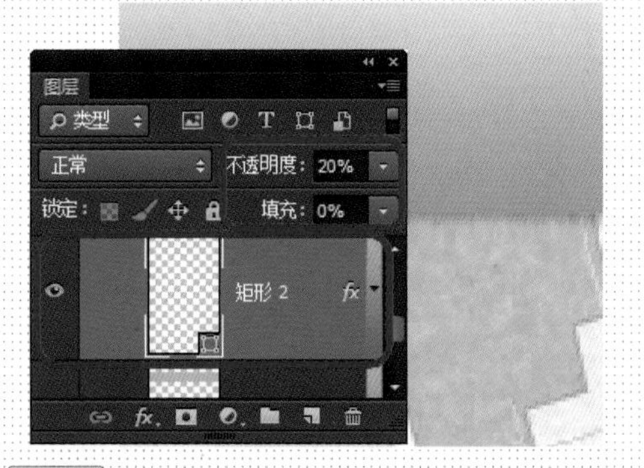

08 ▶设置完成后单击“确定”按钮，设置图层“不透明度”为20%，“填充”为0%。

09 ▶使用“直线工具”在画布中创建“填充”为 #7a8091 的直线。

10 ▶使用相同的方法完成另一个圆角矩形的制作。

11 ▶使用“钢笔工具”在圆角矩形中绘制“填充”为 #68696a 的形状。

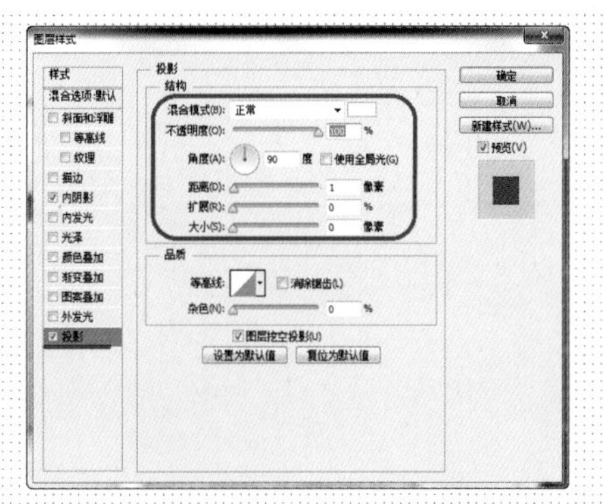

12 ▶打开“图层样式”对话框，选择“内阴影”选项设置参数。

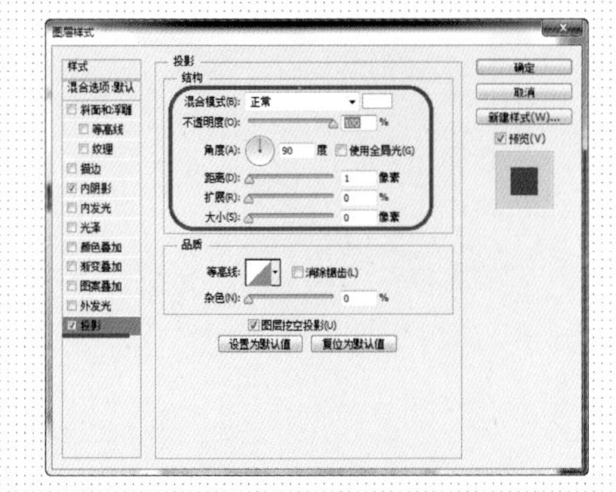

13 ▶选择“投影”选项设置参数值。

14 ▶设置完成后单击“确定”按钮，得到形状渐变效果。

15 ▶使用“圆角矩形工具”在画布中创建“填充”为白色的形状。

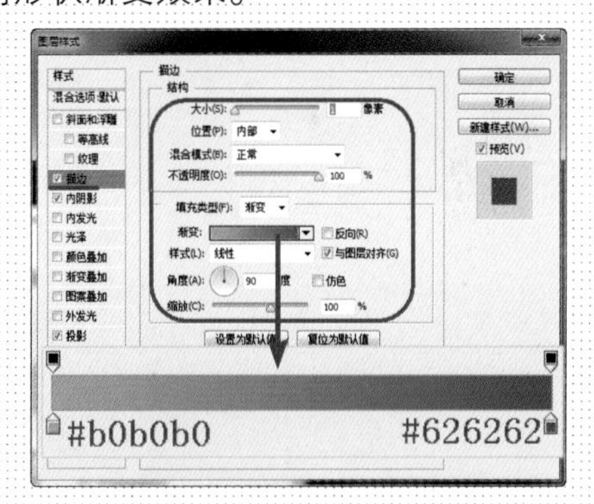

16 ▶打开“图层样式”对话框，选择“描边”选项设置参数。

提问：如何修改形状的圆角半径？

答：在最新版本的 Photoshop CC 中，用户可以在“属性”面板中直接修改不满意的形状圆角。使用形状工具绘制好形状后，会立即弹出“属性”面板，在该面板中的“半径”后面的方框中输入要修改的数值，按下【Enter】键即可修改形状的圆角半径。

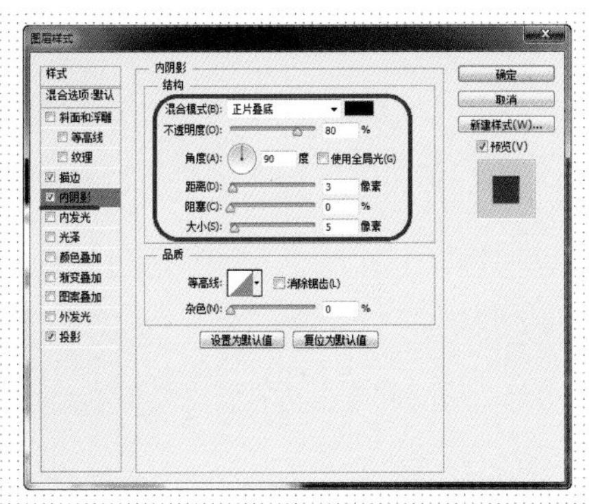

17 ▶选择“内阴影”选项设置参数。

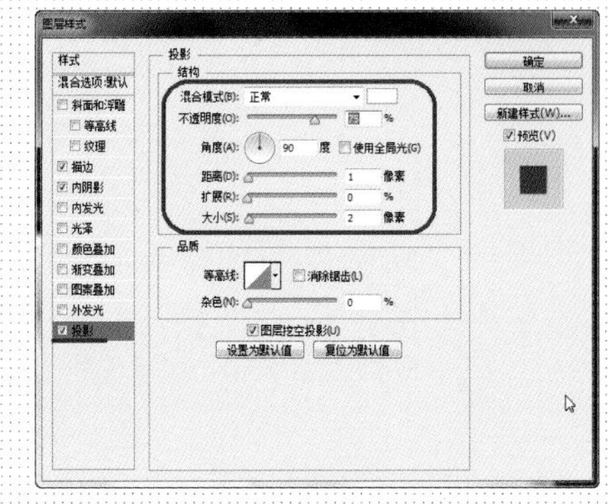

18 ▶选择“投影”选项设置参数。

19 ▶设置完成后单击“确定”按钮，得到形状效果。

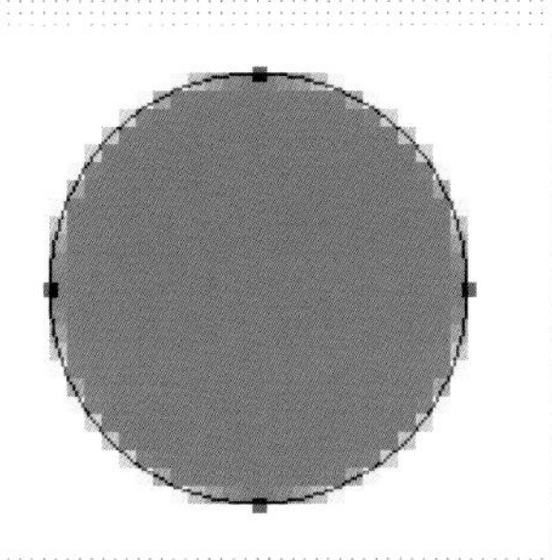

20 ▶使用“椭圆工具”在画布中创建“填充”为 #93989d 的正圆。

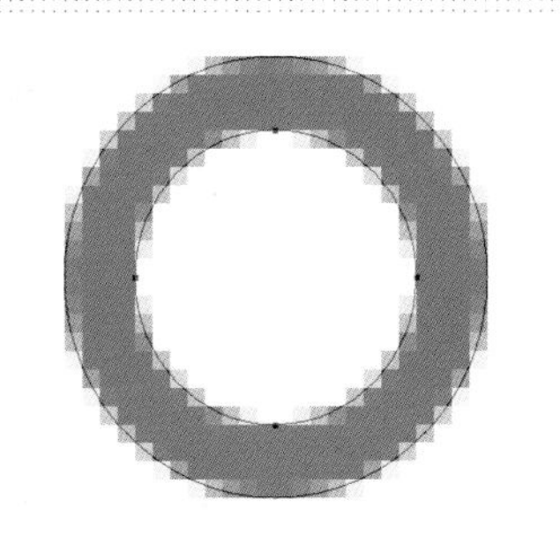

21 ▶设置“路径操作”为“减去顶层形状”在形状中心绘制。

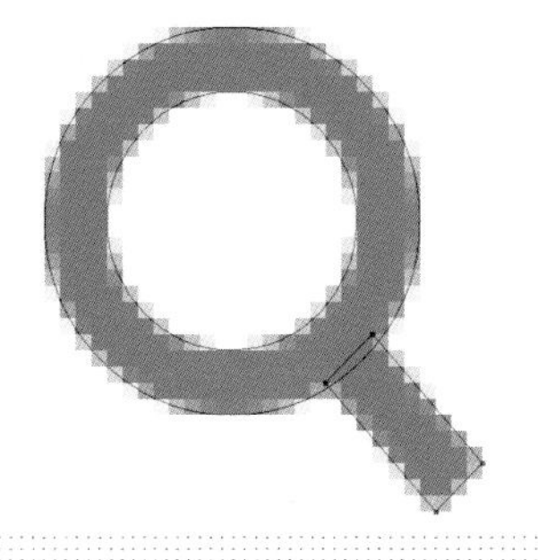

22 ▶选择“钢笔工具”，设置“路径操作”为“合并形状”，在图像中绘制图形。

23 ▶打开“字符”面板设置参数，并使用“横排文字工具”输入相应文字。

24 ▶使用相同的方法完成相似制作。

○ 制作步骤：03——制作提示

01 ▶继续使用相同的方法完成相似制作。

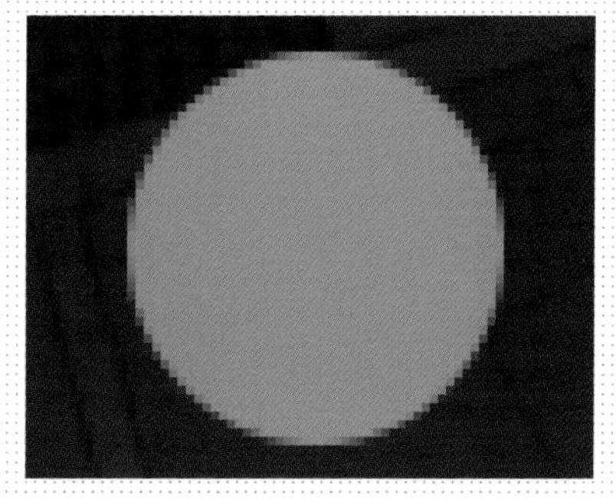

02 ▶使用“椭圆工具”在画布中创建“填充”为任意颜色的正圆。

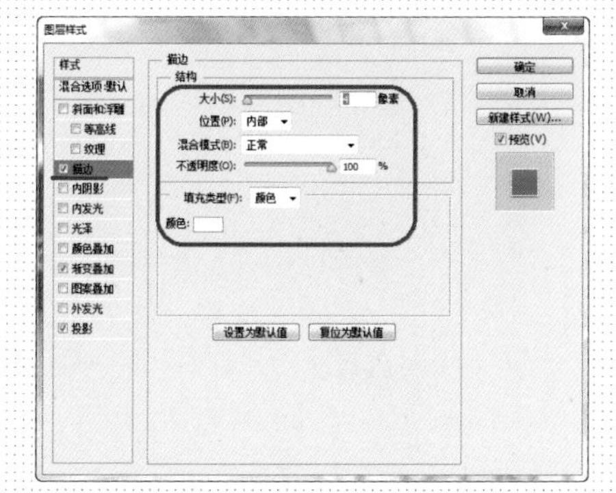

03 ▶使用相同的方法添加“描边”图层样式。

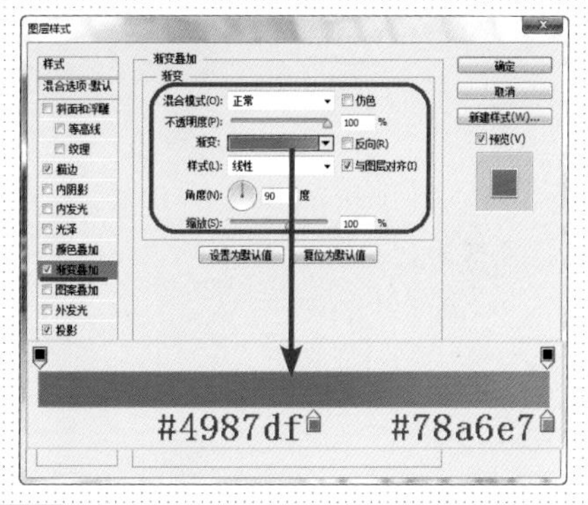

04 ▶选择“渐变叠加”选项设置参数。

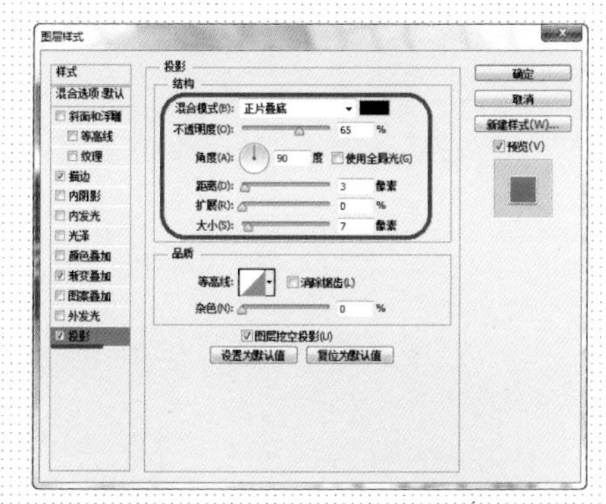

05 ▶选择“投影”选项设置参数值。

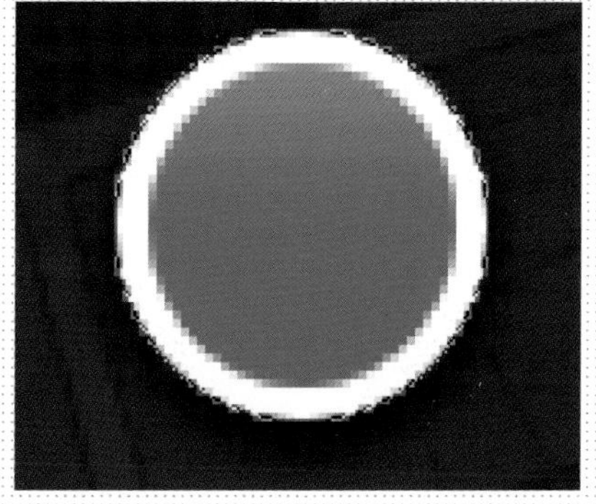

06 ▶设置完成后单击“确定”按钮。

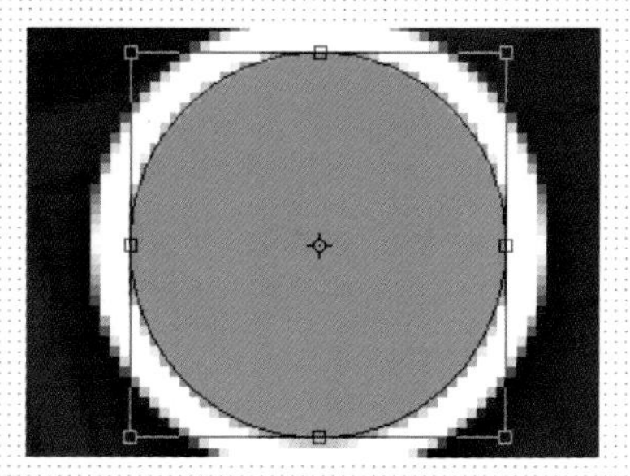

07 ▶复制该图层，清除图层样式，按快捷键【Ctrl+T】适当缩放该形状。

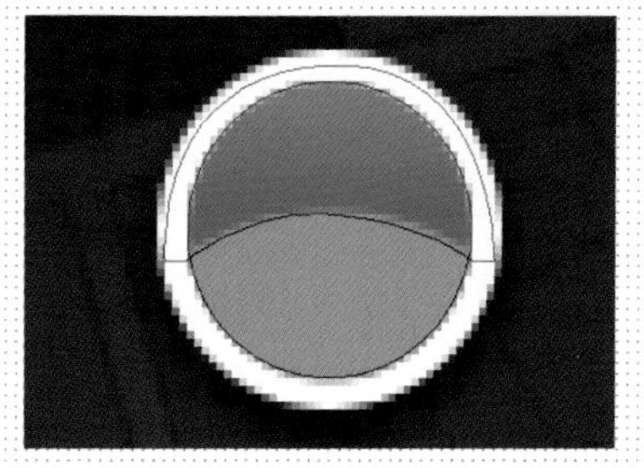

08 ▶选择“钢笔工具”，设置“路径操作”为“减去顶层形状”，在图像中绘制图形。

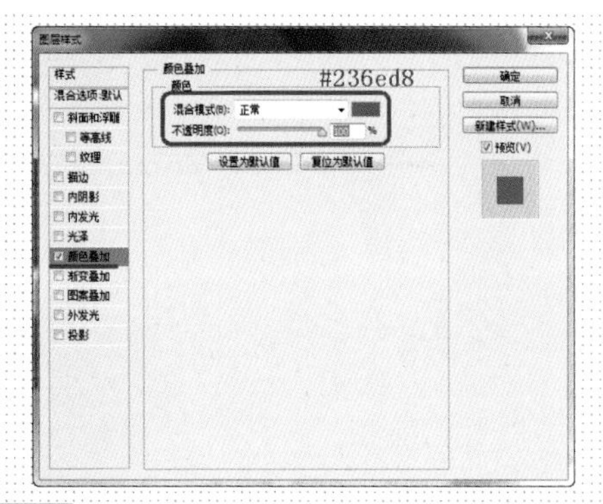

09 ▶设置“路径操作”为“合并形状组件”。为其添加“颜色叠加”图层样式。

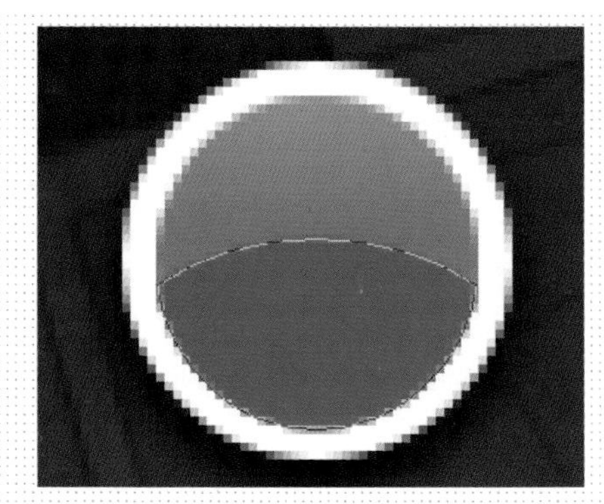

10 ▶设置完成后单击“确定”按钮，得到形状效果。

11 ▶使用相同的方法完成其他相似内容的制作，得到界面的最终效果。对所有图层进行整理编组，得到“图层”面板的最终效果。

操作难点分析

在制作该界面中的列表时，利用不透明度为 10% 的白色圆角矩形处理高光部分，在制作时要注意高光圆角矩形与列表的底的圆角大小是相同的，而且还要注意圆角矩形一定要在列表的底的“描边”效果的内部。

对比分析

不透明的列表界面置于整个高亮度的

透明的列表背景上布置着各种浅色的小元

页面中，虽然突出了主题，但看起来会显得很沉重，与背景很突兀。

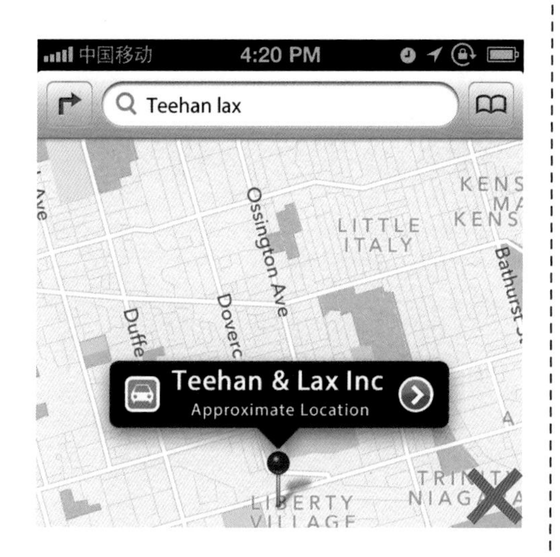

小元素，既突出主题，又与页面中浅色调的背景相融合，显得轻盈而灵动。

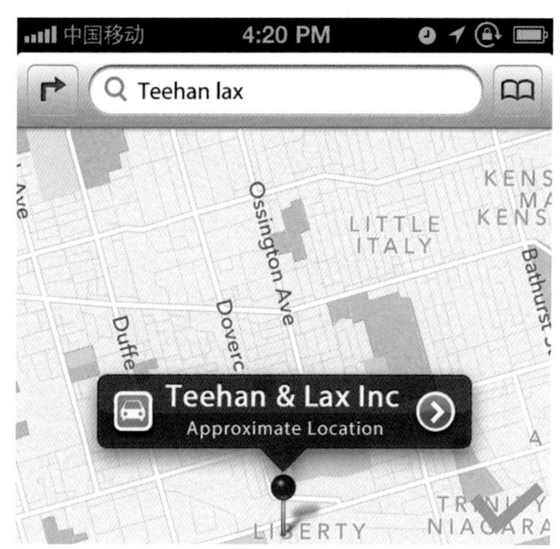

2.5.3 滚动条

滚动条用于在容许的范围内调整值或进程。滚动条由滑轨、滑块以及可选的图片组成，可选图片为用户传达左右两端各代表什么，滑块的值会在用户拖动滑块时连续变化。用户通过滚动条可以精准地控制值，或操控当前的进度。

条件允许的话，在制作滚动条时可以考虑自定义外观，例如：

- 水平或垂直放置。
- 自定义其宽度，以适应程序。
- 自定义滑块外观，便于用户迅速区分滑块是否可用。
- 通过在滑轨两端添加自定义的图片，让用户了解滑轨的用途 ，左右两端的图片表示最大值和最小值。
- 滑块在各个位置、控件的各种状态定制不同导轨的外观。

2.5.4 切换器

切换器用于切换两种相反的选择或状态。切换器展示当前的激活状态，用户可以滑动或单击控件切换状态。

在表格视图中展示两种简单、互斥的选项，例如“是 / 否”、“开 / 关”，要使用用户可以预测到的两个值，这样用户才能知道切换后的效果。

可以使用切换控件改变其他控件的状态。根据用户的选择，新的表单项可能会出现或消失，激活或失活。

实战 4　制作 iOS 6 亮度设置界面

- 源文件地址：第 2 章 \004.psd
- 视频地址：视频 \ 第 2 章 \004.swf

- 案例分析：

本案例制作的是 iOS 6 中的亮度设置界面，本案例详细地为读者介绍了亮度进度条和切换器的制作方法与步骤。

- 配色分析：

浅蓝色与白色搭配的状态栏背景，制作出逼真的效果。白色的文字垫底背景，为页面增添明快的气氛，同时搭配白色的文字，突出主题，便于阅读。

制作分析　制作思路

01	02	03	04
打开背景素材，创建矩形并配合图层样式制作状态栏	创建矩形并配合图层样式，输入文字，制作导航栏	使用形状工具创建形状，配合图层样式制作控件	创建圆角矩形，并拖入相应的素材图像，绘制其他形状

- 制作步骤：01——制作背景和状态栏

01 ▶执行“文件 > 打开”命令，打开背景素材“第 2 章 \ 素材 \001.jpg”。

02 ▶使用“矩形工具”在画布顶部创建一个黑色的形状。

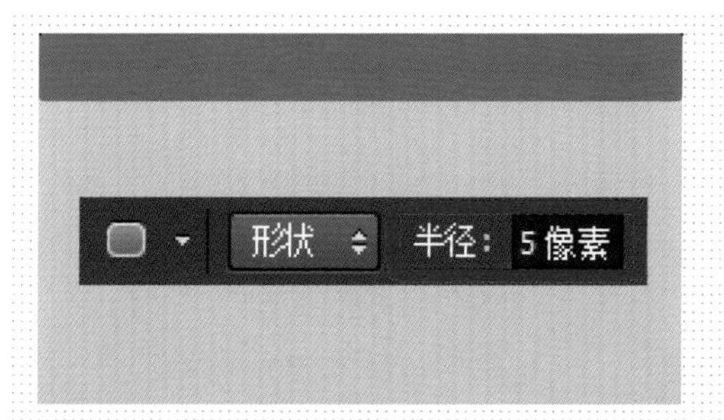

03 ▶使用“圆角矩形工具”在画布顶部创建一个任意颜色的形状。

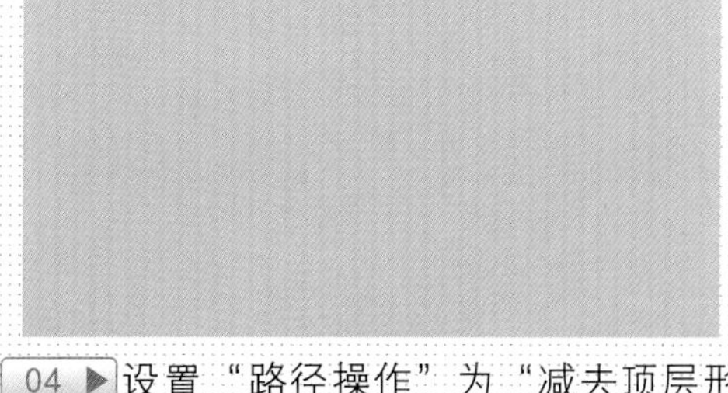

04 ▶设置“路径操作”为“减去顶层形状”，在图中绘制图形。再次修改“路径操作”为“合并形状组件”。

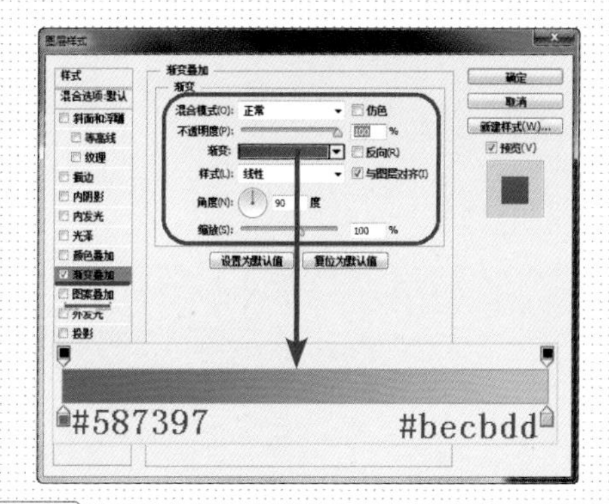

05 ▶双击该图层缩览图，在“图层样式”对话框选择“渐变叠加”选项设置参数。

06 ▶设置完成后单击“确定”按钮，得到形状渐变效果。

07 ▶执行“文件 > 置入”命令，将素材“第 2 章\素材\003.png”置入素材，调整位置。

08 ▶使用相同的方法完成相似制作。

○ 制作步骤：02——制作导航栏

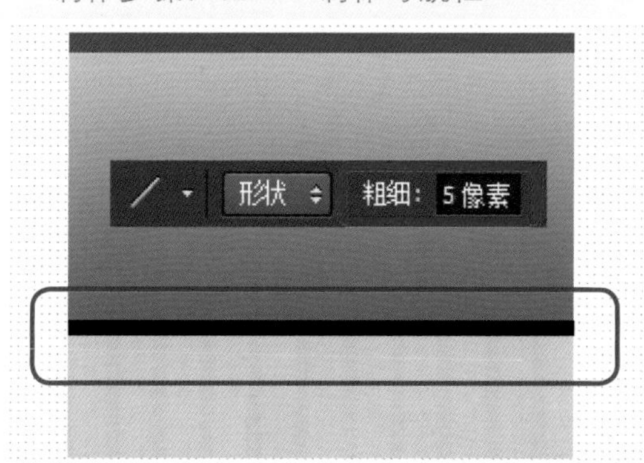

01 ▶使用“直线工具”在画布中绘制任意颜色的形状。

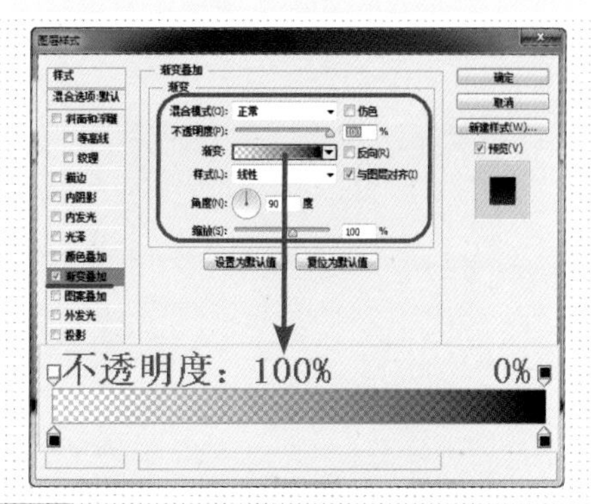

02 ▶打开“图层样式”对话框，选择“渐变叠加”选项设置参数。

03 ▶设置完成后单击“确定”按钮，修改图层“不透明度”为 0%，“填充”为 20%，得到图像效果。

04 ▶再次使用“直线工具”在画布中绘制“填充”为 #3f5c80 的直线。

05 ▶使用相同的方法完成相似制作。

06 ▶打开“字符”面板设置参数值，并使用“横排文字工具”在画布中输入相应文字。

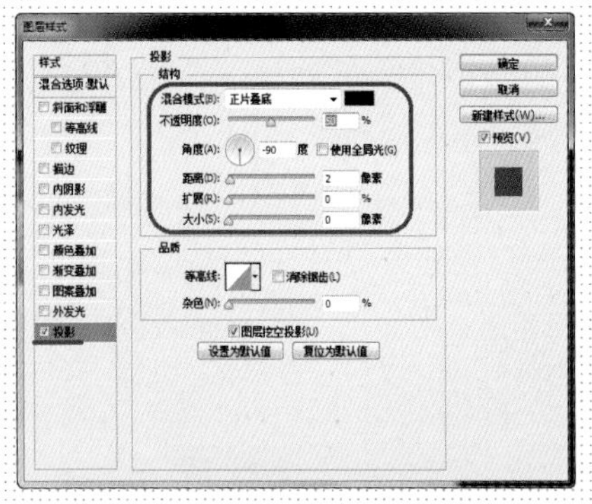

07 ▶打开“图层样式”对话框，选择“投影”选项设置参数值。

08 ▶设置完成后单击“确定”按钮，得到图像效果。

09 ▶将相关图层编组，重命名为“导航栏”。

10 ▶使用相同的方法完成相似制作。

制作步骤：03——制作滚动条

01 ▶使用“圆角矩形工具”在画布中创建白色的形状。

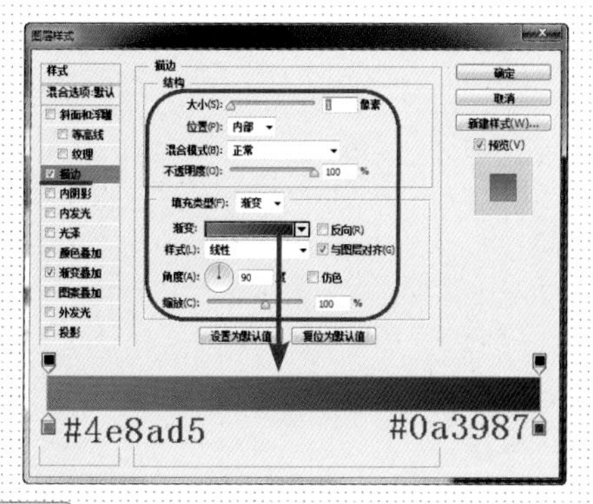

02 ▶打开“图层样式”对话框，选择“描边”选项设置参数。

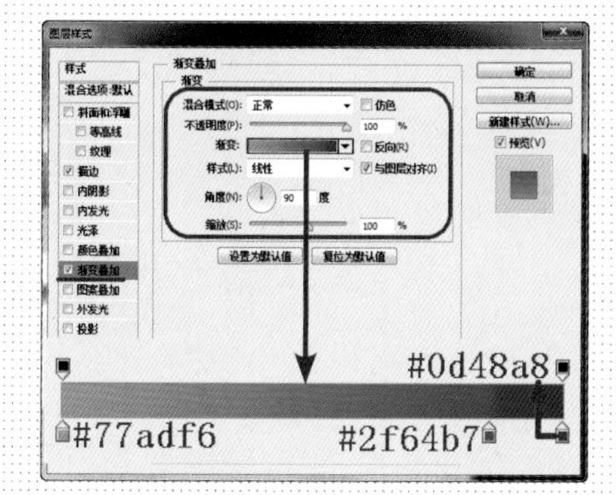

03 ▶选择“渐变叠加”选项设置参数。

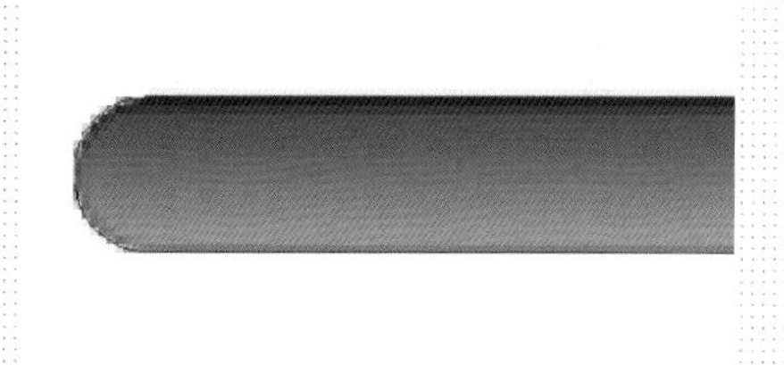

04 ▶设置完成后单击“确定”按钮。

05 ▶打开“图层样式”对话框，选择“描边”选项设置参数。

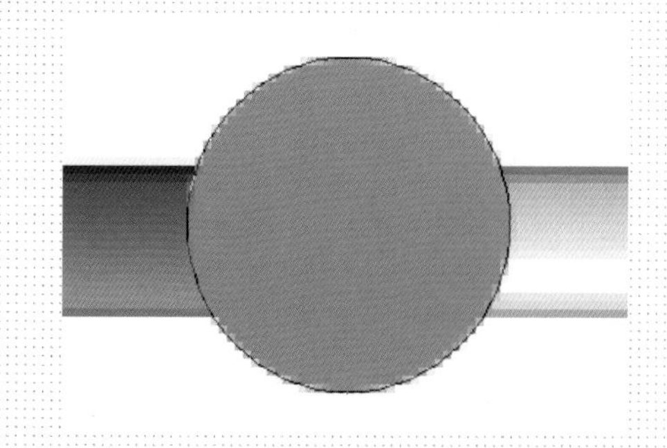

06 ▶选择“椭圆工具”在画布中创建任意颜色的正圆。

提问：如何正确绘制正圆？

答：按下【Shift】键的同时在画布中单击并拖动鼠标，即可绘制出以鼠标落点为形状左上角的正圆。但在绘制时一定要注意先在画布中单击再按下【Shift】键，否则绘制出的形状将以“合并形状”模式相加于当前选中形状图层上。

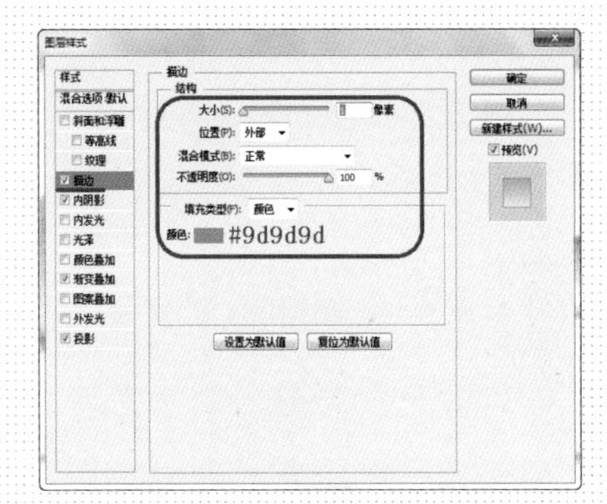

07 ▶打开“图层样式”对话框，选择“描边”选项设置参数。

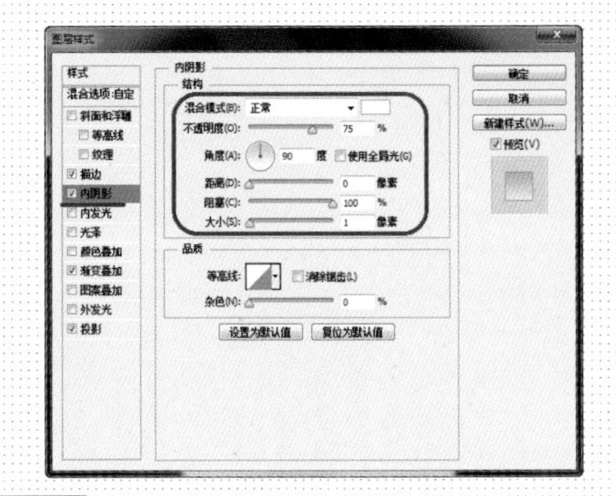

08 ▶选择“内阴影”选项设置参数。

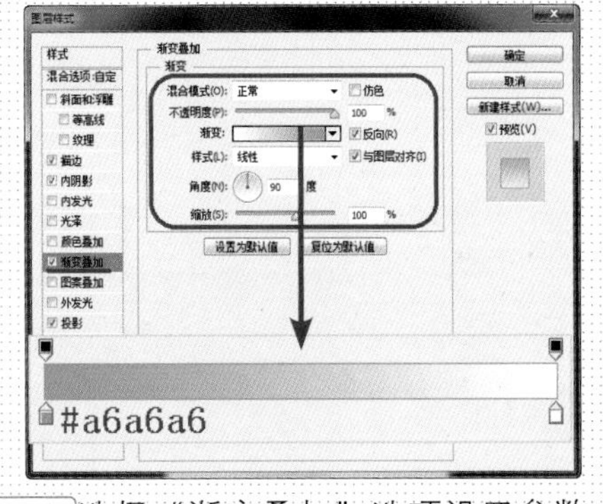

09 ▶选择“渐变叠加”选项设置参数。

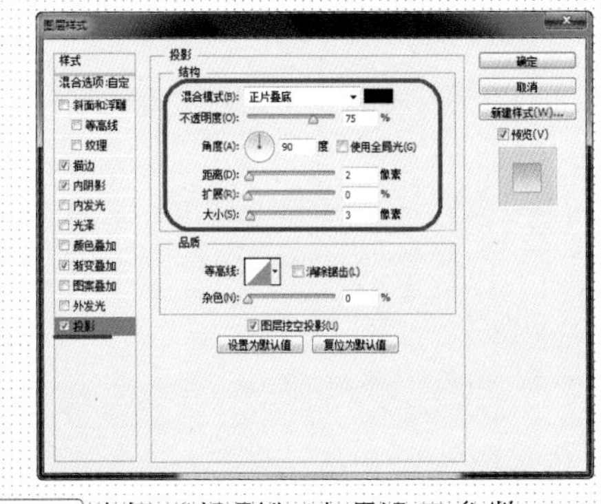

10 ▶选择“投影”选项设置参数。

11 ▶设置完成后单击“确定”按钮，使用相同的方法完成相似制作，得到滚动条效果。

○ 制作步骤：04——制作切换器

01 ▶打开“字符”面板设置参数，并在画布中输入相应的文字。

02 ▶使用“圆角矩形工具”在画布中创建“填充”为 #007fead 的形状。

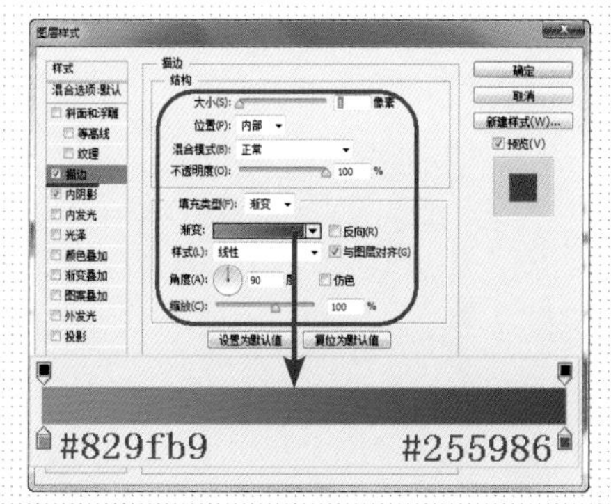

03 ▶打开“图层样式”对话框，选择“描边”选项设置参数值。

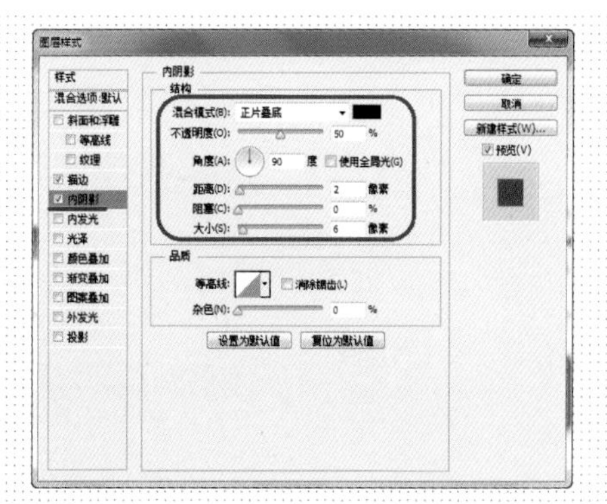

04 ▶选择“内阴影”选项设置参数值。

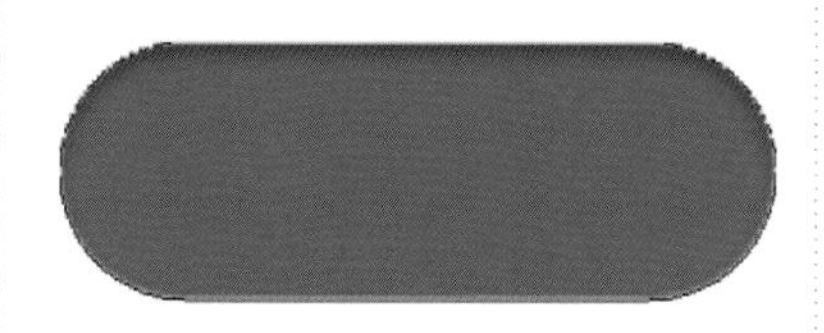

05 ▶设置完成后单击“确定”按钮，得到形状效果。

06 ▶复制该图层，清除图层样式，选择“矩形工具”，设置“路径操作”为“减去项层形状”，在图像中绘制图形。

提问：如何清除图层样式？

答：用鼠标右键单击图层缩览图，在弹出的下拉菜单中选择“清除图层样式”选项，可以一次性清除所有的图层样式。

也可以单击图层缩览图中的小三角按钮，展开图层样式选项，选择并拖动要删除的图层样式至“图层”面板下方的“删除图层”按钮，可删除选中的单一的一个图层样式，也可以直接拖动图层缩览图中的“fx”符号一次性清除所有图层样式。

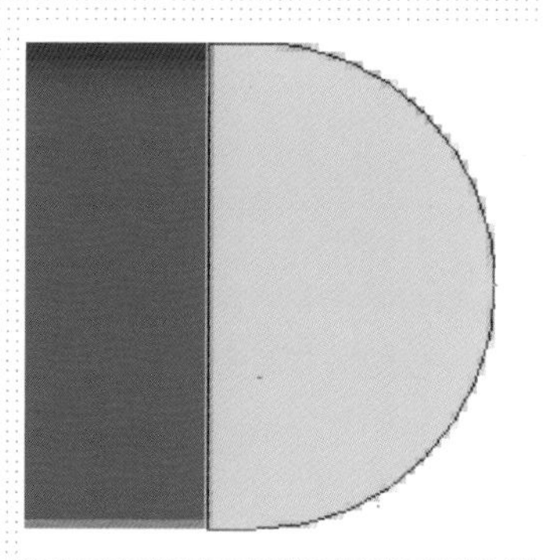

07 ▶再次设置“路径操作”为“合并形状组件”，合并形状路径。

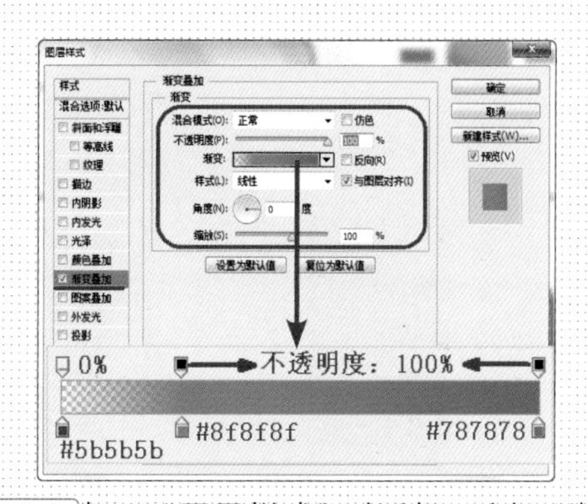

08 ▶打开“图层样式”对话框，选择“渐变叠加”选项设置参数。

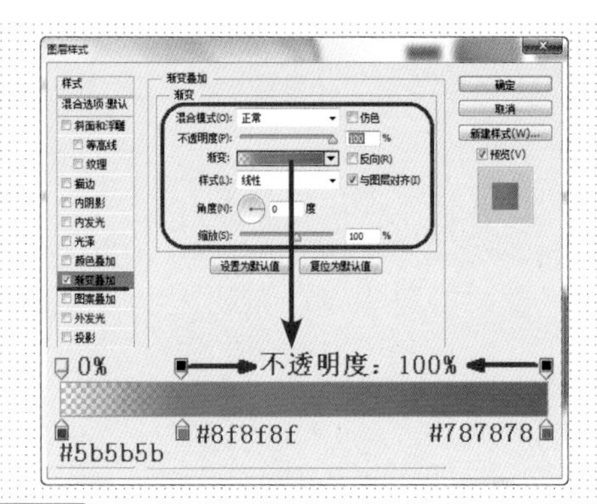

09 ▶ 打开"图层样式"对话框，选择"渐变叠加"选项设置参数值。

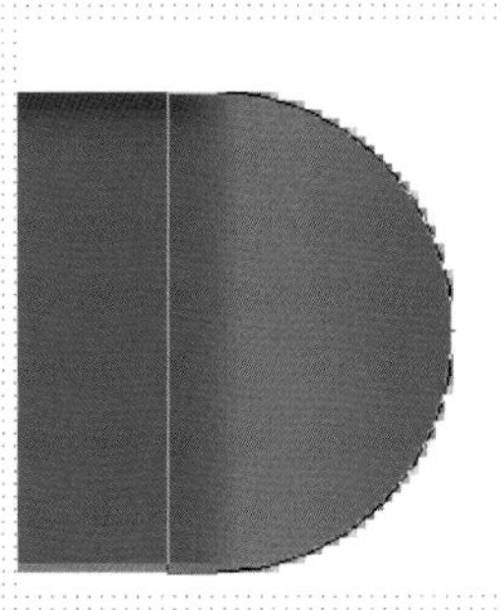

10 ▶ 设置完成后单击"确定"按钮，修改图层"填充"为0%，得到形状渐变效果。

11 ▶ 使用相同的方法输入相应文字并添加图层样式。

12 ▶ 使用"钢笔工具"在画布中创建白色的形状。

13 ▶ 为该图层添加图层蒙版，并使用黑白线性渐变填充画布。

14 ▶ 修改图层"不透明度"为30%，得到图像效果。

提问：如何为形状图层蒙版填充渐变？

答：选中图层蒙版，直接在画布中拖动鼠标填充黑白渐变，或选中图层蒙版，将形状载入选区，为选区填充黑白渐变，当要覆盖的形状较小时，这种方法方便控制。

15 ▶ 使用相同的方法完成相似制作。

16 ▶ 执行"文件 > 置入"命令，将素材"第2章\素材\005.jpg"置入文档。

17 ▶使用相同的方法完成其他相似内容的制作，得到界面的最终效果。对图层进行整理编组，得到“图层”面板的最终效果。

操作难点分析

在制作界面下半部分的两块墙纸时，一定要注意墙纸的垫底圆角矩形和墙纸的位置保持在一条水平线上，在制作时可以利用参考线做辅助，或者直接将左边的墙纸制作好后编组，然后直接复制组，按下键盘上的【→】键可以平行向右移动图像。

对比分析

直接将墙纸置于白色的圆角矩形上，背景与主体图像亮度对比太明显，显得非常突兀，也有色彩混乱的感觉。

将墙纸放置在黑色的圆角矩形上，墙纸中过多的色彩都被黑色覆盖了，因此界面也不会显得色彩混乱。

2.6 iOS 图标的绘制

所有的程序都需要图标来为用户传达应用程序的基础信息的重要使命。最好也为 iOS 的 Spotlight 搜索结果提供图标。

另外，有些程序需要定制图标区代表特定的文档类型或者程序特定的功能，以及工具栏、导航栏、tab 栏的特定模式。

2.6.1 程序图标

程序图标就是用来启动程序的，用户一般会将它直接放在桌面上，它是品牌宣传和视觉设计的结合体。程序图标也会被用在游戏中心。

图标设计要在吸引眼球与表达意图之间追求平衡，这样才能漂亮、真实并清楚地表达程序的本质目标。

设计的程序中需要为不同的设备创建不同尺寸的程序图标，在 iOS 程序设计中要提供以下 3 种尺寸的图标：

- **为 iPhone 和 iTouch：**

  57 像素 ×57 像素

  114 像素 ×114 像素

- **为 iPad：**

  72 像素 ×72 像素

制作的图标放置在桌面上，iOS 程序会自动添加圆角、投影和高光效果。

为了使设计的图标与 iOS 程序提供的自动加强效果相符合，在制作时不要为你的图标添加圆角、高光效果和透明层，直接让 iOS 程序自动添加视觉效果。

另外在图标的外观制作上还要注意以下几点：

- **有可见的背景**

为了保证桌面上的图标外观统一，iOS 程序自动为图标添加了圆角效果，因此在制作时桌面上的图标要有清晰可见的背景才好看。如果没有可见的背景，当它出现在桌面上就看不到圆角，这样的图标与用户期待的图标不一致。

- **确保图片填满规定区域**

如果设计的图标小于推荐的尺寸，或者使用了透明层，看起来就像是漂浮在有圆角的黑色背景上一样，没有一点吸引力。

- **制作 512×512（像素）版本的图标**

这个版本的图标不会被附加任何视觉效果。图片要能立刻被识别成程序图标，可以添加更丰富的细节。即使你正在开发 ad-hoc 程序，也需要提供 512 像素 ×512 像素版本的程序图标。这个图标也会在 iTunes 中或其他地方用到这个图标，例如在 iPad 中，如果没有提供文档图标，iOS 程序就会用这个版本的大图标自动生成。

实战 5 制作 iOS 6 便签图标

- 源文件地址：第 2 章 \005.psd
- 视频地址：视频 \ 第 2 章 \005.swf

- 案例分析：
本案例虽然看起来非常逼真，但案例的操作难点不算特别高，除了图形的绘制和图层样式的掌握之外，就是“画笔工具”的使用。

- 配色分析：
褐色深浅渐变的封面制作出强烈的质感与逼真效果；白色的内页添加明快气氛；少量蓝色和绿色装饰图像的同时丰富了整个图像效果。

制作分析　制作思路

01	02	03	04
绘制形状，并配合图层样式制作出图标封面	绘制形状，并不停地复制形状制作出图标内页	拖入相应的素材，用相同方法制作出图标内页上的装饰	输入文字并用相同的方法制作其他装饰元素

制作步骤：01——制作封面

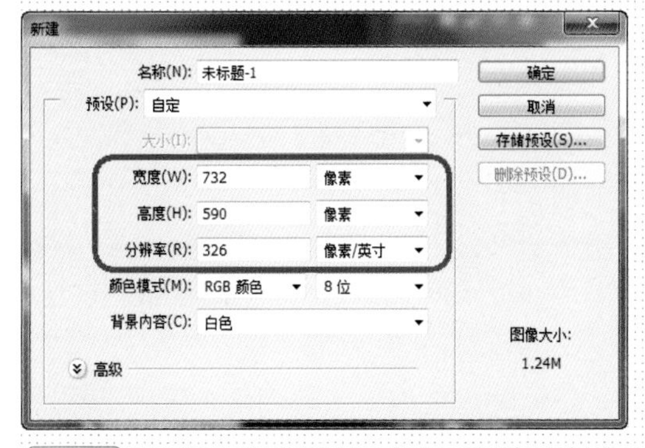

01 ▶执行“文件 > 新建”命令，新建一个空白文档。

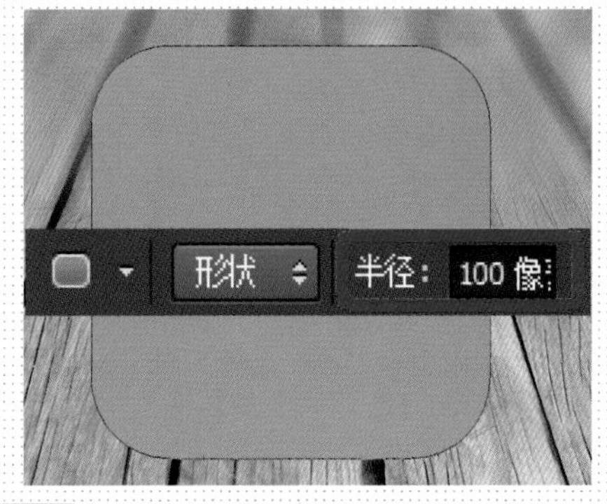

02 ▶使用“圆角矩形工具”在画布中创建“填充”为 #c0a188 的形状。

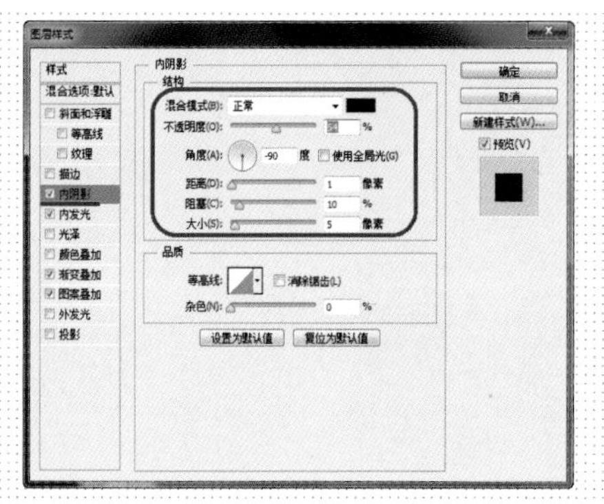

03 ▶双击该图层缩览图，在弹出的“图层样式”对话框选择“内阴影”选项设置参数。

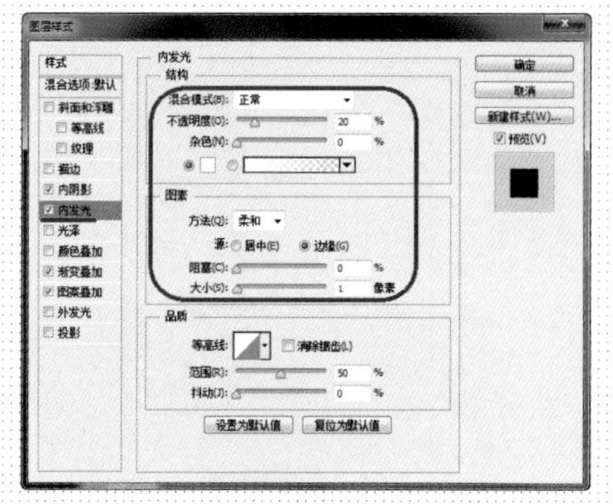

04 ▶选择“内发光”选项设置参数。

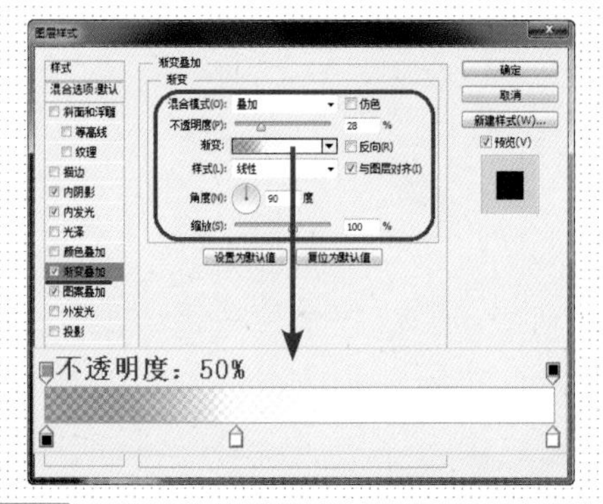

05 ▶选择“渐变叠加”选项设置参数。

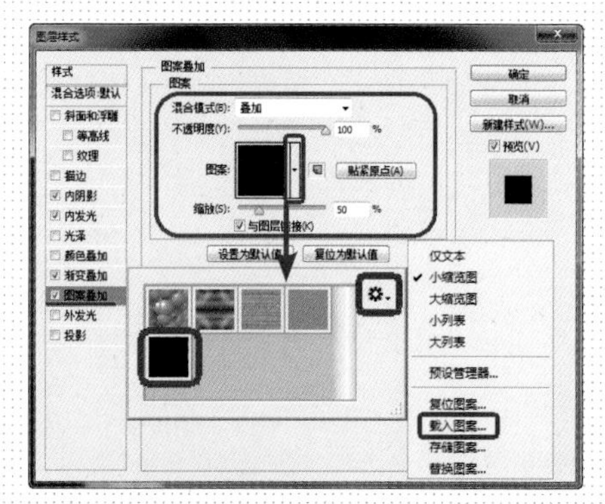

06 ▶选择“图案叠加”，按照图示载入素材“第 2 章\素材\007.apt”，并设置参数。

07 ▶设置完成后单击“确定”按钮，得到形状效果。

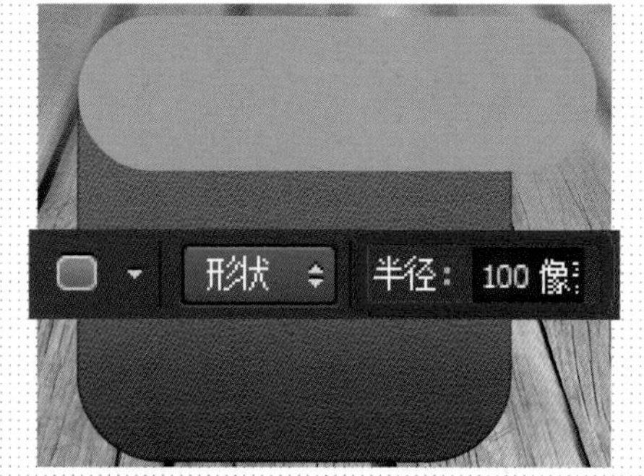

08 ▶继续使用“圆角矩形工具”在画布中创建“填充”为 #c0a188 的形状。

提问：为什么创建“填充”为 #c0a188 的圆角矩形？

答：当为创建的形状添加“渐变叠加”图层样式时，若设置了“混合模式”为“正常”，就可以绘制任意颜色的形状，因为“渐变叠加”颜色会直接覆盖形状颜色；若设置“混合模式”为其他模式时，不同的渐变颜色在同一模式下将会与形状颜色产生不同的效果，所以形状的颜色是不可以随便设置的。

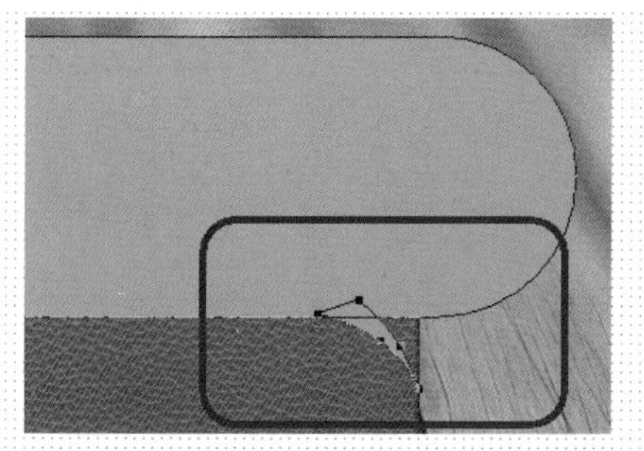

09 ▶选择“钢笔工具”，设置“路径操作”为“合并形状”，在图像中绘制图形。

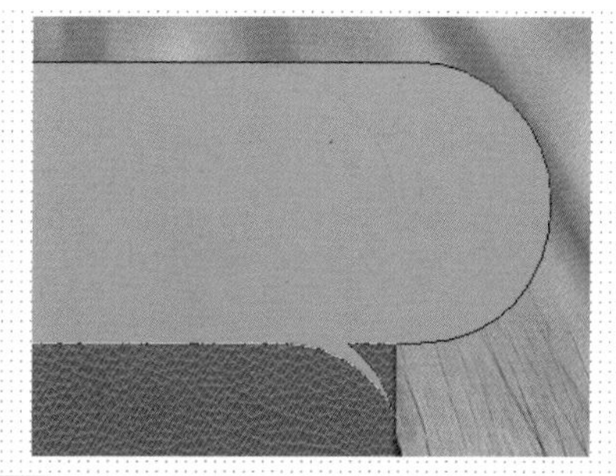

10 ▶继续设置“路径操作”为“合并形状组件”，合并形状路径。

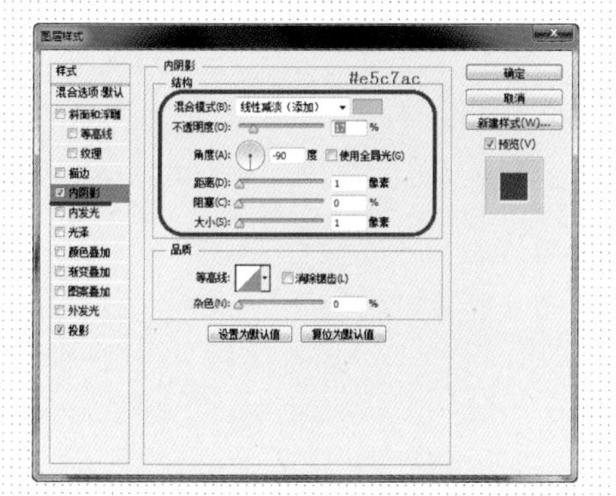

11 ▶打开“图层样式”对话框，选择“内阴影”选项设置参数。

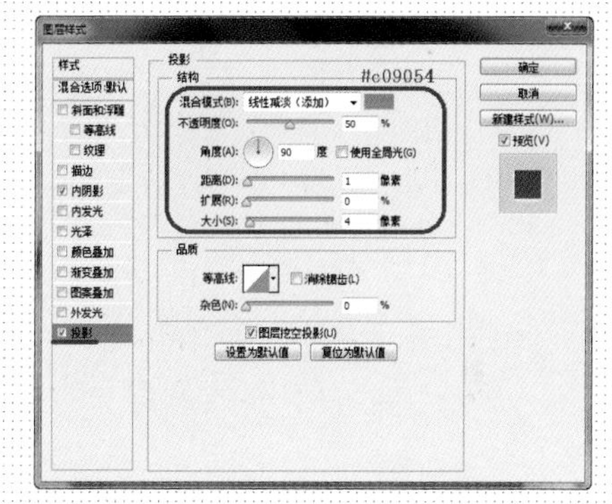

12 ▶选择“投影”选项设置参数。

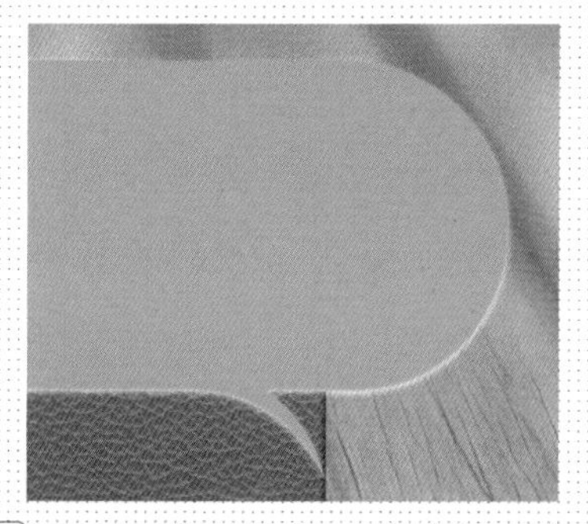

13 ▶设置完成后单击“确定”按钮，得到形状效果。

14 ▶用鼠标右键单击该图层缩览图，在弹出的下拉菜单中选择“创建剪贴蒙版”选项。

15 ▶新建图层，选择一个边缘模糊的画笔笔触，在画布中涂抹黑色和白色。

16 ▶将“圆角矩形 2”载入选区，按下【Delete】键清除选区内容。

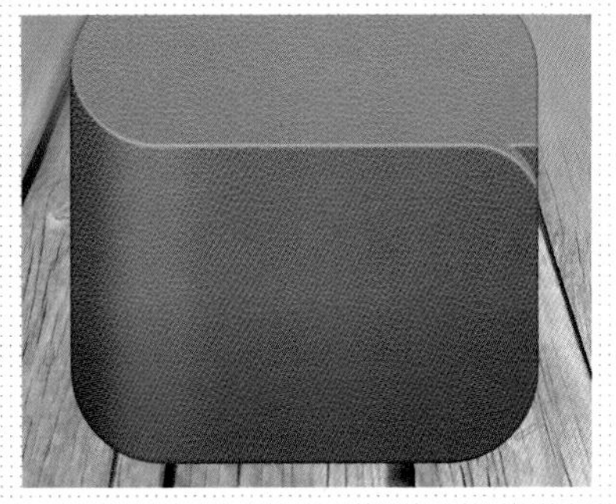

17 ▶为该图层创建剪贴蒙版，并修改图层“不透明度”为 10%。

18 ▶使用相同的方法完成相似制作。

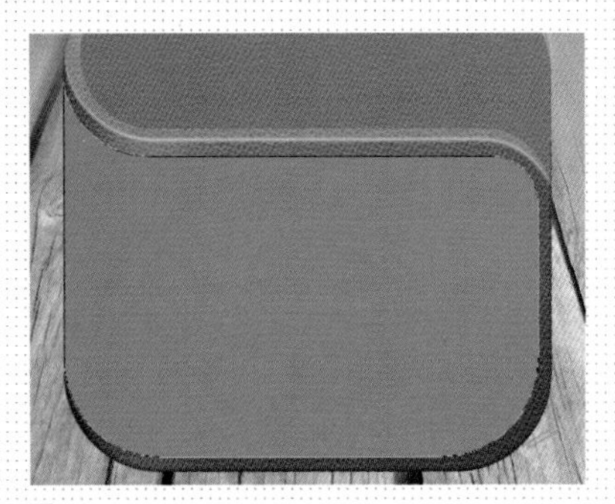

19 ▶使用“钢笔工具”在画布中创建“填充”为 #a48886 的形状。

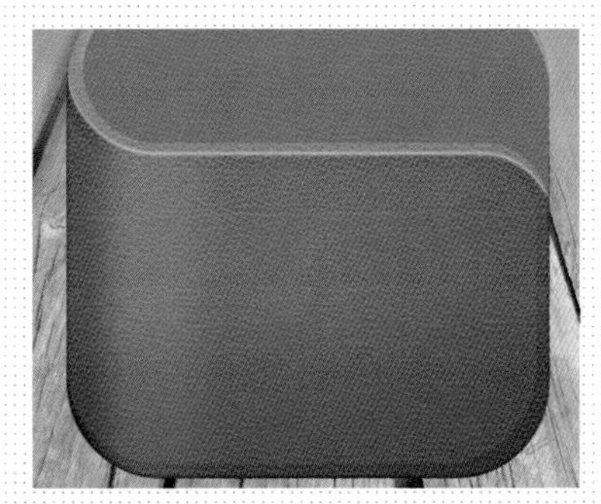

20 ▶修改图层“不透明度”为 20%，得到图像效果。

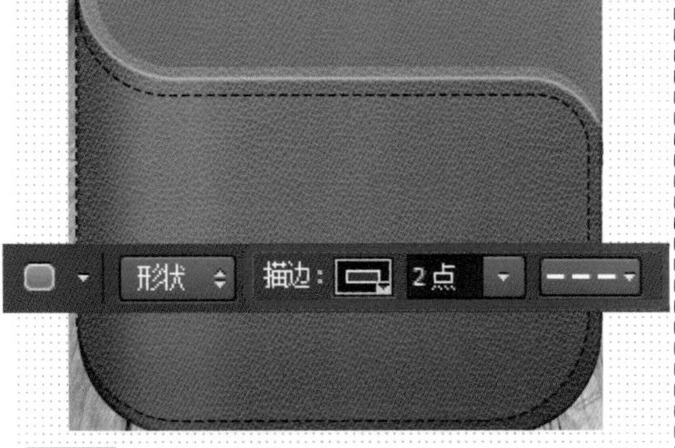

21 ▶复制该图层，修改“不透明度”为 100%，设置“填充”为“无”，“描边”为 #66130b。

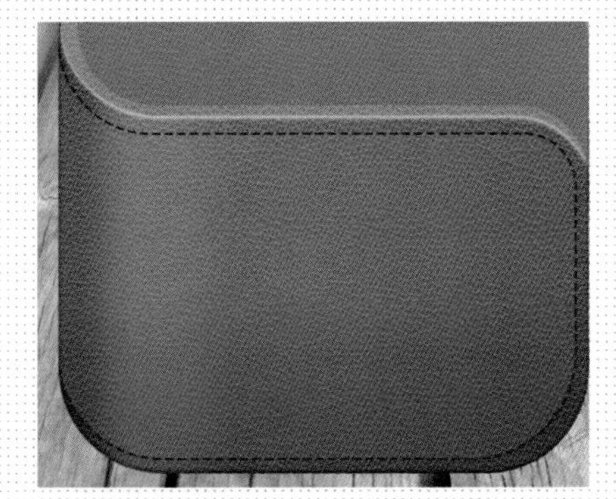

22 ▶将“圆角矩形 1”载入选区，单击“图层”面板下方的“添加图层蒙版”按钮，为其添加图层蒙版。

提问：为什么创建图层蒙版？

答：在本案例中为图层创建剪贴蒙版和图层蒙版都是为了使上方的图层完全符合下方图层的大小，而此处只能将最下方图层载入选区，然后为上方图层添加图层蒙版，因为这两个图层之间还有其他形状，无法直接创建剪贴蒙版。

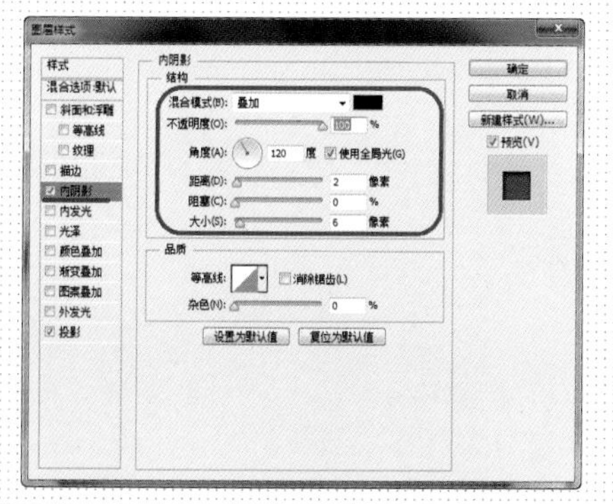

23 ▶双击该图层缩览图，在弹出的“图层样式”对话框选择“内阴影”选项设置参数。

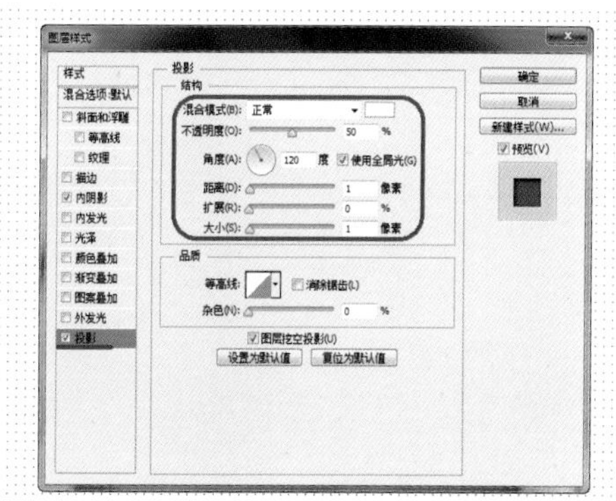

24 ▶选择“投影”选项设置参数。

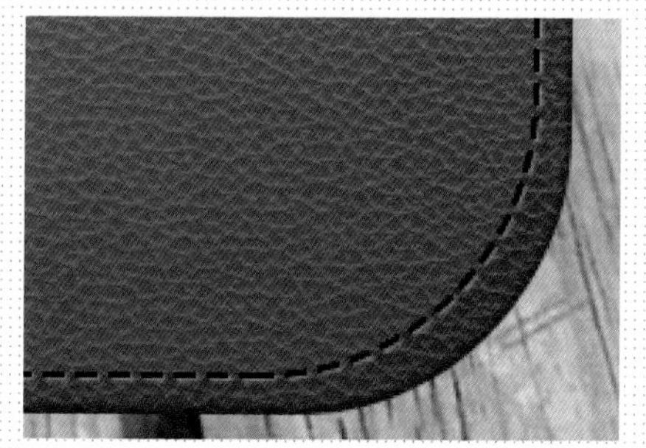

25 ▶设置完成后单击“确定”按钮。

26 ▶将相关图层编组，重命名为“封面”。

○ 制作步骤：02——制作内页

01 ▶使用相同的方法创建形状并添加图层样式。

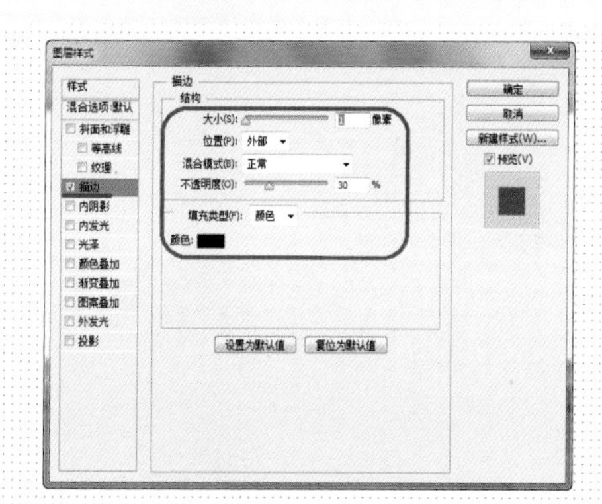

02 ▶复制该形状并清除图层样式，重新为其添加“描边”图层样式。

03 ▶设置完成后单击“确定”按钮，设置形状“填充”为“无”，将形状适当向下拖移。

04 ▶使用相同的方法完成相似制作。

05 将“形状 2”和所有复制图层编组，重命名为“内页”。

06 将“圆角矩形 3”载入选区，为该组创建图层蒙版。

07 将“圆角矩形 3”载入选区，新建图层，选择柔边画笔在画布中涂抹。

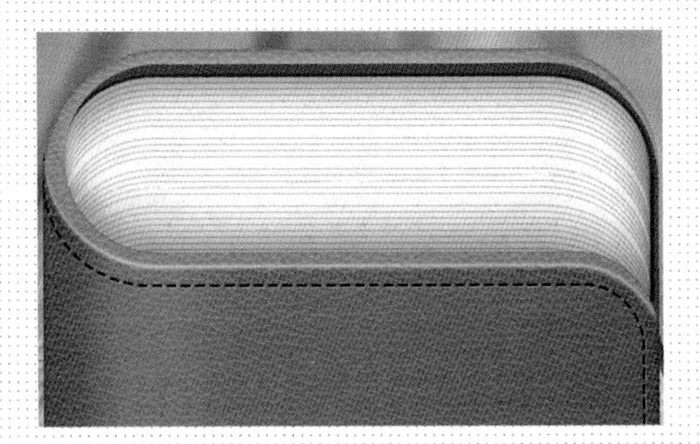

08 修改图层“不透明度”为 30%，得到图像效果。

09 继续将“圆角矩形 2”载入选区，并为选区填充任意颜色。

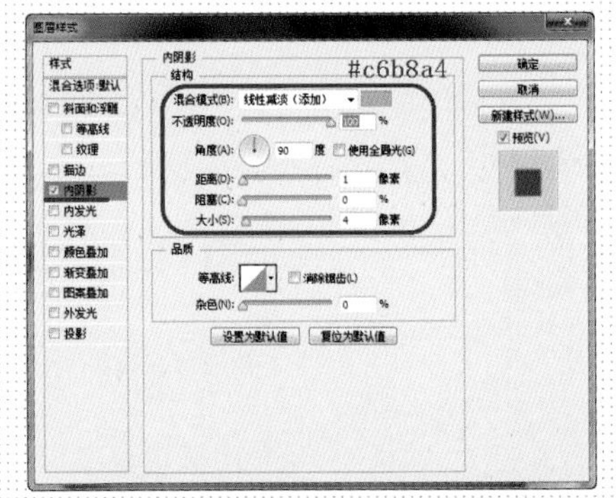

10 打开“图层样式”对话框，选择“内阴影”选项设置参数。

11 设置完成后单击“确定”按钮，修改图层“填充”为 0%，得到图像效果。

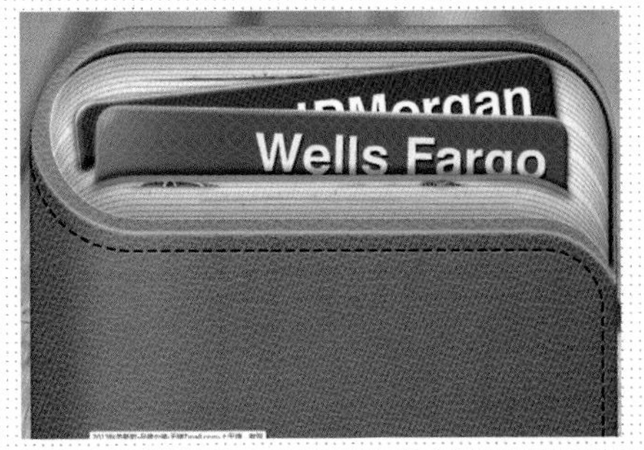

12 执行“文件 > 置入”命令，将素材“第 2 章 \ 素材 \009.png”置入文档。

13 ▶打开“字符”面板设置参数，并在画布中输入相应的文字。

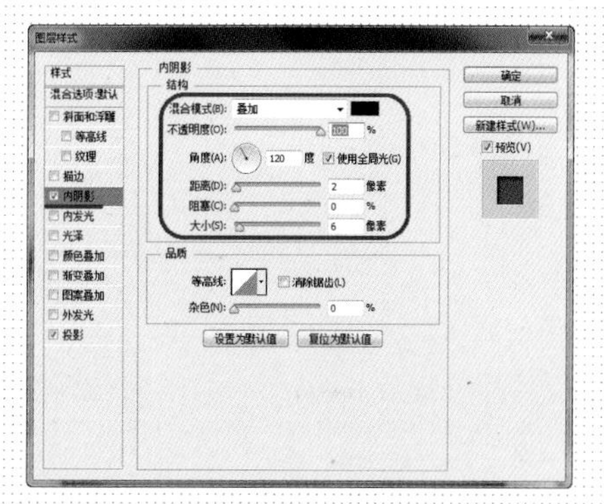

14 ▶打开“图层样式”对话框，选择“内阴影”选项设置参数。

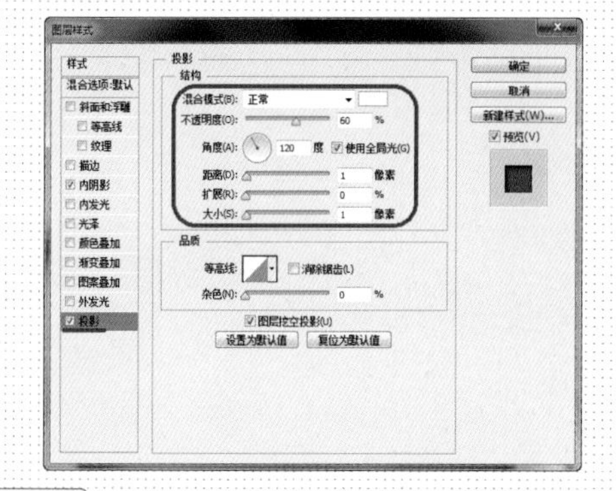

15 ▶ 选择“投影”选项设置参数。

16 ▶设置完成后单击“确定”按钮，得到文字效果。

17 ▶ 使用相同的方法完成相似制作。

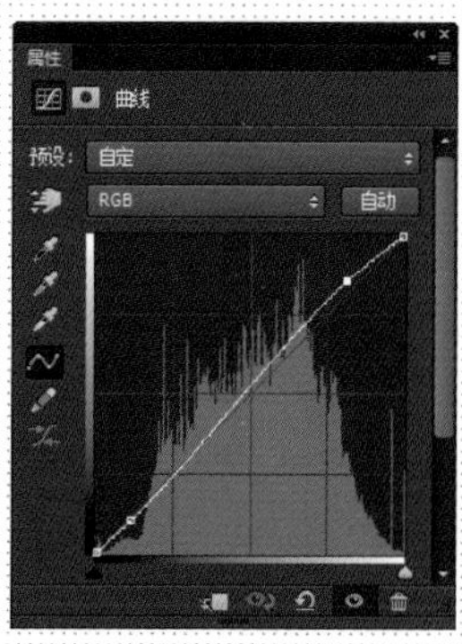

18 ▶单击“图层”面板底部的“创建新的填充或调整图层”按钮，弹出下拉菜单，选择“曲线”，在“属性”面板设置参数。

提问：如何使用其他方法创建“曲线”调整图层？

答：执行“图像 > 调整 > 曲线”命令，可弹出“曲线”设置对话框，使用相同的方法拖动曲线设置完各项参数后单击“确定”按钮，即可完成相同的效果设置。使用该方法创建的调整效果在“图层”面板不会对其进行数据保留。

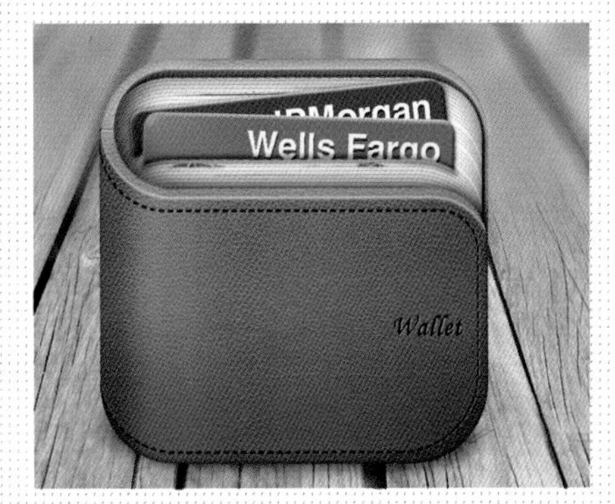

19 ▶ 设置完成后单击“确定”按钮，得到图像的最终效果。

20 ▶对所有相关图层进行编组，得到“图层”面板的最终效果。

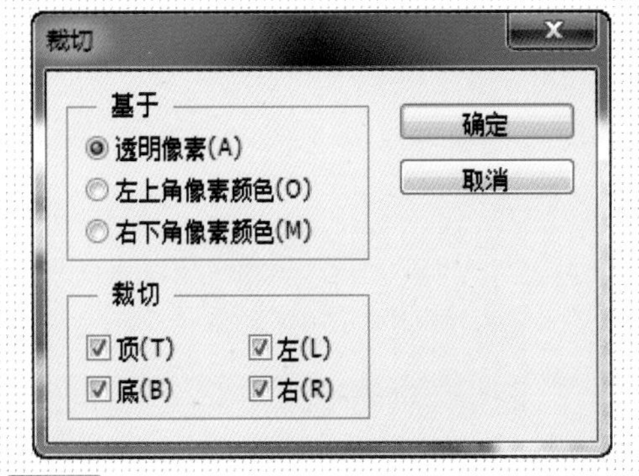

21 ▶ 隐藏背景和投影图层，执行“图像 > 裁切”命令，裁切掉周围的透明像素。

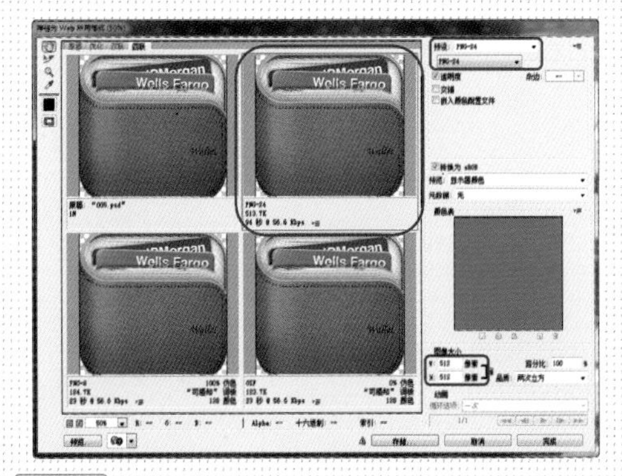

22 ▶执行“文件 > 存储为 Web 使用格式”命令，在弹出的对话框对进行优化存储。

操作难点分析

本案例中在制作图标内页时，对形状进行了多次复制并向下拖移操作，制作时可以先复制一个形状，然后按下【Ctrl+T】快捷键，垂直向下移动该形状，按下【Ehter】键确定变换，然后一直按住【Ctrl+Shift+Alt】组合键不放，不断地单击【T】键，就可以按照同一路径直接复制其他形状。

对比分析

该图标使用的是拟物化的设计风格，如果完全模拟真实世界中笔记本的外形设计，加上相近颜色的装饰，整个图标在外形色彩上看起来就会非常单调。

图标非常巧妙地在模拟了真实世界中笔记本外形的同时，又添加蓝色和绿色的卡片做装饰，不仅在外形设计上制作出逼真效果，同时在色彩搭配上丰富了图标效果。

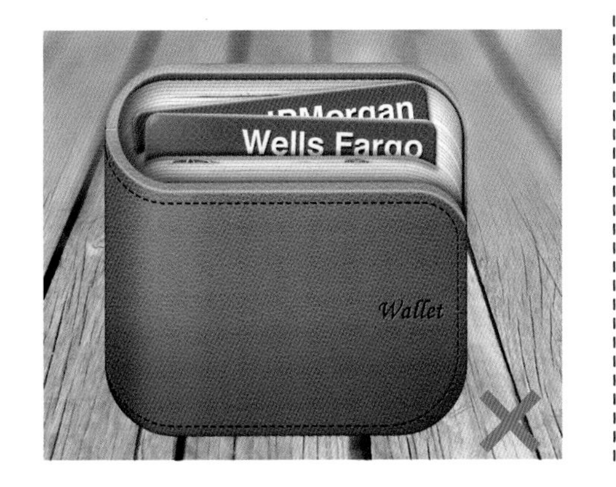

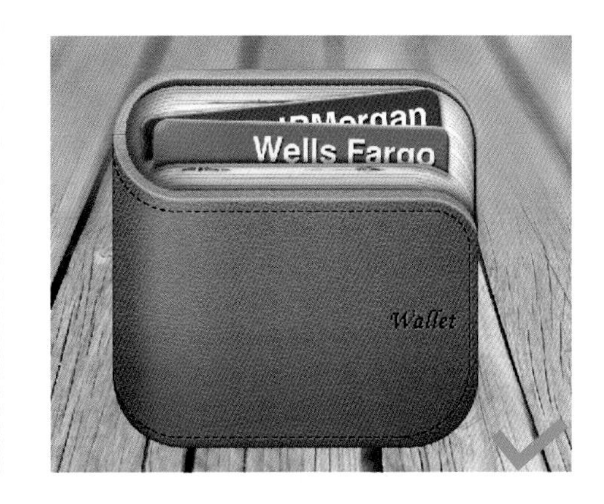

2.6.2 小图标

iOS 程序还需要一个小版本的图标，这个图标用于在 Spotlight 搜索结果里展示某个程序。必要时程序还需要在 Settings 里放置一个与其他内置程序相区分的图标，这个图标在一列搜索结果里一定要有足够的可识别性。

- iPhone 和 iPod touch

在 iPhone 和 iPod touch 中，iOS 在 spotlight 搜索结果和 settings 里用的是同一个图标。如果没有提供这个版本，iOS 会把程序图标压缩来做程序展示图标。

- iPhone

在 iPhone 中，要提供下列尺寸的图标：

29 像素 ×29 像素

58 像素 ×58 像素（高分辨率）

- iPad

对于 iPad，要为 Settings 和 Spotlight 搜索结果提供专门的尺寸：

50 像素 ×50 像素（为 Spotlight）

39 像素 ×39 像素（为 Settings）

2.6.3 文档图标

如果你的 iOS 程序定义了自己的文档类型，也需要定制一款图标来识别它，如果没有提供定制的文档图标，iOS 程序会将程序图标稍作修改用作默认的文档图标。

若要为程序定制文档图标，一定要设计得简单易记，与程序图标紧密地联系起来，因为用户会在不同的地方看到文档图标。这个图标不仅在外观上要漂亮，还要表意清晰，细节丰富。

要为不同设备定制不同尺寸的图标。

- iPhone

对于 iPhone，要创建两种尺寸的图标：

22 像素 ×29 像素

44 像素 ×58 像素

将绘制好的图套在这个规定的格子里，可以居中放置或缩放填充。

- iPad

对于 iPad 版 iOS 图标，创建两种尺寸的文档图标：64 像素 ×64 像素和 320 像素 ×320 像素。为了在任何环境中都能找到合适的图标，建议最好将两种尺寸的图标都准备好。

这两种图标的尺寸中都包含了 padding，为了确保画作的完整性，将图标放置在格子里时要留下稍小一点的安全区，否则就会被裁切掉。

另外，在将画作完全符合安全区大小的情况下，程序还会被 iOS 程序自动添加的卷角效果遮掉一部分；iOS 程序还会为图标添加从上到下的黑白渐变。

○ **64 像素 ×64 像素**

创建完整的 64 像素 ×64 像素的图标，要符合以下标准：

1）创建 64 像素 ×64 像素的 png 图像

2）留出如下尺寸的空白，创建安全区：

顶部 1 像素

底部 4 像素

左右各 10 像素

3）将画作居中放置，或缩放以填充整个安全区（要注意 iOS 程序还会自动添加卷角和渐变效果）。

○ **320 像素 ×320 像素**

创建完整的 320 像素 ×320 像素的图标，要符合以下标准：

1）创建 320 像素 ×320 像素的 png 图像

2）留出如下尺寸的空白，创建安全区：

顶部 5 像素

底部 20 像素

左右各 50 像素

3）将画作居中放置，或缩放以填充整个安全区（要注意 iOS 程序还会自动添加卷角和渐变效果）。

2.6.4 Web 快捷方式图标

也可以定制一款图标用于启动 Web 小程序或网站，用户可以将其直接放在桌面上，单击图标直接访问网页内容。可以让定制的图标代表整个网站或某个网页。

最好将网页中有独特的图片或者可识别的颜色主题应用到图标里。

为了使定制的图标在设备上效果更好，可以遵照以下指南：

○ **iPhone 和 iPod touch**

对于 iPhone 和 iPod touch，要创建两种尺寸的图标：

57 像素 ×57 像素

114 像素 ×114 像素

○ **iPad**

对于 iPad 要创建 72 像素 ×72 像素的图标

○ **没有视觉效果**

为了使该图标与其他桌面图标一致，iOS 程序也会为该图标添加圆角、投影和反射高光视觉效果，为了确保定制的图标与自动添加效果相符合，制作的图标应该是没有圆角和高光效果的图标。

2.6.5 导航栏、工具栏和 Tab 栏上用的图标

尽可能地使用系统提供的按钮和图标来代表标准任务。

如果程序中包含用户经常要执行的任务，就需要创建用于导航栏和工具栏的定制图标来代表程序中用户经常要执行的任务。同样地，如果程序用 tab 栏在不同的定制内容和定制模式间切换，就需要为 tab 栏定制图标。

为了使图标能够清晰地表达你的意图，可以在绘制时遵照以下指南：

○ **简单而富有流线感**

太多的细节会让图标显得笨拙，难以辨认。

○ **不容易和系统提供的图标搞混**

绘制的图标应该能让用户立刻将你的图标和系统提供的标准图标区分开。

○ **易懂，容易被接受**

绘制的图标能够被大多数用户理解，不会被用户抵触。

○ **避免使用和苹果产品重复的图片**

苹果产品图片都是有产权保护的，并且会经常变动。

- **外观符合要求**

1）合适的纯白色透明度

2）不包含投影效果

3）使用抗齿锯

4）如果添加斜面效果，确保光源在正上方

- **合适的工具栏和导航栏图标尺寸**

1）对于 iPhone 和 iPod：

约 20 像素 ×20 像素

约 40 像素 ×40 像素（高分辨率版本）

2）对于 iPad：

约 20 像素 ×20 像素

- **合适的 Tab 栏图标尺寸**

1）对于 iPhone 和 iPod：

约 30 像素 ×30 像素

约 60 像素 ×60 像素（高分辨率版本）

2）对于 iPad：

约 30 像素 ×30 像素

- **不要提供单击或选中状态的图标**

因为 iOS 程序会为导航栏、工具栏和 Tab 栏的图标自动生成这些状态，所以再就不用浪费时间考虑这些了。另外图标的效果是自动叠加的，所以也无法定制。

- **定制的图标要看起来一样重**

保持图标之间的间隙相等，平衡所有图标的细节丰富度。不要将不同风格的图标放在一个栏上，这样做会使界面看起来很乱、不美观。

2.7 设计中的图片

iOS 程序设计中的图片主要是登录图片，对于这个图片的设计是极其讲究的，不仅要有高清晰的分辨率，还要尽量保持将图片的所占空间大小降到最低，这样在用户登录界面时不会因为图片所占内存较大而导致登录速度缓慢。

2.7.1 登录图片

登录图片不是为了给用户留下美观的印象，而是为了让用户觉得程序启动迅速，使用灵活，所以设计的登录图片要朴素，例如：iPhone Setting 的登录图片只有程序背景，因为里面的内容都是不停变化的。

iPhone Stocks 的登录图片只有静态背景，因为只有这些是恒定不变的。

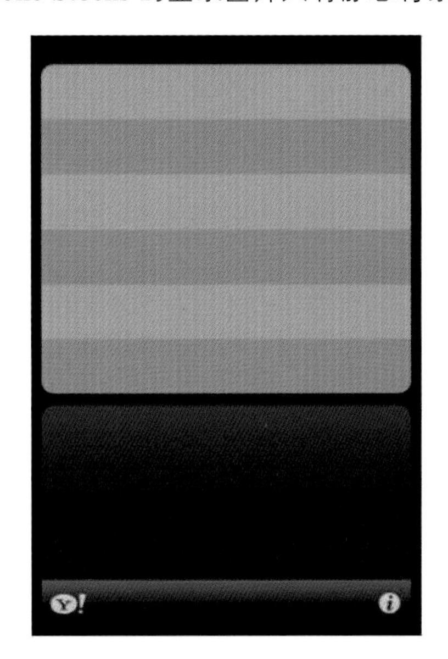

在 iOS 中，登录图片的设计规范和使用规范可以遵照下列指南：

- **不要在下列情况中使用**

1）用作“splash”。

2）用作“about”。

3）如果不是程序的第一屏，将其用于品牌推广。

用户经常会在程序间切换，所以最好将登录时间尽量缩短，提供登录图片就可以缩短等待时间的主观体验。

- **在下列情况下不用设计与程序启动后第一帧一样的登录图片**

1）文本

登录图片是静态的，因此其中的文本没有办法做定位。

2）可能会变化的界面元素

如果元素会在第一帧旋绕出来后有变化，不要将其放置在登录图片中，因为这样用户就不会察觉到登录图片和第一帧之间的切换。

- **不同设备有合适的尺寸**

1）iPhone 和 iPod touch：

320 像素 ×480 像素

640 像素 ×940 像素（高分辨率）

2）iPad

竖屏：768 像素 ×1004 像素

横屏：1024 像素 ×748 像素

最好准备好各方向的登录图片。

2.7.2 为 Retina 屏幕设计

Retina 液晶屏允许展示高精度的图标和图片。应该利用已有的素材重新制作大尺寸、高质量的版本，而不是将已有的画作放大，这样就会错失提供优美、精致图片的机遇。

遵照下列指南，就可以设计出优秀的 Retina 屏幕显示画作：

- **纹理丰富**

在高精度版的 Settings 和 Contacts 里，可以看到铁盒纸张的纹理清晰可见。

○ **更多细节**

在高精度版的 Safari 和 Notes 里，可以看到更多的细节，例如指针后的刻度和上一张纸撕掉后残留的痕迹。

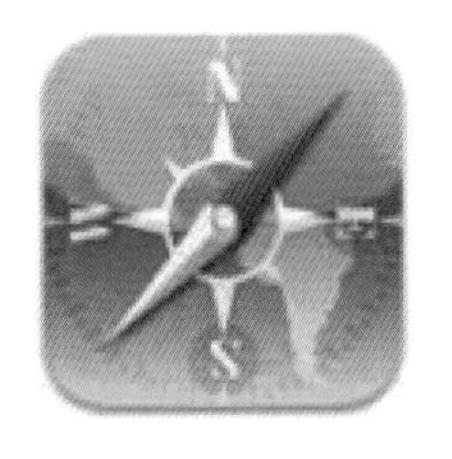

○ **更加真实**

高精度版的 Compass 和 Photos 图标通过增加丰富的纹理和细节，变得像是真的指南针和照片。

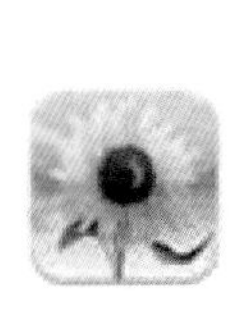

即使栏上的图标比程序或者文档图标简单，也可以在高分辨率版本上增加细节。例如，iPad 里面的艺术家图标是一个歌手的侧面剪影，高分辨率版本的图标看起来和原版本一样，但增加了很多细节。设计高分辨率图标时要掌握如下技术：

○ **原图片放大至 200%**

要使用“nearest neighbor”缩放算法，这样即使原图不是矢量图形或带有图层样式的图像也很管用，最后获得的会是放大的、像素化的图片。

可以在上面再添加更丰富的细节。这种方法可以节约工作量，保留原有的布局。

如果图片是矢量版的，或者有图层效果，使用默认的算法缩放就可以了。

○ **增加细节和深度**

高分辨率版本给细节留下了很多发挥空间，从原来的 1 像素变成了现在的 4 像素，所以制作时不要急着去小元素。

○ **考虑修整放大的元素**

如果原来的分割线是很细腻的 1 像素，放大后就会变粗，成为 2 像素宽。但是对于某些线和元素，在放大整体尺寸后还需要再锐化或者保留原有尺寸。

○ **考虑为雕刻或投影等效果增加模糊**

例如为文字添加雕刻效果，通常是把文字复制一次，然后移动 1 像素。放大之后，这个移位就会变成 2 像素，在高分辨率屏幕上看起来就太细腻了，不真实。

为了优化，可以让移位保留在 1 像素，但是增加 1 像素的模糊来柔化雕刻效果。

这仍然会导致 2 像素宽的效果，但是外面这层像素看起来仍然只有半像素宽，看起来也更加舒服。

2.8 iOS 7 的设计特点

与 iOS 6 相比，iOS 7 致力于追求简单，舍弃了之前低版本的光泽感、斜边缘、阴影和边界。从视觉上来说，iOS 7 中没有让精致的图标使用户紧张、吸引用户的全部注意力，而是制造令人放松的气氛，整个设计的趋势是让 UI 少一些修饰。

在 2013 年 6 月 11 日召开的 WWDC 2013 全球开发者大会上，iOS 7 操作系统被正式发布，该系统可以说是 iOS 诞生以来最大的改变。

2.8.1 新界面

iOS 7 采用全新设计的称号，改用全新的 UI 设计，更趋向于平面化和简洁化，整体视觉上采用了扁平化的设计风格。

重新设计了所有的图标，对界面排版和布局做了改变，解锁界面加入了动态效果。在动画效果方面 iOS 7 采用了大量的 3D 效果，并且有放大、缩小效果。

减少了之前低版本中的渲染整体效果，以简单、清新的界面风格和元素带给用户轻松的感觉。接下来通过主界面和解锁界面的制作来了解这种风格特点。

实战 6 制作 iOS 7 锁屏界面

- 源文件地址：第 2 章 \006.psd
- 视频地址：视频 \ 第 2 章 \006.swf

- 案例分析：

本案例制作的是 iOS 7 锁屏界面，本界面的制作方法非常简单，除了简单的图形绘制和文字之外，就是一些图层混合模式的修改。

- 配色分析：

浅蓝色的背景，以添加不同的光源制作出不同明暗的效果，制作出明快的页面气氛，加入白色的文字，添加灵活、欢快的效果。

制作分析 制作思路

打开背景素材，并将相应的素材置入到设计文档	使用“文字工具”输入相应的文字，调整混合模式	使用形状工具绘制出形状，并调整图层混合模式	用相同的方法完成其他装饰元素，适当整理图层

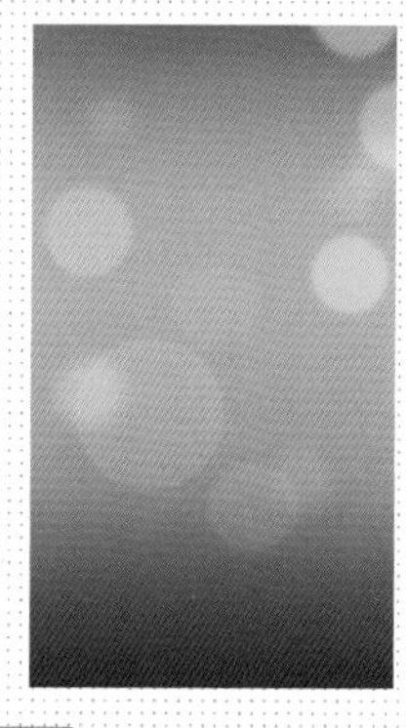

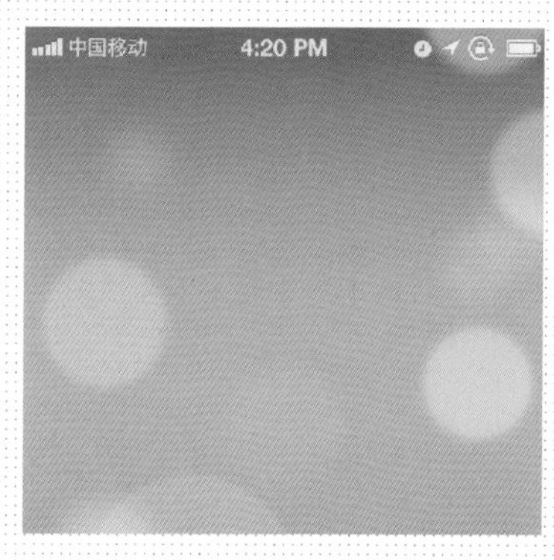

01 ▶执行“文件 > 打开”命令，打开背景素材“第 2 章 \ 素材 \010.jpg”。执行“文件 > 置入”命令，将第 2 章 \ 素材 \003.png”置入文档，并修改图层“不透明度”为 80%。

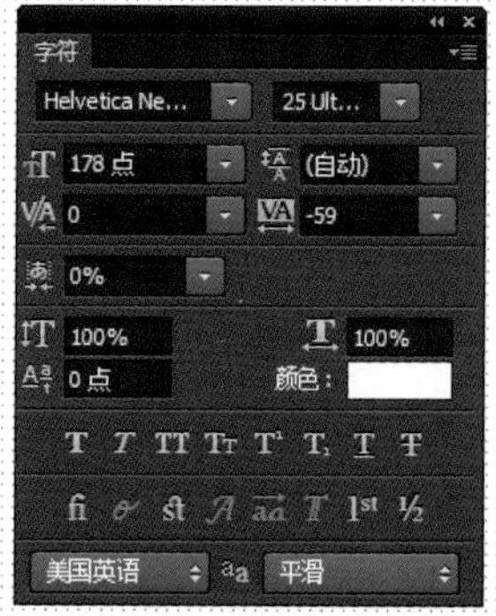

02 ▶打开“字符”面板设置参数值。

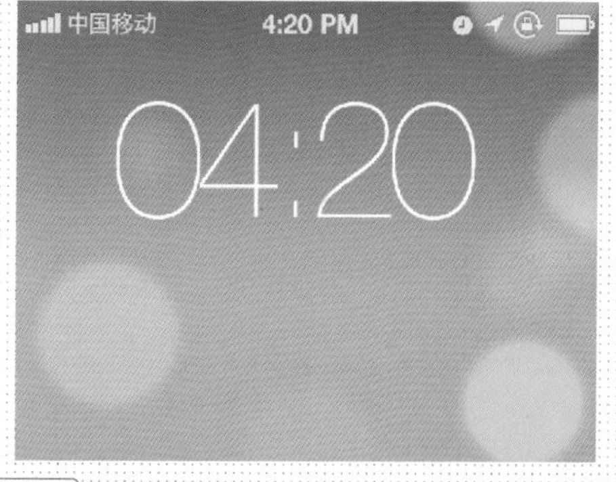

03 ▶使用“横排文字工具”输入相应的文字。

04 ▶继续使用相同的方法设置字符样式，并输入其他文字。

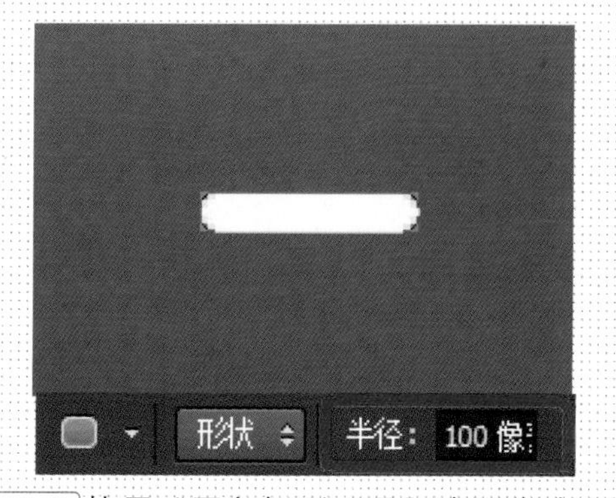

05 ▶使用“圆角矩形工具”在画布中下方创建白色的形状。

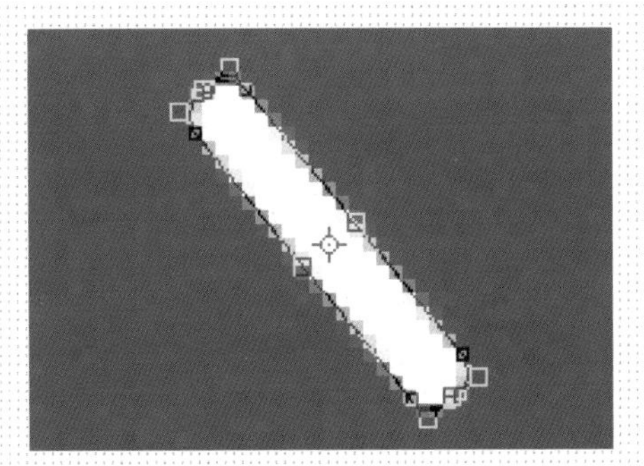

06 ▶执行“编辑 > 变换路径 > 旋转”命令，对形状进行旋转。

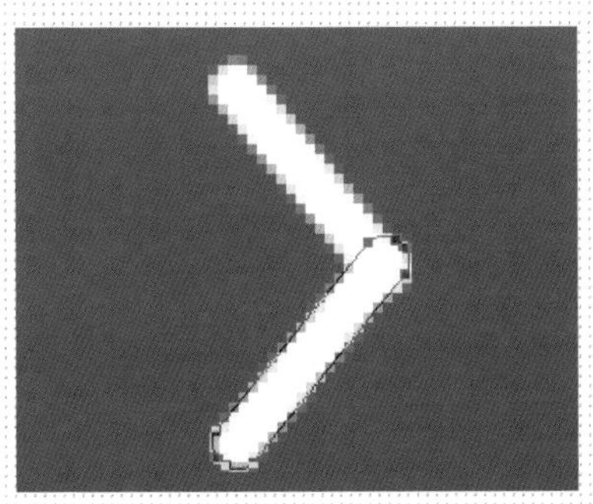

07 ▶按下【Enter】键确定变换，继续按下【Ctrl+J】快捷键复制形状。执行“编辑 > 变换路径 > 水平翻转”命令，适当调整其位置。

提问：如何进行准确的角度旋转？

答：直接将鼠标拖移至变换框拐角处，当鼠标光标变换为弯曲的箭头时，上下拖动即可随意旋转形状，但想要对其进行准确的度数变换是比较困难的，这时可以在选项栏的“角度”后面的方框中输入数值，即可进行准确的角度变换。

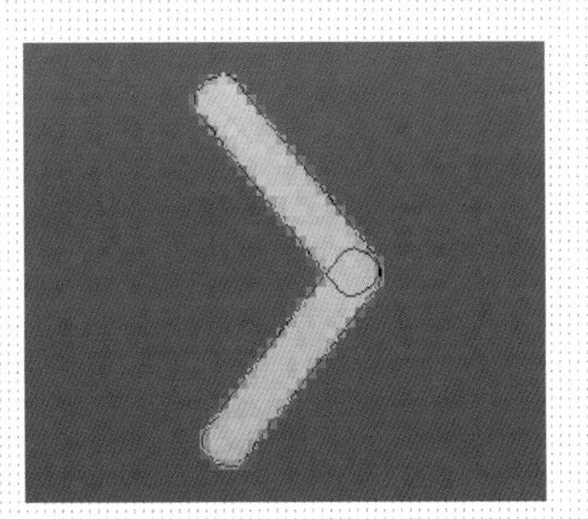

08 ▶选中两个图层，按快捷键【Ctrl+E】合并图层，设置“混合模式”为“叠加”。

09 ▶打开“字符”面板设置参数，并在画布中输入相应的文字。

10 ▶在“图层”面板设置“混合模式”为“叠加”得到文字效果。

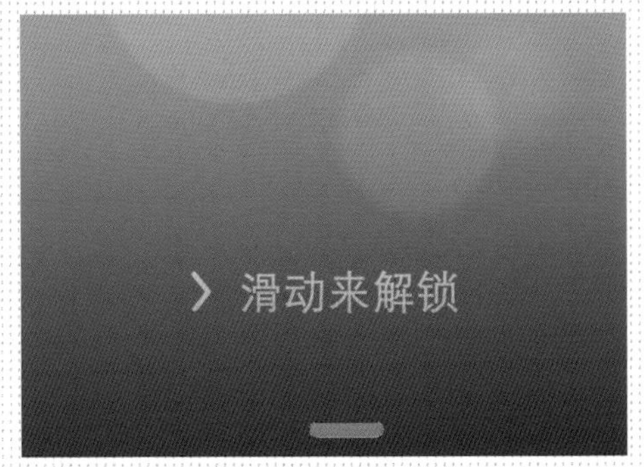

11 ▶使用相同的方法完成相似制作。

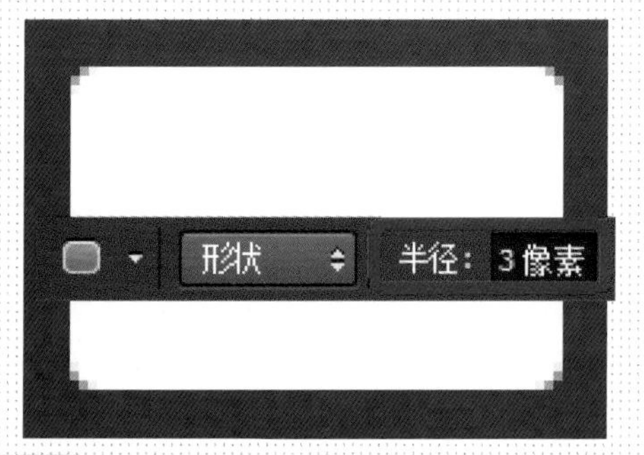

12 使用“圆角矩形工具”在画布右下角创建白色的形状。

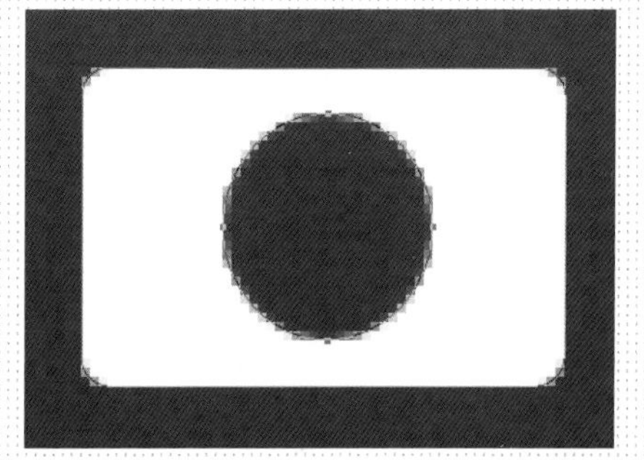

13 选择“椭圆工具”，设置“路径操作”为“减去顶层形状”，在形状中心绘制图形。

14 再次设置“路径操作”为“合并形状”，在图像中绘制图形。

15 使用相同的方法完成相似制作。

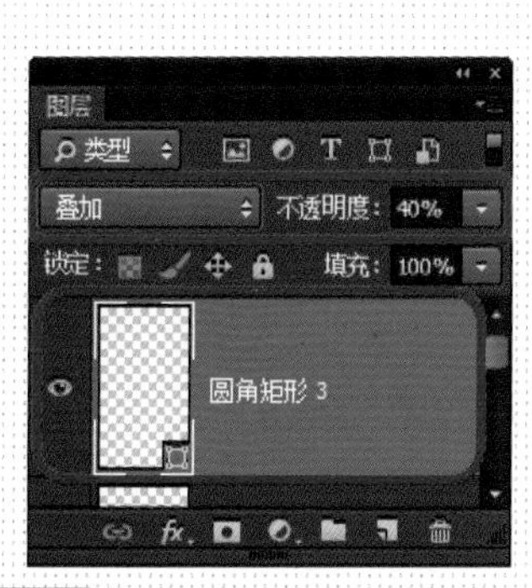

16 修改图层“不透明度”为 40%，“混合模式”为“叠加”，得到界面的最终效果。

操作难点分析

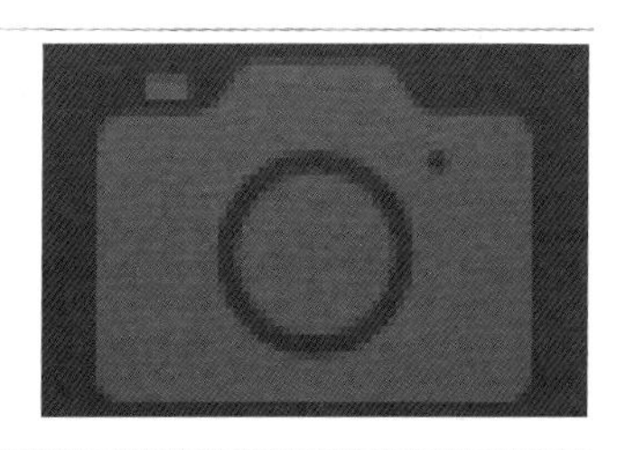

本案例中在制作页面右下角的照相机小图标时，要注意形状的中心对齐，例如图标中心的镂空圆环一定要与圆角矩形是同一个中心点，还有相机上方突出部分要保持对称，并且在圆角矩形顶边的中心位置，这样绘制出的图标才可以保证外观规范、整齐。

对比分析

直接将白色的图标和文字放置在背景上，看起来像是漂浮在蓝色溪水里的白色泡沫，既不融合又给人轻浮的感觉。

将白色的图标适当地降低不透明度，使其看起来轮廓清晰，同时又给人感觉像是若隐若现在背景中，轻重搭配合理。

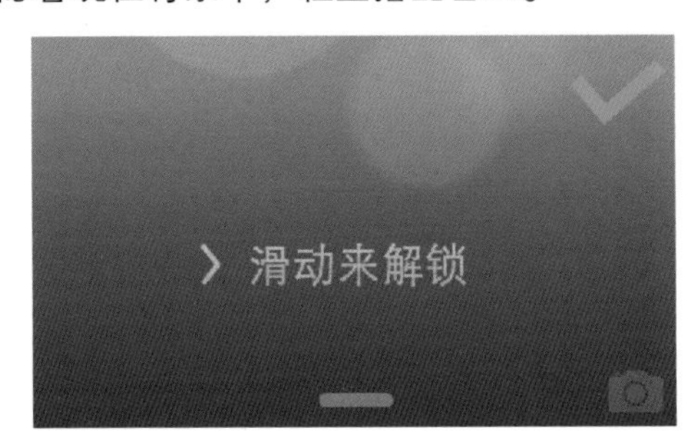

实战 7 制作 iOS 7 主界面

- 源文件地址：第 2 章 \007.psd
- 视频地址：视频 \ 第 2 章 \007.swf

- 案例分析：

本案例制作的是 iOS 7 中的主界面，案例制作方法很简单，但每个图标之间的距离都是相等的，制作时需要使用参考线来规范。

- 配色分析：

整个界面以大范围不同色相和明度的蓝色与紫色搭配，制作出梦幻而又神秘的页面气氛，加入少量的红色与绿色，装饰页面，制造视觉冲击力。

制作分析 制作思路

01 打开背景，利用形状工具配合路径操作制作状态栏

02 拖曳参考线，拖入相应的图标素材，输入相应的文字

03 创建形状并通过不透明度的调整，制作出小控件

04 创建形状并配合图层样式制作出快捷设置图标

○ 制作步骤：01——制作状态栏

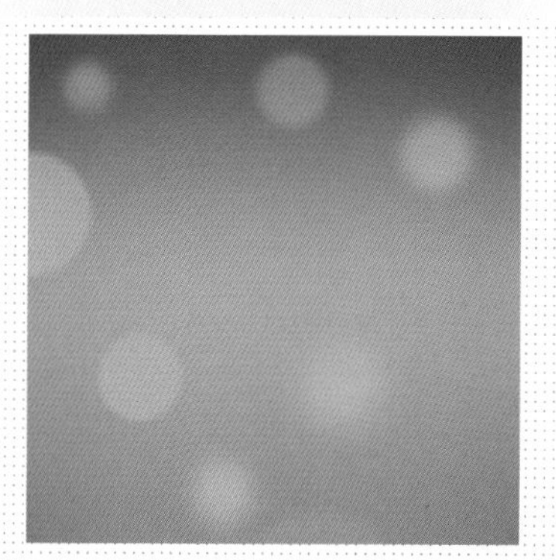

01 ▶执行“文件 > 打开”命令，打开背景素材“第 2 章 \ 素材 \010.jpg”。

02 ▶按快捷键【Ctrl+R】打开标尺，并拖一条参考线作为状态栏的界线。

03 ▶新建图层，使用“矩形选框工具”在文档的左上角创建矩形选区并填充为白色。

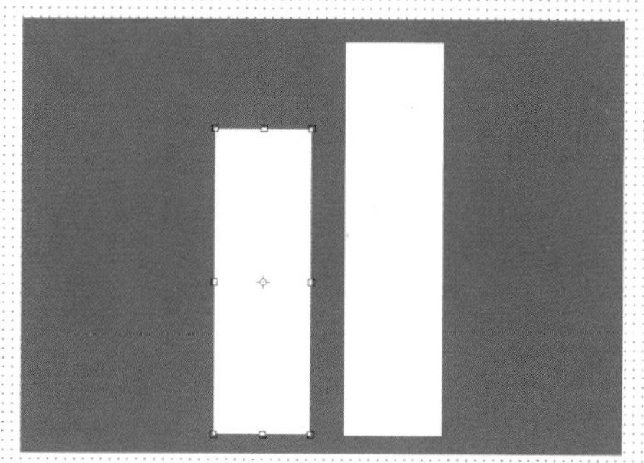

04 ▶取消选区并复制该图层，按快捷键【Ctrl+T】，调整复制图层的大小和位置。

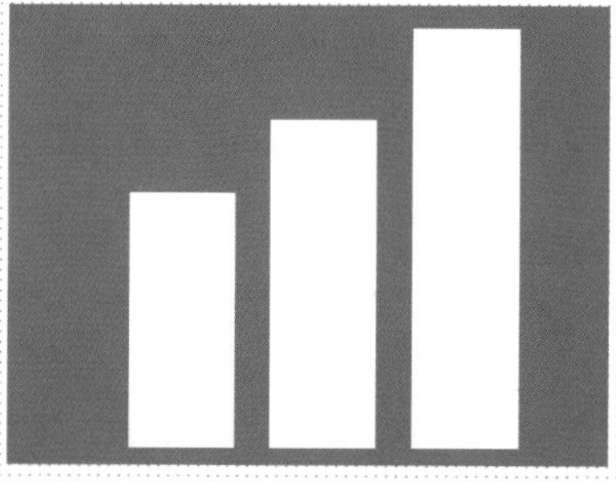

05 ▶按【Enter】键确定变形，按下快捷键【Ctrl+Alt+Shift+T】，得到另一条信号格。

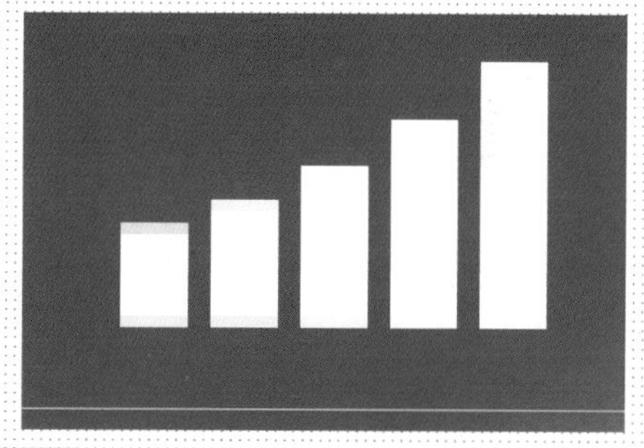

06 ▶按下【Ctrl+Alt+Shift】键不放，然后连续按键盘上的【T】键三次，得到完整的图标。

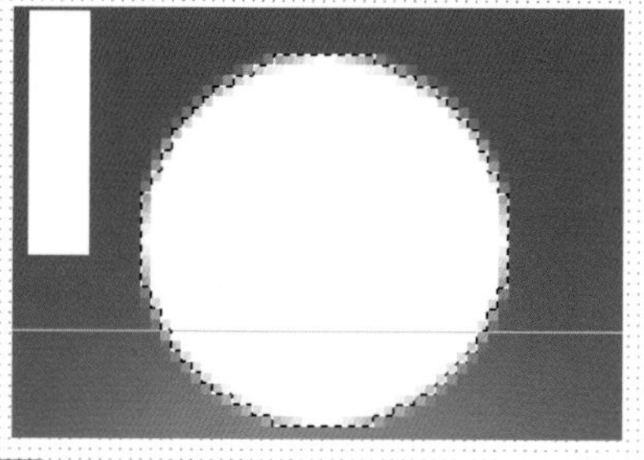

07 ▶新建图层，使用“椭圆选区工具”创建一个正圆选区，并填充为白色。

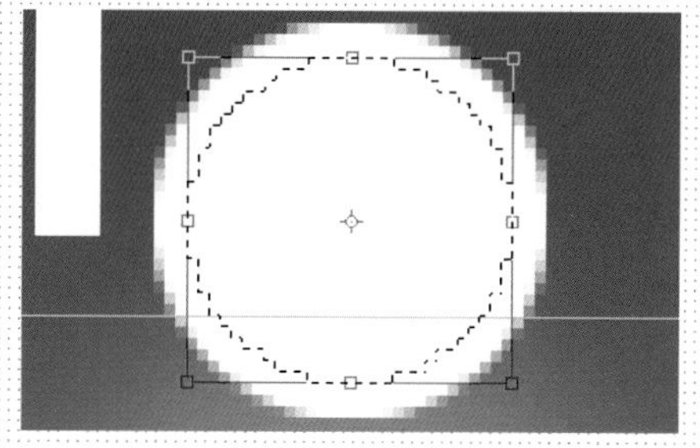

08 ▶执行“选择 > 变换选区”命令，适当缩放选区。

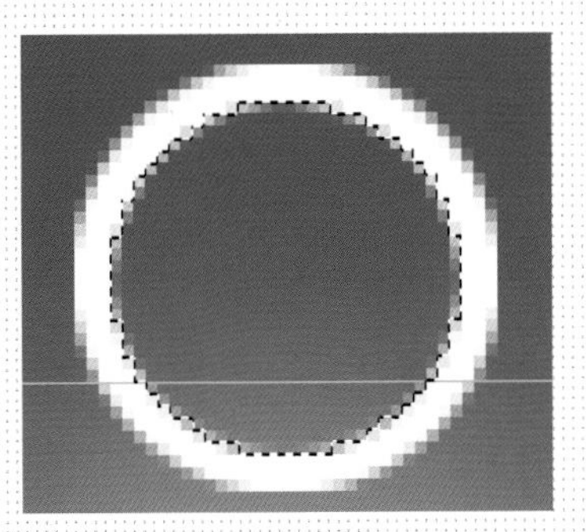

09 按下【Delete】键将选区中的内容删除。

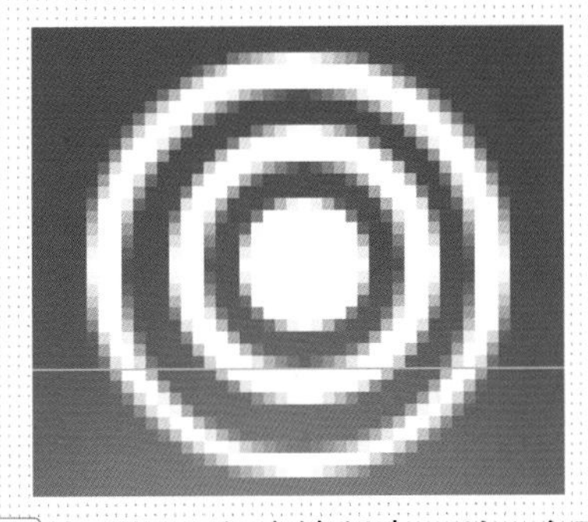

10 使用相同方法绘制出另外3个圆环。

11 选中“图层 2”至“图层 4”，为该组添加图层蒙版。

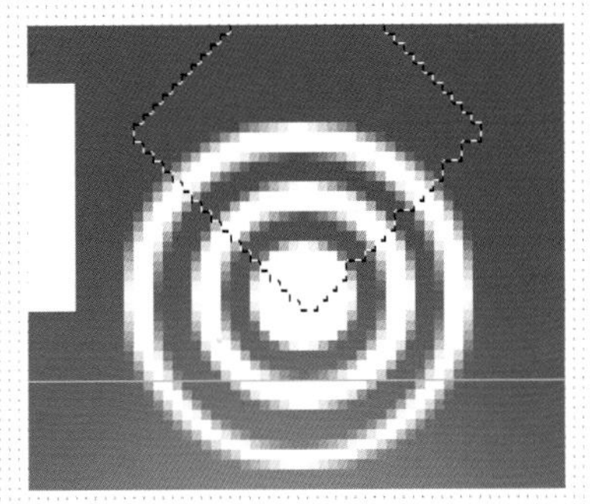

12 执行“选择 > 变化选区”命令，调整选区大小和角度。

13 执行“选择 > 反选”命令反选选区，并为选区填充黑色，得到图像效果。

14 打开“字符”面板进行设置，并使用“横排文字工具”输入相应文字。

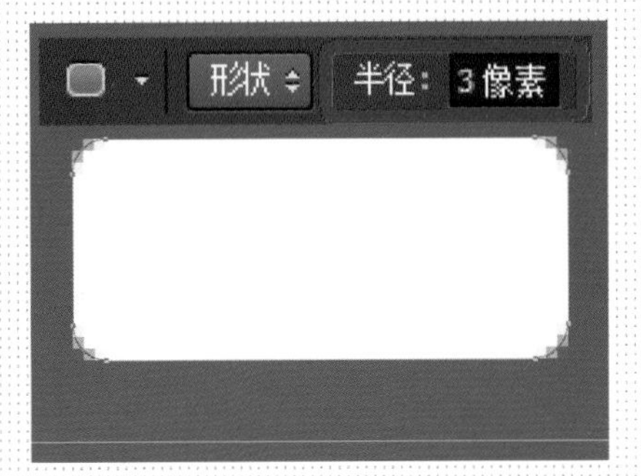

15 使用“圆角矩形”在画布中创建“填充”为白色的圆角矩形。

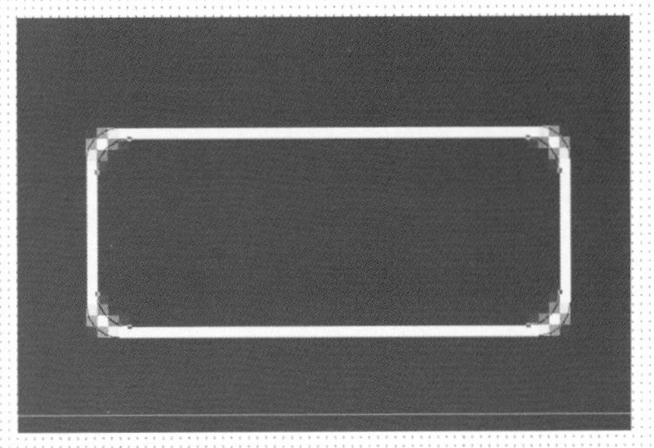

16 设置“路径操作”为“减去顶层形状”，继续在圆角矩形中绘制图形。

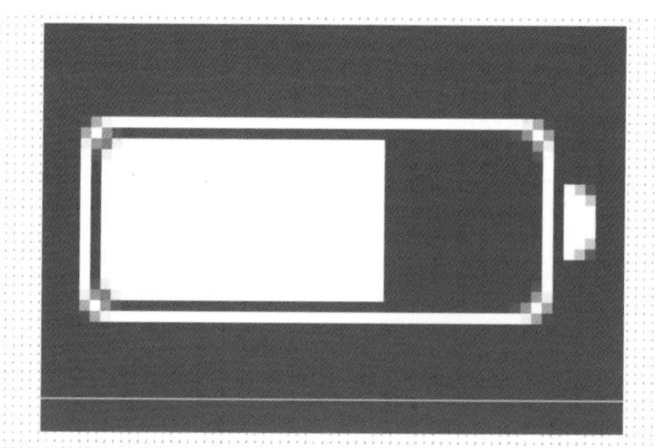

17 ▶使用相同方法制作电池中的其他部分，得到图像效果。

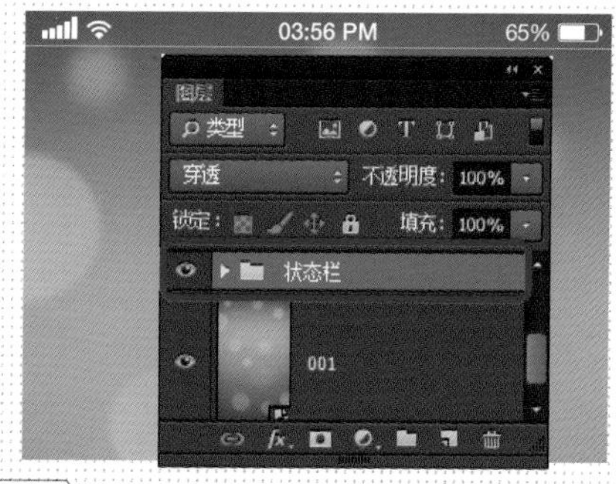

18 ▶将使用相同的方法完成相似制作，对相关图层进行编组，修改名称为“状态栏”。

○ 制作步骤：02——排列图标

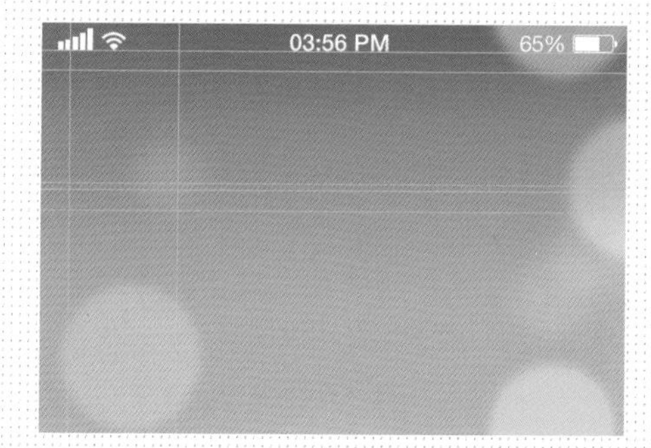

01 ▶继续使用“移动工具”从标尺中拖出定位图标的参考线。

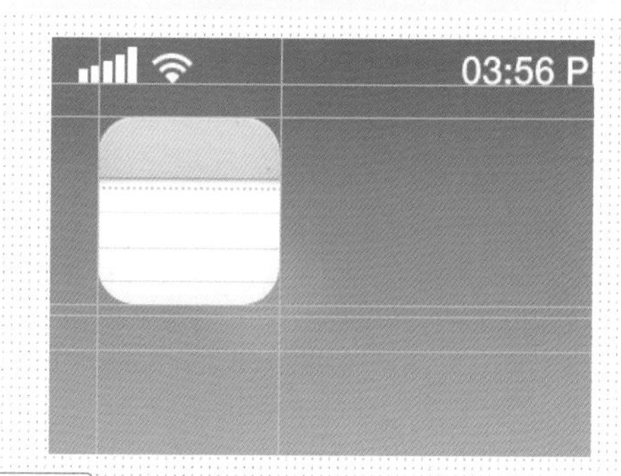

02 ▶打开素材“第 2 章\素材\011.psd，将相应的图标拖入设计文档。

03 ▶使用相同方法拖动参考线，并将其他图标拖入图标区域内。

04 ▶将所有图标进行编组，并修改组的名称为“图标”。

提问：如何让参考线消失？

答：在制作过程中参考线较多时有时可能会影响视线，对于单一的一条参考线可以使用“移动工具”将其拖移至标尺上将其删除，如果想要所有参考线都消失，则可以执行“视图 > 清除参考线”命令清除所有参考线。

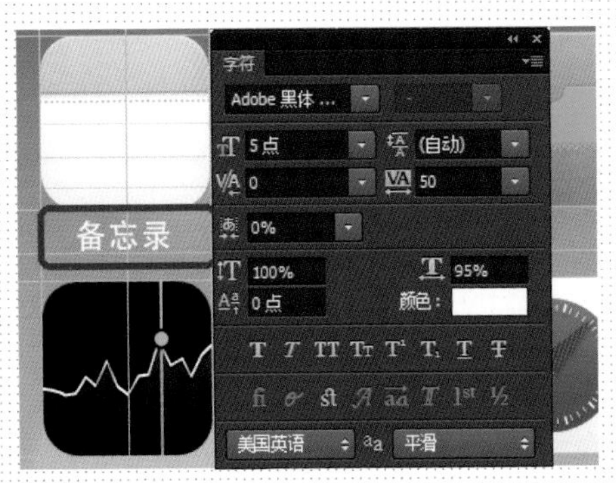

05 ▶打开“字符”面板设置参数，并使用“横排文字工具”在相应的图标下输入文字。

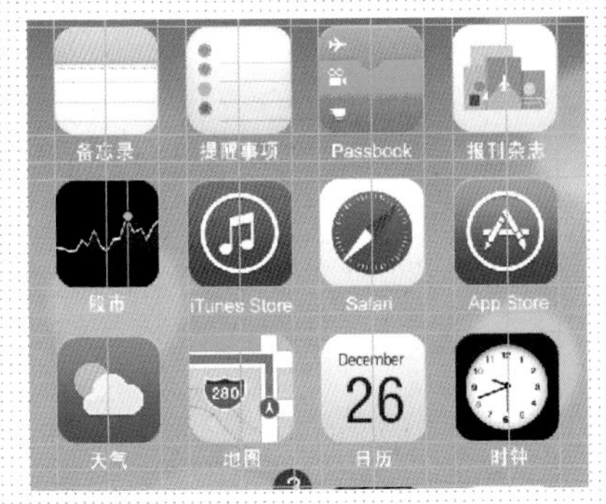

06 ▶使用相同的方法完成相似制作，对相关图层进行编组，修改名称为“文字”。

07 ▶新建图层，使用“矩形选框工具”创建选区，填充为白色。

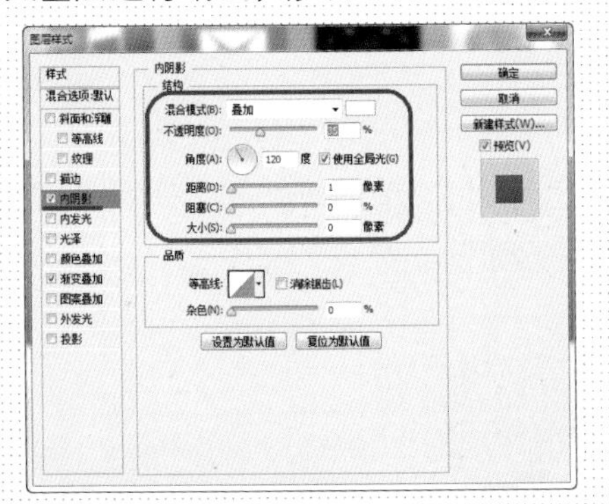

08 ▶双击该图层缩览图，在弹出的“图层样式”中选择“内阴影”，设置参数。

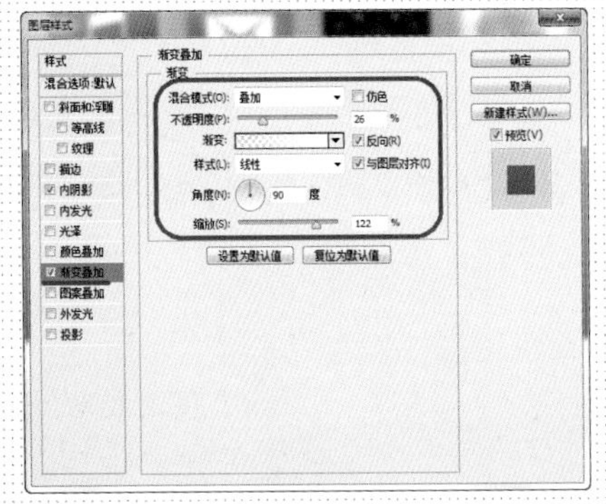

09 ▶继续选择“渐变叠加”进行设置。

10 ▶设置完成后单击“确定”按钮，在“图层”面板设置图层的“填充”为6%。

提问：如何使用简便方法绘制矩形？

答：使用“矩形工具”绘制矩形，可以直接将“工具模式”设置为“形状”绘制矢量形状，或者也可以设置“工具模式”为“像素”，绘制像素图像。绘制其他形状时也可以使用这种方法，但注意当形状有圆角时最好一次性绘制好，不要进行缩放。

11 ▶ 使用相同的方法完成相似制作，得到图像的最终效果。整理图层，得到“图层”面板。

操作难点分析

在制作信号显示图标时，运用的方法是直接绘制好一个形状，然后复制并通过移动得到另一个形状，然后执行“编辑 > 变换 > 再次”命令得到其他形状，提醒用户在制作第二个形状时一定要平移形状，否则绘制出的形状轨迹将会偏离，制作出不规范的图标。

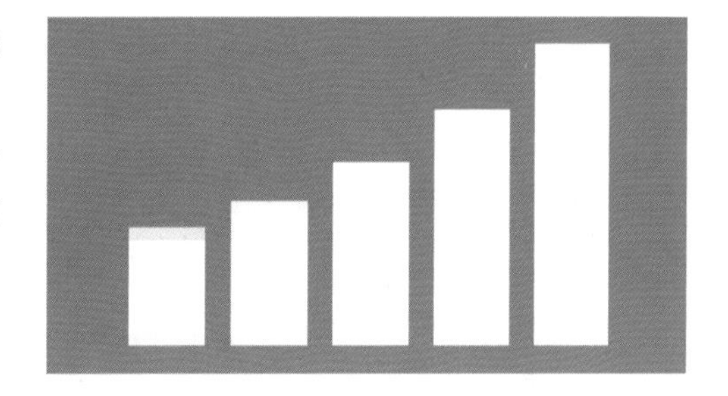

对比分析

没有渐变效果的快速启动图标垫底，会使整个界面效果失去立体效果，看起来特别朦胧、不清晰。

使用不透明度的图标垫底，清晰而又略微朦胧地显现下面的界面背景，使整个界面看起来清晰，如玻璃般的质感更强烈。

2.8.2 更新

1）设置中心

用户当前处于任何界面，都可以直从屏幕底部向上滑动开启设置中心，设置WiFi、蓝牙等开关，调节屏幕亮度，控制歌曲播放，或是快速打开 AirDrop、AirPlay 或手电筒、指南针、计算机或相机程序。

2）通知中心

无论在任何界面，用户都可以从顶部向下滑动打开通知中心。

通知界面可以显示推送、日历、股票、天气等更多、更全面的内容，同时通知中心也分为今天、全部和错过的三个分栏，用户可以更容易找到有价值的通知信息。

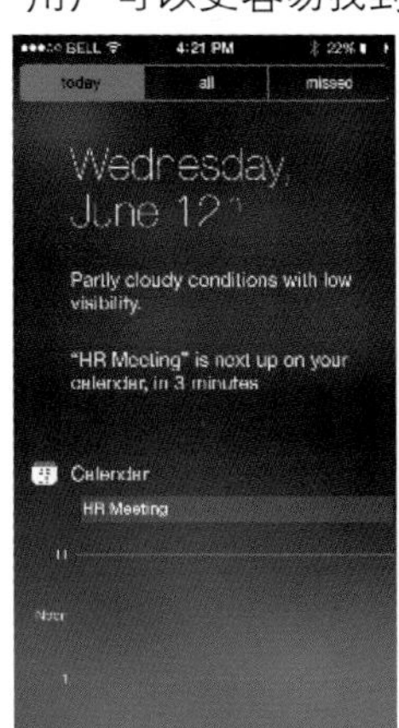

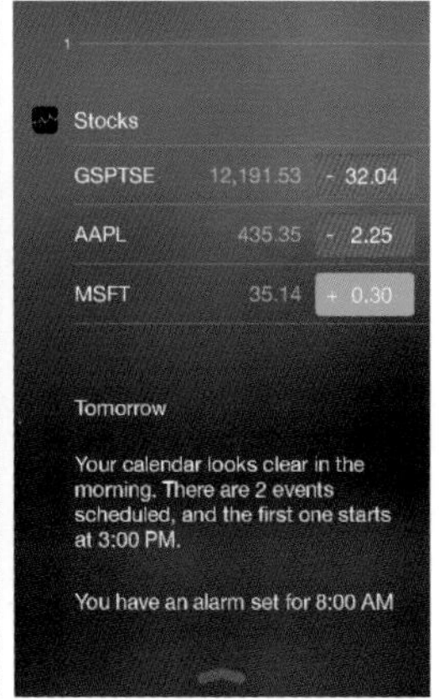

3）多任务菜单栏

用户可以通过双击【HOME】键打开多任务菜单。并且该菜单采用了卡片预览+图标的样式，用户可以通过向上推动卡片快速关闭程序。

多任务菜单可以通过用户的使用习惯自动更新日程。

4）控制中心

iOS 7 重新设计了控制中心，可以在一个界面更改 WiFi、蓝牙等设计。另外所有的程序将会支持真正的多任务，并且依然可以保证优秀的续航能力。

5）相机

用户可以只使用底部的一个主按钮完成拍视频、拍全景图、拍特效照片等操作。用户可以通过滑动主按钮直接切换相机模式，各种滤镜效果可以在拍照时直接添加，也可以在拍摄完成后用相册添加。

6）相册

可以按时间、地点分类的模式将加入的相册分类，同时还可以直接在 iCloud 中分享相册中的照片、视频，形成类似社交软件的分享平台。

7）AirDrop

用户可以通过 AirDrop 在 iOS 设备间传输照片、视频、联系人等内容或其他 APP 中的内容，并且在不需要设置、即时使用即可生效的情况下，通过蓝牙或 WiFi 传输。但目前限制在 iPad 4、iPad mini、iPhone 5 以及 iPod touch 5 中。

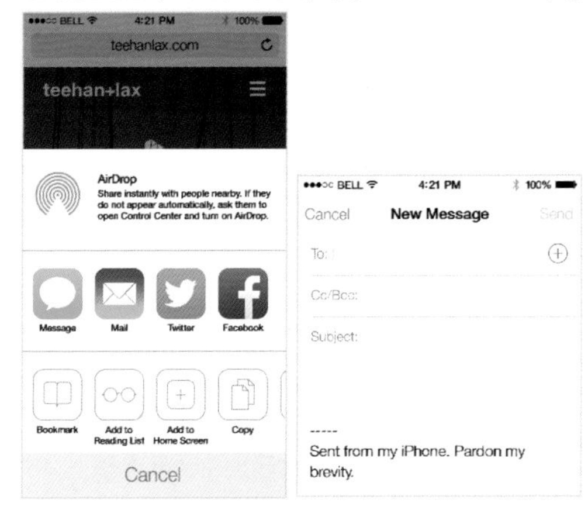

8）Safari 浏览器

大幅度地改变了 Safari 界面，加入了新的全屏模式、搜索功能以及更为立体的标签管理方式。

支持全屏设计、智能搜索功能，并且可以 iCloud 钥匙串功能。

加入更炫的窗口切换 3D 效果。

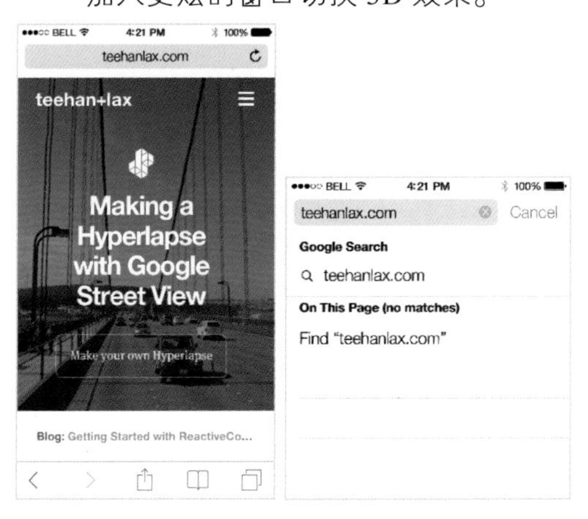

9）iTunes Radio

iTunes Radio 可以是 iOS 7 全新音乐应用的一项核心功能，实际上就是类似“豆瓣电台”的功能。

用户可以创建自己的音乐站，收听音乐电台、购买音乐等，目前只在美国可以使用，其他国家也将会陆续登场。

10）Siri 语音助手

Siri 在 iOS 7 中界面全部改变，加入新的声音，字体全部悬浮在半透明背景上。能更快和更广泛地搜索内容，例如 Bing、wiki 百科、Twitter 消息等，权限和语速也得到提升。

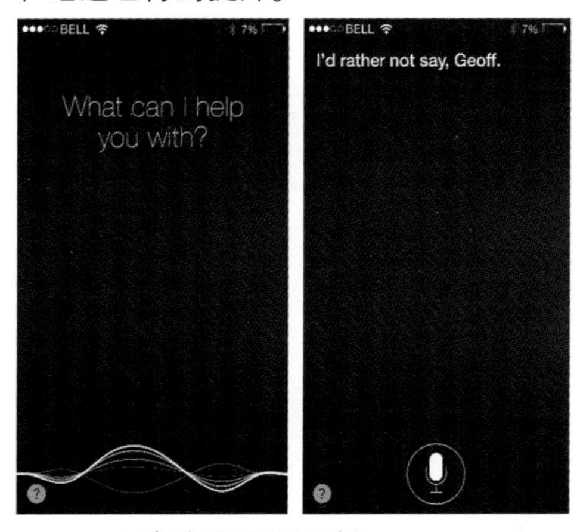

11）商店和寻回手机

iOS 7 中不仅 AppStore 进行了改版，同时可以自动保持 APP 的更新，无须用户手动干预。可以基于位置搜索流行的应用，同时还可以获取最好的教育软件。

寻回手机的 iCloud 功能进行了升级，用户只要输入 Apple ID 和密码就可以关闭寻回手机功能或清除手机内容。

寻回手机功能在清除手机后，依旧会显示信息，若之前绑定了 Apple ID，刷机之后，重新激活 iPhone 必须输入之前绑定的 Apple ID 和密码，否则将无法激活。

12）未来的车载功能

iOS 界面同样出现在奔驰、起亚、尼桑、英菲尼迪等 12 家品牌的汽车中，用户可以在汽车显示屏幕中查看信息、拨打电话。

2.9 iOS 6 与 iOS 7 对比

iOS 7 发布后，对于许多习惯 iOS 6 以及之前的拟物化操作界面的用户来说，这个巨大的变化似乎一时间难以让人接受，究竟平面化的设计有何好处？下面我们通过大量 iOS 6 与 iOS 7 的各种界面的截图做对比，以最直观的角度来对比两个系统之间的视觉差异，通过这种强烈的视觉对比，来总结 iOS 6 与 iOS 7 的界面设计特点。

iOS 6 界面

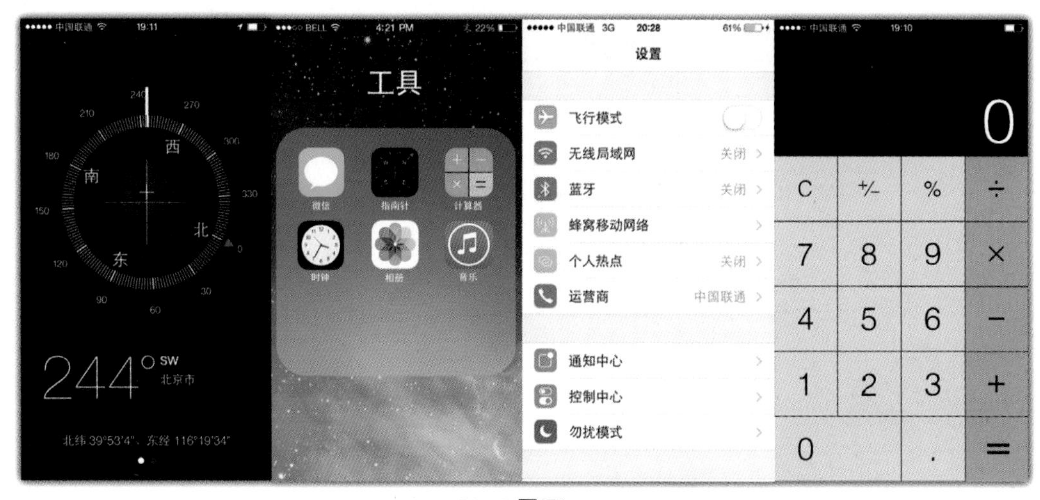

iOS 7 界面

2.9.1 依从用户的操作界面

iOS 7 的操作界面主要遵循以依从用户、清晰易读、视觉纵深为设计主题，例如新的计算器界面去掉了之前版本中不必要的装饰元素，这样的设计使界面得到了极大简化，只利用简单的色彩清晰地做出分隔，突出主要功能，以直达主题内容为设计目的，完全以内容和功能为中心。

○ **依从用户**

界面设计帮助用户与理解内容或与之互动，而不是与内容产生竞争。

○ **清晰易读**

清晰易读的文字和图形，明确的图标含义，并且要尽可能地减少图标的装饰元素，而不是以精致的图标外观使用户集中精力，要让用户的目光聚焦于其自身功能。

○ **视觉纵深**

致力于外观层次感的表现，使用逼真的动画表现界面的动感和活力，这样使界面更容易被用户理解。

2.9.2 扁平化代替拟物化

iOS 7 的界面设计中强调避免仿真和拟物化的视觉引导方式。

之前版本的 iOS 界面以及其逼真的材质作为界面的背景和图标的底座，界面和图标都会添加华丽的投影或高光效果。

而在 iOS 7 中，界面和图表一贯以“扁平化”为设计风格。

但“扁平化”并不是纯粹的二维界面。在界面和图标只添加一层淡淡的、微不可查的高光和投影。

2.9.3 易读性强的动态字体

为确保用户在任何字号下都可以轻松地阅读文字内容，iOS 7 采用了全新的动态字体系统。动态字体可以自动调整任何字号下的文字粗细、字间距和行距。

动态字体也支持字体风格，使用户能够为内容标题、正文和按钮中的字体设置不同的字体样式。

2.9.4 无边框按钮

iOS 6 中使用最传统的方法，利用在不同形状的边框上添加具有特定意义的图形或标题文字代表按钮。

而在 iOS 7 中则使用无边框的按钮，只保留简单的文字和图形，这样按钮中的文字就可以使用再大一些的字体。

2.9.5 半透明的导航元素

iOS 7 的界面引入了透明和半透明化的设计特点，这也是 iOS 7 最重要的设计变化之一。

在 iOS 7 中，状态栏可以根据情况以完全透明或半透明的形式呈现，另外在导航栏、标签栏、工具栏以及其他的一些控件中也采用了半透明化的处理方式。

当用户从界面的上方或下方拉出快捷菜单或通知栏时，界面下方的内容也可以透过透明磨砂质感的菜单背景看到。

而在 iOS 6 中，除了状态栏可以为完全透明或半透明状态之外，其他部分都是使用一些精致的、充满质感的高像素图像作为背景。

2.9.6 留白内容

为确保可读性和易用性，iOS 7 界面在去除一切不必要的装饰效果的同时大幅度简化了其配色，界面中因此也保留了大量的留白空间。

在 iOS 官方设计规范中明确表示，通过在界面中增加留白，以传达出平静、稳定的感觉，使程序看起来更加专注和高效。

2.9.7 层次感的表现

iOS 7 的系统界面引用了有加速器驱动的 3D 效果。这样用户就可以利用高显示屏的苹果设备，轻松地通过透明和逼真的动画效果展示界面与元素之间的层级关系，传达出界面的活力。

2.9.8 尽量不使用启动画面

在 iOS 7 的设计规范中，放弃之前版本中那些没有意义的、用来展示品牌信息的启动画面，或是任何对用户使用应用完成任务有所妨碍的界面。

这样做的主要目的就是可以使用户尽可能地快速获取内容或使用功能，如果不是非要不可的话，最好不要使用欢迎界面。

实战 8 制作 iOS 6 文本编辑界面

- 源文件地址：第 2 章 \008.psd
- 视频地址：视频 \ 第 2 章 \008.swf

- 案例分析：

本案例制作的是 iOS 6 中的文本编辑界面，本界面主要就是使用形状工具配合路径操作创建出各种形状，然后添加各种图层样式制作出逼真效果。

- 配色分析：

整个界面以浅蓝色做背景，突出明快的页面气氛。在深色垫底上输入白色的文字，又在浅色垫底上输入黑色文字，鲜明对比突出文字，容易浏览。

制作分析 制作思路

01	02	03	04
利用拖入素材，创建简单的形状，制作出界面状态栏	创建形状，输入相应的文字，制作出界面导航栏	通过“路径操作”的调整，创建形状，制作出文本框	使用相同的方法制作按钮并复制图层，制作出按键

- 制作步骤：01——制作状态栏

01 ▶执行“文件 > 打开”命令，打开背景素材“第 2 章 \ 素材 \001.jpg”。

02 ▶使用“矩形工具”在画布顶部创建一个黑色的形状。

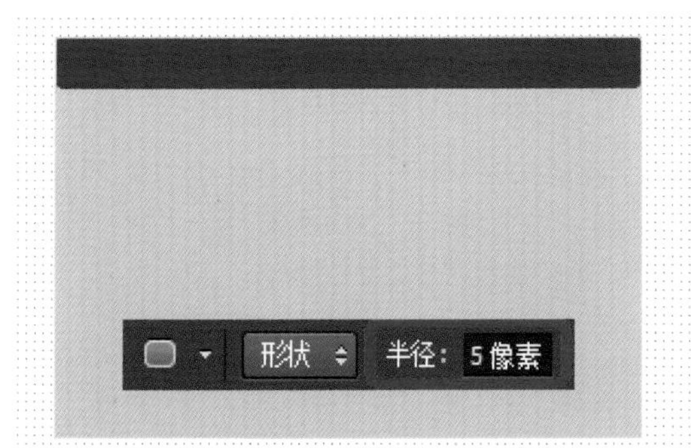

03 ▶使用“圆角矩形工具”在画布顶部创建一个任意颜色的形状。

04 ▶选择“矩形工具”，设置“路径操作”为“减去顶层形状”，在形状下方绘制。

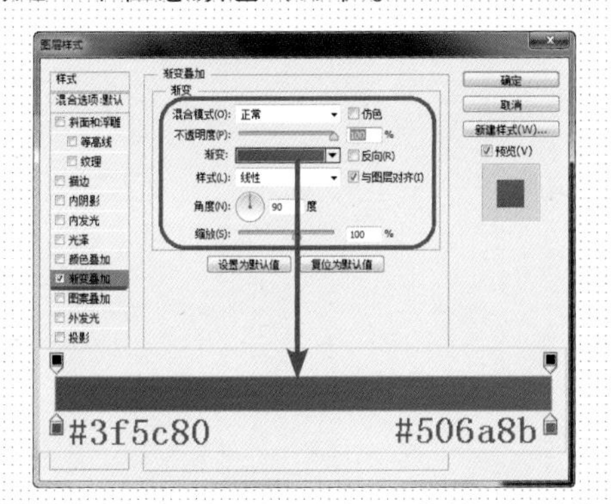

05 ▶双击该图层缩览图，打开“图层样式”对话框，选择“渐变叠加”选项设置参数。

06 ▶设置完成后单击“确定”按钮，得到形状渐变效果。

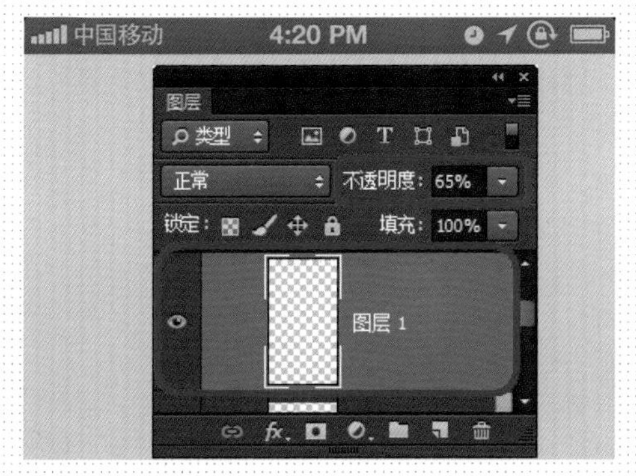

07 ▶执行“文件 > 置入”命令，将“第 2 章\素材\003.png”置入画布，修改其“不透明度”为 65%。

08 ▶对相关图层进行编组，修改图层名称为“状态栏”。

提问：如何修改图层名称？

答：双击图层缩览图中的图层名称（注意一定要准确地单击图层名称），当名称显示为一个白色的文本框后就可以输入要修改的图层名称文字，然后单击图层缩览图空白处或单击键盘上的【Enter】键，图层名称就修改好了。

○ 制作步骤：02——制作导航栏

01 ▶使用相同的方法创建矩形并添加相应的图层样式。

02 ▶使用“直线工具”在该矩形底边绘制“填充”为 #3f5c80 的直线。

03 ▶继续使用“直线工具”在矩形顶部绘制一条“不透明度”为 35% 的白色直线。

04 ▶在次在该直线上绘制一条“不透明度”为 50% 的直线。

05 ▶打开“填充”面板，选择“渐变”选项，在面板中设置参数，在矩形下方绘制直线。

06 ▶修改图层“不透明度”为 35%，得到导航栏背景效果。

提问：如何设置形状颜色？

答：在只做到该步骤时，如果直接打开“填充”面板设置渐变填充的话，就可以发现“形状 3”的填充颜色也会随之改变，所以在此提醒读者：在制作到该步骤时，首先选中一个非形状图层的像素图层或智能图层，然后再设置“填充颜色”。

07 ▶使用“圆角矩形工具”在画布中创建任意颜色的形状。

09 ▶继续修改“路径操作”为“合并形状组件”，合并形状路径。

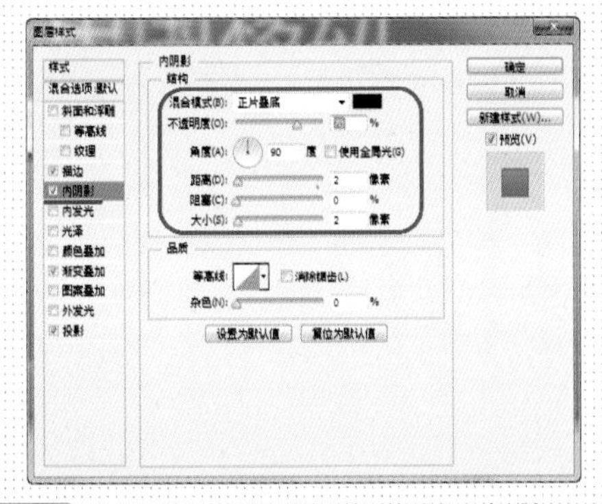

11 ▶选择“内阴影”选项设置参数。

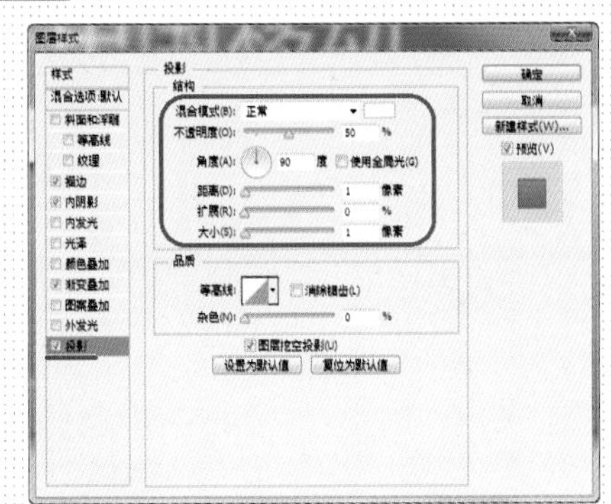

13 ▶选择“投影”选项设置参数。

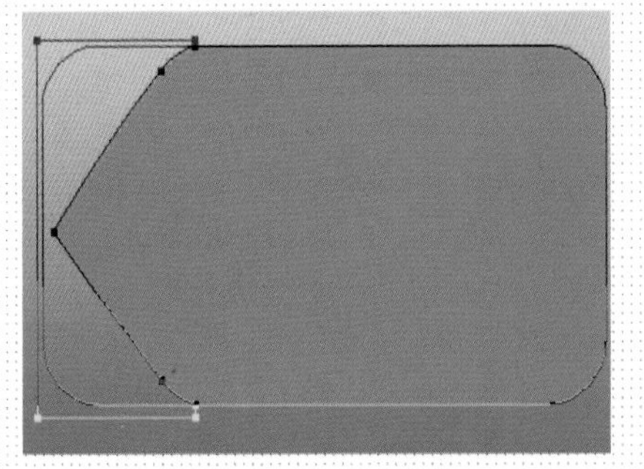

08 ▶选择“钢笔工具”，设置“路径操作”为“减去顶层形状”，在形状中绘制图形。

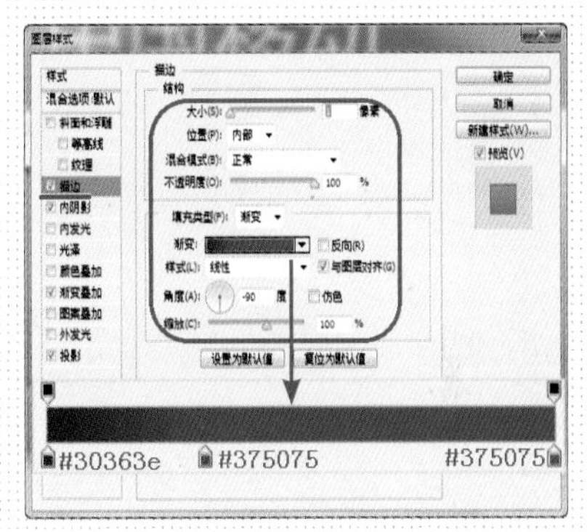

10 ▶双击该图层缩览图，在弹出的“图层样式”对话框选择“描边”选项设置参数。

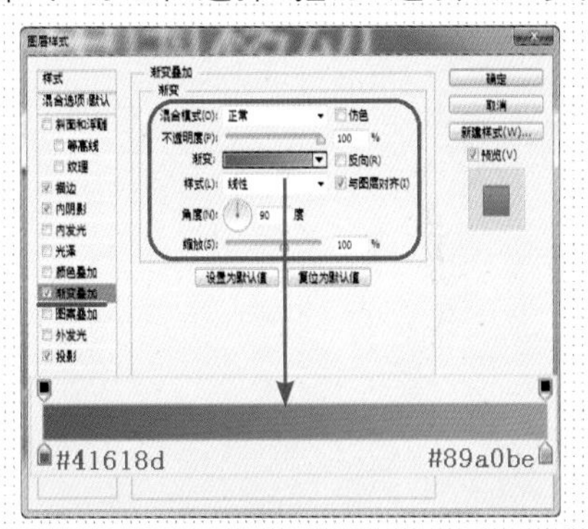

12 ▶选择“渐变叠加”选项设置参数。

14 ▶设置完成后单击“确定”按钮。

15 ▶打开“字符”面板设置参数，并使用“横排文字工具”在画布中输入相应的文字。

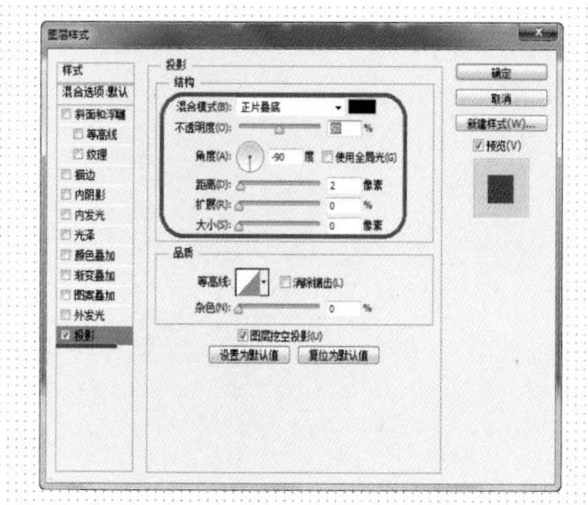

16 ▶打开“图层样式”对话框，选择“投影”选项设置参数。

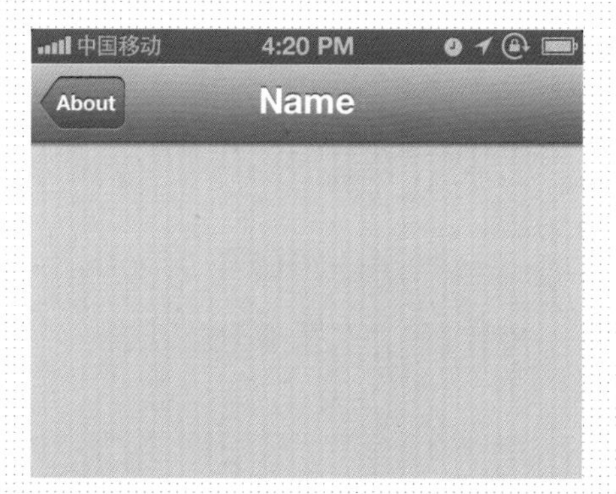

17 ▶设置完成后单击“确定”按钮，使用相同的方法完成相似制作。

18 ▶使用相同的方法完成相似制作，将相关图层编组，重命名为“导航栏”。

○ 制作步骤：03——制作文本框

01 ▶使用相同的方法完成相似制作。

02 ▶使用“椭圆工具”在画布中创建正圆。

提问：如何设置形状颜色？

答：在输入文字时也要注意在设置字符样式之前不要选中其他文字图层，否则设置的将是该文字图层的字符样式。你可以选中其他形状或像素图层，或者也可以先在画布中输入文字，然后选中该图层，就可以设置该文字的字符样式。

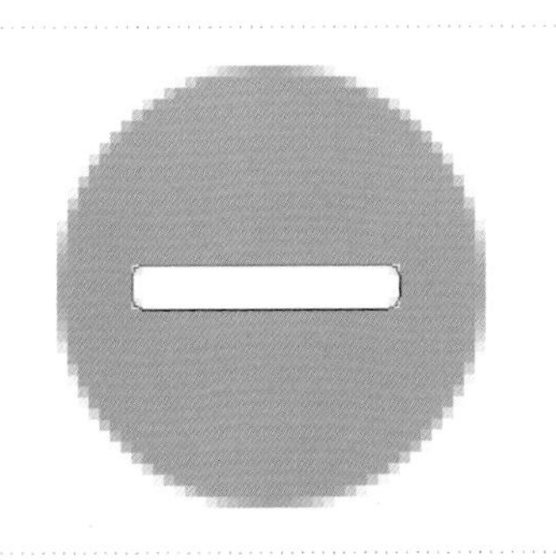

03 ▶使用“圆角矩形工具”在椭圆中创建“填充”为白色的形状。

04 ▶执行“编辑 > 变换路径 > 旋转”命令，对形状进行旋转操作。

05 ▶按下【Enter】键确定变换，复制图层，执行“编辑 > 变换路径 > 水平翻转”命令。

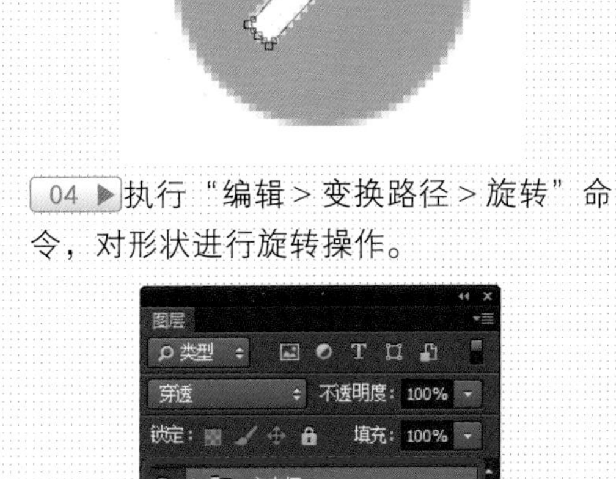

06 ▶对相关图层进行编组，重命名为“文本框”。

○ 制作步骤：04——制作键盘

01 ▶使用相同的方法制作键盘底座。

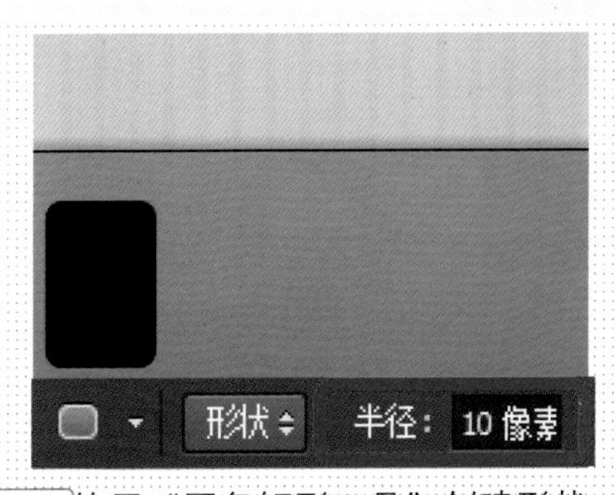

02 ▶使用“圆角矩形工具”创建形状。

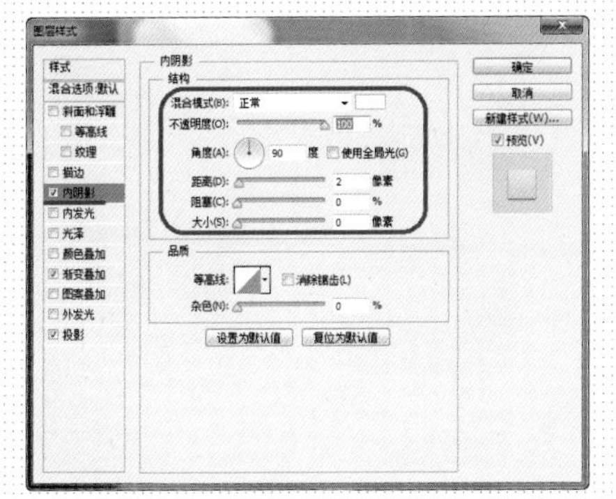

03 ▶打开“图层样式”对话框，选择“内阴影”选项设置参数值。

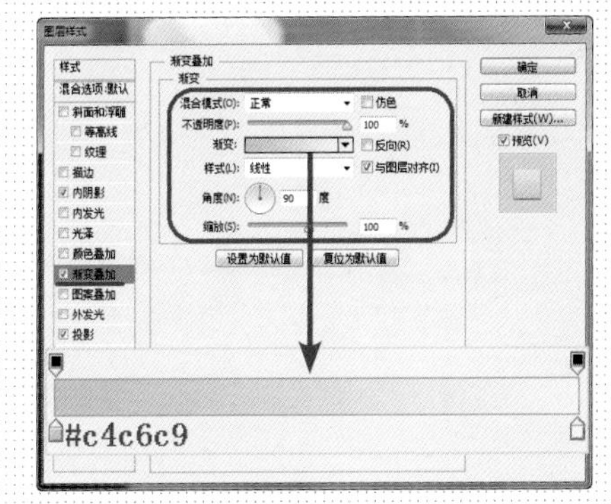

04 ▶选择“渐变叠加”选项设置参数。

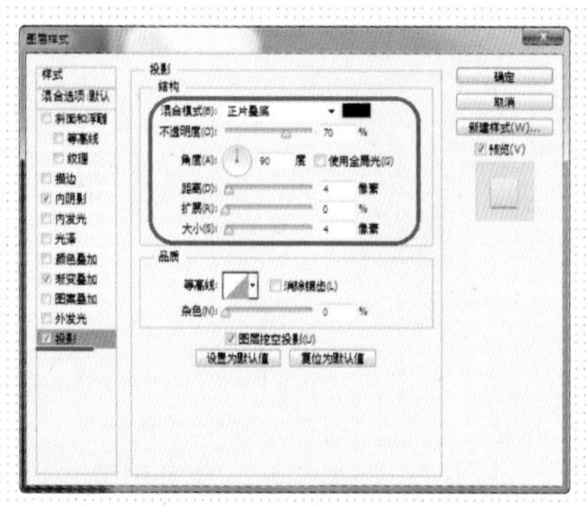

05 选择“投影”选项设置参数值。

06 设置完成后单击“确定”按钮。

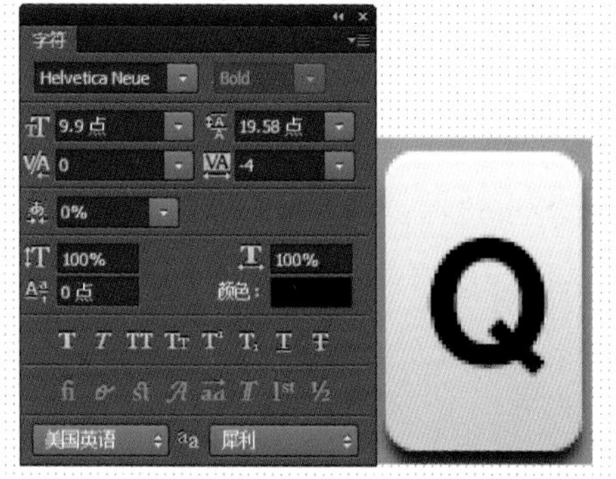

07 打开“字符”面板设置参数并在画布中输入相应的文字。

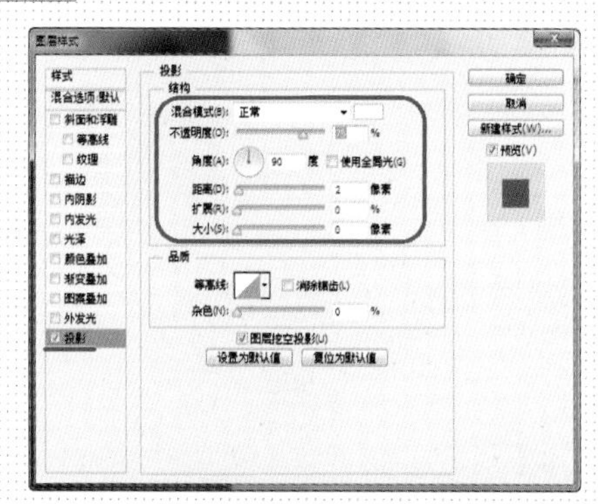

08 打开“图层样式”对话框，选择“投影”选项设置参数值。

09 设置完成后单击“确定”按钮，得到图像效果。

10 将这两个图层选中，按下【Ctrl+G】将其编组，重命名为“Q”。

11 复制该组，使用“移动工具”将该组平行向右移动。

12 选择“文字工具”，在文字上单击并拖动鼠标选中文字，按下键盘上的【W】键。

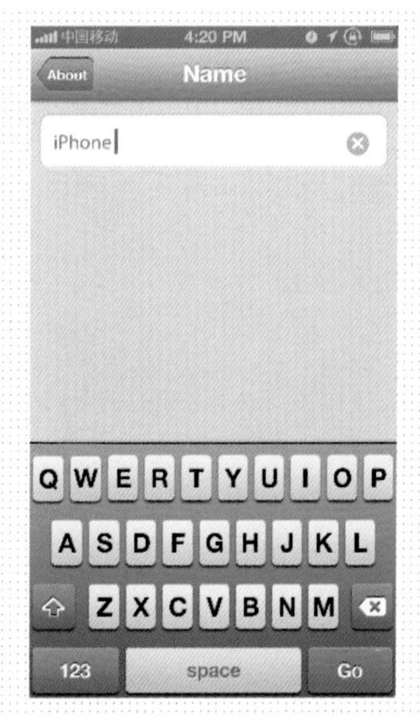

13 ▶使用相同的方法完成相似制作，得到键盘的最终效果和整个界面的最终效果。

操作难点分析

本案例在制作中还是要提醒读者注意的一点，就是界面下方键盘的制作，虽然案例中介绍了只要制作好一个按键，然后直接复制便得到其他按键，但在界面排版上就需要费心思了，虽然界面排版是极其具有规律性的，横排上下对齐可以通过参考线辅助，竖排空隙相互交叉就要极度准确的目测能力了。

对比分析

深蓝色的按键文字同样也能够突出主要内容，但在整个界面的色彩搭配上就会显得不太和谐，头重脚轻。

黑色可以与任何颜色搭配也不会显得突兀，同样黑色的按键文字既能够突出主体，又不显得突兀，界面色彩搭配也比较均衡。

实战 9 制作 iOS 7 文本编辑界面

- 源文件地址：第 2 章 \009.psd
- 视频地址：视频 \ 第 2 章 \009.swf

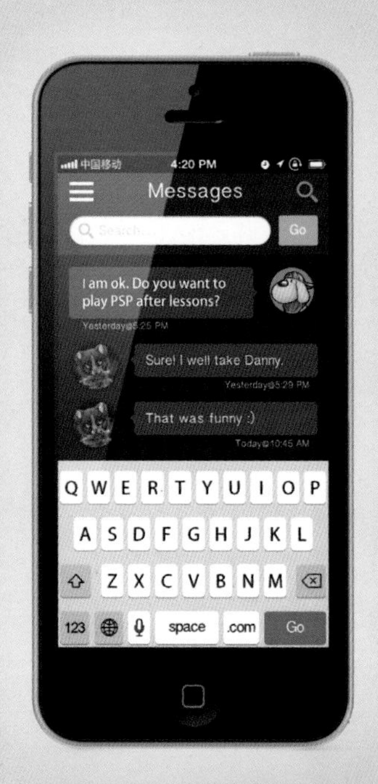

- 案例分析：
  本案例制作的是 iOS 7 中的文本编辑界面，本界面相对于前面的界面来说当然是简单得多。界面都是由简单的图形和文字配合简单的图层样式的。

- 配色分析：
  以紫色做界面背景，给人神秘、想要深入的感觉；小块的一抹浅绿色和蓝色置于整个页面中，起到很好的引导作用，黑白文字搭配突出主题。

制作分析　制作思路

01	02	03	04
利用拖入素材，创建简单的形状，制作出界面状态栏	创建形状，输入相应的文字，制作出界面导航栏	通过“路径操作”的调整，创建形状，制作出文本框	使用相同的方法制作按钮并复制图层，制作出按键

- 制作步骤：01——制作导航栏

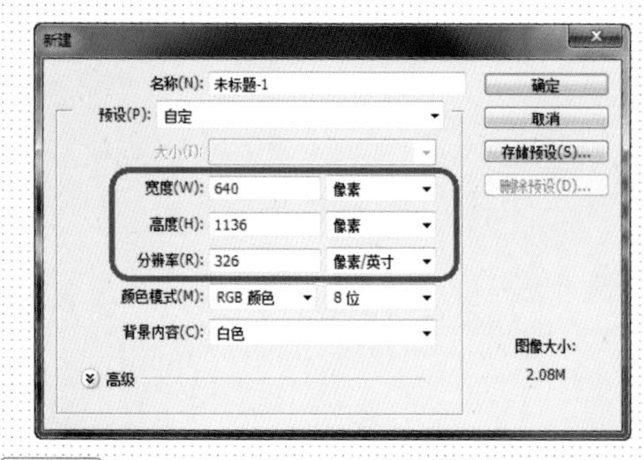

01 ▶执行“文件 > 新建”命令，新建一个空白文档。

02 ▶使用“矩形工具”在画布顶部创建一个黑色的形状。

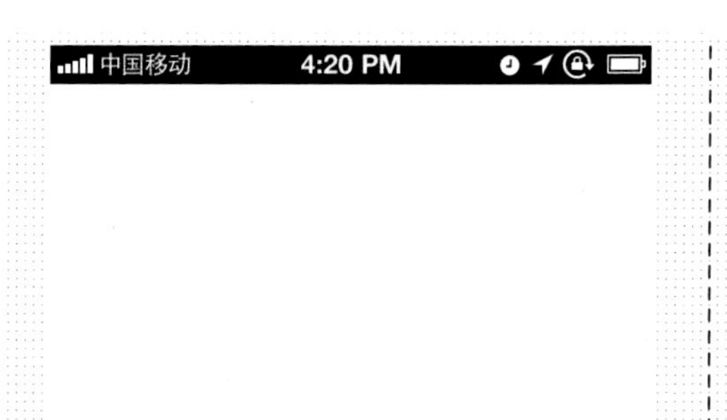

03 ▶执行“文件 > 置入”命令，将“第 2 章 \ 素材 \003.png”置入文档。

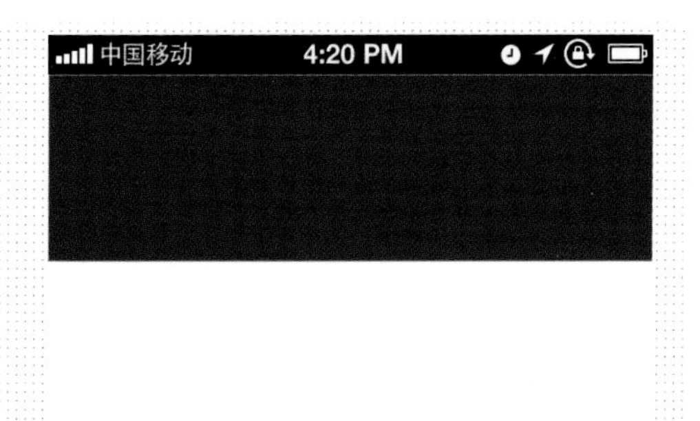

04 ▶继续使用“矩形工具”在画布中创建一个“填充”为 #573243 的形状。

05 ▶使用“矩形工具”在画布中创建一个白色的形状。

06 ▶复制该形状，使用“移动工具”将其垂直向下移动。

07 ▶按下快捷键【Ctrl+Shift+Alt+T】得到另一个矩形。

08 ▶按下【Shift】键将三个矩形编组，重命名为“编辑”。

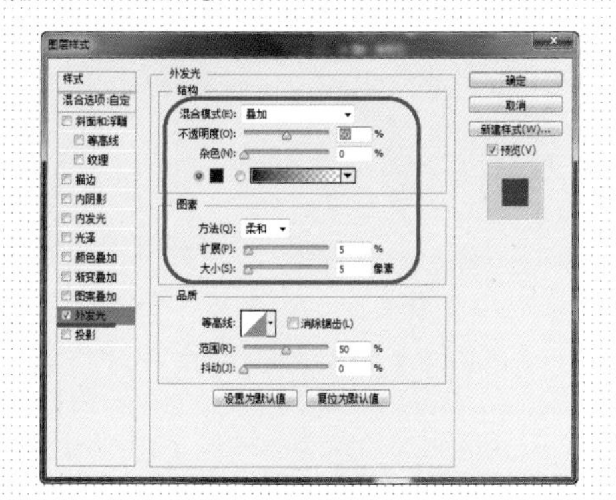

09 ▶双击该组缩览图，在弹出的“图层样式”对话框选择“外发光”选项设置参数。

10 ▶设置完成后单击“确定”按钮，得到图像效果。

11 ▶打开“字符”面板设置参数，并使用“横排文字工具”在画布中输入相应文字。

12 ▶复制“编辑”组的图层样式，粘贴至该图层，得到图像效果。

提问：“复制、粘贴”图层样式的具体操作？

答：用鼠标右键单击“编辑”组的图层缩览图，在弹出的下拉菜单中选择“拷贝图层样式”选项，然后再单击该文字图层缩览图，在弹出的下拉菜单中选择“粘贴图层样式”选项，即可完成图层样式的“复制、粘贴”操作。

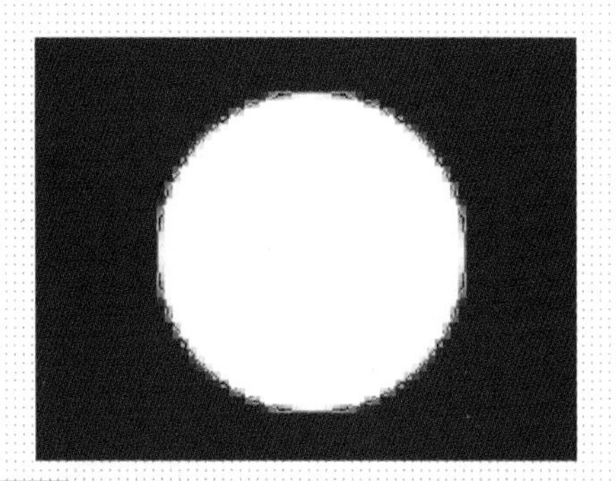

13 ▶使用“椭圆工具”在画布中创建白色的正圆。

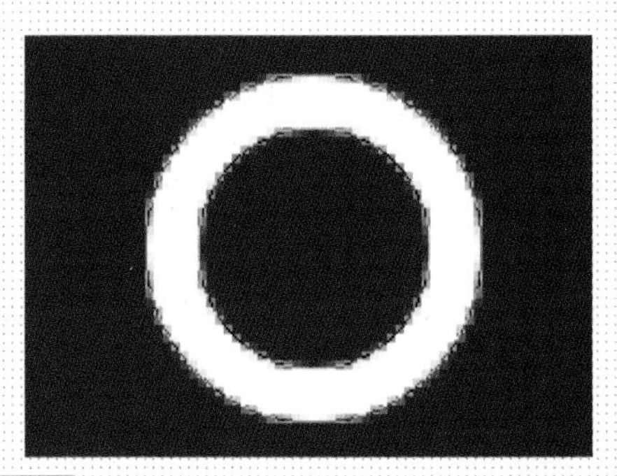

14 ▶设置“路径操作”为“减去顶层形状”，在形状中心绘制图形。

15 ▶选择“直线工具”，设置“路径操作”为“合并形状”，在图像中绘制图形。

16 ▶继续复制“编辑”组的图层样式，粘贴至该形状图层，修改“填充”为50%。

○ 制作步骤：02——制作搜索栏和信息记录

01 ▶使用“圆角矩形工具”在画布中创建白色的形状。

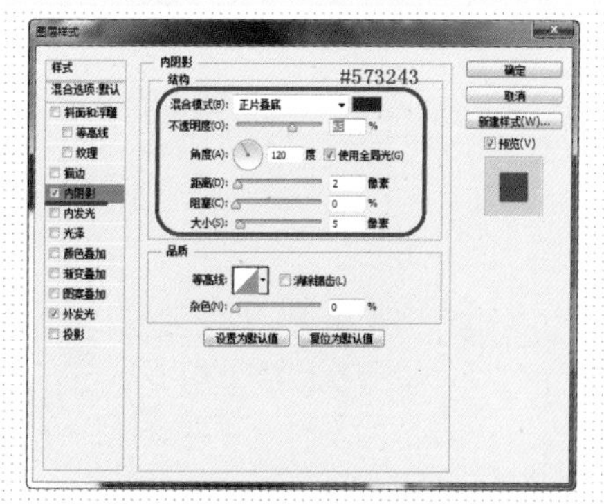

02 ▶打开“图层样式”对话框，选择“内阴影”选项设置参数值。

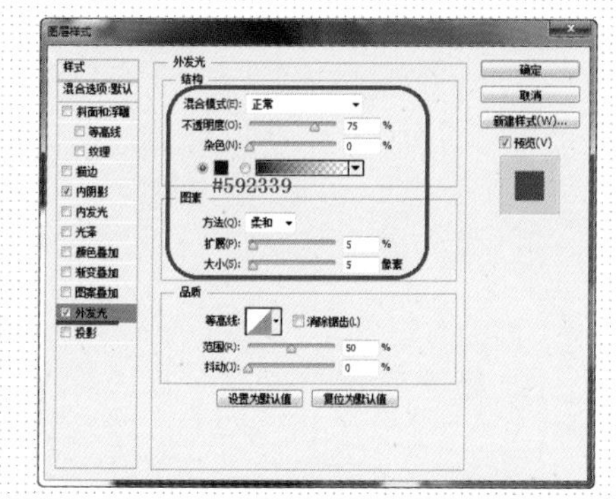

03 ▶选择“外发光”选项设置参数。

04 ▶设置完成后单击“确定”按钮。

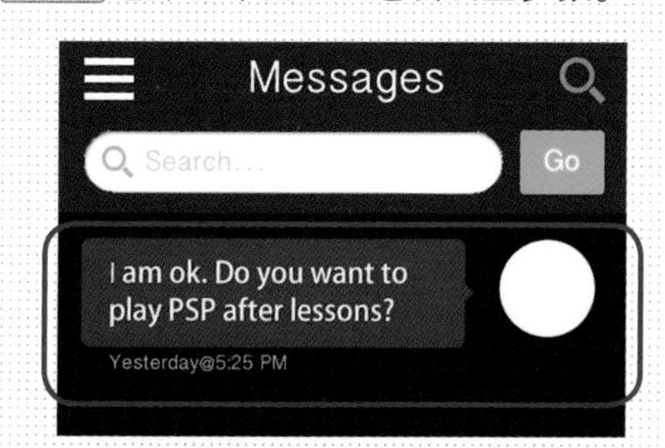

05 ▶使用相同的方法完成相似制作。

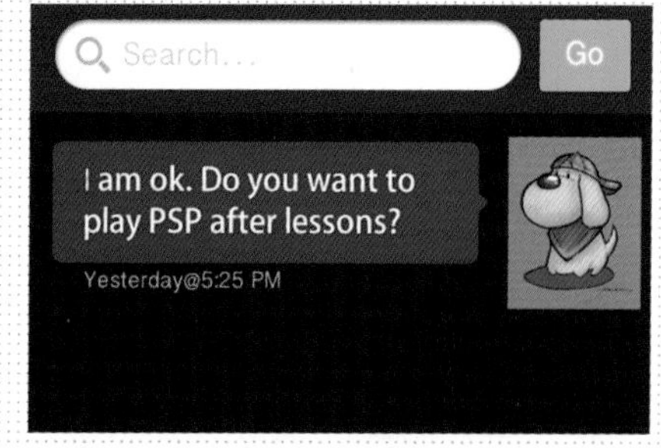

06 ▶置入素材“第 2 章\素材\012.jpg”。

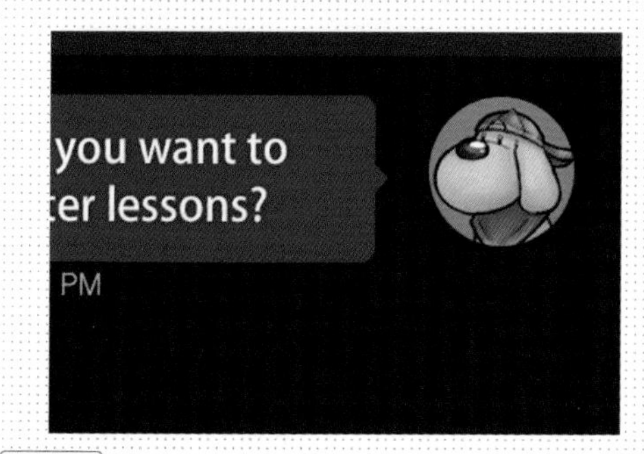

07 ▶用鼠标右键单击该图层，在弹出的下拉菜单中选择“创建剪贴蒙版”选项。

08 ▶执行“文件 > 置入”命令，将“第 2 章\素材\012.jpg”置入文档。

制作步骤：03——制作键盘

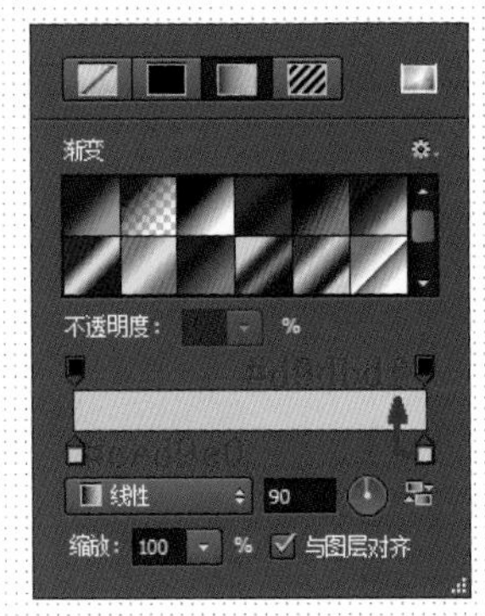

01 ▶打开“填充”面板设置参数。

02 ▶使用“矩形工具”在画布创建形状。

03 ▶使用“圆角矩形工具”在画布中创建白色的形状。

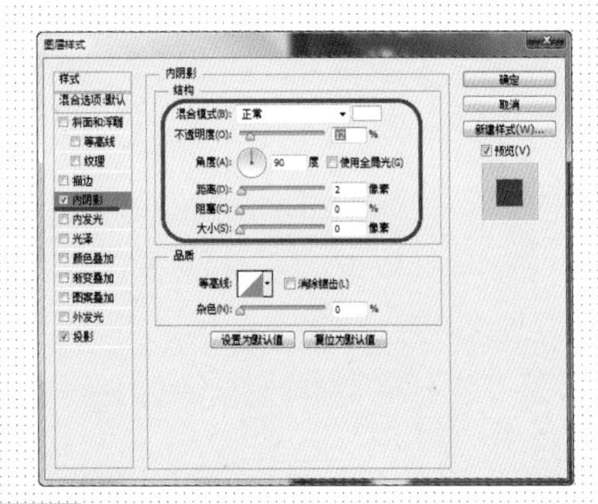

04 ▶打开“图层样式”对话框，选择“内阴影”选项设置参数。

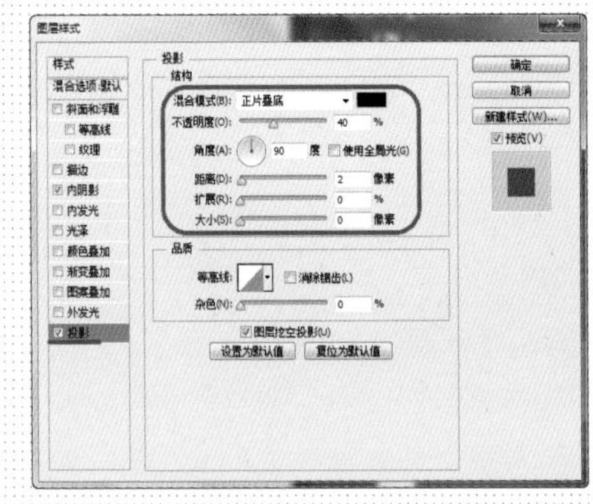

05 ▶选择“投影”选项设置参数值。

06 ▶设置完成后单击“确定”按钮。

提问：如何创建固定大小的形状？

答：选择任意一个形状工具，在画布中单击鼠标，即可弹出一个“创建 XXX”对话框，在该对话框中输入想要创建的形状的“宽度”和“高度”数值，然后单击“确定”按钮，即可快速创建一个固定大小的形状。

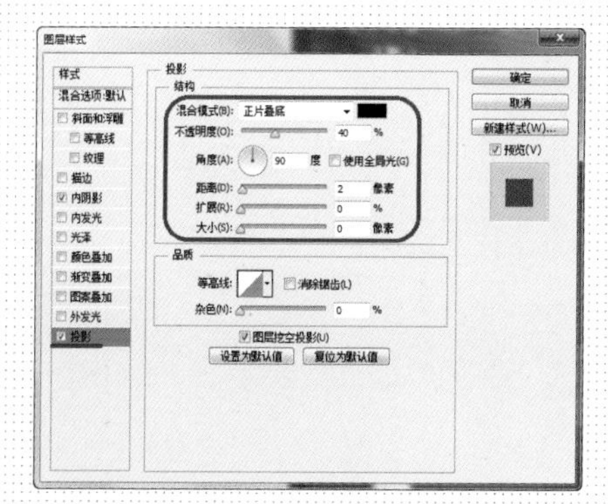

07 ▶选择“投影”选项设置参数值。

08 ▶设置完成后单击“确定”按钮。

09 ▶打开“字符”面板设置参数并在画布中输入相应的文字。

10 ▶将这两个图层选中，按下【Ctrl+G】快捷键将其编组，重命名为“Q”。

11 ▶复制该组，使用“移动工具”将该组平行向右移动。

12 ▶选择“文字工具”，在文字上单击并拖动鼠标选中文字，按下键盘上的【W】键。

提问：复制图层组时，组内会有什么变动吗？

答：在复制一般的形状图层或像素图层时，复制的图层通常会以“XXX 拷贝”来命名，而若将许多图层编为一个图层组，然后复制改组，组的名称也会以“XXX 拷贝”来命名，但组内的图层则不会改变原来的图层名称。

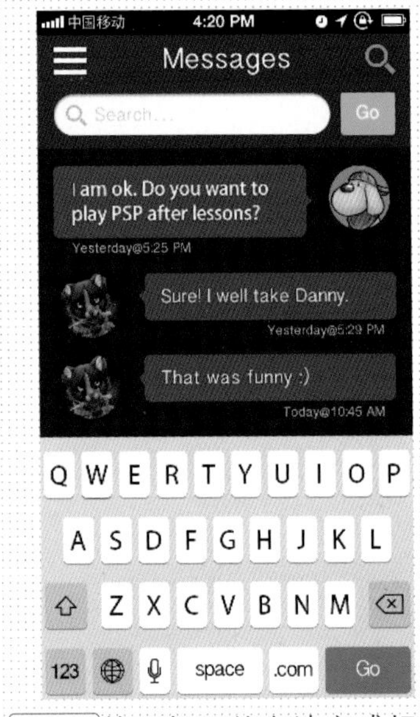

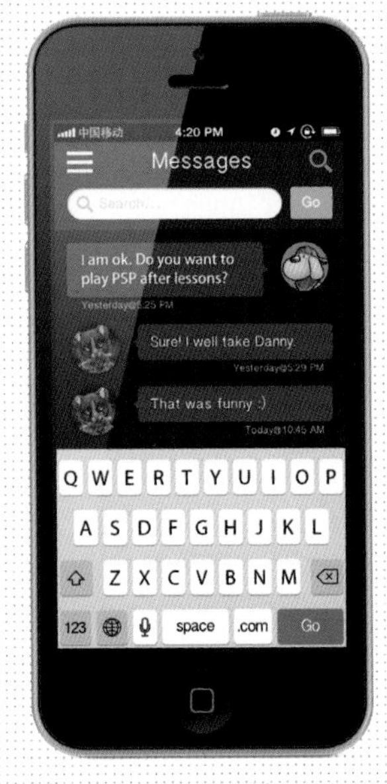

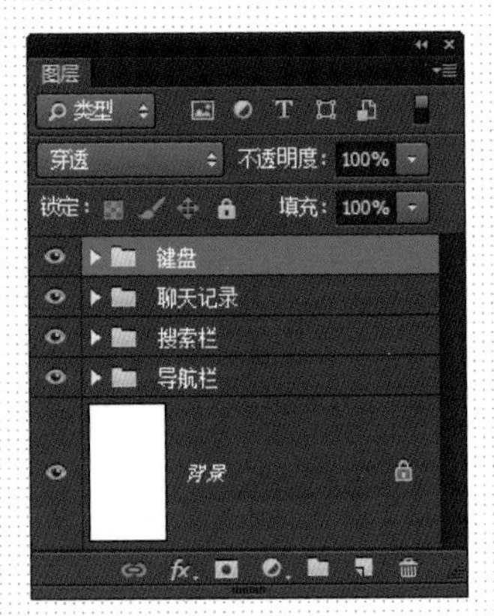

13 ▶使用相同的方法完成相似制作，得到界面和“图层”面板的最终效果。

操作难点分析

在聊天记录部分的制作中，对话头像的制作，将图像直接剪贴至添加了图层样式的椭圆上，以确保图像的大小完全符合该形状的大小，这样就可以保护原图像的完整，随时通过缩放或者移动图像，决定图像的显示区域。这里要注意不要将椭圆载入选区，为上方图层添加图层蒙版，因为这样会覆盖椭圆边缘的发光效果。

对比分析

将聊天记录头像也设置为圆角矩形，整个界面看起来更规整，但规整得有些过度，导致整个界面看起来太死板、不活泼。

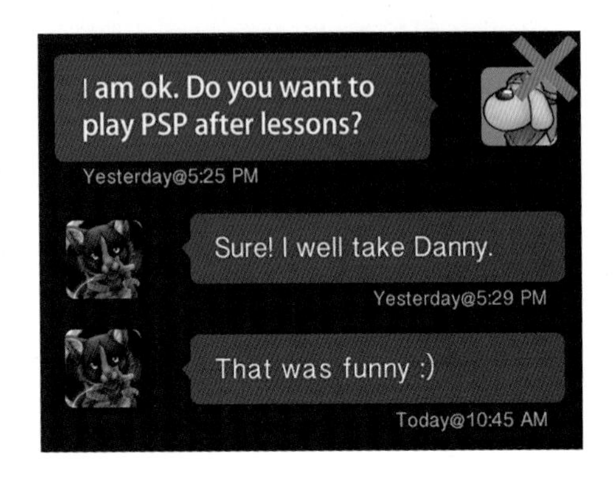

相同的小的正圆头像，使整个界面看起来更活泼、不拘束，同时整齐的排版使界面看起来不会特别乱。

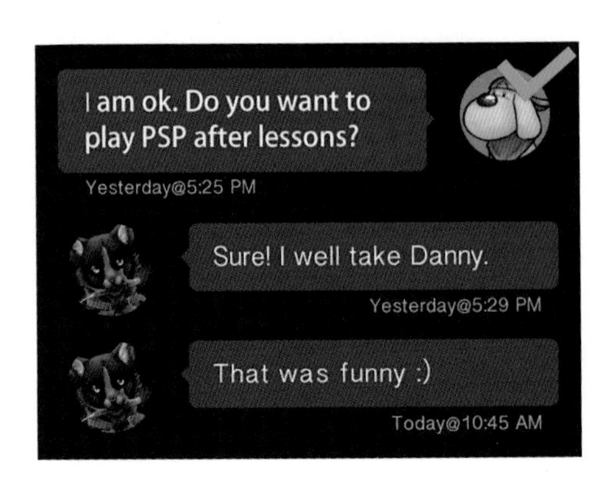

综合实战 10 制作时间设置界面

- 源文件地址：第 2 章 \010.psd
- 视频地址：视频 \ 第 2 章 \010.swf

- 案例分析：

本案例制作的是 iOS 程序中的时间设置界面，本界面中可以说是结合了本章中介绍的所有专业知识点和操作知识点。

- 配色分析：

白色和浅灰色搭配的背景，干净整洁，使整个页面明快起来，少许红色和蓝色，为界面添加视觉冲击力，黑色为界面添加庄重气息。

制作分析　制作思路

01 创建形状、输入文字，并添加相应的图层样式

02 创建形状，并添加相应的图层样式制作控件

03 创建圆角矩形并输入文字制作出一个按钮，复制其他按钮

04 通过“路径操作”的调整，创建形状，制作出其他元素

- 制作步骤：01——制作时间显示器

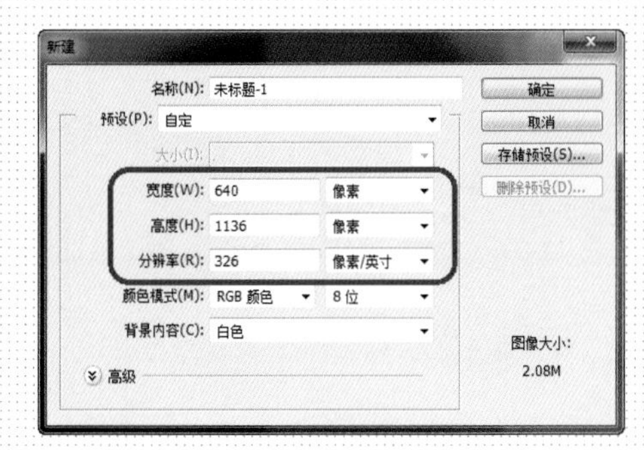

01 ▶执行“文件 > 新建”命令，新建一个空白文档。

02 ▶使用“矩形工具”在画布中创建一个黑色的形状。

03 ▶使用“圆角矩形工具”在画布中顶端创建一个任意颜色的形状。

04 ▶选择“矩形工具”，设置“路径操作”为“减去顶层形状”，在形状下方绘制。

提问：圆角矩形的半径可以修改吗？

答：Photoshop CC 新增了实时路径功能，可以直接在“属性”面板中修改圆角矩形的“半径”值，Photoshop CC 之前的版本无法直接修改圆角。

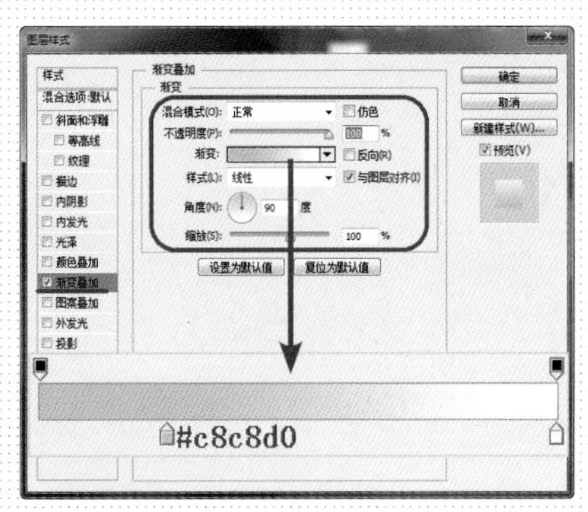

05 ▶使用“圆角矩形工具”在画布顶端创建一个任意颜色的形状。

06 ▶选择“矩形工具”，设置“路径操作”为“减去顶层形状”，在形状下方绘制图形。

07 ▶继续使用“圆角矩形工具”在画布中创建一个任意颜色的形状。

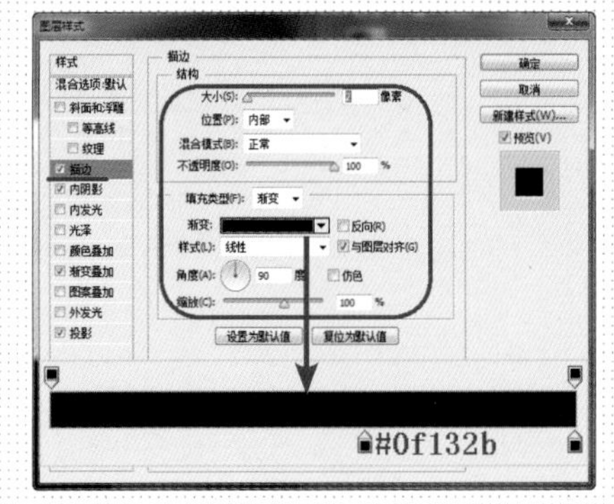

08 ▶双击该图层缩览图，在“图层样式”对话框，选择“描边”选项设置参数。

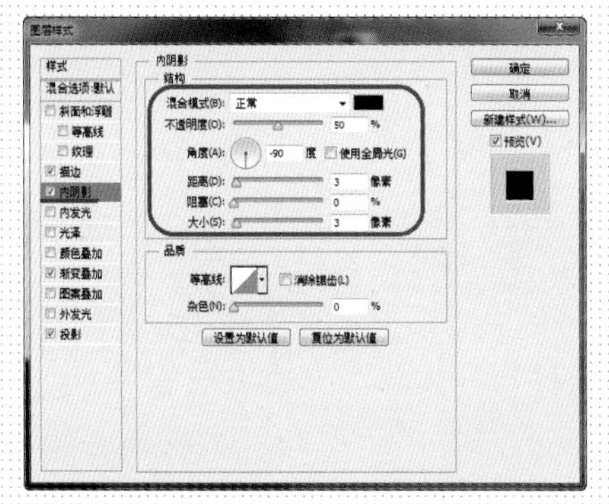

09 在“图层样式”对话框中选择“内阴影”选项设置参数。

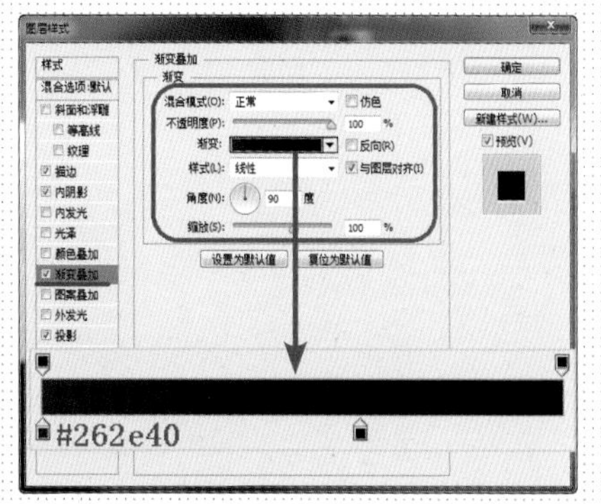

10 在“图层样式”对话框中选择“渐变叠加”选项设置参数。

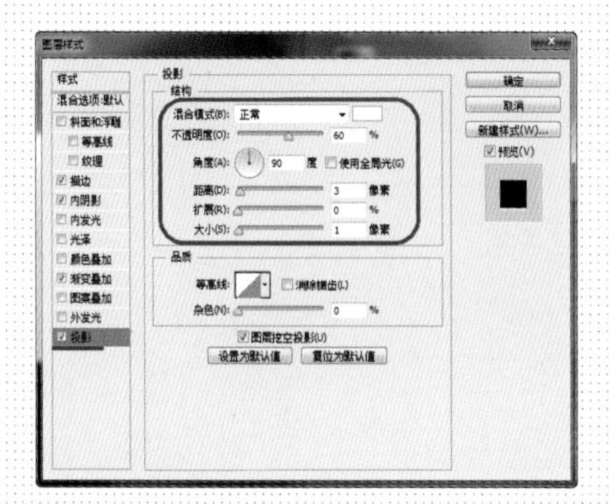

11 在“图层样式”对话框中选择“投影”选项设置参数。

12 设置完成后单击“确定”按钮，得到该形状的效果。

提问：如何更直观地设置“投影”效果？

答：在打开“图层样式”对话框，选择“投影”选项的状态下，用户直接使用鼠标在文档中进行拖曳，即可直观地设置投影的样式，对话框中的参数也会随着发生改变。

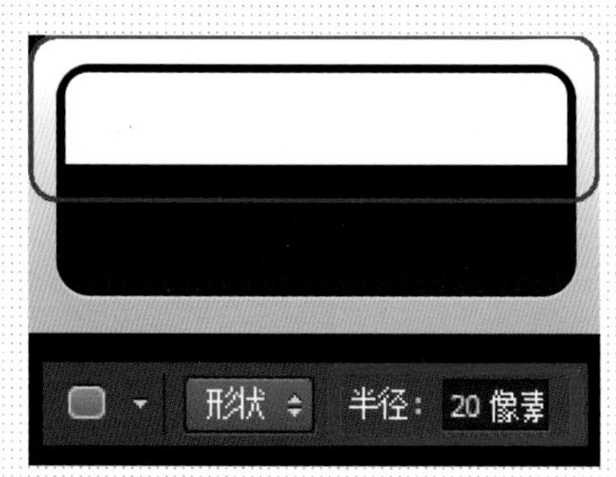

13 使用相同的方法完成相似制作。

14 修改图层“不透明度”为 25%，得到高光效果。

15 ▶打开“字符”面板设置参数，并使用“横排文字工具”在画布中输入文字。

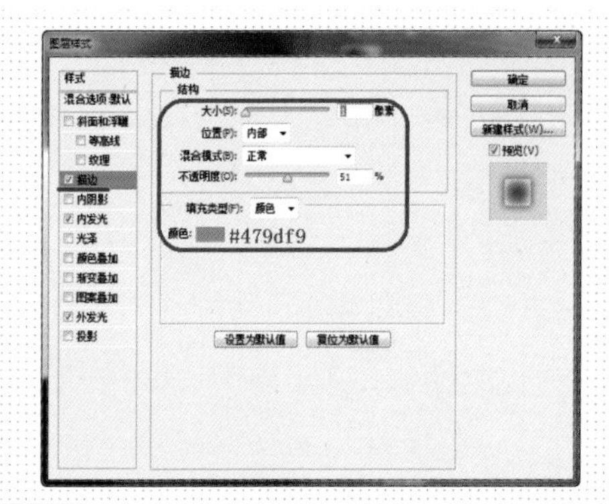

16 ▶打开“图层样式”对话框，选择“描边”选项设置参数。

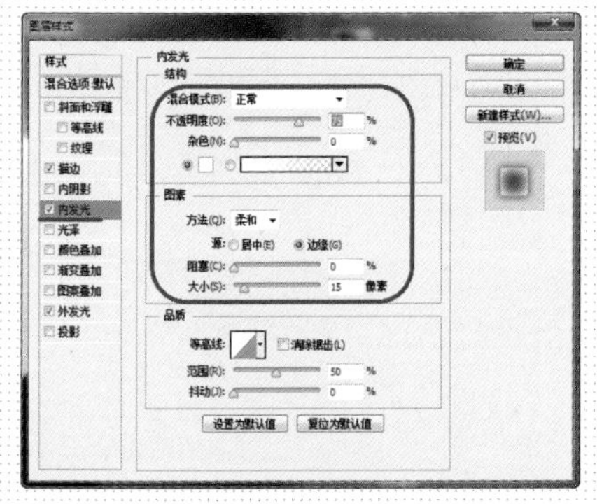

17 ▶选择“内发光”选项设置参数。

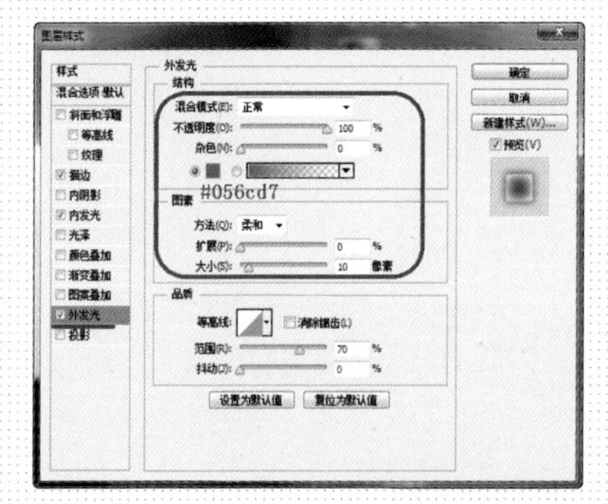

18 ▶选择“外发光”选项设置参数。

19 ▶设置完成后单击“确定”按钮。

20 ▶使用相同的方法完成相似制作。

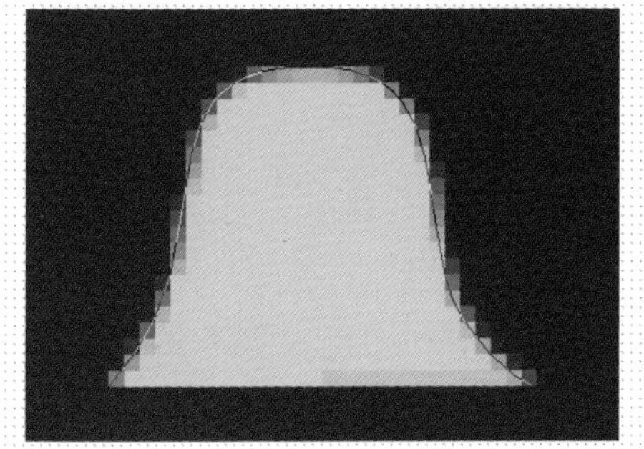

21 ▶使用“钢笔工具”在画布中绘制“填充”为 #b0d6f1 的形状。

22 ▶选择“矩形工具”，设置“路径操作”为“合并形状”，在图像中绘制图形。

23 ▶使用相同的方法完成相似制作。

24 ▶复制“2: 30”文字图层的图层样式，粘贴至该图层。

25 ▶使用相同的方法完成相似制作。

26 ▶将相关图层编组，重命名为“时间”。

○ 制作步骤：02——制作滚动条

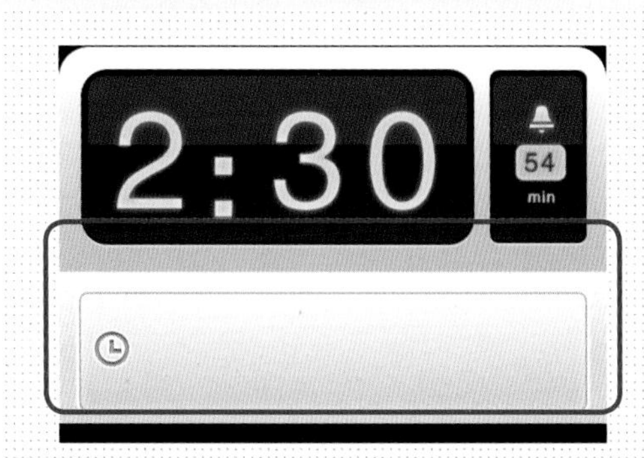

01 ▶继续使用相同的方法完成相似制作。

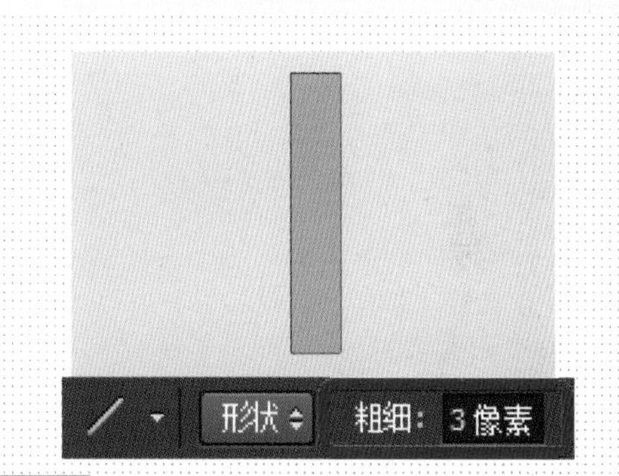

02 ▶使用“直线工具”在画布中绘制“填充”为 #afafae 的直线。

03 ▶使用相同的方法绘制其他直线。

04 ▶将所有直线图层编组，重命名为“刻度”。

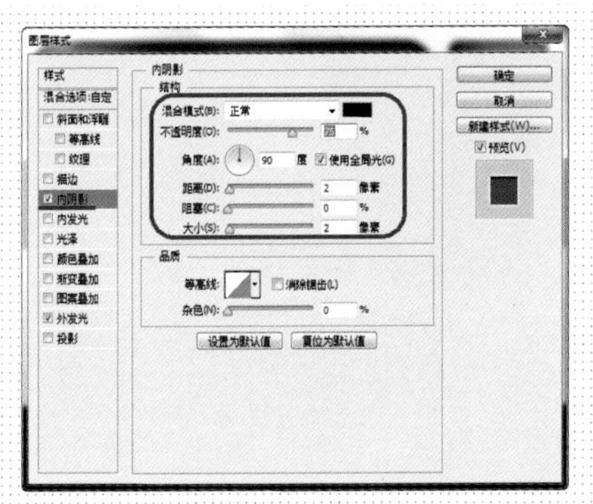

05 ▶双击该图层缩览图，在弹出的“图层样式”对话框选择“内阴影”选项设置参数。

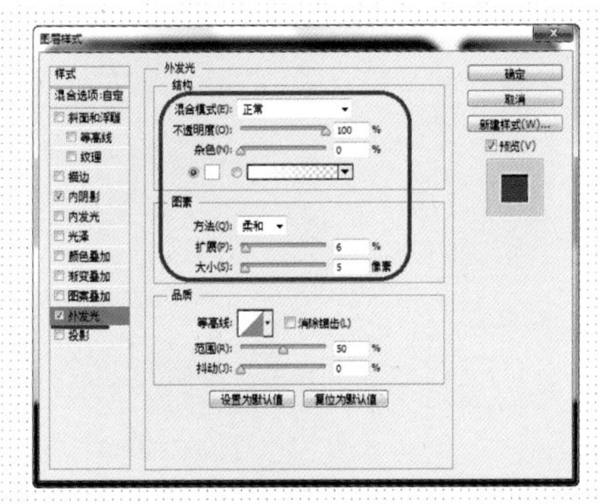

06 ▶选择“外发光”选项设置参数。

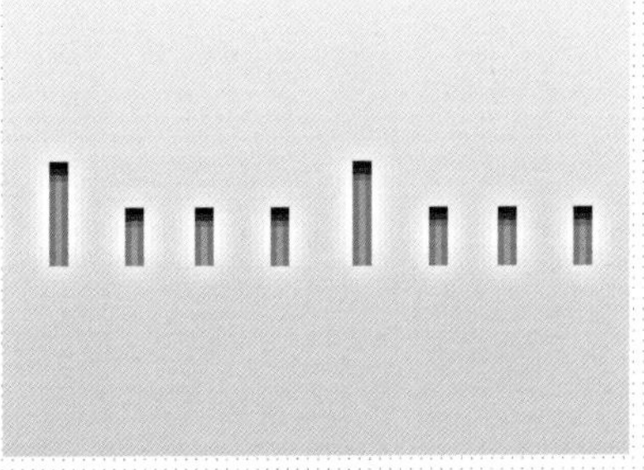

07 ▶设置完成后单击“确定”按钮。

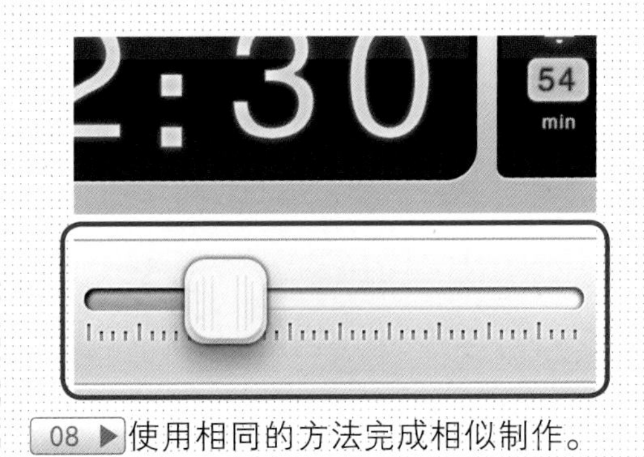

08 ▶使用相同的方法完成相似制作。

○ 制作步骤：03——制作按键

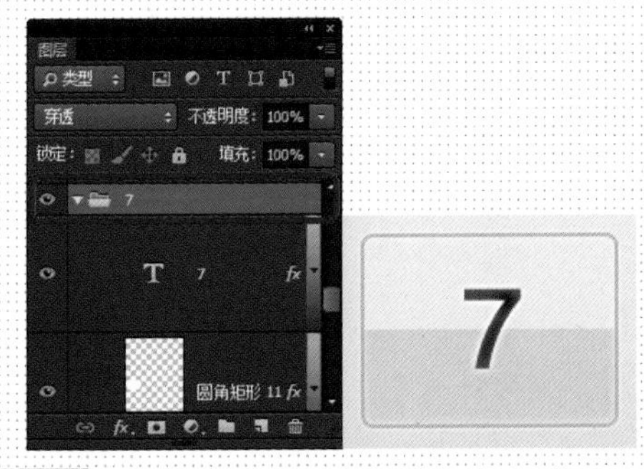

01 ▶使用相同的方法完成相似制作。

02 ▶复制该组，并将其平行向右移动。

03 ▶使用“文字工具”在文字上单击并拖动，选中“7”文字。

04 ▶单击键盘上的“8”键，修改文字内容。

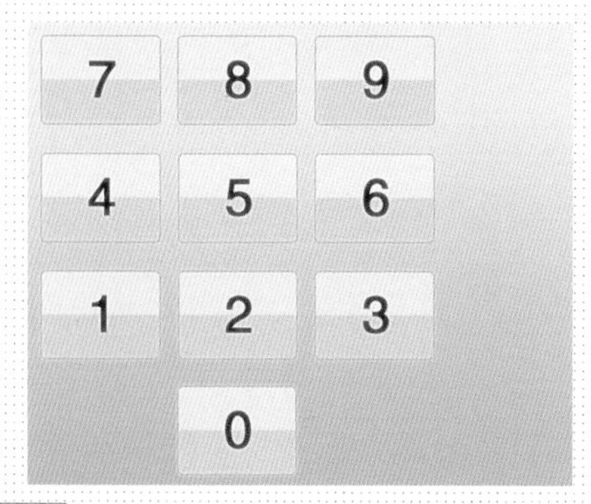

05 ▶使用相同的方法完成相似制作。

06 ▶使用“矩形工具”创建任意颜色的形状，并在弹出的“属性”面板设置参数。

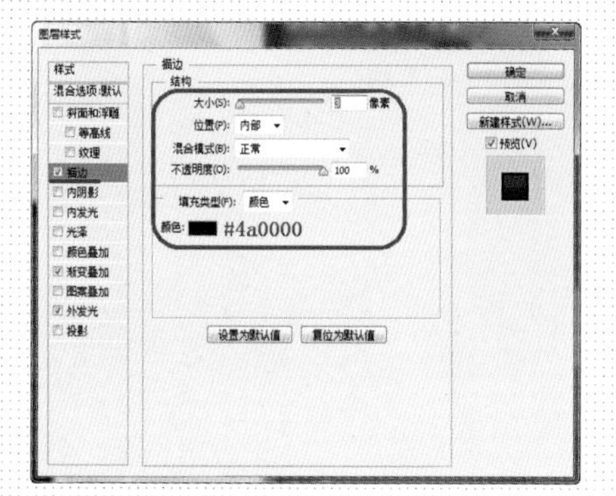

07 ▶打开“图层样式”对话框，选择“描边”选项设置参数值。

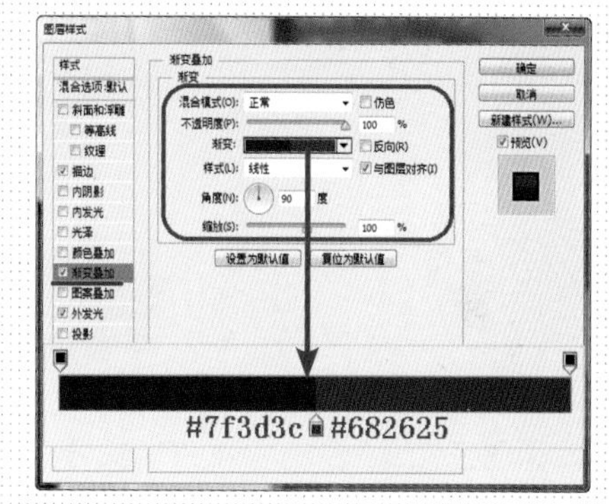

08 ▶选择“渐变叠加”选项设置参数值。

提问：如何设置渐变颜色？

答：打开“渐变叠加”对话框，双击“色标”，在弹出的“拾色器”设置渐变颜色。拖动“色标”可以改变色标位置，而拖动色标至渐变条之外，可以删除色标，将鼠标光标放在渐变条下，当鼠标光标变为“👆”时，单击可添加色标。

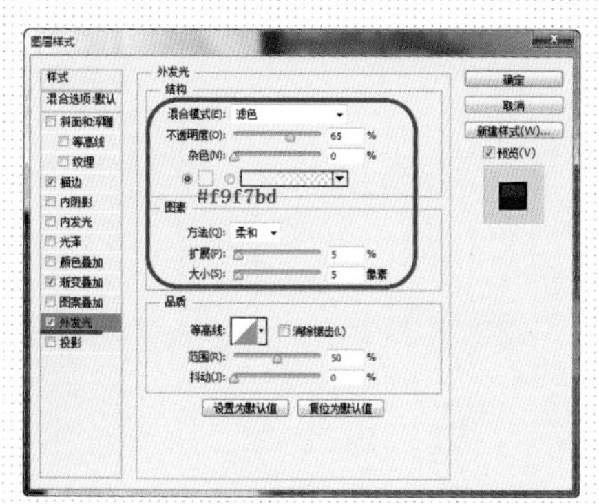

09 ▶选择“外发光”选项设置参数值。

10 ▶设置完成后单击“确定”按钮，得到形状效果。

11 ▶使用相同的方法完成相似制作。

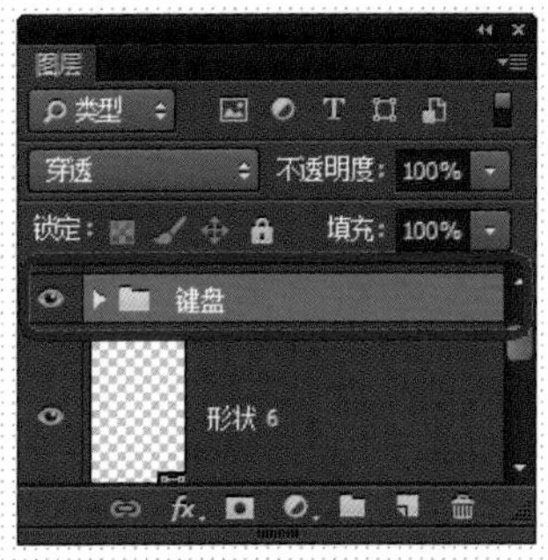

12 ▶将相关图层编组，重命名为“键盘”。

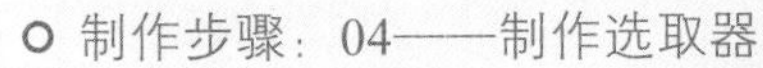

制作步骤：04——制作选取器

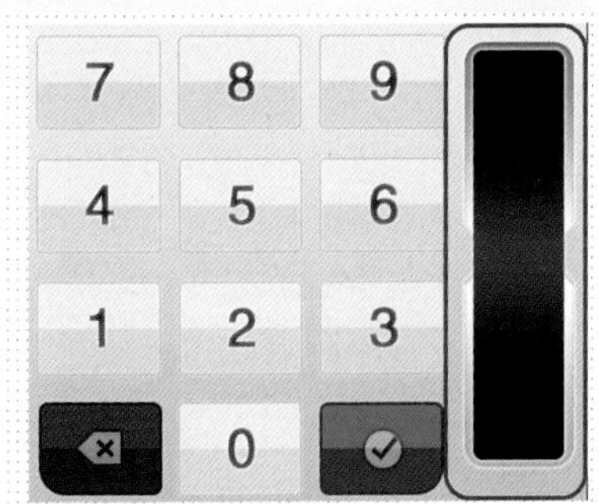

01 ▶使用相同的方法完成相似制作。

02 ▶按下【Alt】键的同时单击“圆角矩形”13，将其载入选区。

03 ▶单击“图层”面板下方的“添加图层蒙版”按钮，为其添加图层蒙版。

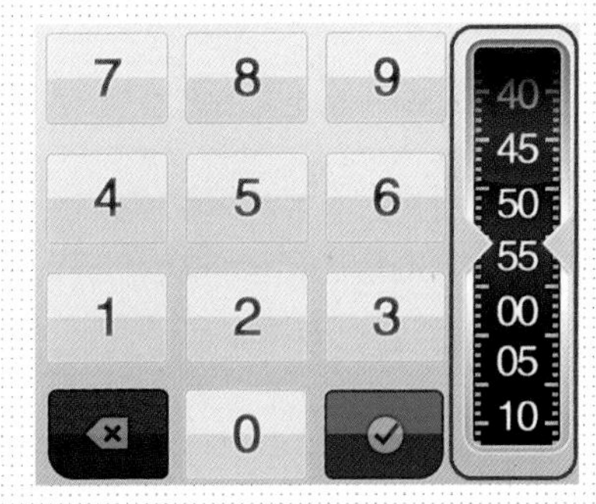

04 ▶继续使用相同的方法完成相似制作。

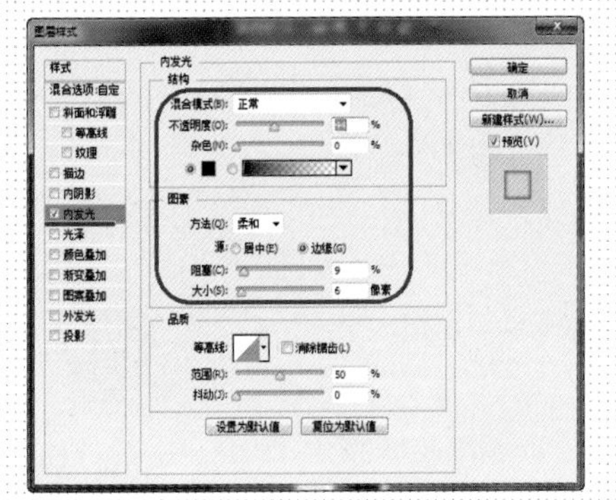

05 ▶复制“圆角矩形 13”至最上方，为其添加“内发光”图层样式。

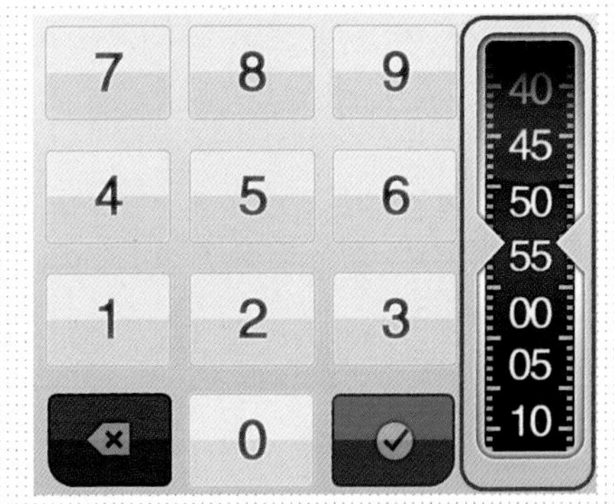

06 ▶设置完成后单击“确定”按钮，修改“填充”为 0%，得到选取器效果。

○ 制作步骤：05——制作按钮

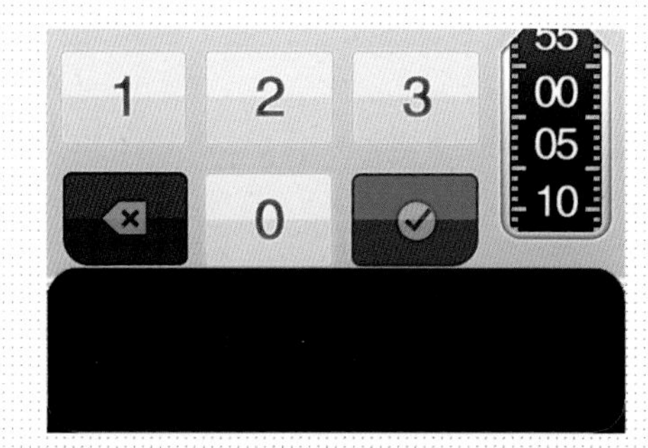

01 ▶使用“圆角矩形工具”在画布底部创建形状。

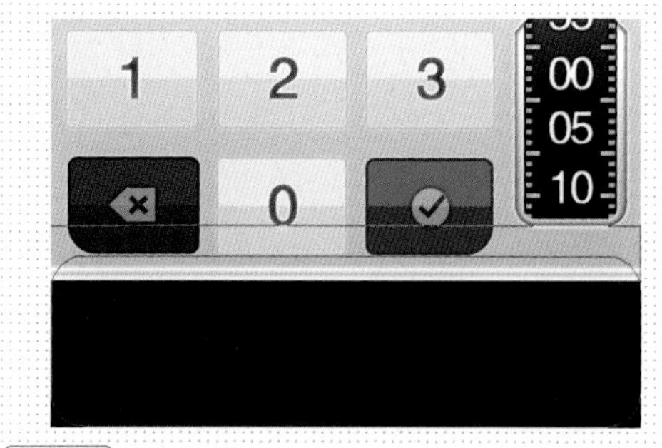

02 ▶选择“矩形工具”，设置“路径操作”为“减去顶层形状”，在图像中绘制形状。

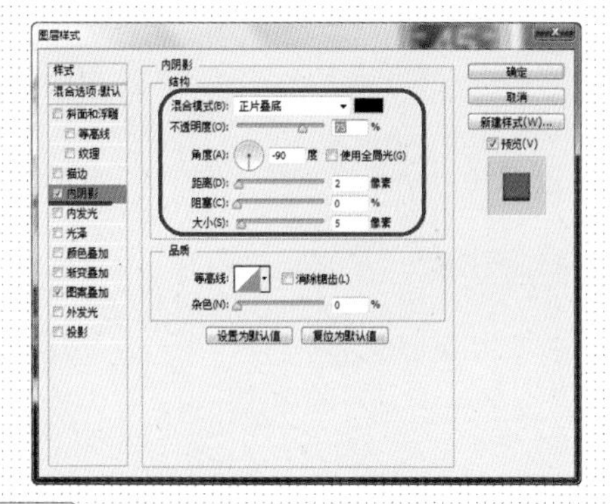

03 ▶打开“图层样式”对话框，选择“内阴影”选项设置参数。

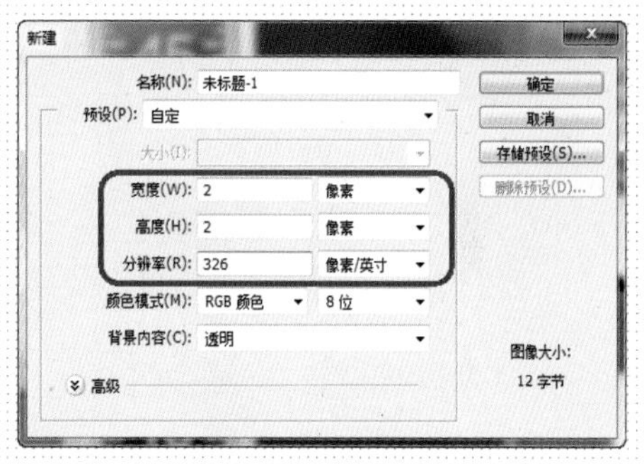

04 ▶执行“文件 > 新建”命令，新建一个 2×2（像素）的透明背景文档。

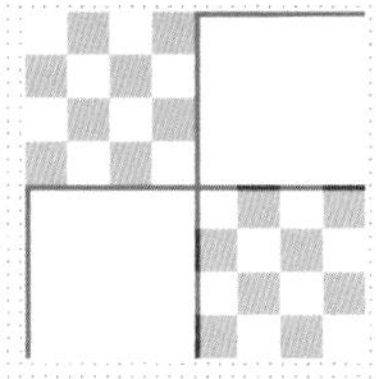

05 ▶使用“矩形工具”在画布中创建两个 1×1（像素）的白色矩形。

06 ▶执行“编辑 > 定义图案”命令，在弹出的“图案名称”对话框单击“确定”按钮。

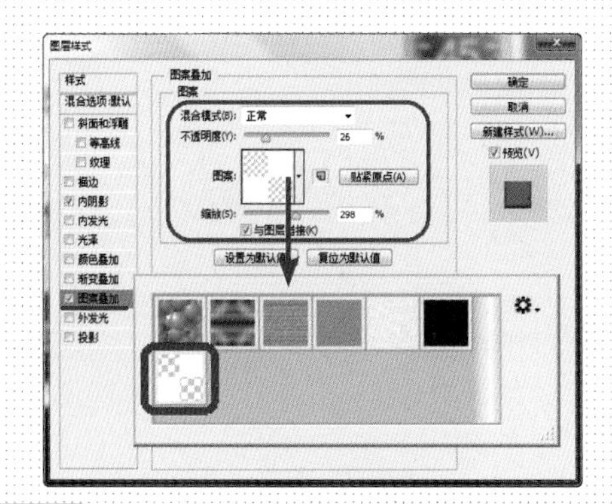

07 ▶返回设计文档，继续为“圆角矩形 15”添加“图案叠加”图层样式。

08 ▶设置完成后单击“确定”按钮，得到图像效果。

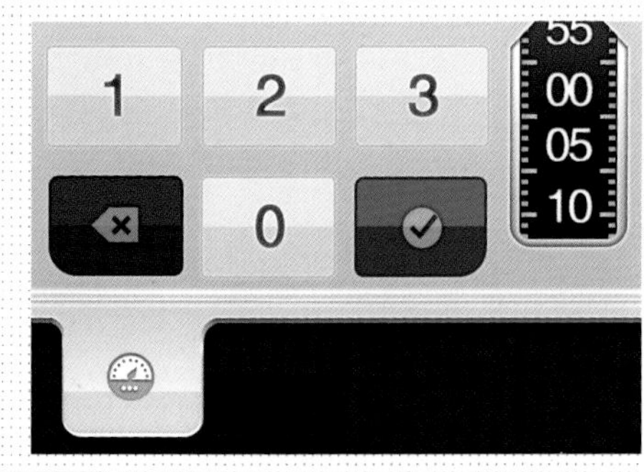

09 ▶继续使用相同的方法完成相似制作。

10 ▶新建图层，用白色柔边画笔涂抹按钮。

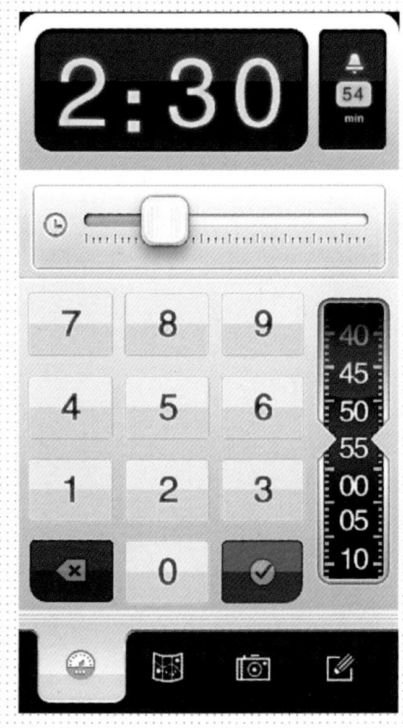

11 ▶修改图层“不透明度”为 10%。使用相同的方法完成相似制作，得到界面和“图层”面板的最终效果。

○ 制作步骤：06——切片存储

01 ▶单击图层缩略图前的眼睛按钮，隐藏其他所有图层，只剩“圆角矩形 1”。

02 ▶按下【Ctrl】键单击“圆角矩形 1”缩略图，将其载入选区。

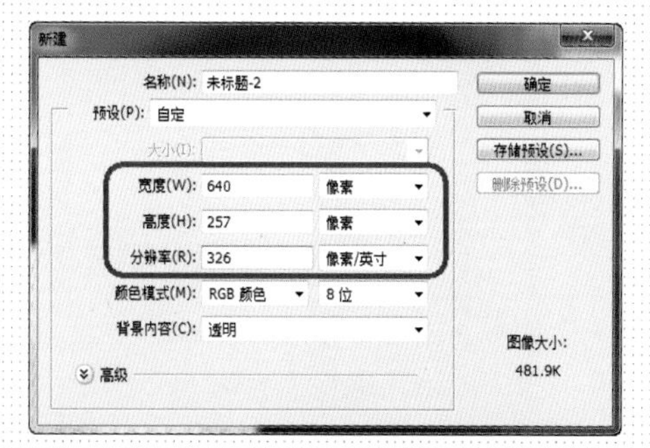

03 ▶执行“编辑>合并拷贝”命令，再执行“文件>新建”命令，弹出“新建”对话框。

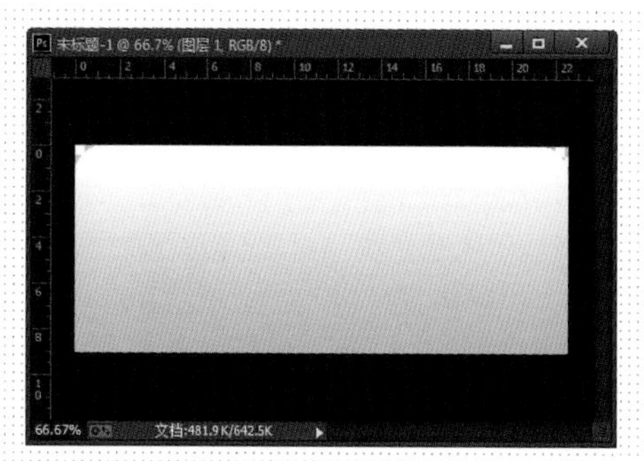

04 ▶单击“确定”按钮，执行“编辑>粘贴”命令，粘贴图像。

提问：为什么隐藏其他图层？

答：因为将选区载入选区后执行了“编辑>合并复制”命令，执行该命令就是将选区中所有可见图像合并复制，而这里只需要复制“圆角矩形 1”，所以可以将其他图层全部隐藏，就不会将其他图层也同时合并复制。

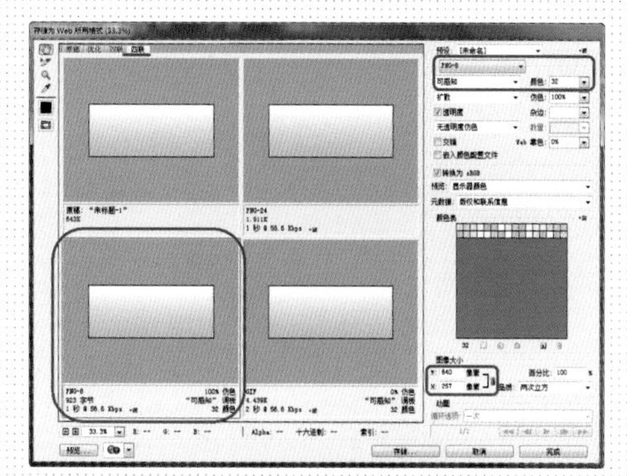

05 ▶执行“文件>存储为 Web 所用格式”，在弹出的对话框对图像进行优化存储。

06 ▶设置完成后单击“确定”按钮，在弹出的对话框对其进行存储位置的设置。

07 ▶隐藏“圆角矩形 1”，只显示“圆角矩形 2”和“圆角矩形 3”。

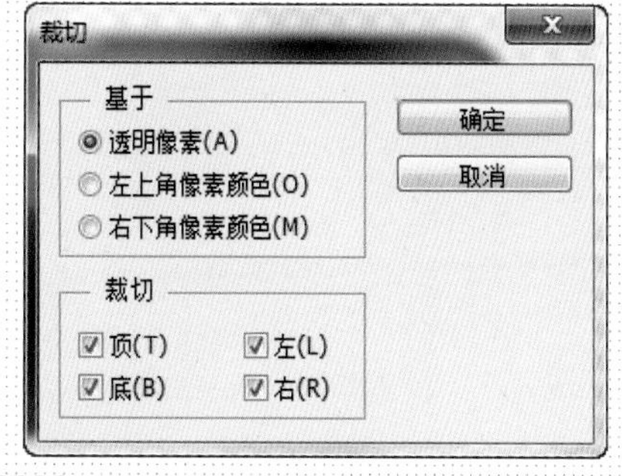

08 ▶执行“图像>裁切”命令，弹出“裁切”对话框。

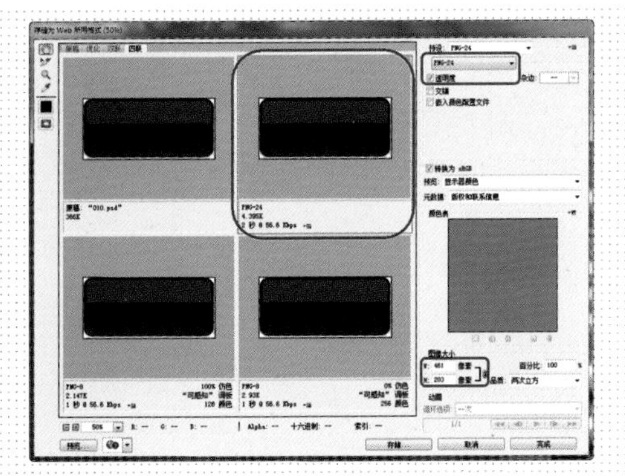

09 ▶执行“文件 > 存储为 Web 所用格式”，在弹出的对话框对图像进行优化存储。

10 ▶设置完成后单击“确定”按钮，在弹出的对话框对其进行存储位置的设置。

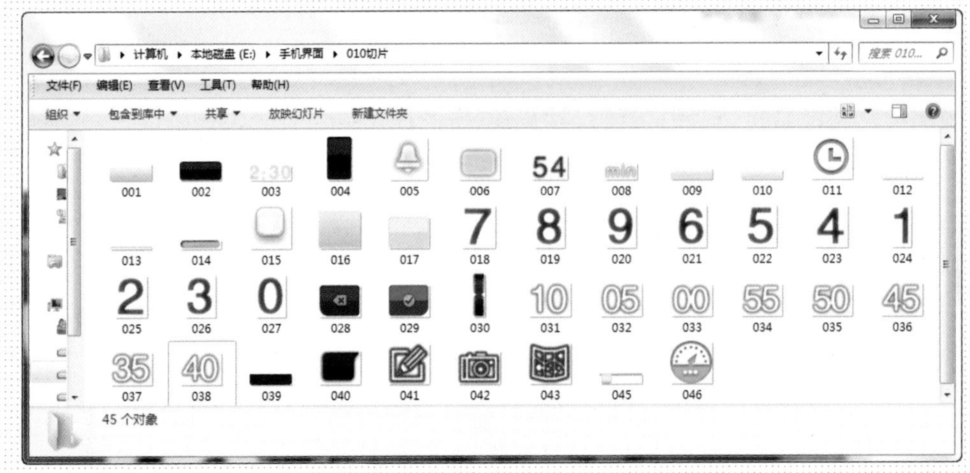

11 ▶使用相同的方法对界面其他元素进行切片。

操作难点分析

本案例最难操作的就是界面底部的按钮，看到该案例时就会感到难以入手。

其实只要将其分解开看就会感觉轻松很多，就是将该按钮分解成两部分，各种复杂的图层样式都可以一目了然，并且相信读者一定也会很快发现，按钮的垫底部分其实就是由上面形状稍做修改得到的。

对比分析

“删除”和“确定”按键是用户在输入内容后将要决定下一步该如何操作的引导，在界面中要突出，仅仅改变按键上的图标是不够的，范围太小不够突出。

将按键的垫底颜色和形状做大幅度的调整变化，使其在其他众多按键中突出，而按键上的图标与其他按键文字相同的处理方法，使其看起来突出而不突兀。

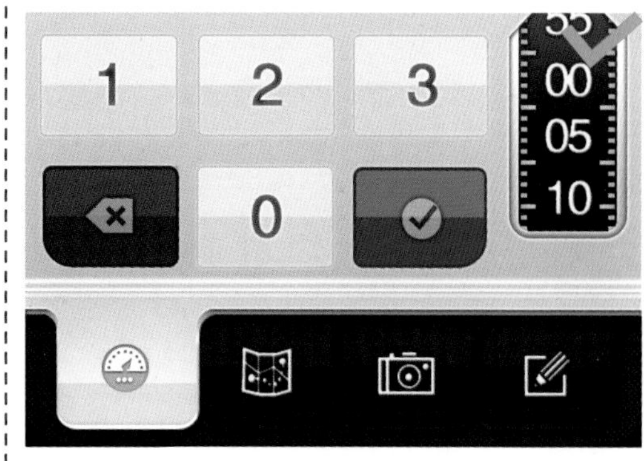

综合实战 11 制作 iPad 文件浏览界面

- 源文件地址：第 2 章\011.psd
- 视频地址：视频\第 2 章\011.swf

- 案例分析：

  本案例制作的是 iPad 设备上的 iOS 7 界面，该界面与本章前面的几个案例相比较难一些，涉及到的新知识点有许多，在案例中将会详细介绍。

- 配色分析：

  深蓝色渐变背景体现出极度神秘、高贵的页面气息，橘红色、淡紫色、浅蓝色、绿色和红色等鲜艳的色彩提高界面活跃度，白色的文字明亮而轻盈。

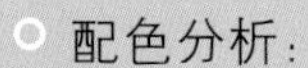

制作分析　制作思路

01 → 02 → 03 → 04

01	02	03	04
使用形状工具配合路径操作创建形状，添加图层样式	使用文字工具输入文字，并添加相应的图层样式	创建形状，为形状添加模糊滤镜，调整图层的不透明度	分解图层样式，并使用图层蒙版遮盖图层

制作步骤：01——制作按钮

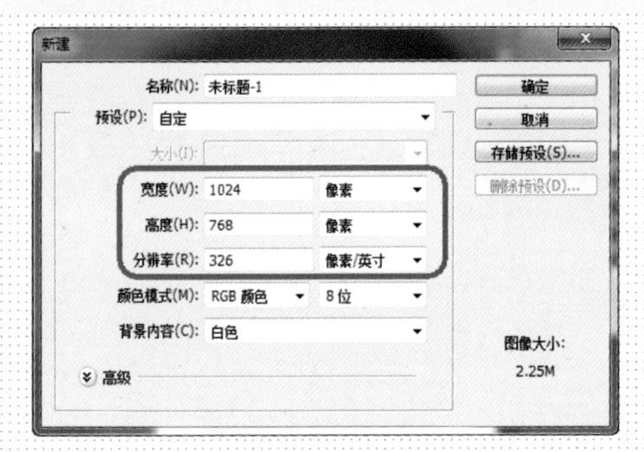

01 ▶执行“文件 > 新建”命令，新建一个空白文档。

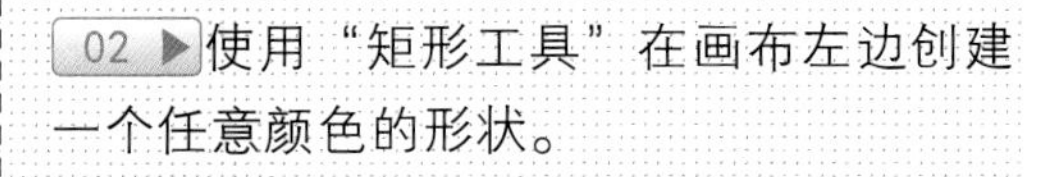

02 ▶使用“矩形工具”在画布左边创建一个任意颜色的形状。

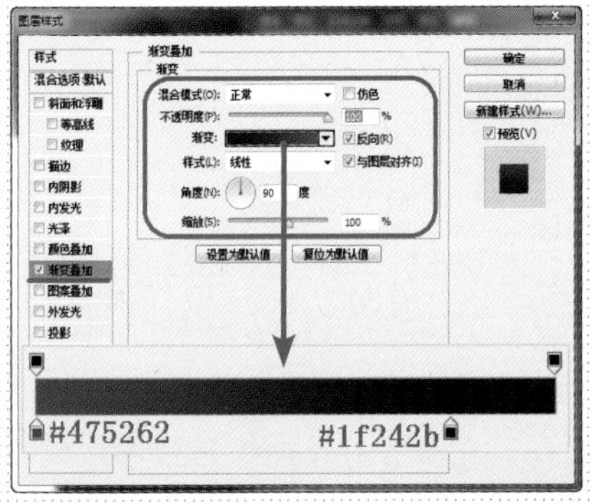

03 ▶双击该图层缩览图，在“图层样式”对话框选择“渐变叠加”选项设置参数。

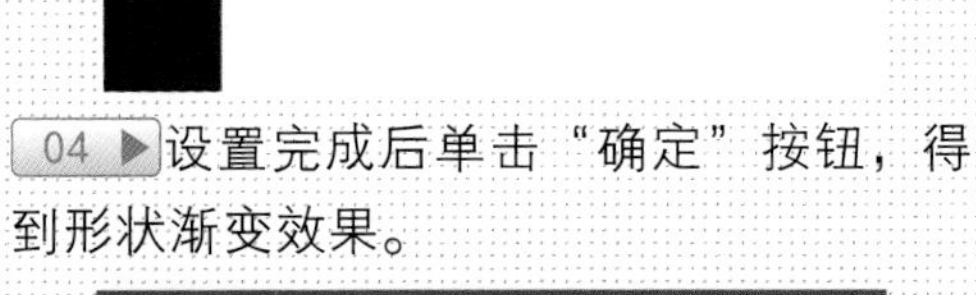

04 ▶设置完成后单击“确定”按钮，得到形状渐变效果。

05 ▶使用相同的方法完成相似制作。

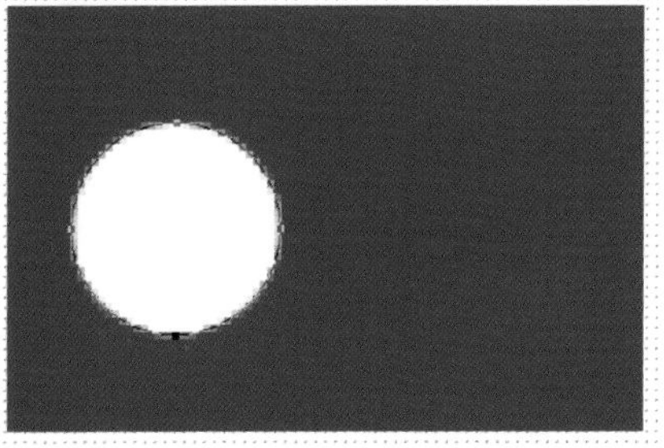

06 ▶使用“椭圆工具”在创建白色的正圆。

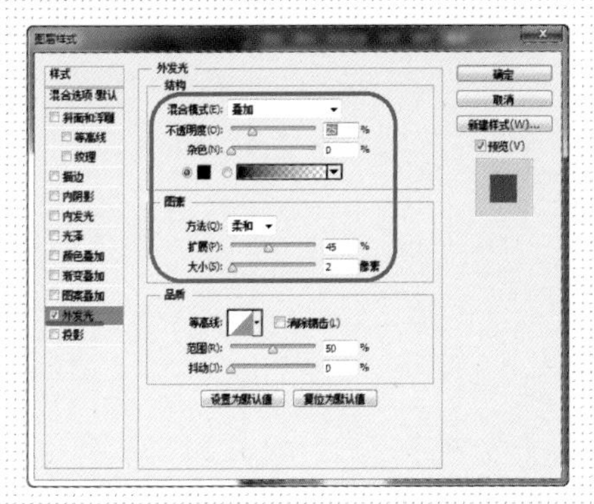

07 ▶打开“图层样式”对话框，选择“外发光”设置参数值。

08 ▶设置完成后单击“确定”按钮，得到形状效果。

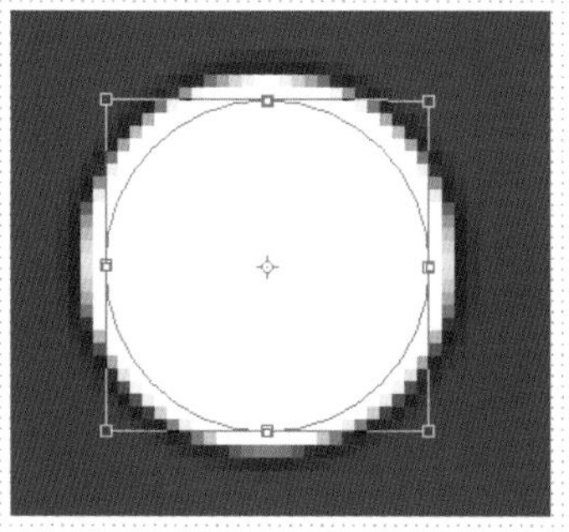

09 ▶复制该形状，并清除图层样式，执行“编辑 > 变换路径 > 缩放”命令，适当缩放该形状。

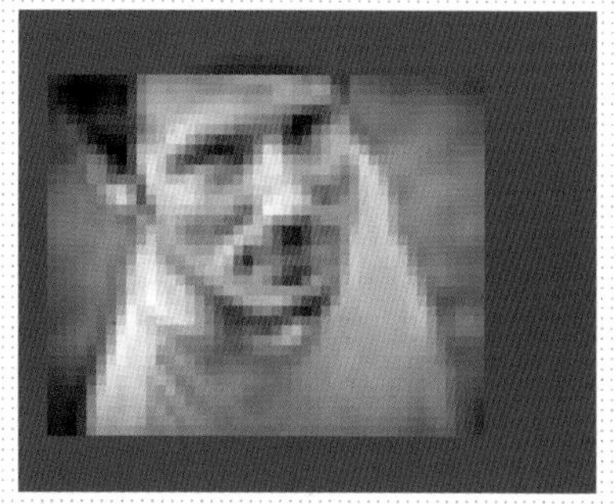

10 ▶按下【Enter】键确定变换。执行“文件 > 打开”命令，将“第 2 章 \ 素材 \012.jpg”拖入文档，适当调整其位置和大小。

11 ▶用鼠标右键单击该图层缩览图，在弹出的下拉菜单中选择“创建剪贴蒙版”选项。

12 ▶打开“字符”面板设置参数值，并使用“横排文字工具”在画布中输入相应文字。

迈克尔

13 ▶复制“椭圆 1”图层样式，粘贴至该图层，得到文字效果。

14 ▶使用相同的方法完成相似制作。

提问：如何制作圆环？

答：可以使用“椭圆工具”并按下【Shift】键在画布中创建一个正圆，在选项栏设置“填充”为“无”，然后在“描边”后面设置描边颜色和粗细。或者使用“椭圆工具”创建一个正圆，然后设置“路径操作”为“减去顶层形状”，在形状中心绘制形状。

15 ▶使用“直线工具”，在画布中绘制“填充”为 #1ab3ff 的直线。

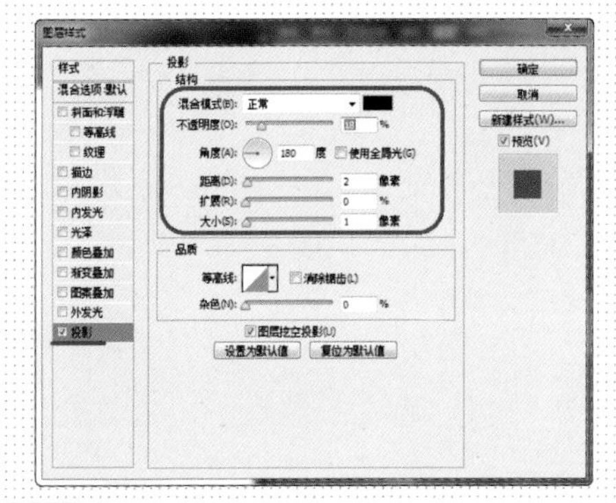

16 ▶打开“图层样式”对话框，选择“投影”选项设置参数值。

17 ▶设置完成后单击“确定”按钮，得到按钮效果。

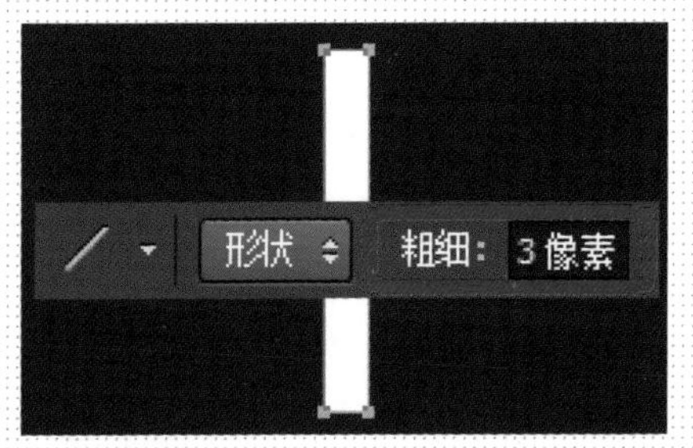

18 ▶继续使用“直线工具”在画布中绘制白色的直线。

19 ▶设置“路径操作”为“合并形状”，继续在形状中绘制图形。

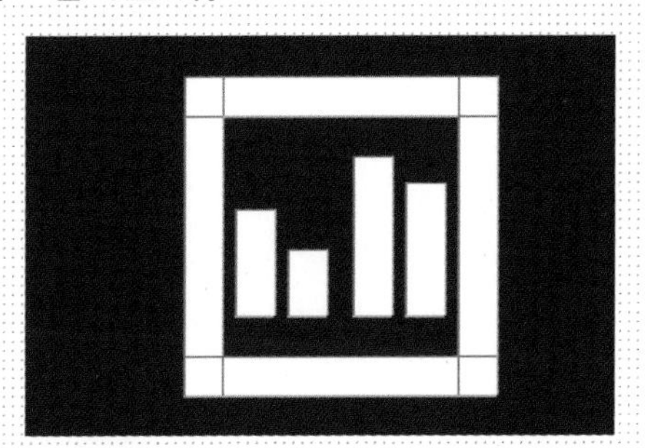

20 ▶继续在形状中绘制，使其得到如图所示的形状效果。

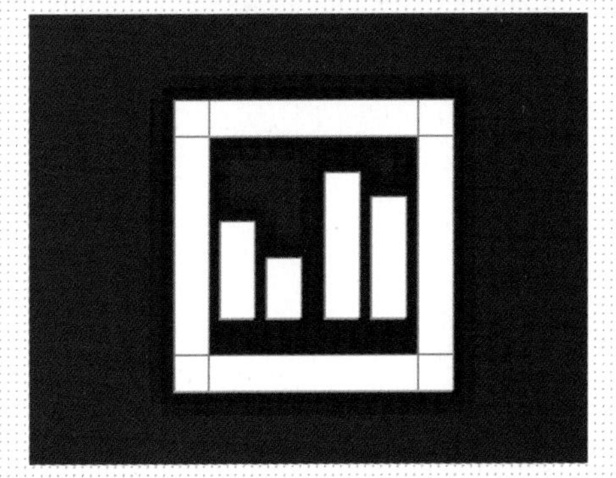

21 ▶复制“椭圆 1”图层样式，粘贴至该图层，得到形状效果。

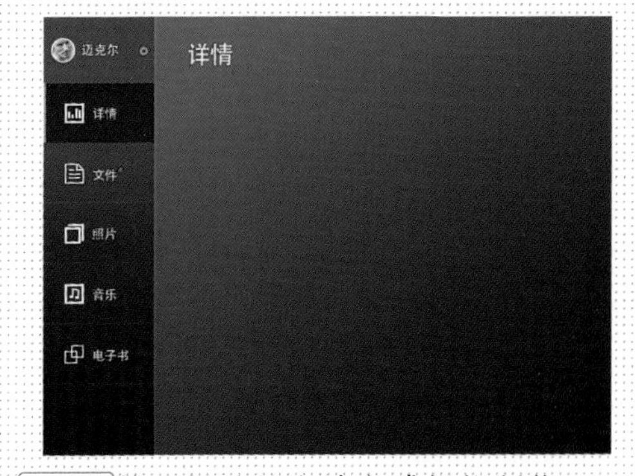

22 ▶使用相同的方法完成相似制作。

○ 制作步骤：02——制作选中详情

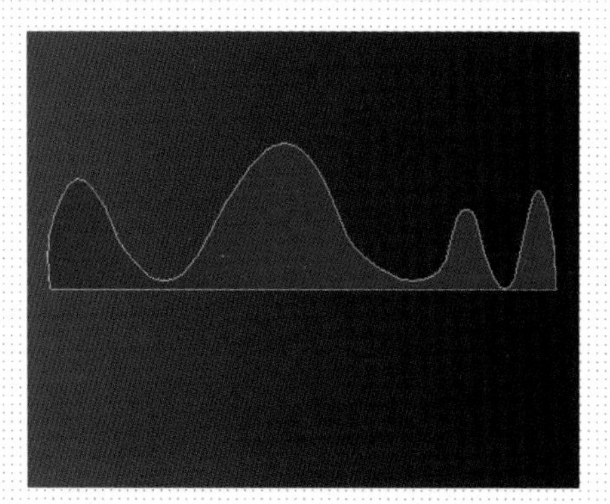

01 ▶使用“钢笔工具”在画布中创建任意颜色的形状。

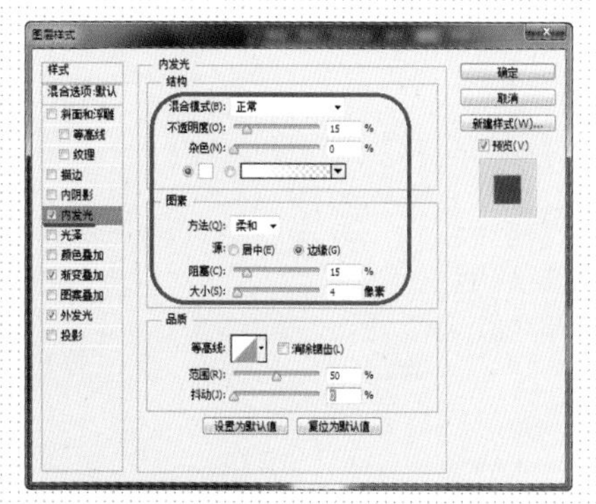

02 ▶打开“图层样式”对话框，选择“内发光”选项设置参数。

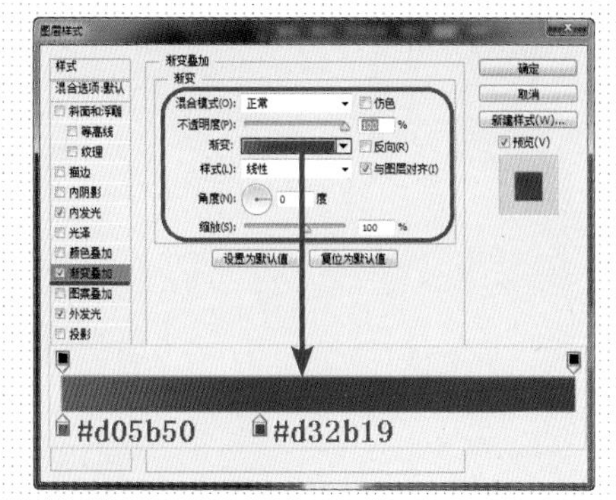

03 ▶选择“渐变叠加”选项设置参数。

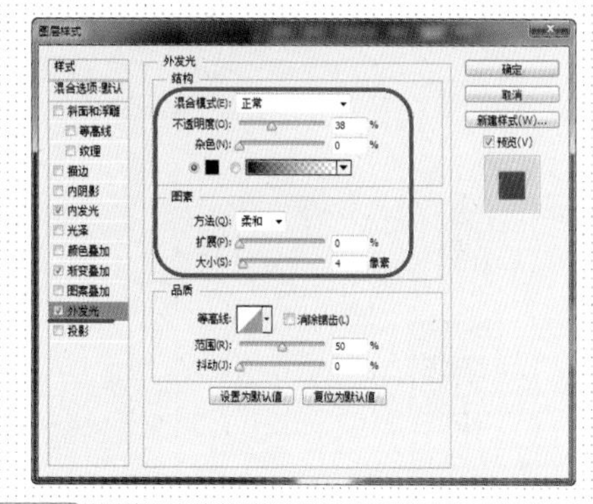

04 ▶选择“外发光”选项设置参数。

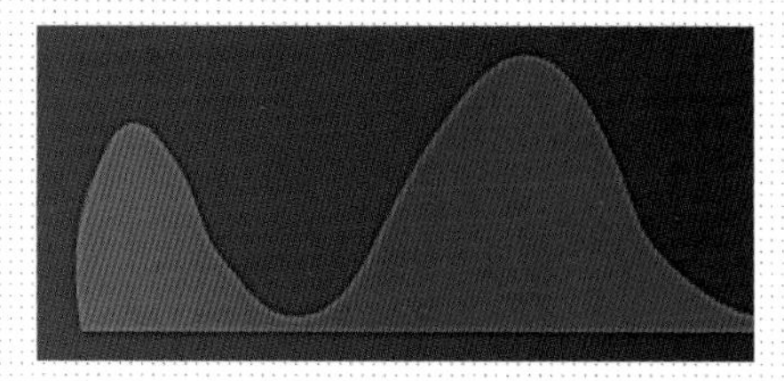

05 ▶设置完成后单击“确定”按钮，得到图像效果。

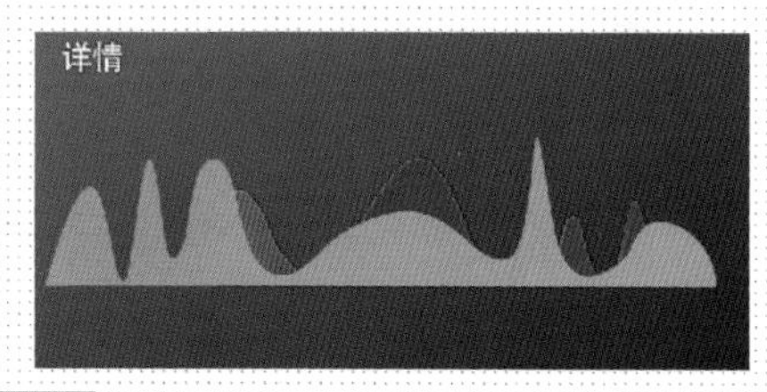

06 ▶继续使用“钢笔工具”绘制任意颜色的形状。

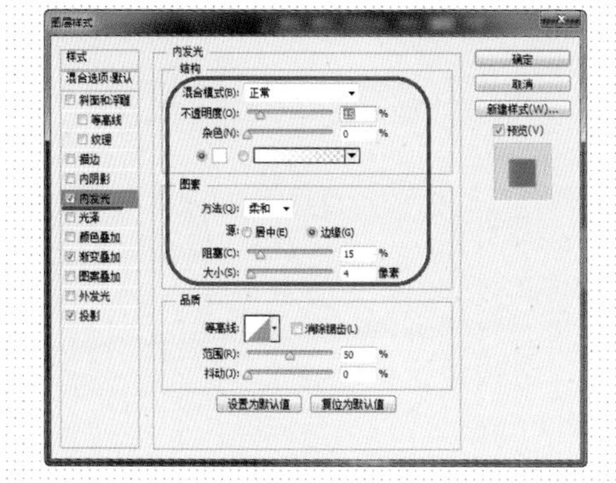

07 ▶打开“图层样式”对话框，选择“内发光”选项设置参数。

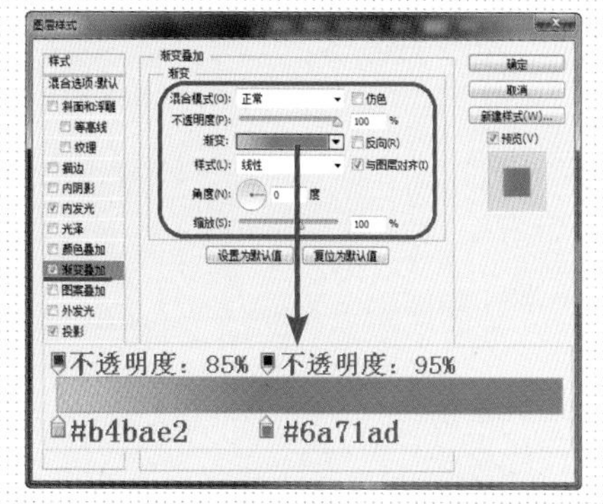

08 ▶选择“渐变叠加”选项设置参数。

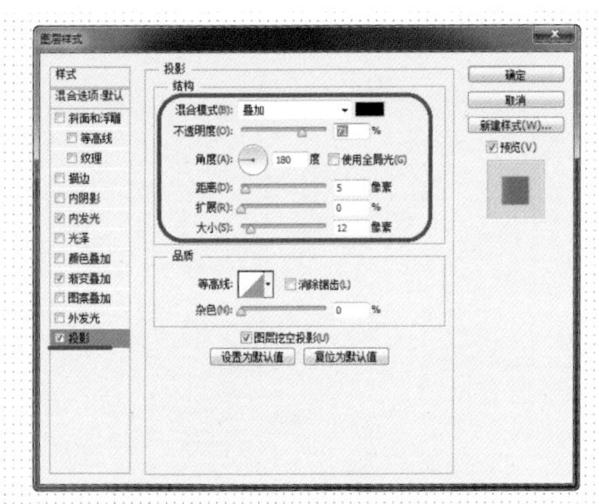

09 ▶选择“投影”选项设置参数。

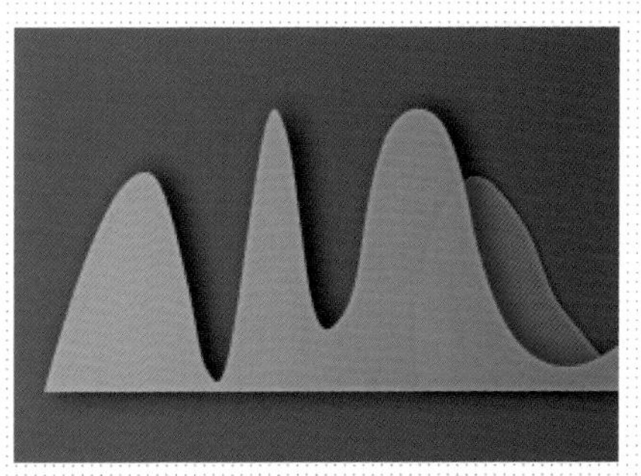

10 ▶设置完成后单击“确定”按钮，修改“填充”为 0%，得到图像效果。

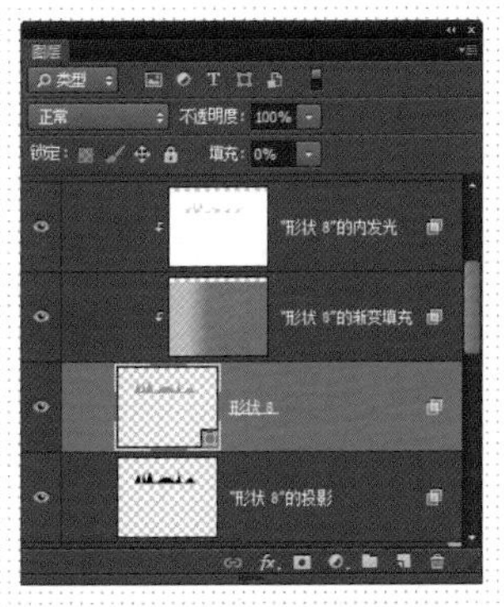

11 ▶选择该图层，执行“图层 > 图层样式 > 创建图层”命令，分解图层。

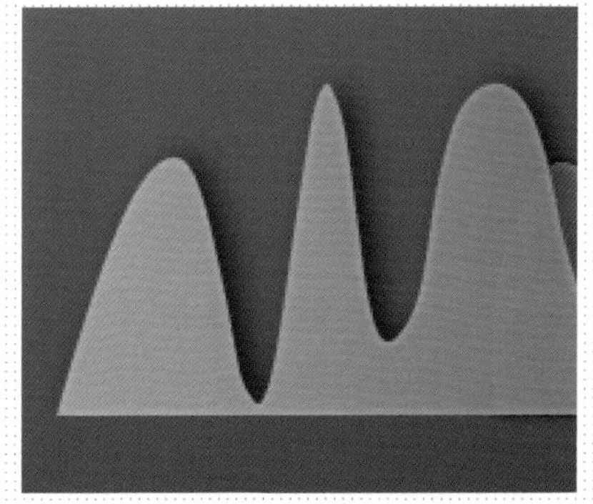

12 ▶为“投影”图层添加图层蒙版，使用黑色画笔将形状底部的投影涂抹掉。

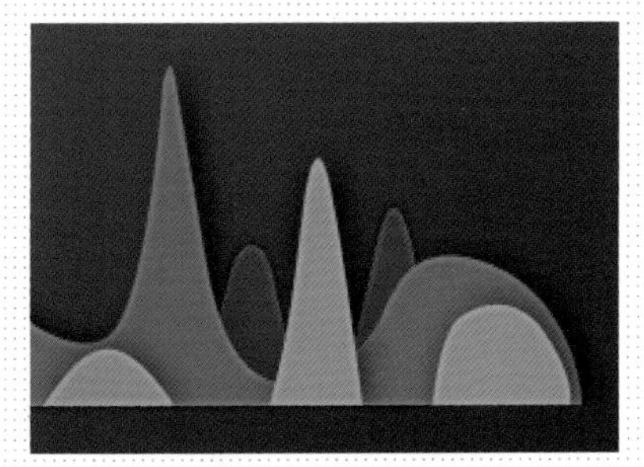

13 ▶使用相同的方法完成另一个蓝色形状的制作。

14 ▶选择使用“钢笔工具”在形状下方绘制黑色的形状。

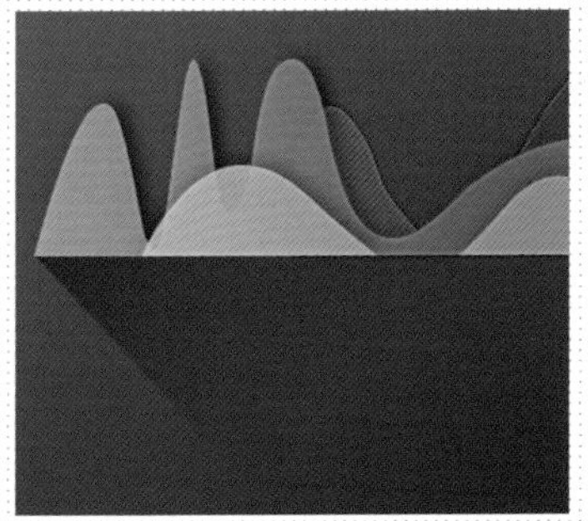

15 ▶为该图层添加图层蒙版，并使用黑白线性渐变填充画布，修改“不透明度”为 50%。

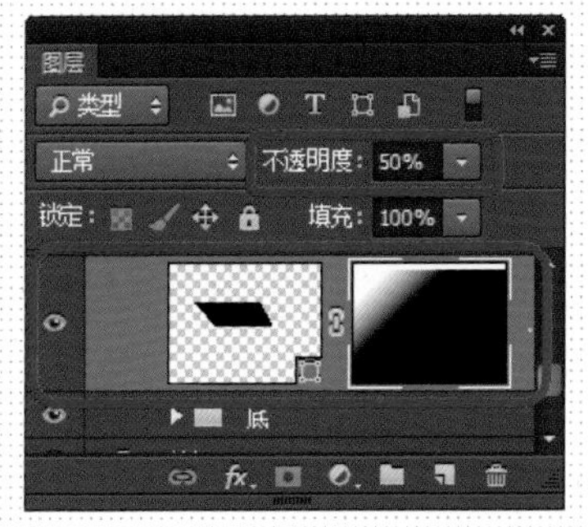

16 ▶“图层”面板效果如图所示。

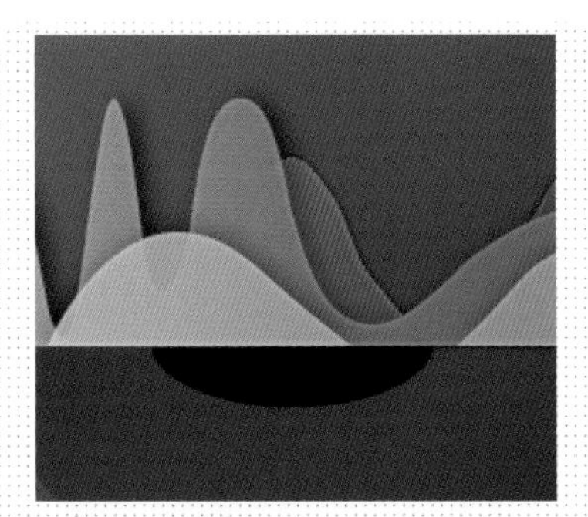

17 ▶使用“椭圆工具”创建黑色的椭圆，并将其拖移至三个彩色形状图层最下方。

18 ▶用鼠标右键单击该图层缩览图，在弹出的菜单中选择“转换为智能对象”选项。

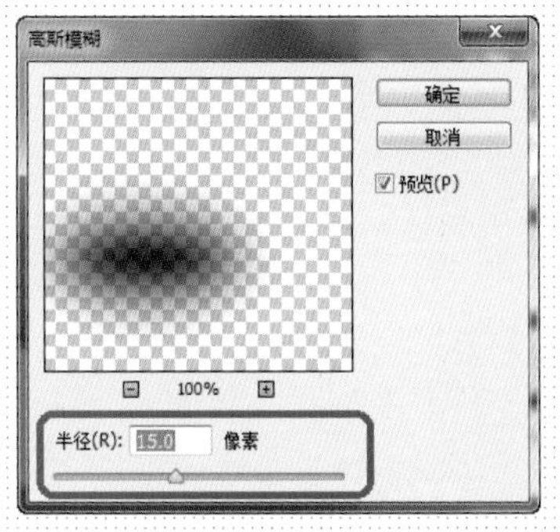

19 ▶执行“滤镜 > 模糊 > 高斯模糊”命令，在弹出的“高斯模糊”对话框设置参数。

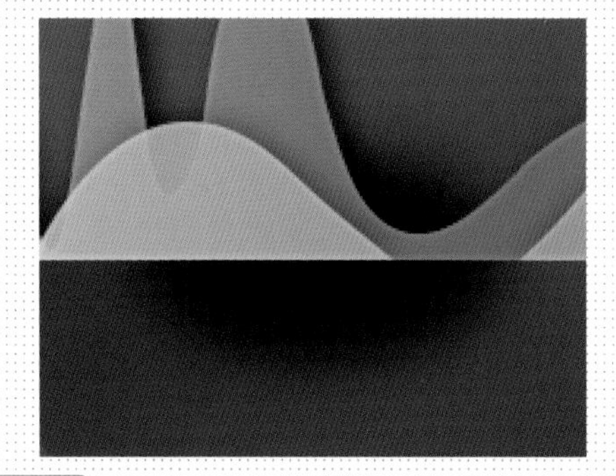

20 ▶设置完成后单击“确定”按钮，得到形状模糊效果。

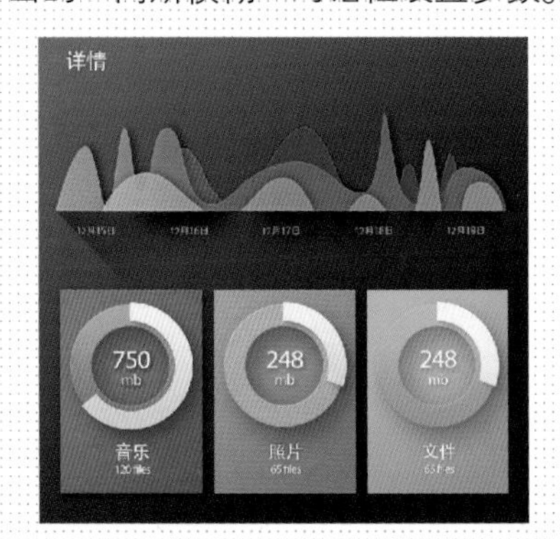

21 ▶使用相同的方法完成其他部分的制作。

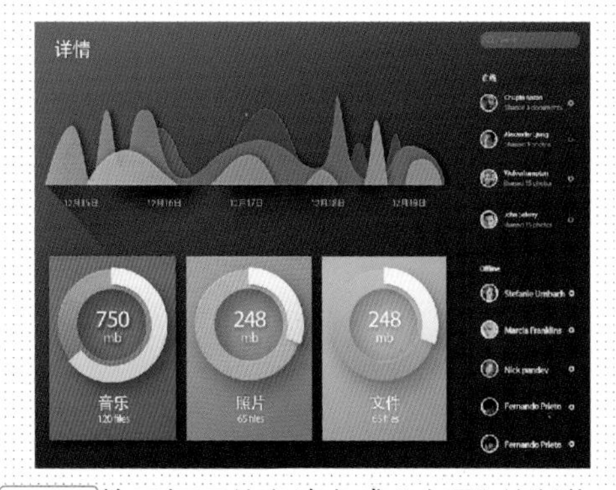

22 ▶使用相同的方法完成“选项”的制作。

○ 制作步骤：03——制作列表

01 ▶按下快捷键【Ctrl+Alt+Shift+E】盖印图层。

02 ▶将其转换为智能图层。

03 ▶执行“路径>模糊>高斯模糊”命令，在弹出的“高斯模糊”对话框设置参数。

04 ▶设置完成后单击“确定”按钮，得到图像模糊效果。

05 ▶隐藏该图层，使用“圆角矩形工具”在该图层下方创建任意颜色的形状。

06 ▶选择“钢笔工具”，设置“路径操作”为“合并形状”，在图像中绘制形状。

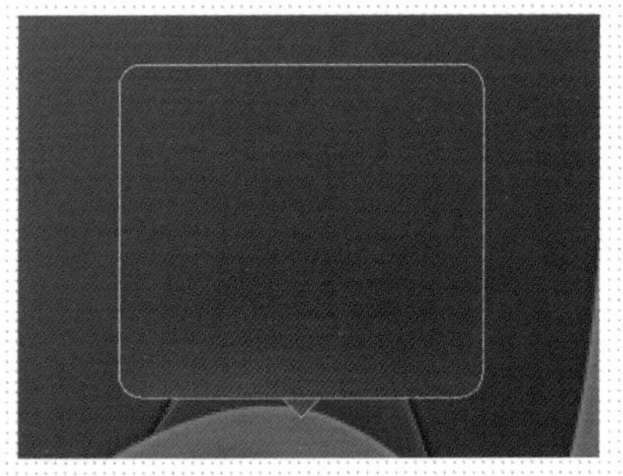

07 ▶显示“图层 11”，并为其创建剪贴蒙版。

08 ▶新建图层，将“圆角矩形 2”载入选区，并为选区填充黑色。

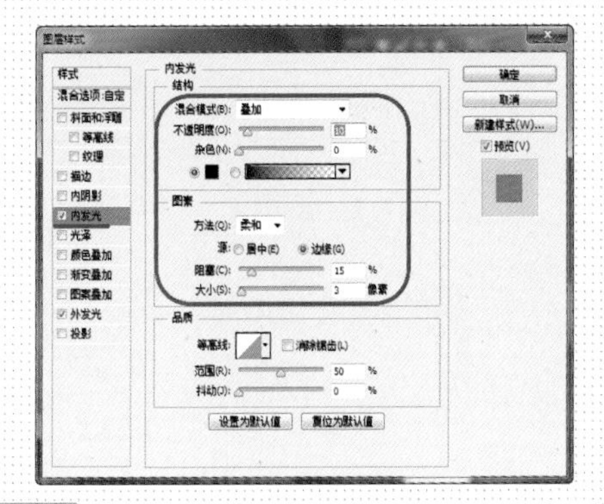

09 ▶打开“图层样式”对话框，选择“内发光”选项设置参数。

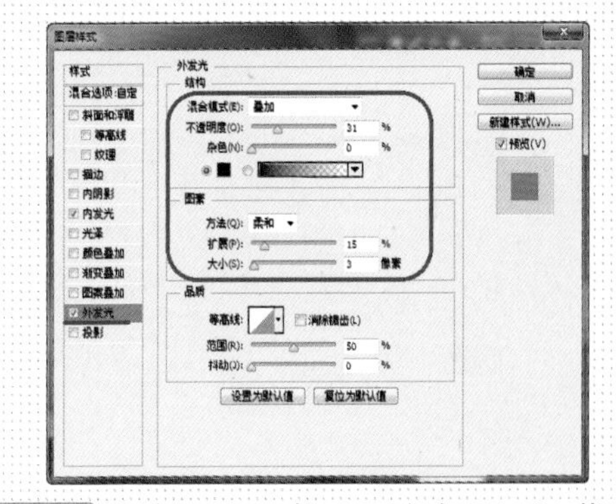

10 ▶新建图层，将“圆角矩形 2”载入选区，并为选区填充黑色。

11 ▶设置完成后单击“确定”按钮，修改“填充”为 65%，得到图像的效果。

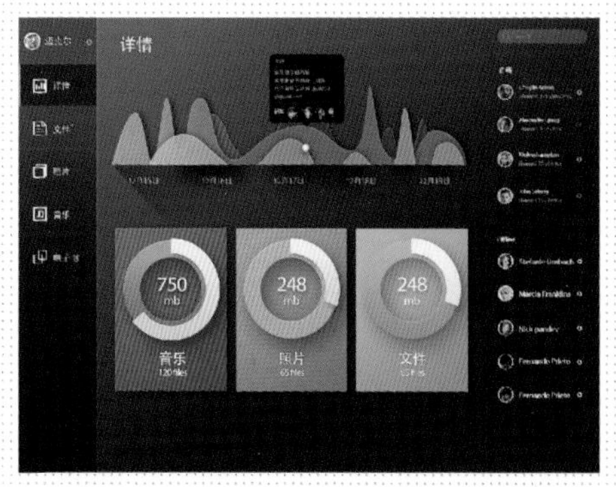

12 ▶使用相同的方法完成相似制作，得到界面最终效果。

○ 制作步骤：04——切片存储

01 ▶将“圆角矩形 2”载入选区，隐藏其上方图层。

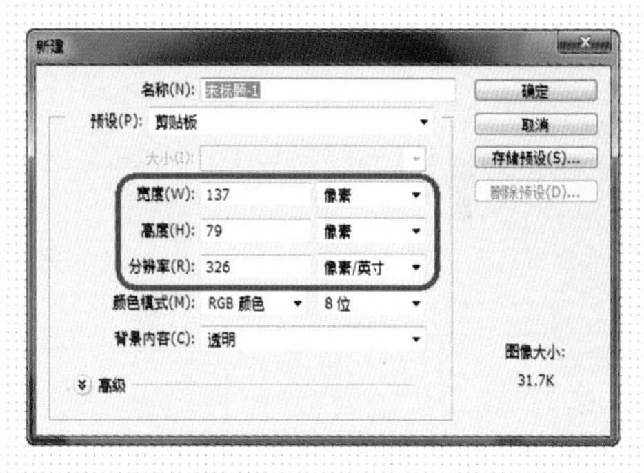

02 ▶执行“编辑>合并拷贝”命令，再执行“文件>新建”命令，弹出“新键”对话框。

03 ▶单击“确定”按钮，按下【Ctrl+V】复制图像。

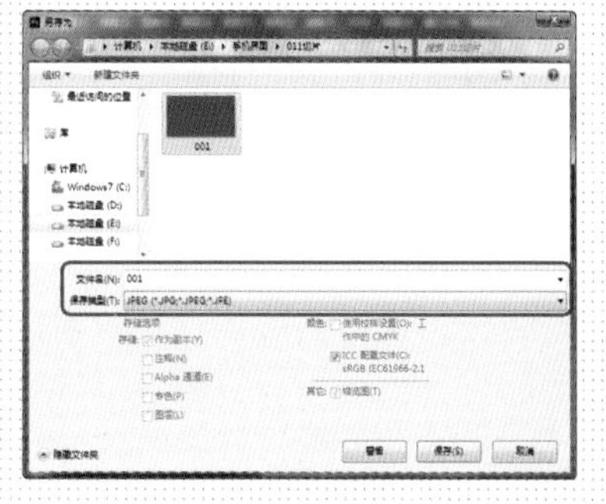

04 ▶执行“存储为”命令，在弹出的“存储为”对话框设置存储路径。

提问：不同界面元素的切片方法？

答：若界面元素的边缘没有透明或半透明像素，可以直接将图像载入选区，然后执行“合并拷贝”并新建文档复制形状，存储形状即可。若元素边缘有难以分辨的透明或半透明像素，就可以隐藏其他无关图层，执行“图像>裁切”命令，然后存储图像。

05 ▶隐藏所有图层，只显示“椭圆 1”、“椭圆 1 拷贝”和“图层 1”。

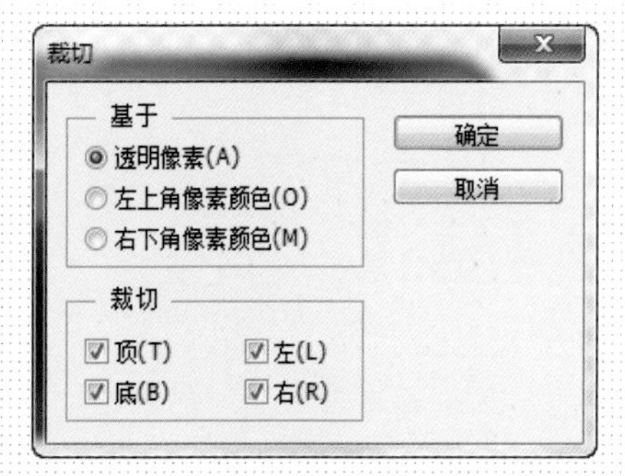

06 ▶执行“图像 > 裁切”命令，在弹出的“裁切”对话框设置参数。

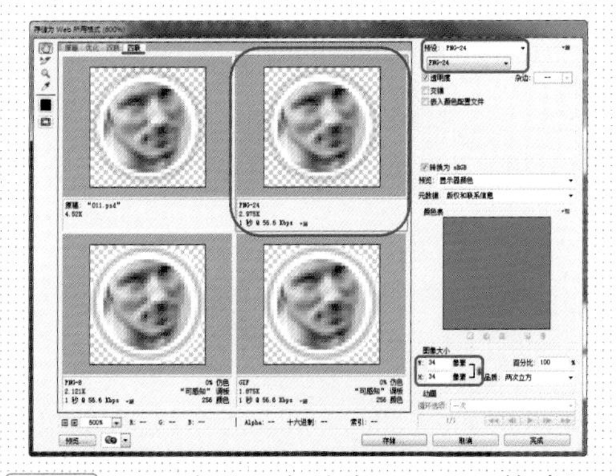

07 ▶执行“文件 > 存储为 Web 所用格式”，在弹出的对话框对图像进行优化存储设置。

08 ▶设置完成后单击“确定”按钮，在弹出的对话框设置存储路径。

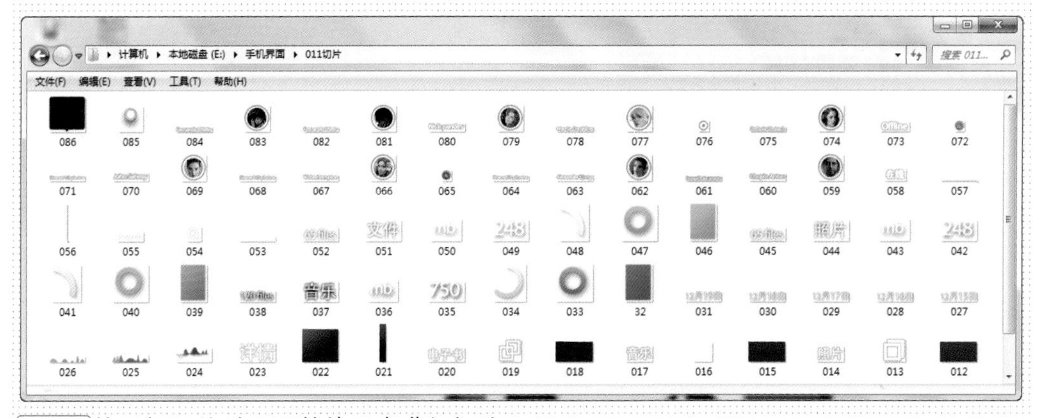

09 ▶使用相同的对界面其他元素进行切片。

操作难点分析

本案例在制作界面中心的三个彩色的方块时，为方块和上面的圆环添加了投影效果，这些形状的投影要保持同一方向，在制作时要注意勾选“投影”图层样式对话框中的“使用全局光”复选框，即可保持界面所有元素有相同光源。

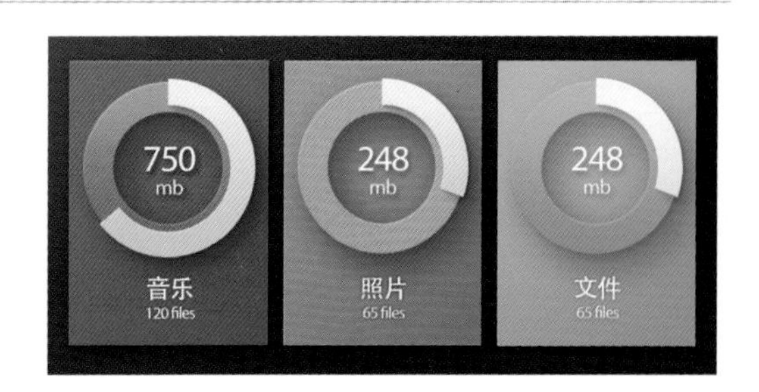

对比分析

没有明显变化的选中按钮，用户察觉不能立刻察觉到其变化，这样的程序使用起来不方便，也就无法吸引人单击或下载。

将选中按钮的颜色加深，使其与其他未选中按钮形成明显的对比，突出于界面中，能够立刻吸引人的注意力。

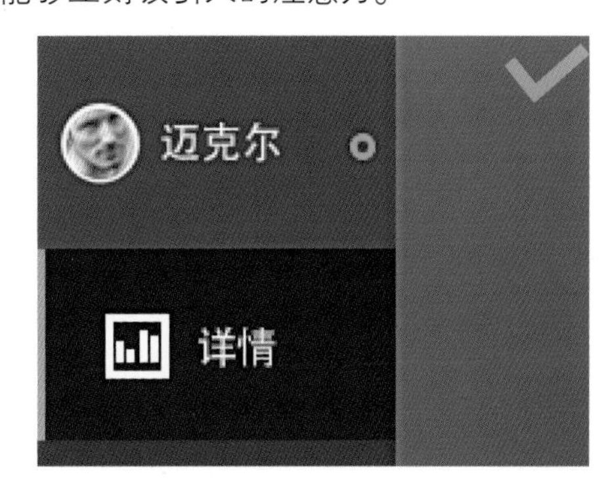

综合实战 12 制作游戏界面

- 源文件地址：第 2 章\012.psd
- 视频地址：视频\第 2 章\012.swf

- 案例分析：
  本案例制作的是 iPad 游戏界面，本案例在制作方法上其实并没有什么太大的难度，但是需要有足够的耐心才能制作出精致的界面效果。

- 配色分析：
  小范围的红色为界面添加视觉冲击力；紫色为界面添加神秘指数；零散分布的绿色从侧面突出主题；深褐色与橙色搭配做背景，制造深沉而活跃的气氛；淡黄色的主题突出而耀眼。

制作分析　制作思路

01	02	03	04
使用形状工具配合路径操作创建形状，添加图层样式	使用文字工具输入文字，并添加相应的图层样式	创建形状，为形状添加模糊滤镜，调整图层的不透明度	分解图层样式，并使用图层蒙版遮盖图层

○ 制作步骤：01——制作背景

01 ▶执行“文件 > 新建”命令，在弹出的“新建”对话框设置参数。

02 ▶新建图层，设置前景色为 #4f341d，按快捷键【Alt+Delete】为画布填充前景色。

提问：如何新建其他背景颜色的文档？

答：执行“文件 > 新建”命令，弹出“新建”对话框，单击“背景内容”复选框，弹出的下拉列表中选择“白色”，可以创建白色背景色的文档；选择“背景色”，新建的文档背景色为界面工具箱中的背景色；选择“透明”可创建透明背景文档。

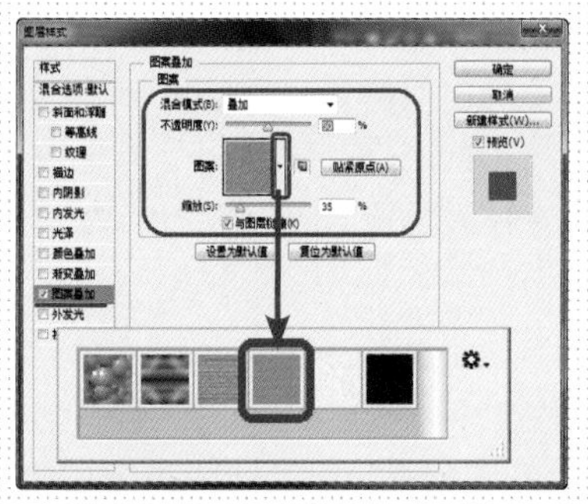

03 ▶双击该图层缩览图，弹出“图层样式”对话框，选择“图案叠加”选项设置参数值。

04 ▶设置完成后，单击“确定”按钮，得到图像效果。

05 ▶新建图层，使用白色柔边画笔在画布中适当涂抹。

06 ▶修改该图层“混合模式”为“叠加”，“不透明度”为 70%。

07 ▶新建图层，使用“矩形选框工具”创建选区，为选区填充颜色 #2e1e0f。

08 ▶打开“图层样式”对话框，选择“描边”选项设置参数值。

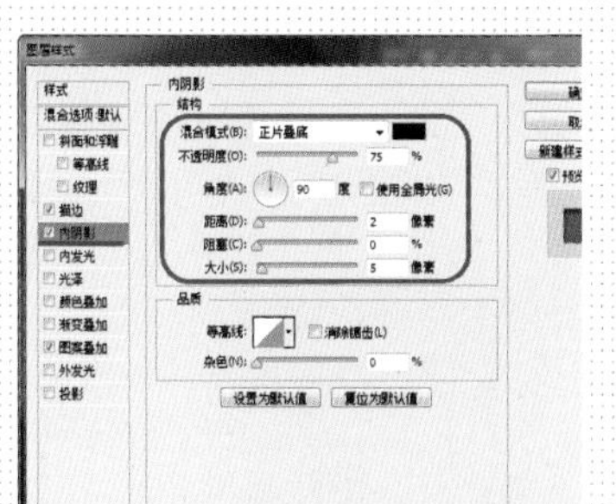

09 ▶继续选择“内阴影”选项设置参数。

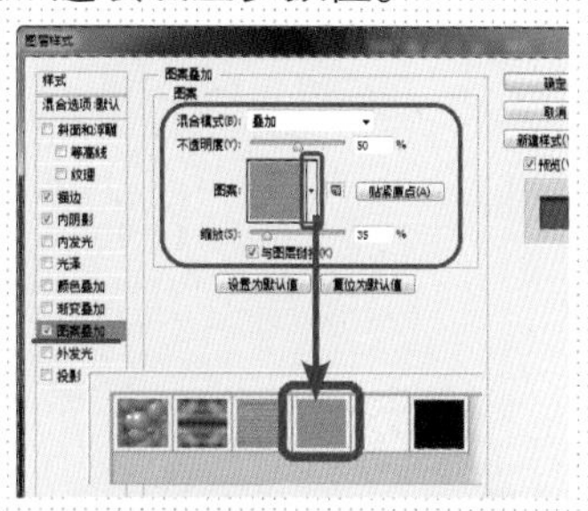

10 ▶选择“图案叠加”选项设置参数。

11 ▶设置完成后得到图形效果。

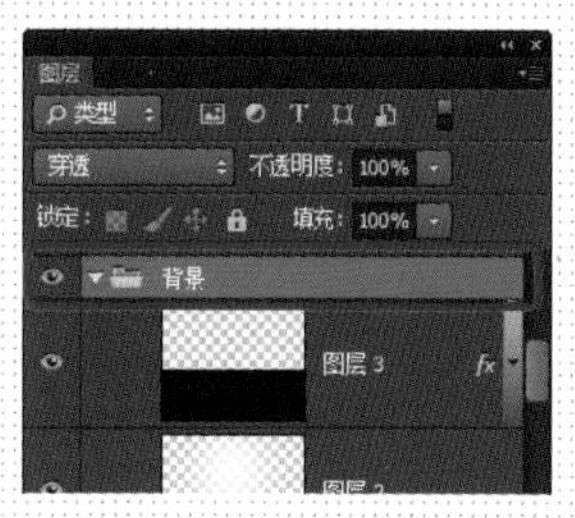

12 ▶将相关图层编组，重命名为“背景”。

○ 制作步骤：02——制作导航栏

01 ▶执行“文件 > 打开”命令，打开素材文件“第 2 章 \ 素材 \032.jpg”，将其拖入设计文档，适当调整位置。

02 ▶复制该图层，并将其拖移至画布顶端。

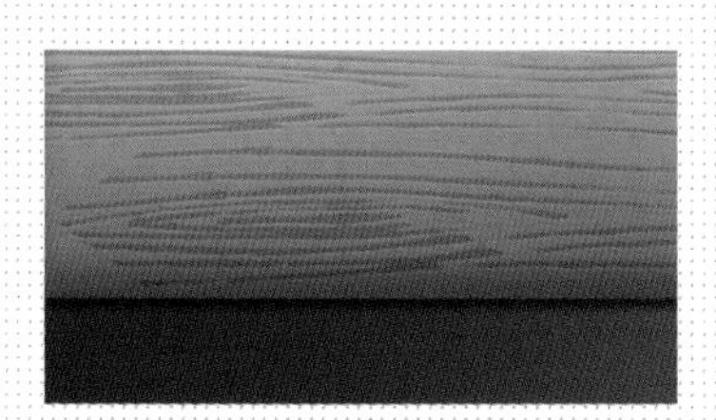

03 ▶使用相同方法为其添加“内阴影”和“投影”图层样式，得到图像效果。

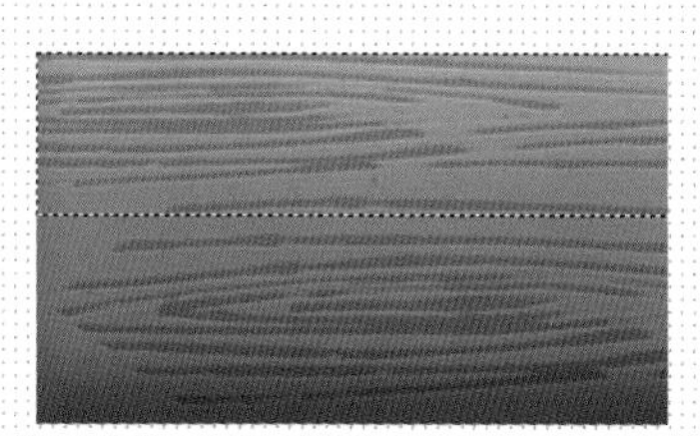

04 ▶选择“矩形选框工具”，在给图层上创建选区。

05 单击“图层”面板下方的“添加图层蒙版”按钮，为其添加图层蒙版。

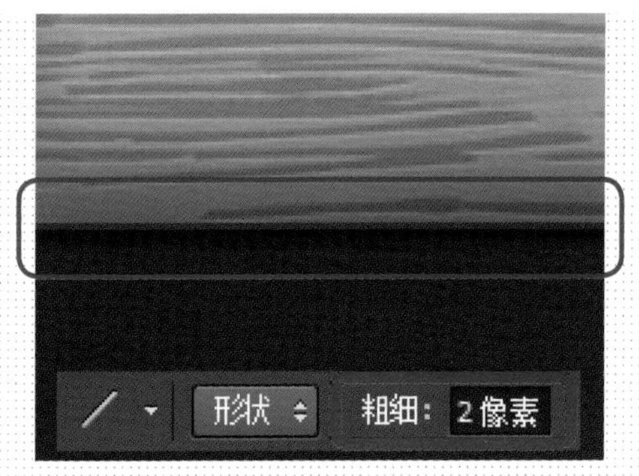

06 使用“直线工具”，设置“填充”为 #703f05，在画布绘制一条直线。

07 使用“圆角矩形工具”在画布中绘制任意颜色的圆角矩形。

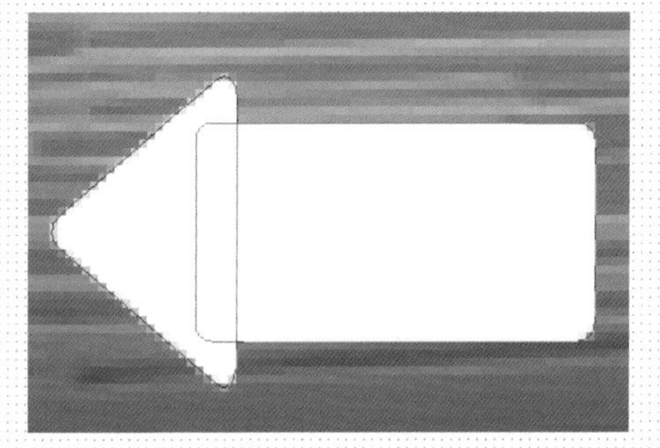

08 使用“钢笔工具”，设置“路径操作”为“合并形状”，在形状中绘制图形。

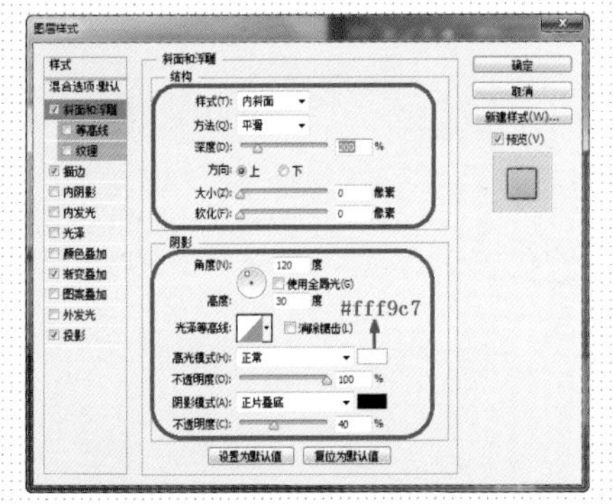

09 双击该图层缩览图，弹出“图层样式”对话框，选择“斜面和浮雕”设置参数。

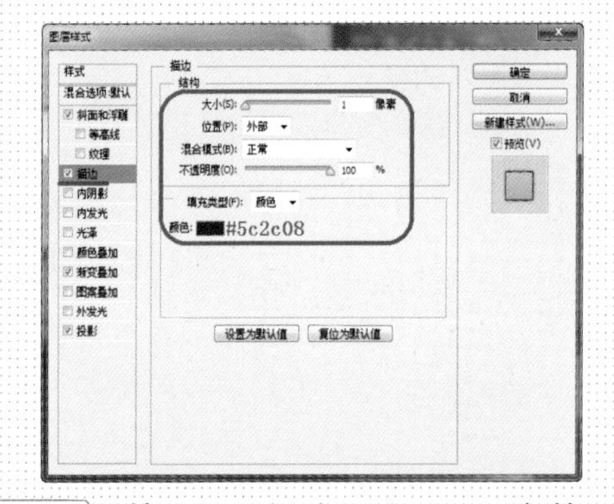

10 继续选择“描边”选项设置参数。

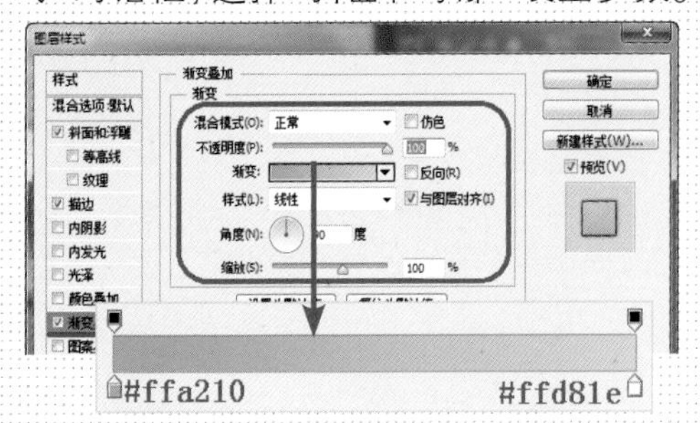

11 继续选择“渐变叠加”设置参数。

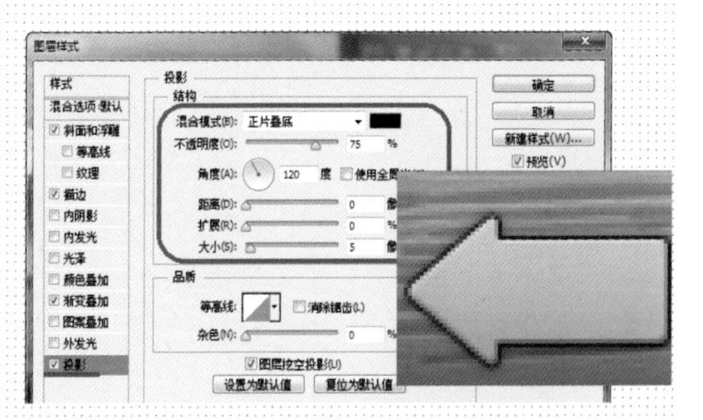

12 选择“投影”选项设置参数。设置完成后单击“确定”按钮，得到图形效果。

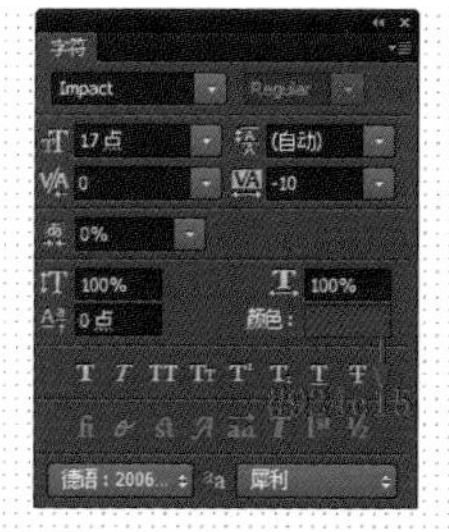

13 打开“字符”面板设置各参数，并使用“横排文字工具”在箭头中输入文字。

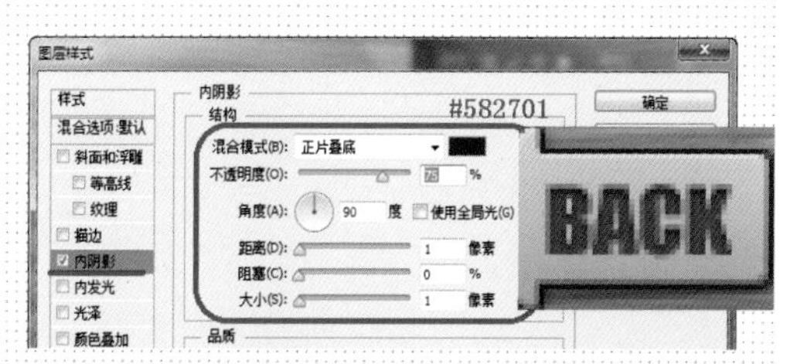

14 双击该图层缩览图，弹出“图层样式”对话框，选择“内阴影”选项设置参数。单击“确定”按钮，得到文字的投影效果。

○ 制作步骤：03——制作进度条

01 将相关图层编组，重命名为“返回”。

02 使用“圆角矩形工具”，在画布中创建“填充”为 #ffe307 的形状。

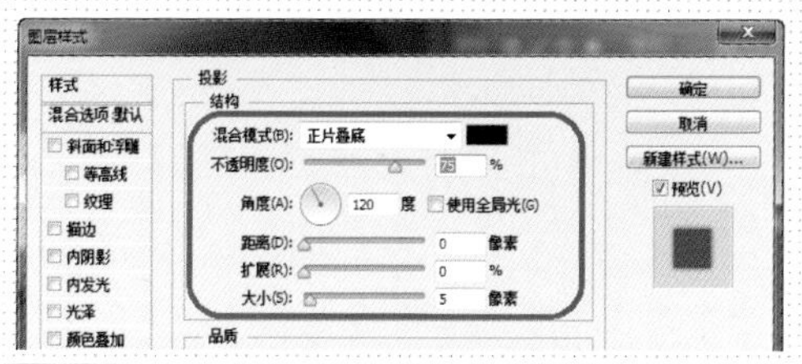

03 双击该图层缩览图，弹出“图层样式”对话框，选择“投影”选项设置参数。

04 设置完成后单击“确定”按钮，得到图形效果。

05 使用“直线工具”，设置“填充”为 #fec519，在画布中绘制直线。

06 按快捷键【Ctrl+T】，将形状向右移动。

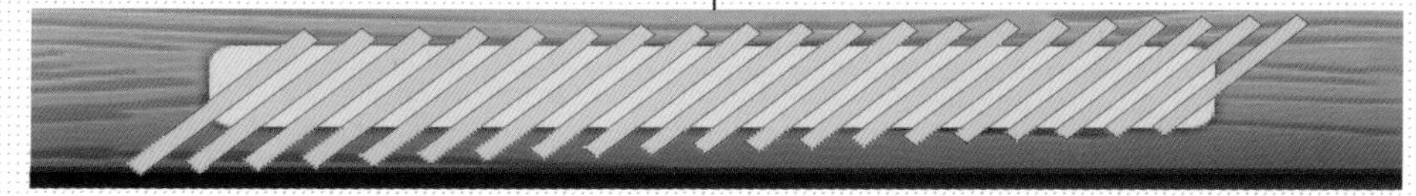

07 按【Enter】键确认变换，并多次按快捷键【Shift+Ctrl+Alt+T】，得到图像效果。

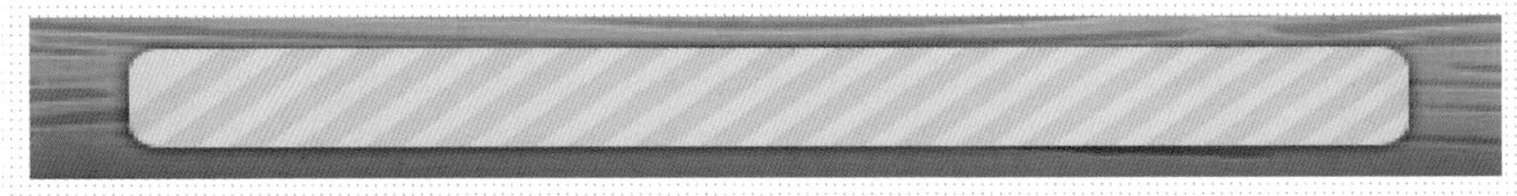

08 ▶执行“图层 > 创建剪贴蒙版”命令，得到图像效果。

提问：如何将所有形状复制在不同图层上？

答：绘制好形状后执行“图层 > 复制图层”命令，复制一个图层，选择“移动工具”，按下快捷键【Ctrl+T】，将形状向右拖移，然后按下【Enter】键确定变换，按下【Ctrl+Alt+Shift】键不放，不停单击【T】键，即可将形状复制在不同图层上。

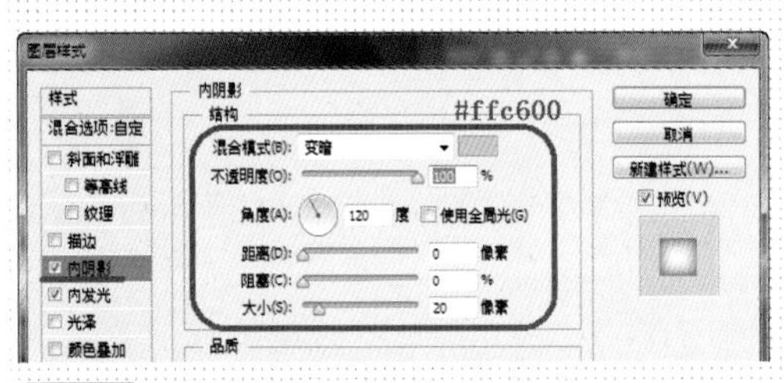

09 ▶复制“圆角矩形 3”图层，移至图层最上方，为其添加“内阴影”图层样式。

10 ▶继续在“图层样式”对话框选择“内发光”选项进行相应的设置。

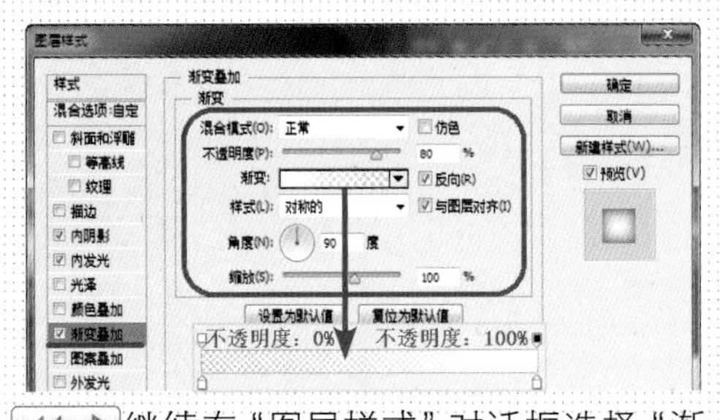

11 ▶继续在“图层样式”对话框选择“渐变叠加”选项设置参数。

12 ▶设置完成后单击“确定”按钮，修改图层“填充”为 0%，得到图形效果。

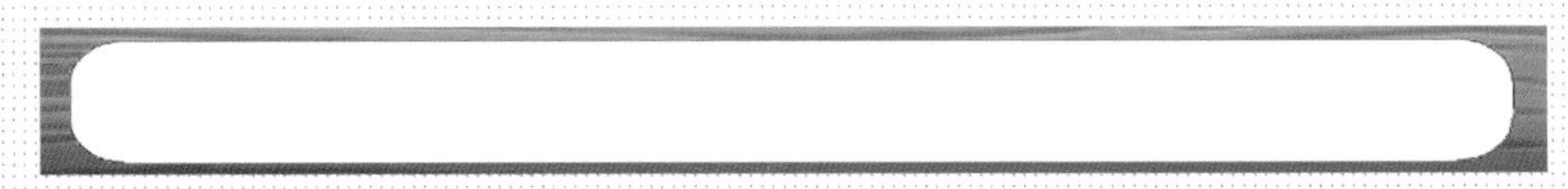

13 ▶使用“圆角矩形工具”，在画布中创建“半径”为 15 像素的圆角矩形。

14 ▶使用“圆角矩形工具”，以“减去顶层形状”模式挖空形状。

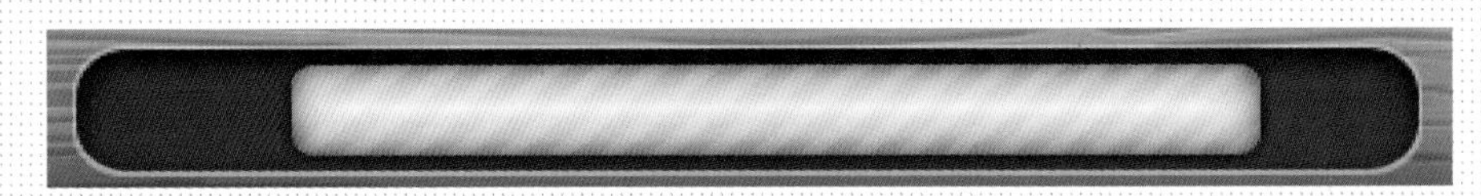

15 ▶使用相同方法完成相似内容的制作。

16 ▶使用相同方法在画布中绘制一个圆角矩形。

17 ▶选择“矩形工具”，设置“路径操作”为“与形状区域相交”，在形状中绘制图形。

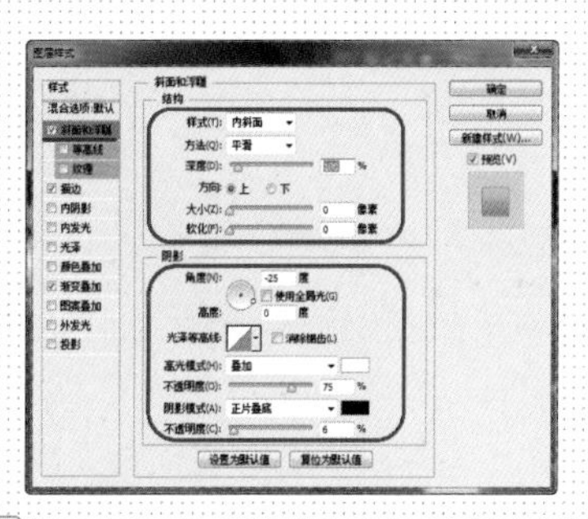

18 ▶打开“图层样式”对话框，选择“斜面和浮雕”选项设置参数值。

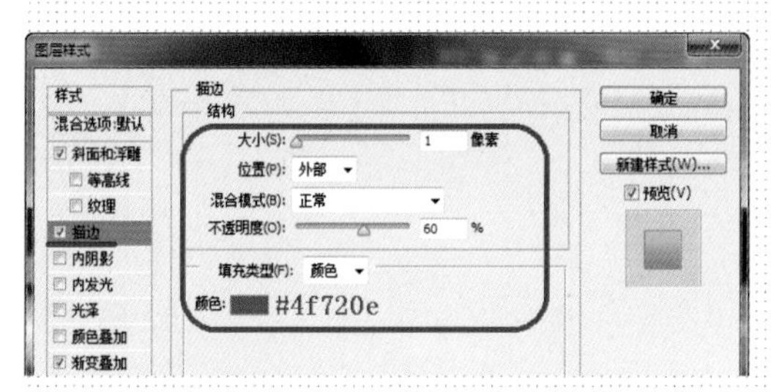

19 ▶继续选择“描边”选项设置参数。

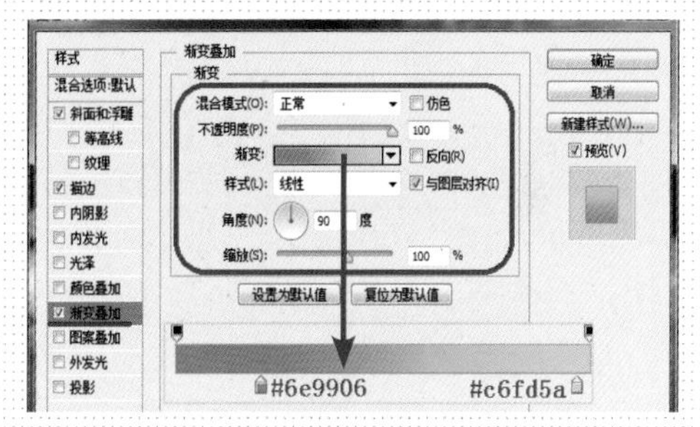

20 ▶选择“渐变叠加”选项设置参数。

21 ▶设置完成后单击“确定”按钮。

22 ▶使用相同方法完成其他内容的制作。

23 ▶使用相同的方法拖入素材并添加图层样式。

24 ▶复制该图层，并将其等比例缩小，适当调整位置。

25 ▶使用相同方法在画布中绘制一个圆角矩形。

○ 制作步骤：04——制作图标部分

01 ▶执行“文件 > 打开”命令，打开素材文件“第 2 章 \ 素材 \035.png”，拖入文档。新建图层，使用“钢笔工具”绘制路径。按快捷键【Ctrl+Enter】将其转换为选区。

02 ▶为选区填充白色。

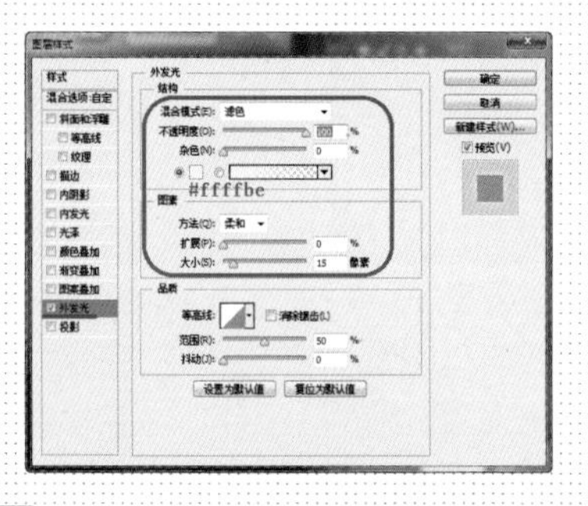

03 ▶打开“图层样式”对话框，选择“外发光”选项设置参数值。

04 ▶设置完成后单击“确定”按钮，得到图形效果。修改其“不透明度”为 45%，适当调整图层顺序。在该图层上方新建图层，设置“前景色”为 #fff3ca，使用柔边画笔涂抹光晕。

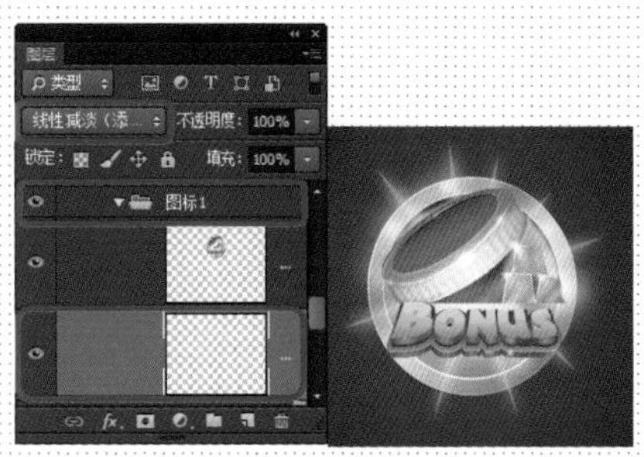

05 ▶修改该图层“混合模式”为“线性减淡”，并将相关图层编组。

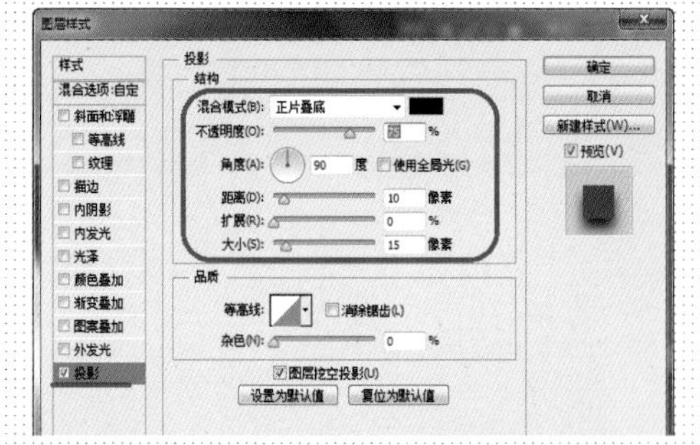

06 ▶打开“图层样式”对话框，选择“投影”选项设置参数值。

07 ▶设置完成后单击“确定”按钮，得到图形效果。使用相同方法完成其他内容的制作。

○ 制作步骤：05——制作按钮

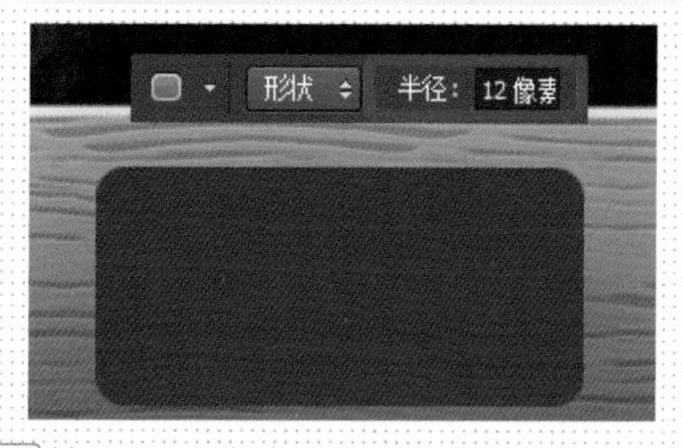

01 ▶使用“圆角矩形工具”，设置“填充”为 #953704，在画布中绘制形状。

02 ▶打开“图层样式”对话框，选择“投影”选项设置参数值。

03 ▶设置完成后单击“确定”按钮。

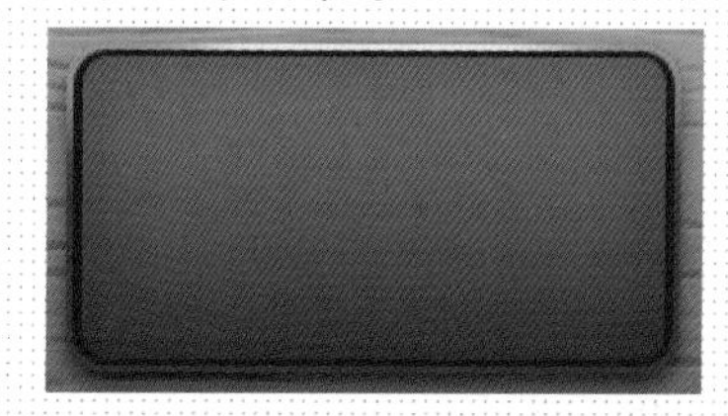

04 ▶使用相同方法完成其他内容的制作。

05 ▶载入“圆角矩形 9”的选区，新建图层，修改“前景色”为 #f9950a，使用柔边画笔适当涂抹出按钮上方的高光。

06 ▶使用相同的方法完成相似制作，并将相关图层编组，重命名为“PLAY 按钮”。

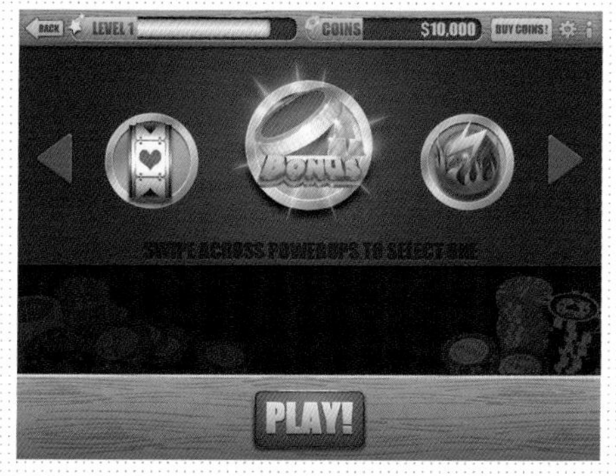

07 ▶使用相同方法完成其他内容的制作，得到界面的最终效果和“图层”面板的最终效果。

○ 制作步骤：06——切片存储

01 ▶隐藏其他相关图层。

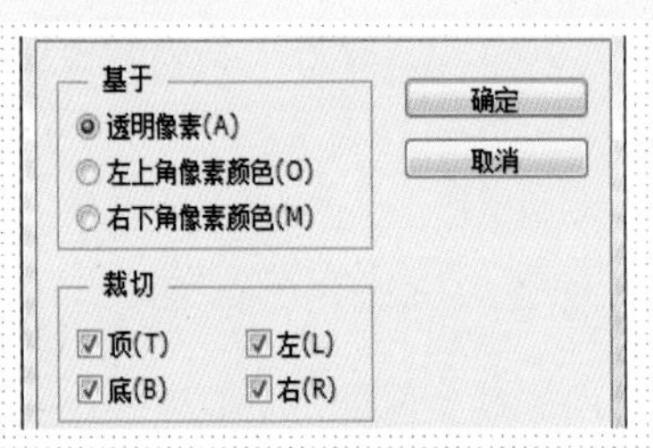

02 ▶执行“图像 > 裁切”命令，在弹出的“裁切”对话框中设置参数值。

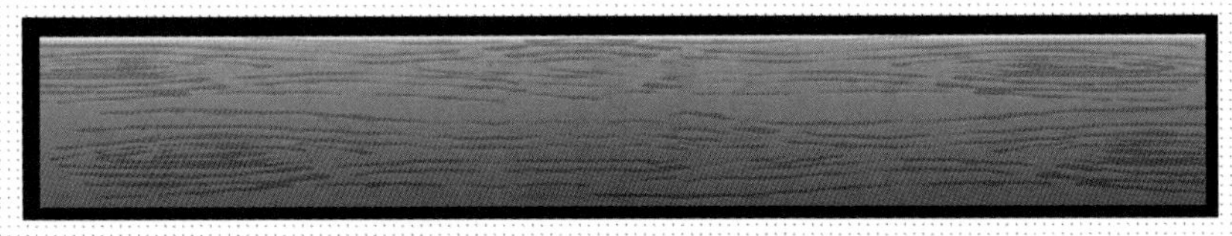

03 ▶单击“确定”按钮，裁掉图像周围的透明像素。

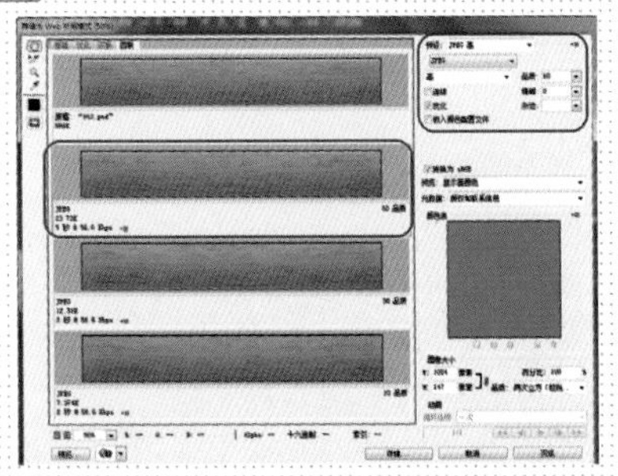

04 ▶执行“文件 > 存储为 Web 所用格式”命令，在弹出的对话框中进行相应的设置。

05 ▶设置完成后单击下方的“存储”按钮，对图像进行存储。

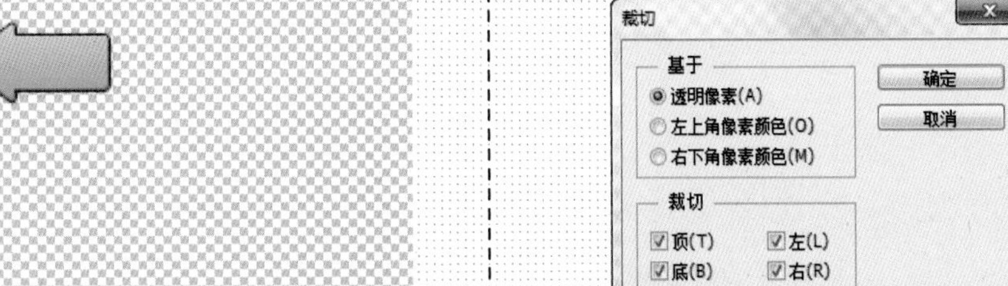

06 ▶按快捷键【Ctrl+Alt+Z】恢复操作，隐藏相关图层。

07 ▶执行“图像 > 裁切”命令，在弹出的“裁切”对话框中设置参数值。

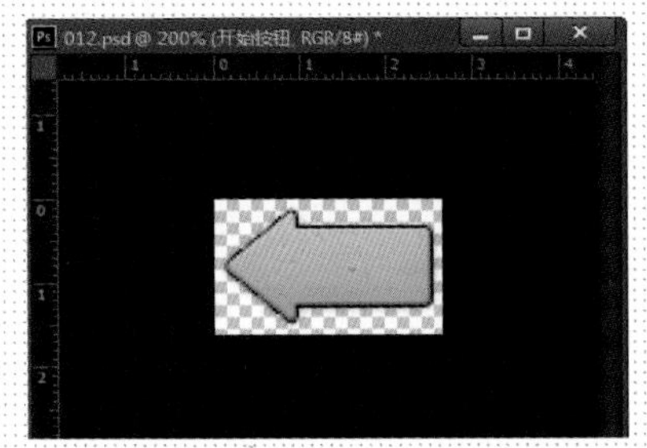

08 ▶单击“确定”按钮，裁掉图像周围的透明像素。

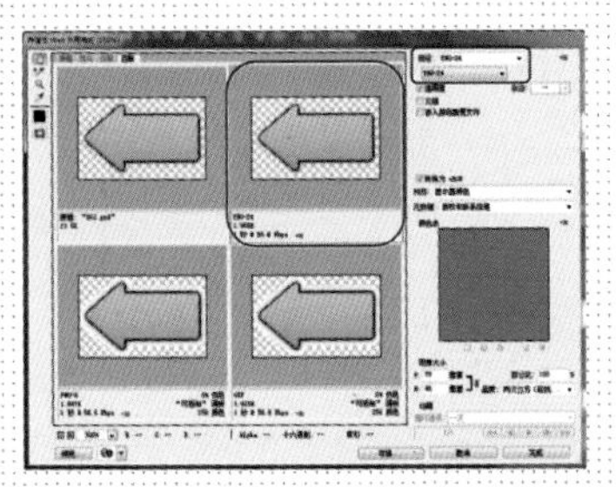

09 ▶执行“文件 > 存储为 Web 所用格式”命令，在弹出的对话框中进行相应的设置。

10 ▶按快捷键【Ctrl+Alt+Z】恢复操作，隐藏相关图层。

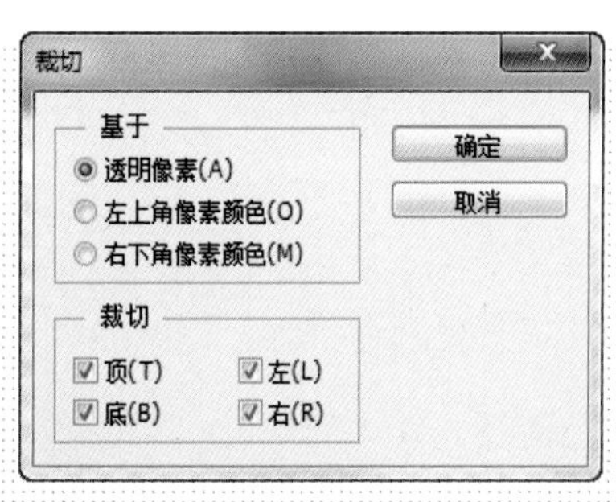

11 ▶执行“图像 > 裁切”命令，裁掉画布周围的透明像素。

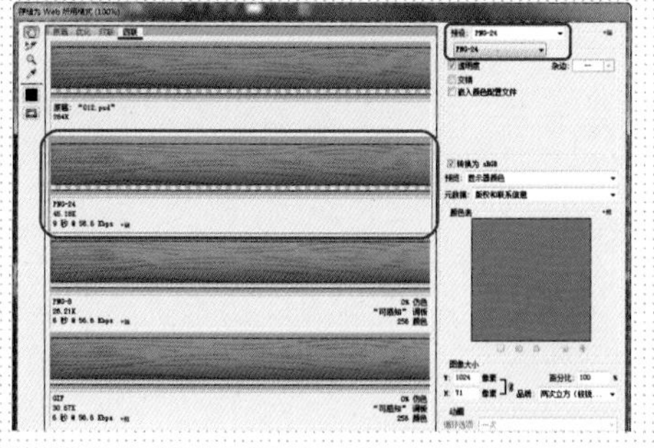

12 ▶执行“文件 > 存储为 Web 所用格式”命令，在弹出的对话框中进行相应的设置。

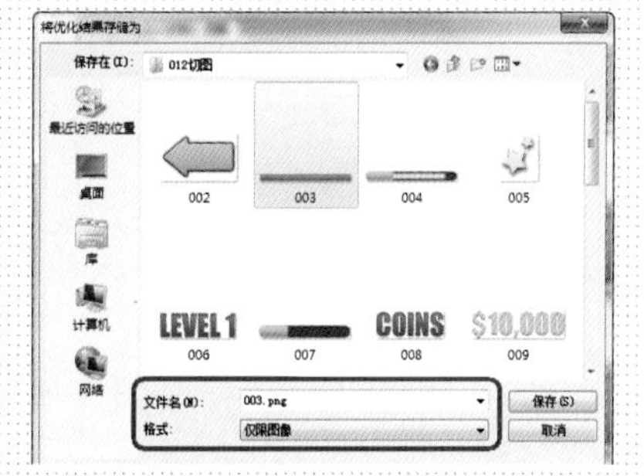

13 ▶单击对话框底部的“存储”按钮，对优化结果进行存储。

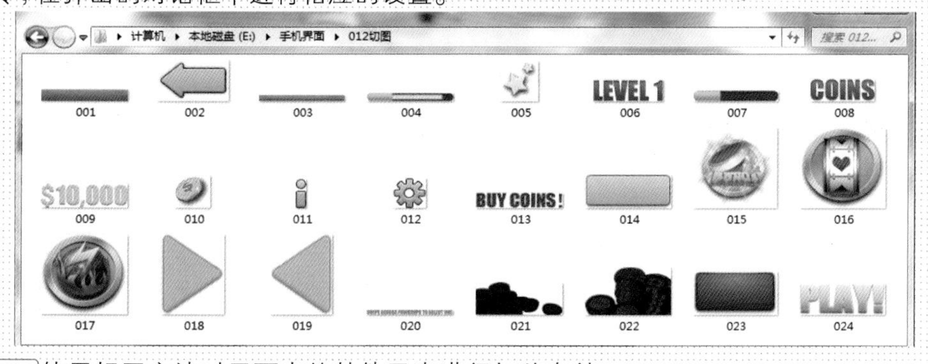

14 ▶使用相同方法对界面中的其他元素进行切片存储。

操作难点分析

本案例在制作 PLAY 按钮的高光时，是使用“前景色”为 #f9950a 的柔边画笔在选区中涂抹的，这里也可以使用相同的方法创建好选区，然后使用白色的柔边画笔涂抹出高光，修改图层“混合模式”为“叠加”，也可以制作出自然的高光效果。

对比分析

只改变选中按钮的大小，不能够使其在众多同样闪耀的按钮中突出，显得过于平淡，用户不容易察觉其变化。

为选中按钮添加更加耀眼的发光效果，使其在同样华丽闪耀的按钮中最耀眼，从而使用户能够一眼就看出它的变化。

提问：如何快速绘制星形闪光效果？

答：在本案例中，我们直接使用“钢笔工具”绘制出了不规则的星形发光。此外，还可以先使用“多边形工具”绘制多角星形，然后使用“直接选择工具”适当调整星形的形状，这样可以提高图形绘制的效率和精度。

2.10 本章小结

本章主要向读者介绍了 iOS 系统的设计原则和各种控件的设计使用方法，并对 iOS 6 和 iOS 7 的风格做了全面的比较。相信读者到此也对 iOS 程序有了充分的了解。只要能够牢牢掌握并利用这些知识，读者就可以利用这些知识制作出合格的用户界面。相同地，只要认真制作并分析本章中提供给用户的案例，就可以制作出独具视觉冲击力的界面。

第 3 章 Android 系统实例

精彩案例:

最受欢迎 最近的

实战 5 制作主界面
源文件：第 3 章 \013.psd
视频：视频 \ 第 3 章 \013.swf

耗时 20min | 难度：一般

实战 9 制作信息编辑界面
源文件：第 3 章 \009.psd
视频：视频 \ 第 3 章 \009.swf

耗时 30min | 难度：一般

实战 11 制作锁屏界面
源文件：第 3 章 \011.psd
视频：视频 \ 第 3 章 \011.swf

耗时 25min | 难度：较容易

实战 13 制作游戏界面
源文件：第 3 章 \013.psd
视频：视频 \ 第 3 章 \013.swf

耗时 150min | 难度：较难 | 31 次收藏

实战 12 制作天气界面
源文件：第 3 章 \012.psd
视频：视频 \ 第 3 章 \012.swf

耗时 100min | 难度：一般

前情提要:

Android 是 Google 公司于 2007 年 11 月发布的基于 Linux 平台的开源移动操作系统名称，该平台由操作系统、中间件、用户界面和应用软件组成。它经历了由 1.1~4.4 版本的更新，随着用户要求的不断提升而快速地替换着旧的版本。在 Android 的发展历程中，它也有着自己特有的一套设计标准。由于其激活量已经超过了 10 亿次，用户量众多，因此，本章将专门为读者讲解 Android UI 的设计原则、界面设计风格以及控件设计等方面的知识。

本章知识点:

- Android APP UI 概览
- UI 的设计原则
- Android 界面设计
- Android 图标设计
- Android APP 常用结构
- Android 控件设计
- 特效的使用

3.1 Android APP UI 概览

Android= 安卓（操作系统），APP= APPlication= 应用程序，UI=User Interface（用户界面），Android APP UI 即安卓应用程序界面。

Android 系统为 UI 提供的框架中，最重要的有主界面 Home、所有应用界面、最近任务界面。

○ 主界面

界面是用来复制、收藏 APP（应用）、小部件的地方，Android 手机一共有 5 个不同的 home 面板，可以通过左右横滑来实现它们之间的切换。但不论切换到哪个面板中，在底部始终有一栏没有改变，这一栏是“我的最爱”，用户可以把自己常使用或重要的 APP、文件夹放在里边。

○ 所有应用界面

单击“我的最爱”中间位置的按钮，可以打开“所有应用界面”，设备上安装的所有应用程序和插件都可以在这里找到，用户还可以通过长按图标将其中的 APP 或小工具拖曳到主界面任意面板的空位置中。

○ 最近任务界面

用户可以通过单击界面右下角的按钮打开最近任务界面，在该界面中显示的是用户最近打开过的 APP，这些 APP 以时间顺序排列，最近使用的会排列在界面的最下方。

不论打开主界面还是所有应用程序界面，设备屏幕上始终会显示 UI 栏。UI 栏包括状态栏、导航栏以及平板电脑上的通栏，是显示通知、设备导航以及设备通信状态的专用区域。根据不同的 APP 需要，有时会隐藏 UI 栏，使用户得到更好的体验效果。

○ 状态栏

在状态栏的左边会显示 APP 消息和通知等，右边会显示信号强度、电池电量、时间等。向下滑动状态栏，可以打开通知面板。

○ 导航栏

这里的导航栏为虚拟导航栏，只在没有硬件导航栏的设备上才会显示，是 Android 3.0 的新特性，在该栏中包含了返回、主页、最近任务 3 个虚拟按键。

○ 系统栏

系统栏主要运用在平板电脑上，将状态栏和导航栏都包含在内。

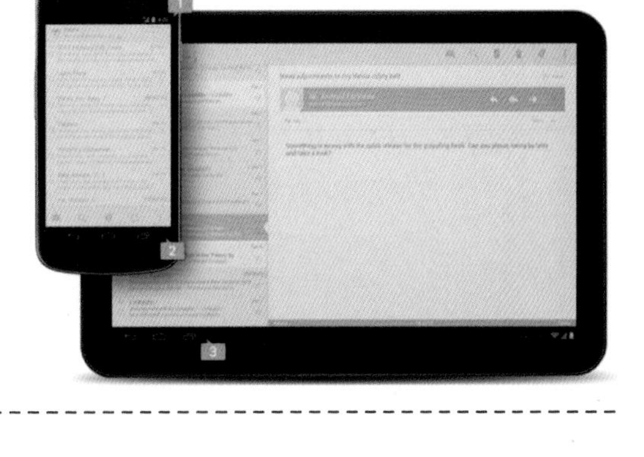

向下滑动状态栏，可以打开通知面板，用户可以从该面板中获得一些关于 APP 的简短信息。包括更新提醒、下载进度、来电提醒或短信提醒等信息，单击其中一个通知会打开一个相应的 APP。有些通知可以通过单击右上角的 × 号关掉，而有些重要通知只有在查看后才会消失。

一个典型的 APP 需要有操作栏和内容显示区域，如图所示，在该图中一共有 4 部分，分别是：主操作栏、视图控制、内容显示区域和次操作栏。

1）主操作栏包含了导航 APP 层级和视图元素，是最重要的操作控制中心。

2）视图控制包括对内容的组织和功能的控制，用来切换 APP 提供的不同视图。

3）内容显示区域主要用来显示内容。

4）次操作栏主要是放置一些主操作栏中没有放置的功能，一般在主操作栏的下方或屏幕的最底部。

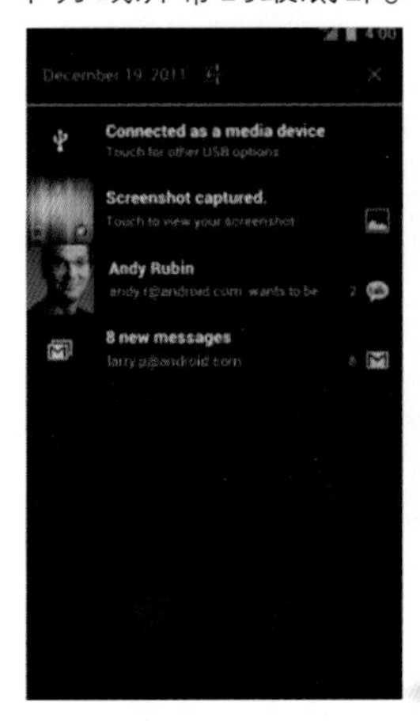

3.2 UI 设计原则

Android APP 的美并不局限于它的外表，它转场快速清晰；排版和样式干脆利落，具有意义。而 APP 图标本身就是件艺术品，在制作时应该追求漂亮、简洁，并为用户创造一种神奇的体验。

为了保持用户的兴趣，Android 用户体验设计团队为 UI 设计制定了一些原则。设计 Android APP 时，如果没有合理的理由，请尽量不要偏离这些设计原则。

○ 真实有趣的对象

将 APP 里边的对象作为按钮等让用户直接接触，这样不仅可以减少执行任务的负担，还可以满足大多数用户的情感需求。

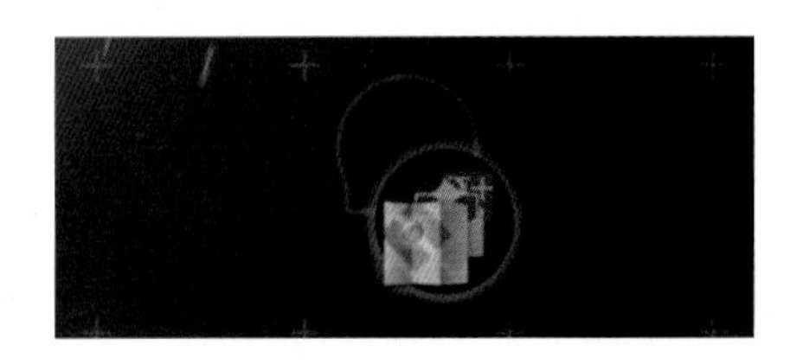

○ 惊喜

做一个漂亮精美的界面，或者是准备一个有趣的动画，再搭配上恰到好处的声音效果，这些微妙的变化效果都会给用户带来不一样的惊喜体验。

○ 记住用户的使用习惯

记住用户经常使用的程序，当用户输入某些关键词的时候就可以找出相关的程序等，这样要比一遍又一遍地自己查询要方便许多。

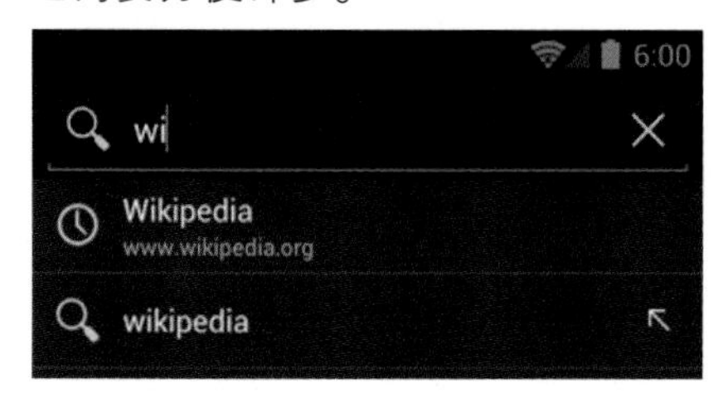

○ 个性化

用户都喜欢加入一些自己喜欢的东西，所以在设计时可以提供一些漂亮、有趣又实用的自定义默认设置，这样可以让人觉得更加亲切，并给人一种控制感。

○ 表达要简短

人都会看到长句子而不自觉地跳过，所以在表达清楚的前提下尽量使用简短、简单的词语或句子。

○ 图片为主，文字为辅

在满是文字的内容与以图为主、文字为辅的内容中，有图的内容更容易吸引用户的注意力，也会更容易理解。

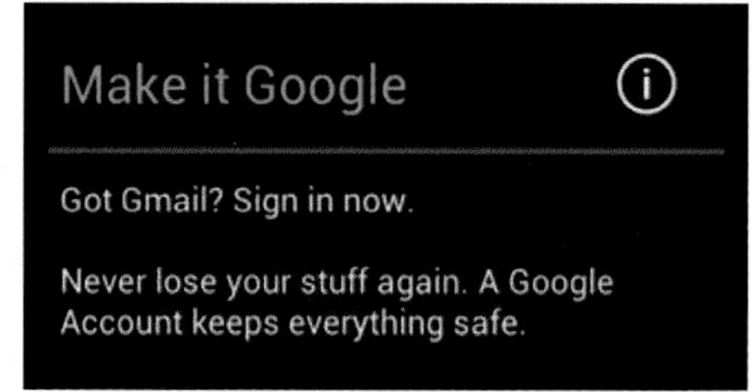

○ 显示用户需要的内容

如果选择的东西太多会带给用户无从下手的感觉，因此在设计时可以将任务、信息等分成一个个小的操作选项，将一些不太重要的操作选项隐藏起来。

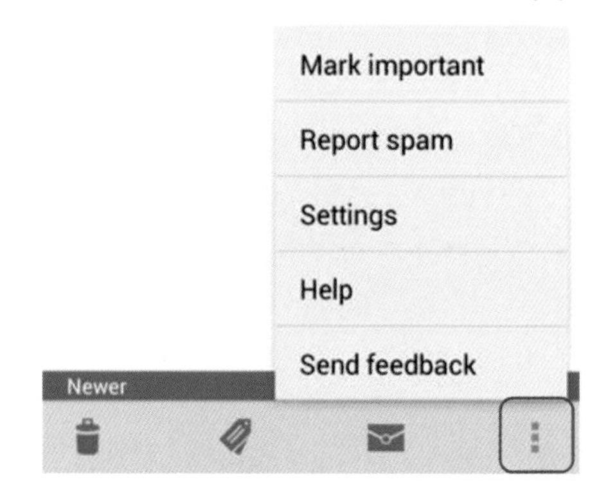

○ 让用户知道自己在哪个区域

如果在 APP 中没有一个明确的信息告诉用户所在位置，会给用户一种不确定感，因此在 APP 中要清晰地为用户反馈出所在位置，每页都要有所不同，在转场的时候要显示出每个屏之间的关系，这样不会使用户感到迷茫。

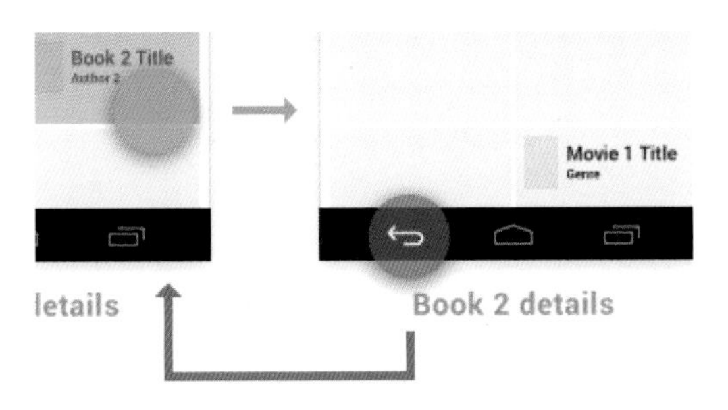

○ 为用户做决定，但决定权留给用户

不要什么都询问用户，这样会让用户觉得厌烦，尽自己最大的努力去猜用户需要什么，然后将这些提供给用户，为了防止猜错，还要提供后退功能。

○ 相同的样式要使用相同的操作方法

人在看到两个相同的东西后，都会认为它们的使用方法也相同，所以在设计时一定要避免出现相同的显示样式，操作方法却不相同的情况。

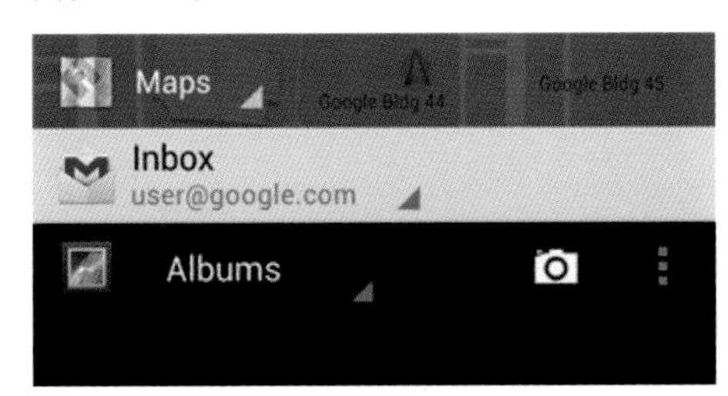

○ 为用户拦截不必要的骚扰

如果用户在专注的时候被不必要的消息打断会非常恼火，所以需要一个像助理一样的 APP 为用户拦截一些不必要、不想要看到的消息。

○ 同步保存，永不丢失

将用户的进程保存，并创建手机、平板电脑、电脑之间的同步，使用户在任何地方都可以获取，为用户获得最好的体验。

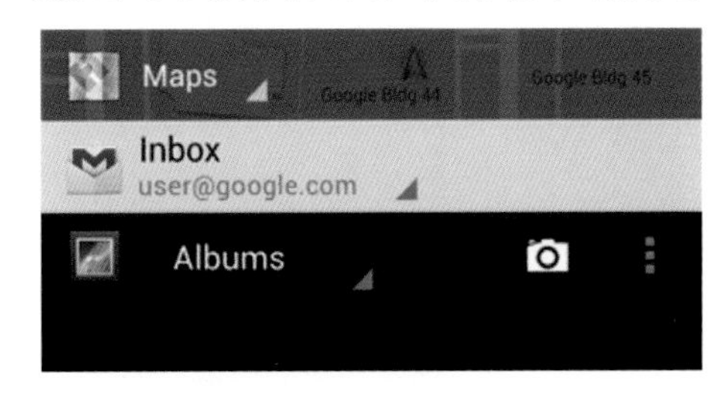

○ 让重要的操作快起来

APP 中并不是所有的操作都一样重要，因此可以将一些不重要的操作隐藏起来，把重要的操作放到容易看到、使用起来也方便的地方，例如照相机中前后摄像头的切换、音乐播放器的暂停等。

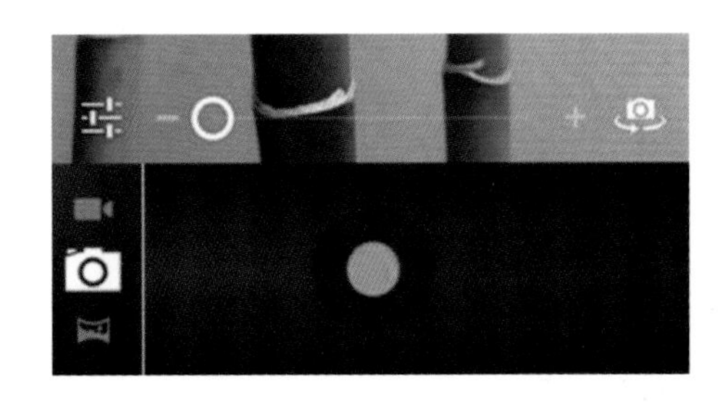

○ 帮用户解决复杂的事情

为用户提供一些帮助，完成一些复杂且费时间的事情，让用户觉得自己原来也可以做到，并产生成就感，例如照相机中提供的滤镜效果，可以使一张不完美的照片看起来完美一些。

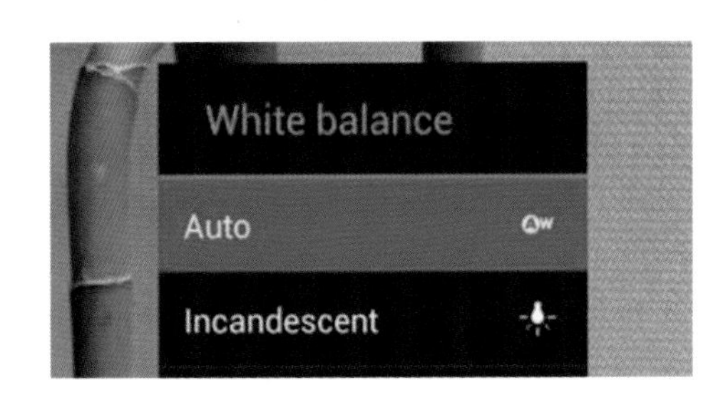

3.3 Android 界面设计风格

了解 Android APP UI、UI 设计原则之后，再为读者详细介绍一些关于 Android 界面的知识。不论是什么设备的界面，设计的首要出发点是美观大方，在此基础上还要具有操作简单、实用的功能，打造在任何设备上都是视觉诱人的 APP。

3.3.1 设备与显示

Android 系统的设备非常多，有移动手机、平板电脑和其他设备，这些设备的屏幕大小和构成元素是各种各样的，因此创建的 APP 也需要具备从大屏幕到小屏幕、从宽屏幕到窄屏幕之间的转换。

在布局时需要注意以下几点。

○ 灵活

可以随着不同的高度和宽度进行扩展或缩小。

○ 优化布局

在大设备上，要利用额外的屏幕版面创建包含多个视图的复合视图，这样在大设备上就可以展示更多的内容，提供更加便捷的导航服务。

○ 做好万全的准备

根据不同的屏幕分辨率制作不同大小的尺寸，使 APP 在任何设备上都以完美的姿态呈现，下图为不同尺寸的 APP 图标。

BASELINE

XHDPI
~320DPI

HDPI
~240DPI

MDPI
~160DPI

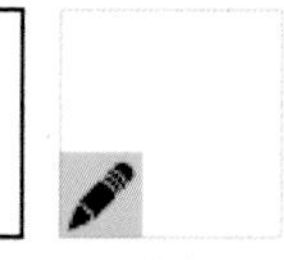

LDPI
~120DPI

32X32dp

提示：为不同的屏幕设计图标时，可以在标准（MDPI）的基础上开始，然后放大或者缩小，以适应到其他尺寸；也可以从最大的设备尺寸开始，然后缩小到需要的屏幕尺寸大小。

3.3.2 主题样式

主题样式是 Android 为了保持 APP 视觉风格一致而创建的机制，包括颜色、高度、字体大小以及空白区域等。

Android 3.0 系统推出的主题有 3 套，分别是黑色主题、浅色主题和浅底色 + 深色操作栏主题，使用这些主题可以快速帮助 APP 适应 Android 的整体视觉语言。

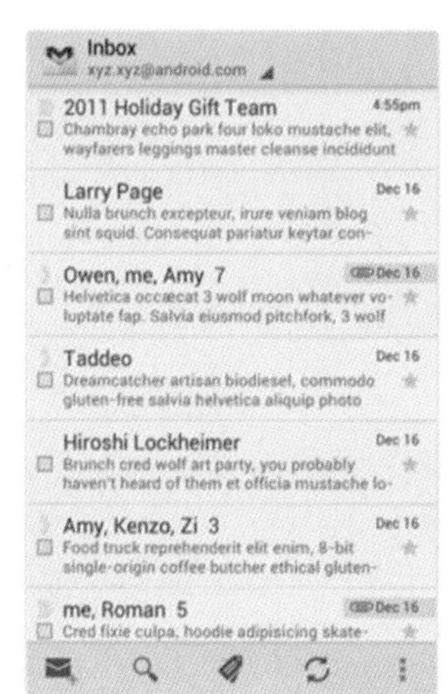

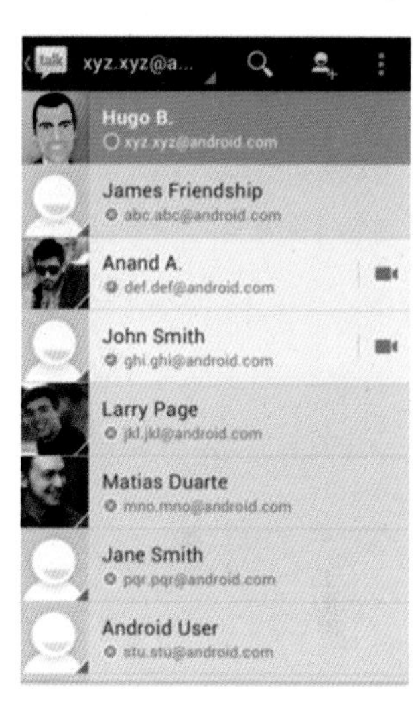

3.3.3 标准和网格

移动设备除了屏幕尺寸大小不同外，还有屏幕密度的不同。屏幕尺寸即显示屏幕的实际大小，按照屏幕的对角线进行测量，为简单起见，Android 把所有的屏幕大小分为四种尺寸：小，普通，大，超大（分别对应：small，normal，large 和 extra large)；密度是以屏幕分辨率（dpi）为基础，在屏幕指定宽高范围内能显示的像素数量。

屏幕密度非常重要，因为其他条件不变的情况下，一个宽高固定的 UI 组件（如一个按钮），在低密度的显示屏上会显得很大，而在高密度显示屏上看起来就很小。

密度与屏幕尺寸相同，也分为四种，分别是 ldpi（low），mdpi（medium），hdpi（high）和 xhdpi（extra high）。

APP 可以用来定义 UI 的虚拟像素单位，通过与密度无关的方式来描述布局尺寸和位置，与密度无关的虚拟像素单位为 dp（设备独立像素），在每英寸 160dpi 的显示屏上 1dp=1px，下图为不同屏幕尺寸的 dp 值。

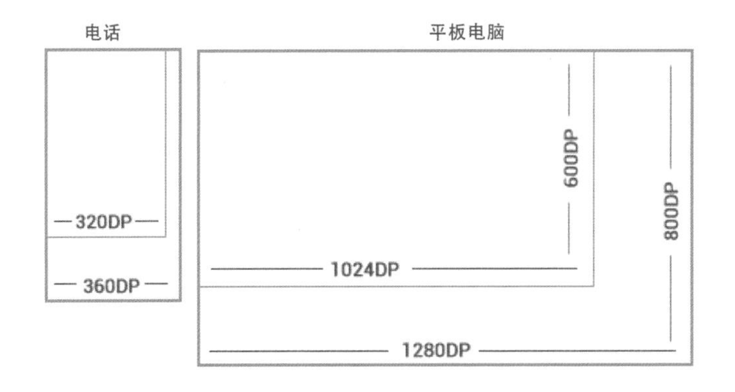

提示：通常来说，手机的设备独立像素小于 600（dp），平板电脑的设备独立像素大于或等于 600（dp）。

通常情况下，可触摸的 UI 组件标准为 48dp，如图所示。转换为物理尺寸大约为 9 毫米，触摸目标的大小最好控制在 7~10 毫米的范围，因为这是手指能够准确而且舒适的触摸区域，每个 UI 元素之间的间距为 8dp。

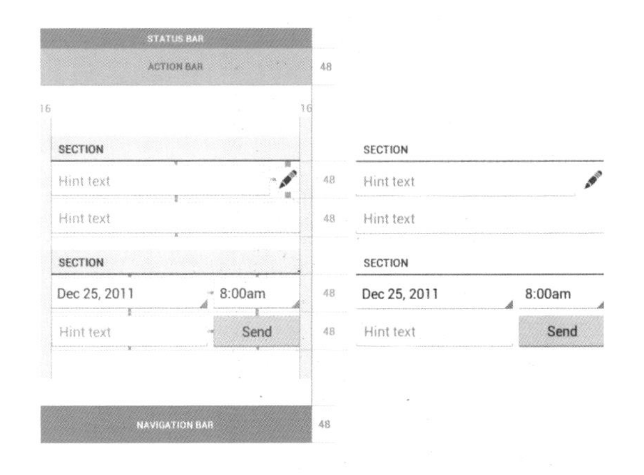

3.3.4 触摸与反馈

触摸反馈是指用户触摸 APP 的可操作区域时，APP 反馈给用户的光和颜色的视觉效果。通过光和颜色的反馈暗示用户哪些操作可用，哪些操作不可用，大部分 UI 组件的触摸是否有效地反馈状

Normal	REMAINS STATIC
Pressed	ILLUMINATES WITH COLOR
Focused	DRAWS 50% OF THE PRESSED VALUE (OPTIONAL 2DP BORDER FILL AT PRESSED VALUE)
Disabled	DRAWS 30% OF THE NORMAL STATE
Disabled & focused	DRAWS 30% OF THE FOCUSED STATE

在一些复杂的手势时，需要帮助用户理解这样做会有怎样的结果。例如，在最近任务界面，横滑任务缩略图，会变暗淡，这样可以帮助用户理解该操作会将任务从最近任务界面中移除。

当用户滑动到超出的内容边界时，要有一个明确的视觉效果。例如，当用户在主界面中向右横滑，滑到最左边的面板后继续滑动，屏幕内容会向右倾斜，告诉用户这个方向已经没有可用面板了。

3.3.5 字体

Android 的设计语言依赖于传统排版，如大小、节奏、空间等，为了更好地支持排版，Android 3.0 设置了一款新的字体：Roboto。这款字体是专门为高分辨率屏幕下的 UI 设计的，目前 TextView（文本框）的框架默认支持的常规为：粗体、斜体和粗斜体。

Hello,
Roboto

Roboto Regular	**Bold**	*Italic*	***Bold Italic***
ABCDEFG HIJKLMN	**ABCDEFG HIJKLMN**	*ABCDEFG HIJKLMN*	***ABCDEFG HIJKLMN***
OPQRST UVWXYZ	**OPQRST UVWXYZ**	*OPQRST UVWXYZ*	***OPQRST UVWXYZ***
abcdefg hijklmn	**abcdefg hijklmn**	*abcdefg hijklmn*	***abcdefg hijklmn***
opqrst uvwxyz	**opqrst uvwxyz**	*opqrst uvwxyz*	***opqrst uvwxyz***
#0123456789	**#0123456789**	*#0123456789*	***#0123456789***

在 Android 中 UI 使用的默认颜色样式为 text Corlor Primary 和 text Color Secondary；浅色主题使用的默认颜色样式为 text Color Primary Inverse 和 text Color Secondary Inverse。文本框架中的文本颜色同样支持使用时不同的触摸反馈状态。

Text Color Primary Dark
Text Color Secondary Dark

Text Color Primary Light
Text Color Secondary Light

Android 框架中使用的文本大小标准，合理利用字体的大小可以创建有趣、有序、易于理解的布局，需要注意的是不要使用太多不同大小的字体，使用太多会使整个界面变乱。

Text Size Micro	12sp
Text Size Small	14sp
Text size medium	16sp
Text Size Largentina	18sp

3.3.6 颜色

选择适合自身品牌的颜色搭配，不仅可以美化界面，还可以为视觉元素提供更好的对比，突出内容。在 Android 的调色板里，每个颜色都有一系列相对应的饱和度，供需要的时候使用，蓝色是 Android 调色板里的标准颜色。

3.3.7 图标

图标在屏幕中占据的位置很小，但却可以为操作、状态的 APP 提供一个快速且直观的表现形式，Android 的图标可以分为启动图标、操作栏图标和小图标等。

○ 启动图标

启动图标一般放在主界面和全部应用程序界面，是 APP 的视觉表现。由于用户可以改变各种各样的壁纸，所以在设计时一定要确保启动图标在任何背景下都清晰可见。

启动图标在移动设备上的大小必须是 48×48（dp），在应用市场上必须是 512×512（dp）；在设计风格上，可以使用从上往下的透视，使用户可以感觉到深度和立体感。

操作图标

操作图标是平面的按钮，是 APP 中用户可以使用的按钮，每个按钮都应该简单到只代表一个单纯的概念，让所有人看到以后都明白其用途。手机的操作按钮图标整体大小为 32×32（dp），图形区域为 24×24（dp）。

操作图标是象形的平面风格，不需要过多地在意细节，由流畅的曲线或尖锐的形状组成。

提示：如果绘制的图形太长（如电话、放大镜等），可以向左或向右旋转 45° 以填补空间的焦点，描边和空白之间的间距至少为 2dp。

小图标

在 APP 中可以使用小图标提供操作或特定项目的状态。例如，Gmail APP，消息后的星形图标用来标记重要的消息。小图标的整体尺寸为 16×16（dp），可视区域为 12×12（dp）。

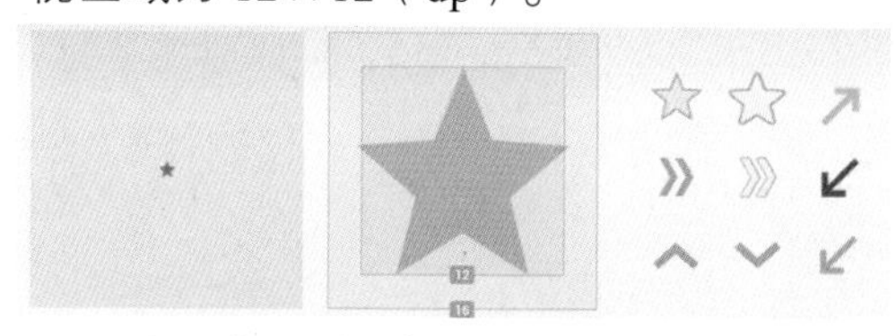

小图标是简洁的平面风格。使用单一的视觉隐喻，使用户可以轻松地识别和理解使用它的目的。使用填充形状作为小图标比细描边更突出，在使用填充颜色时，要选择与背景对比大的颜色。

通知图标

如果 APP 中有通知功能，需要提供一个通知图标，用来提醒用户查看通知。手机通知图标的整体尺寸为 24×24(dp)，可视区域为 22×22（dp），设计时要保持平面化和简洁的风格。

提示：通知图标必须为全白色，在通知栏中可能会被缩小或变暗。

3.3.8 写作风格

在为 APP 添加语句的时候，需要注意以下几点。

○ 保持友好

使用轻松的语句进行描述，称呼要使用第二人称“你”，要尽可能避免唐突地出现和骚扰，要使用户觉得安全。

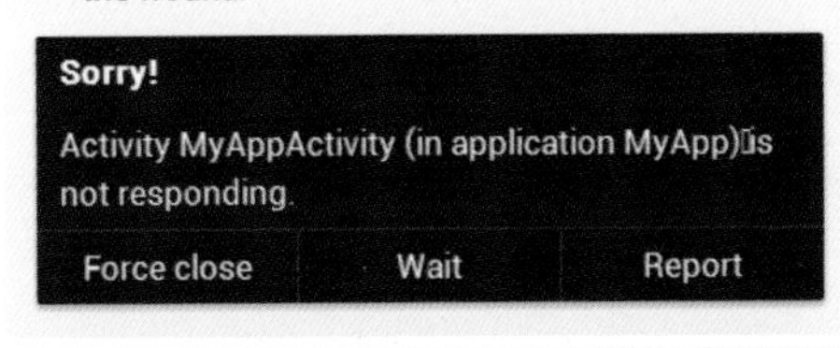

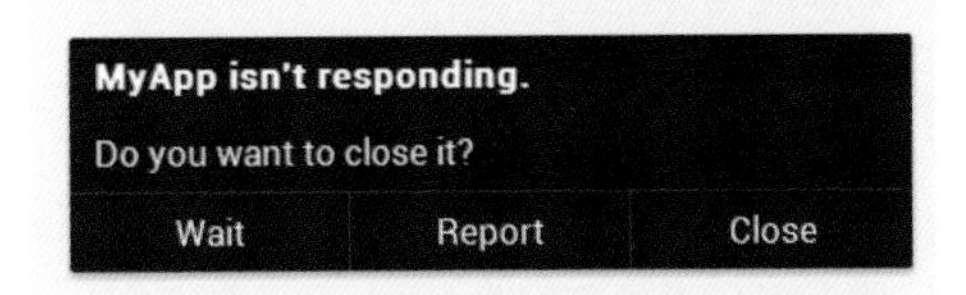

○ 保持简单

并不是所有人都具有很高的知识和理解力，因此，请使用简单明了的话以及普通的词。

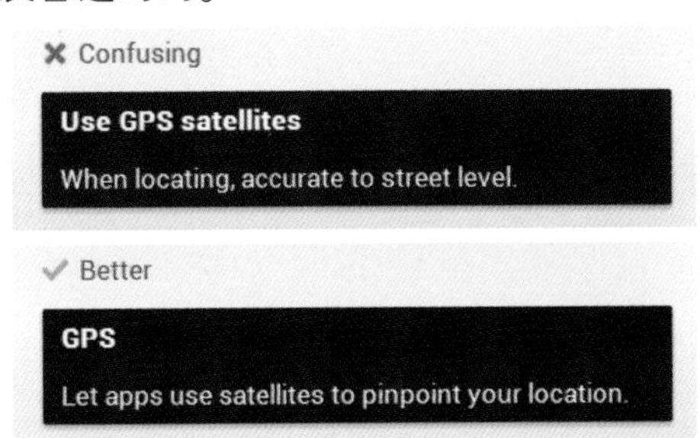

○ 保持简短

在 3.2 节的时候已经讲过，人在看到长句子的时候都会不由自主地转移视线，因此一定要保持简单、明确，如果没有特殊情况，一定要将句子限制在 30 个字符内（包括符号）。

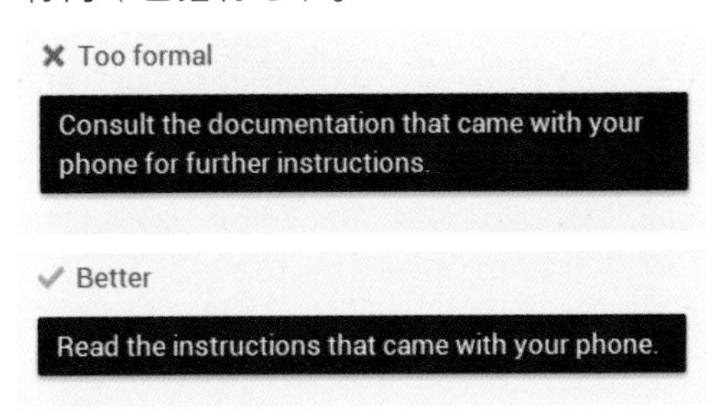

○ 重要的事情放在最前面

前两个单词（约 11 个字符，包括空格）至少应包括一个最重要的信息，如果不是这样，重新开始（中文类似）。

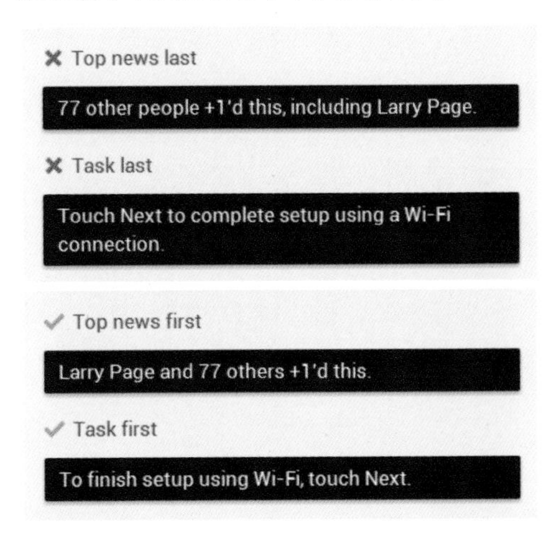

只描述必要的

只描述必要的事情，不要在意细微的差别并试图去解释它。

避免重复

要避免一个重要的词在一句话或一段文本中重复出现，如果出现了，要想办法缩减到只使用一次。

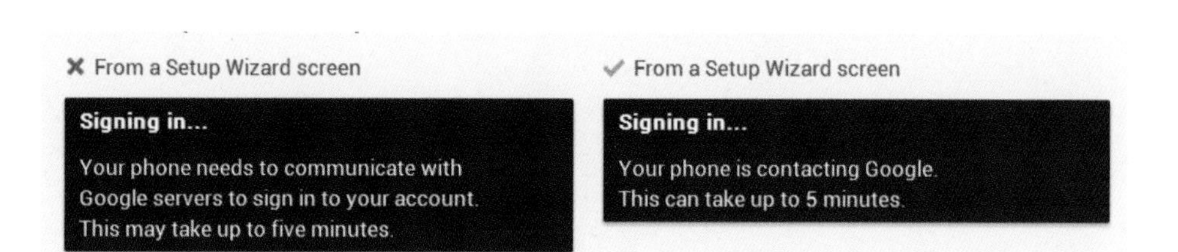

3.4 Android APP 的常用结构

Android 3.0 将传统手机的物理导航栏按键替换为了虚拟的按键，不论是怎样的导航栏，它与操作栏、多面板布局都是 Android 中非常重要的组成部分，右图分别是导航栏、操作栏和多面板布局。

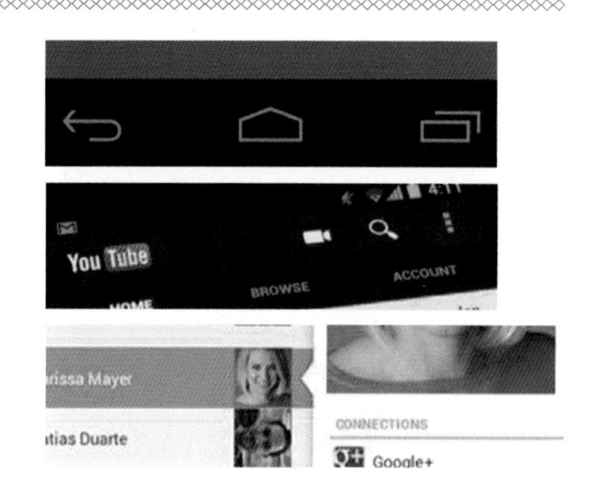

APP 的结构种类非常多，可以满足各种不同的需求，例如：

1）照相机或计算器等在一个屏幕里围绕一个核心功能的 APP。

2）在不同的操作中切换，而不是有更深层次导航的 APP，如电话。

3）应用市场等结合了一系列深层次内容视图的 APP。

APP 的结构主要取决于需要展示给用户的内容和任务。一个典型的 Android APP 包括顶级视图、详情 / 编辑视图，如果结构比较复杂，可以使用目录视图连接顶级视图和详情视图。

○ 顶级视图

APP 的顶级视图既可以是展示相同内容的不同呈现方式，又可以是展示 APP 的不同功能模块。

○ 目录视图

设计要集中体现和突出用户最关心的内容，同时使产品简单并为所有人所接受。而不是单纯地为了追求视觉美观而添加一些非必要的元素和质感。

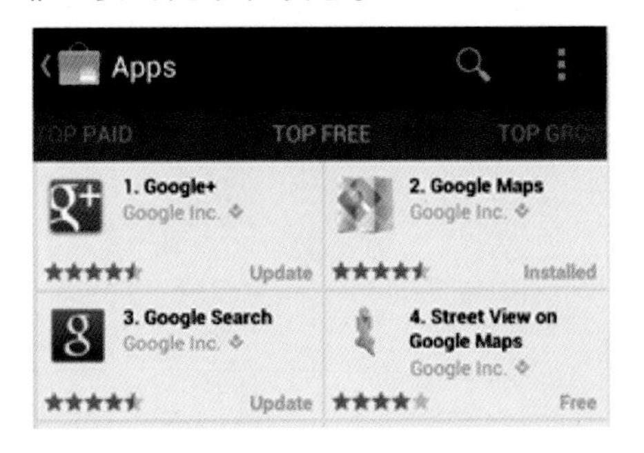

○ 详情 / 编辑视图

这里是用户查看、享受或创造内容的地方，详情页的布局展示取决于内容的类型，不同的 APP 之间也会大不相同，下图分别为 Google 图书详情页与 People APP 详情页。

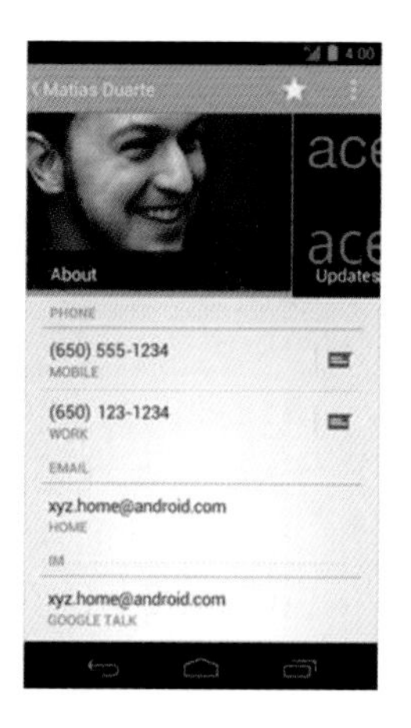

实战 1 制作操作栏

- 源文件地址：第 3 章 \001.psd
- 视频地址：视频 \ 第 3 章 \001.swf

○ 案例分析：

本案例制作的是操作栏。操作栏是 APP 中最重要的设计元素之一，通过形状工具和工笔工具绘制操作按钮，与不透明度、填充配合，制作操作栏的整体效果。

○ 配色分析：

本案例使用最多的颜色是白色，与黑色的背景搭配，对比强烈，按钮简单，易于理解和操作。

制作分析 制作思路

01 新建文档，为背景填充颜色，制作操作栏的背景

02 使用形状工具和设置不透明度制作“更多操作”按钮

03 用相同方法制作其他按钮，完成操作栏的大体效果

04 加入文字和图标，完成整个操作栏的制作

○ 详细制作过程:

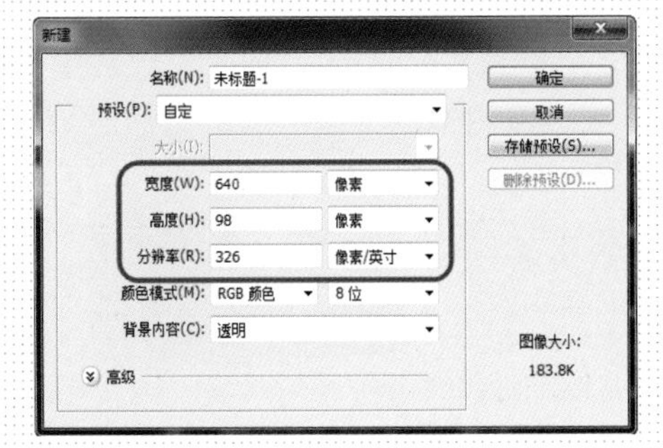

01 ▶执行“文件 > 新建”命令，新建一个空白文档。

02 ▶设置“背景色”为 #1d1e20，按快捷键【Ctrl+Delete】填充背景色。按快捷键【Ctrl+R】显示标尺，并拖出参考线。

03 ▶使用“矩形工具”在文档右侧创建 7×7 像素的白色矩形。

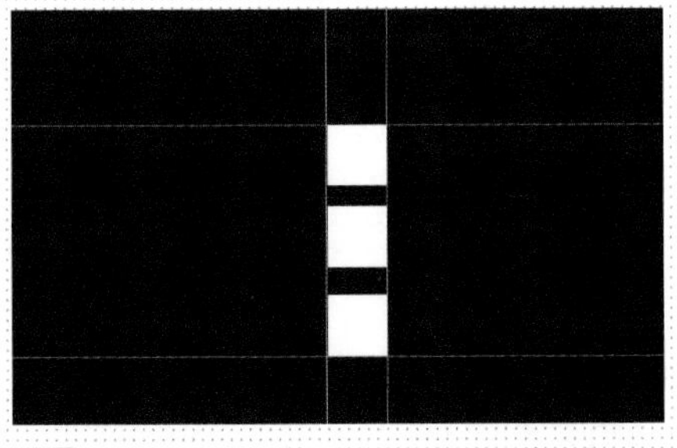

04 ▶选择“移动工具”，按快捷键【Shift+Alt】复制形状。

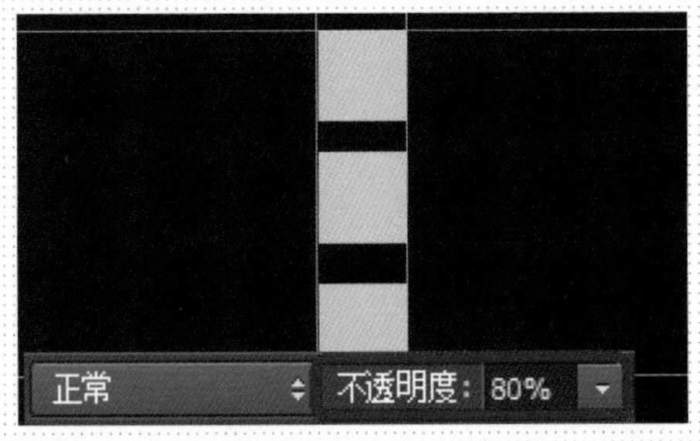

05 ▶将全部矩形图层选中，执行“图层 > 合并形状”命令，并设置其不透明度为 80%。

06 ▶使用相同方法绘制白色正方形。

07 ▶设置“路径操作”为“减去顶层形状”，继续绘制正方形。

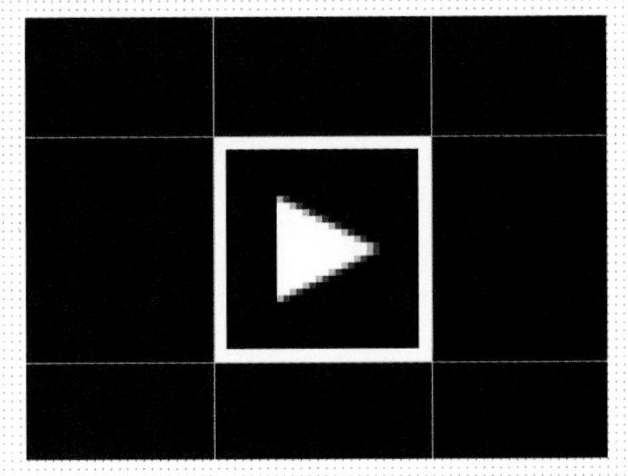

08 ▶使用“多边形工具”在正方形中绘制白色三角形。

09 ▶打开“字符”面板进行相应的设置。

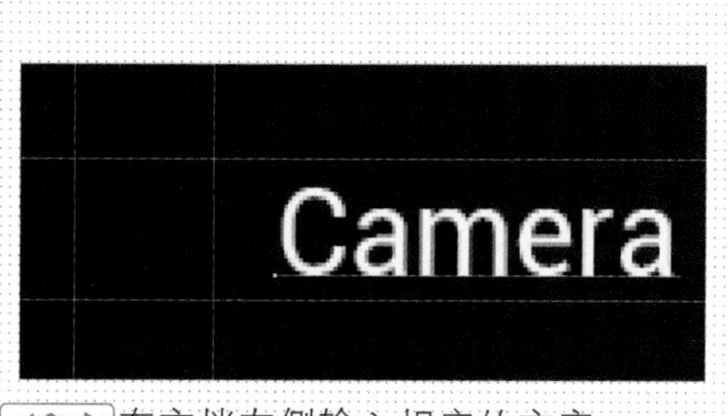

10 ▶在文档左侧输入相应的文字。

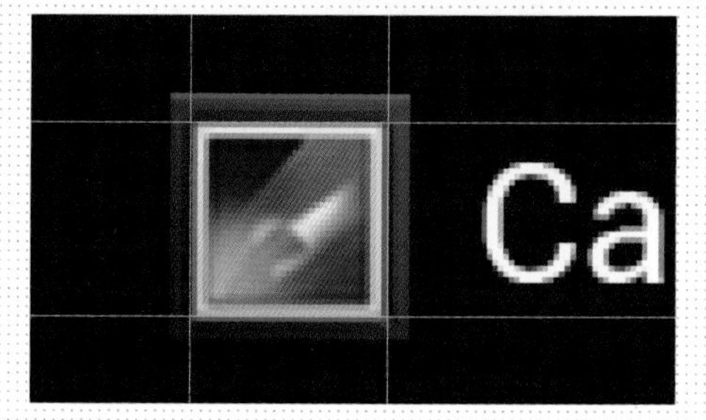

11 ▶执行“文件 > 置入”命令，置入素材图像“第 3 章 \ 素材 \001.png”，适当调整位置和大小。

12 ▶使用“钢笔工具”绘制形状，并设置填充和不透明度，操作栏制作完成。

提问：如何快速创建正方形？

答：创建正方形时，可以单击画布，在弹出的“创建矩形”对话框中输入宽和高；也可以按住【Shift】键在画布中进行绘制。

实战 2 制作选择栏

- 源文件地址：第 3 章 \002.psd
- 视频地址：视频 \ 第 3 章 \002.swf

- 案例分析：

本案例制作的是选择栏。选择栏也是 APP 中重要的设计元素之一，通过形状工具配合路径操作绘制选择栏中的按钮，与不透明度、填充配合，制作选择栏的整体效果。

- 配色分析：

本案例使用深蓝色作为底色，与白色的图标相搭配，制作一个与操作栏不同颜色的选择栏，从而暗示用户已经启用了选择栏。

制作分析　制作思路

新建文档，设置前景色为 #002e3e，填充为画布颜色

使用“矩形工具”等形状工具配合路径操作绘制出图标

打开“图层”面板，设置绘制图标的不透明度

用相同的方法制作出其余的相似图标按钮，完成制作

○ 详细制作过程:

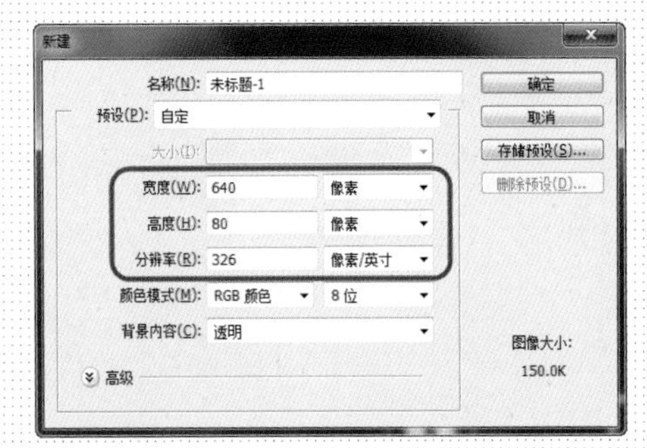

01 ▶执行“文件 > 新建”命令，新建一个空白文档。

02 ▶设置“前景色”为 #002e3e，按快捷键【Alt+Delete】为画布填充颜色。

03 ▶使用“矩形工具”在文档右侧创建填充颜色为 #e8eced 的矩形。

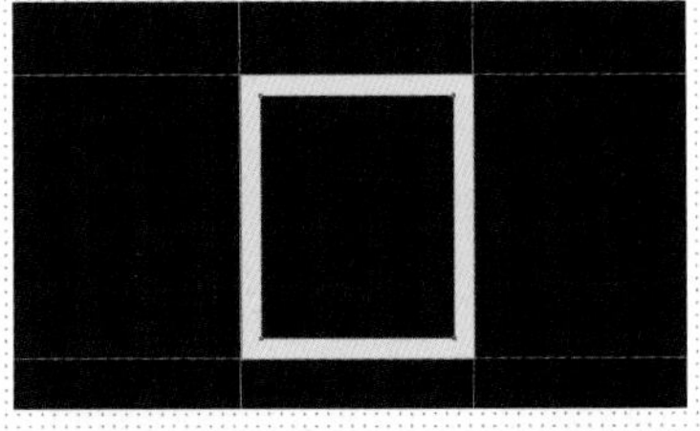

04 ▶设置“矩形工具”的“路径操作”为“减去顶层形状”，创建矩形。

05 ▶使用“椭圆工具”创建椭圆。

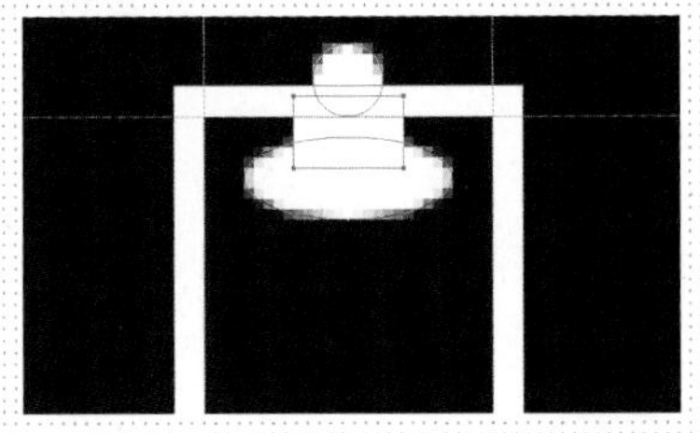

06 ▶设置“路径操作”为“合并形状”，创建其他形状。

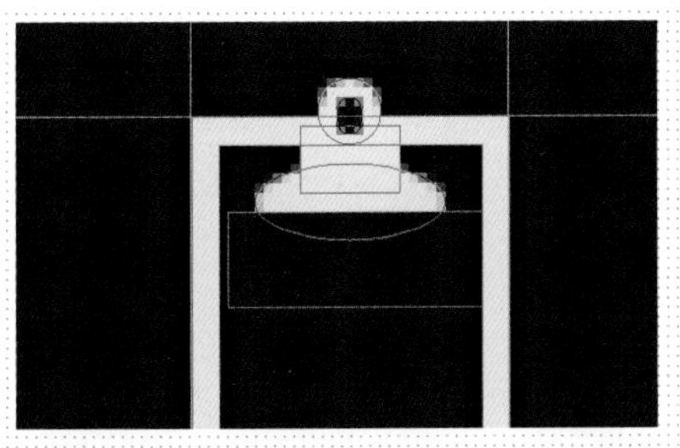

07 ▶使用“矩形工具”分别减去椭圆的下半部分和正圆的中间部分。

08 ▶新建图层，设置“铅笔工具”大小为 1 像素，在画布中绘制。

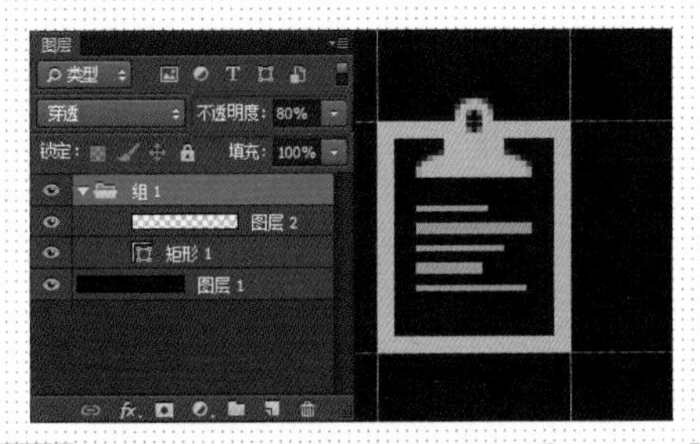

09 ▶选中相关图层，按快捷键【Ctrl+G】进行编组，并设置该组的不透明度为 80%。

10 ▶使用相同方法制作选择栏中的其他元素。

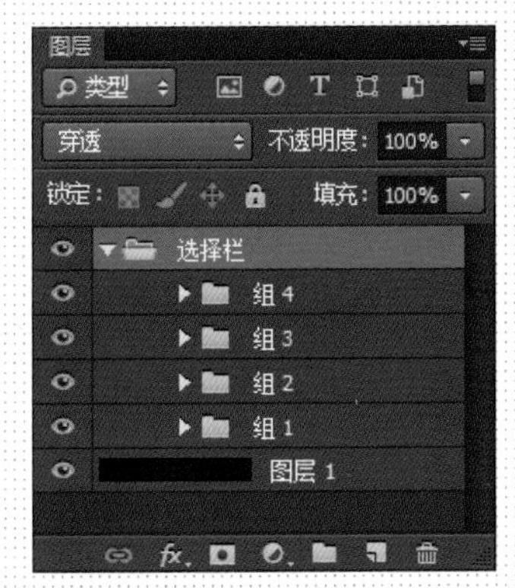

11 ▶将所有的组选中并进行编组，修改名称为“选择栏”。

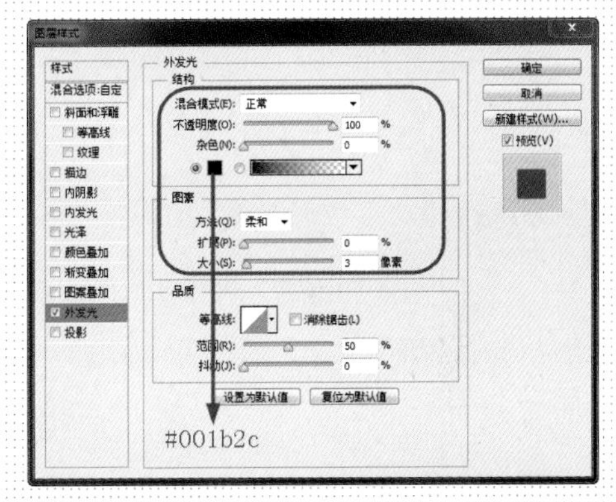

12 ▶双击该组缩览图，在弹出的“图层样式”对话框中选择“外发光”，设置各项参数。

13 ▶单击“确定”按钮，完成整个选择栏的制作。

提问：如何对复合形状进行变换？

答：如果要对包含多个形状的复合形状整体进行旋转、缩放或扭曲等变换，需要先使用“路径选择工具”拖选所有的子形状，否则闭环操作将只针对选中的子形状。

实战 3 制作通知

- 源文件地址：第 3 章 \003.psd
- 视频地址：视频 \ 第 3 章 \003.swf

案例分析：

本案例制作的是通知抽屉。通知抽屉中主要通知用户一些必要的消息，主要以小图标和文字组成。制作本案例也非常简单，需要注意的是文字的字体。

配色分析：

本案例使用的是通俗的黑底白字，白色的文字、图标，与黑色的背景搭配，对比强烈，易于理解，最前面还加入了截图内容。

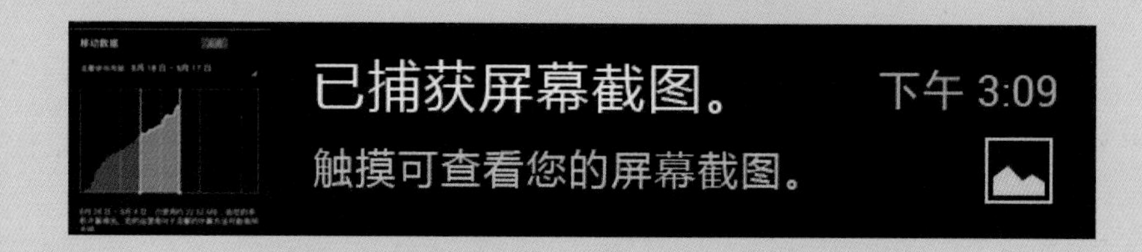

制作分析　制作思路

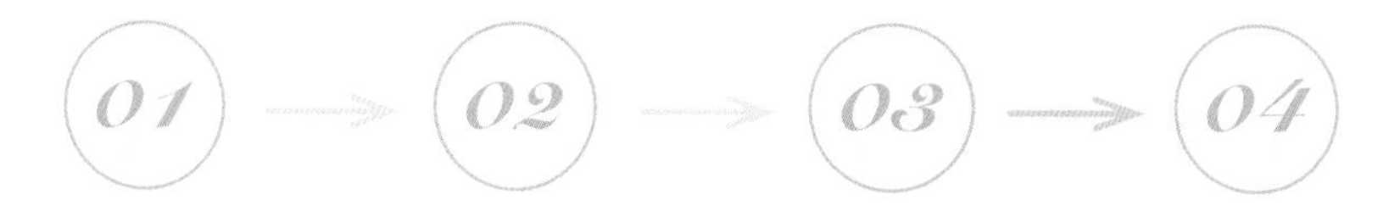

01 为背景填充颜色，拖出参考线以定位图标等元素的位置

02 使用形状工具和设置不透明度制作截图的通知图标

03 设置“字符”信息使用“横排文字工具”添加文字内容

04 拖入素材，并创建剪贴蒙版，完成整个通知的制作

详细制作过程：

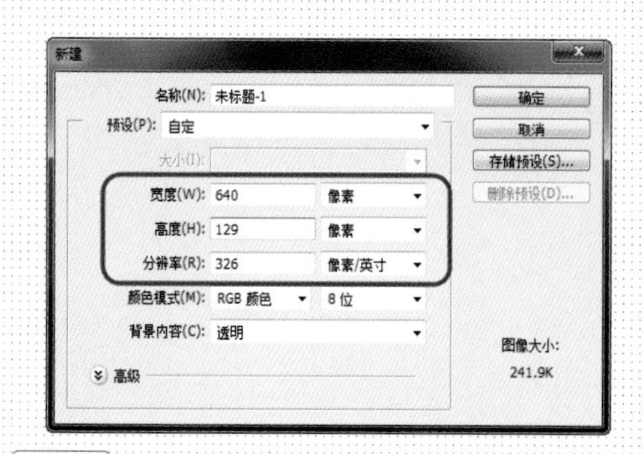

01 执行“文件 > 新建”命令，新建一个空白文档。

02 按快捷键【Shift+F5】打开“填充”对话框，将画布填充为黑色，并打开标尺拖出参考线。

03 ▶使用“矩形选框工具”在文档右下角创建方形选区，并填充为白色。

04 ▶继续创建选区，按【Delete】键将其中的内容删除。

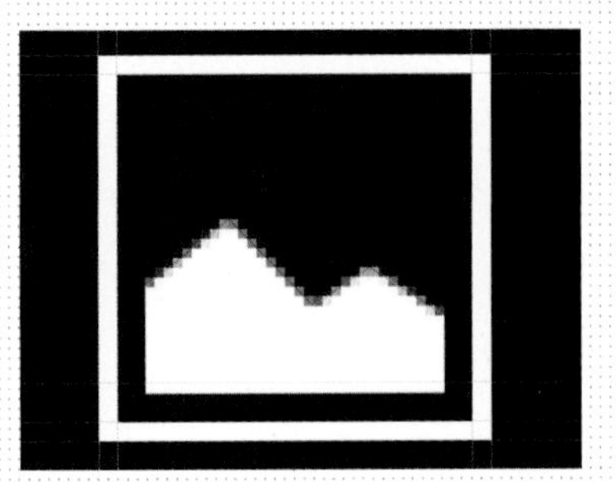

05 ▶使用“钢笔工具”在方框中创建填充为白色的形状。

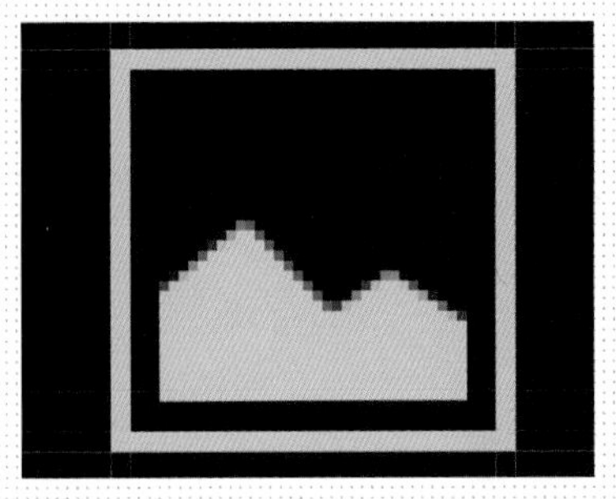

06 ▶选中“图层 2”和“形状 1”，设置其填充为 80%。

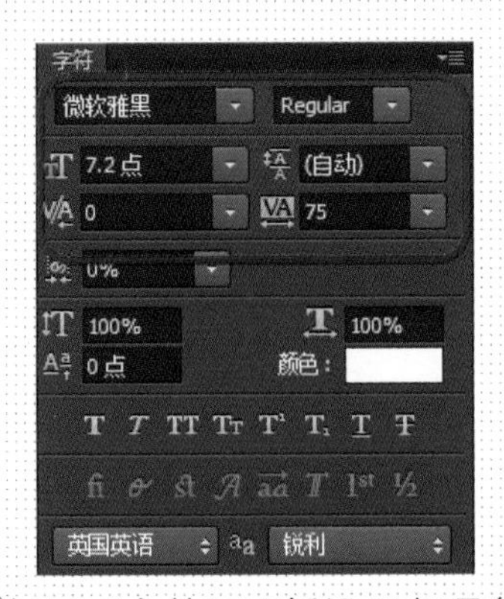

07 ▶打开“字符”面板设置各项参数。

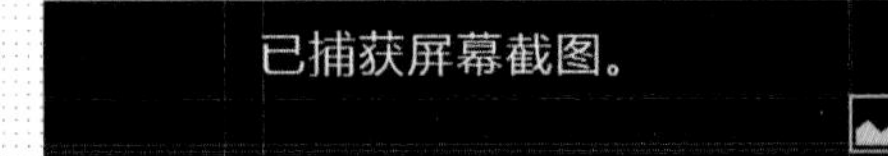

08 ▶使用“横排文字工具”输入文字。

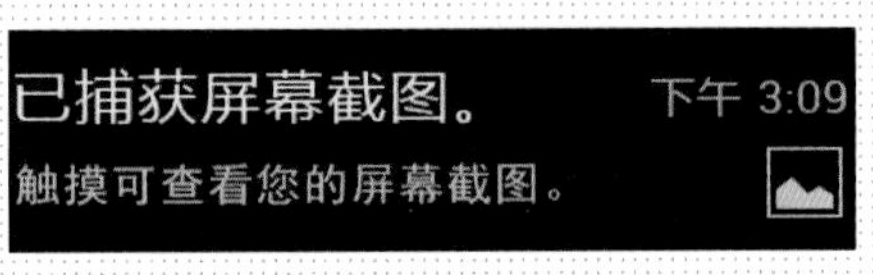

09 ▶用相同方法输入其他文字，并适当调整不透明度。

10 ▶使用“矩形选框工具”创建选区，并填充为任意颜色。

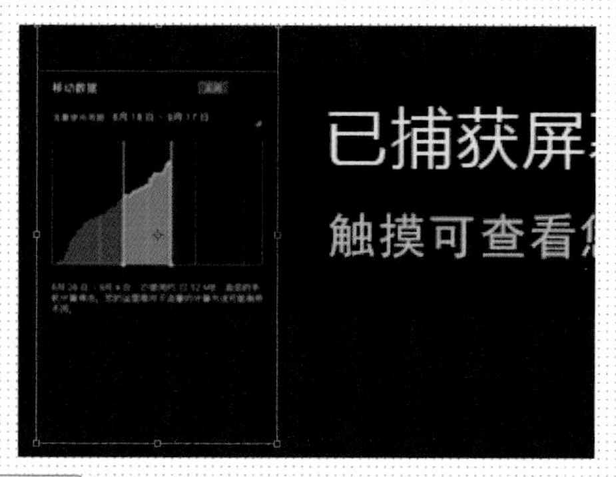

11 ▶ 打开素材图像“第 3 章\素材\002.png”，拖入设计文档，适当调整其位置和大小。

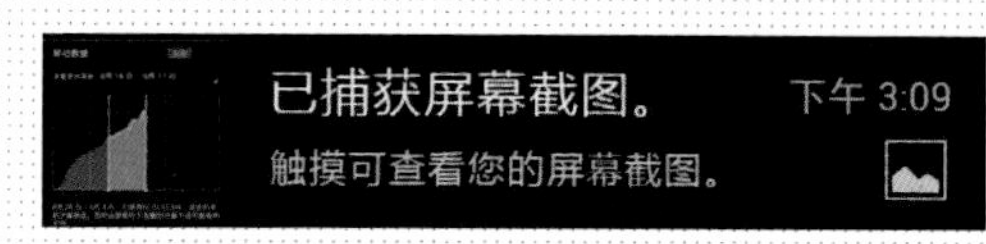

12 ▶ 按快捷键【Ctrl+Alt+G】创建剪贴蒙版，完成通知的制作。

提问：案例中的时间使用的是什么字体？

答：案例中的时间使用的是 Android 专门高分辨率屏幕下的 UI 设计的字体——Roboto。

实战 4 制作启动图标

- 源文件地址：第 3 章\004.psd
- 视频地址：视频\第 3 章\004.swf

- 案例分析：

本案例的操作难度非常低，只是由一些形状添加图层蒙版得到的。在制作过程中，可以利用自由变换中的“透视”轻松实现。

- 配色分析：

该界面主要由黄色系与绿色系搭配而成，通过不同明度的色彩变化来制作图标的立体感。整个画面的层次感强，给人以真实的感觉。

制作分析　制作思路

使用“矩形工具”绘制出简单的线框和滑动条	使用“矩形工具”配合路径操作绘制出开关图标	使用“横排文字工具”为整个画面添加文字	适当调整文字的不透明度，配合辅助线对齐界面中的元素

○ 制作步骤：01——制作箱子

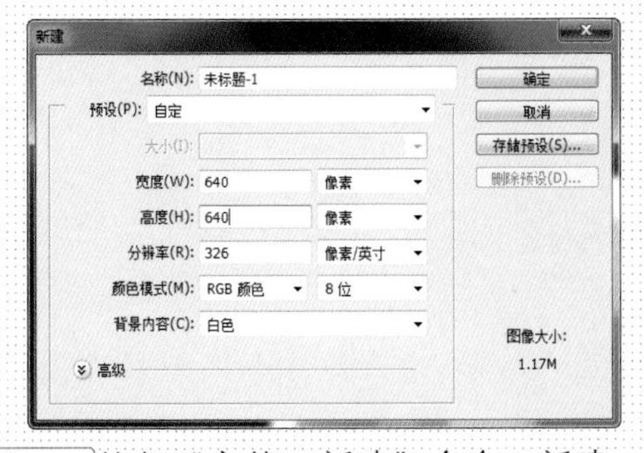

01 ▶执行“文件 > 新建”命令，新建一个空白文档。

02 ▶使用“矩形工具”在画布中创建任意颜色的矩形。

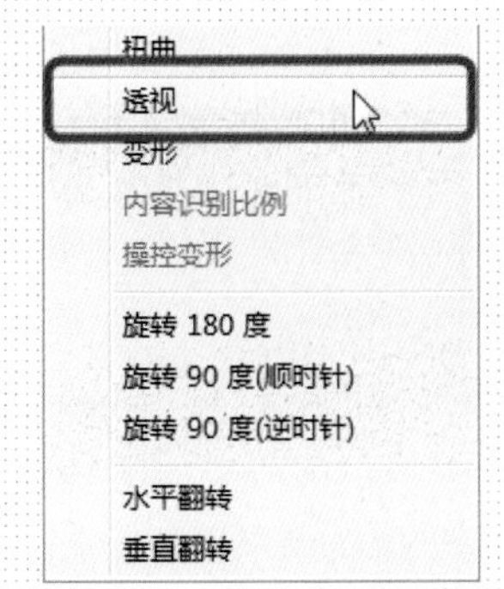

03 ▶执行“编辑 > 自由变换路径”命令，在画布中单击鼠标右键，选择“透视”选项。

04 ▶将鼠标移至矩形的右边框位置，当鼠标呈时，向下拖动，调整矩形形状。

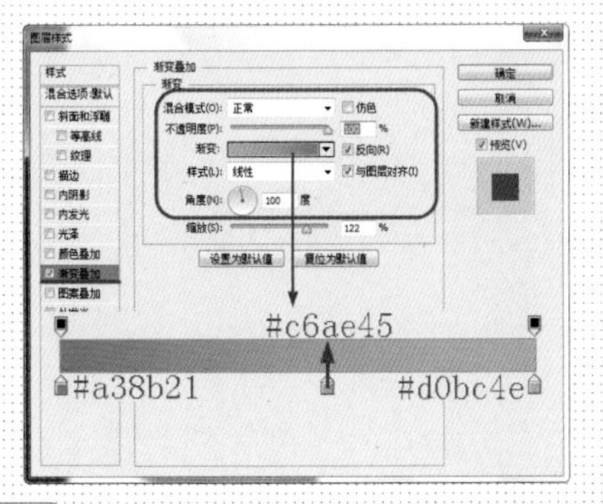

05 ▶单击“图层”面板下方的fx按钮，选择“渐变叠加”，在“图层样式”对话框中设置参数值。

06 ▶单击“确定”按钮，即可看到添加图层样式后的形状效果。

07 ▶使用相同方法制作相似内容。

08 ▶使用“模糊工具”在“矩形 2”的边角上涂抹。

提示：在绘制箱子的过程中，如果矩形不好调整，也可以使用钢笔等工具进行绘制。步骤 8 中使用“模糊工具”主要是为了使箱子的边角圆滑。

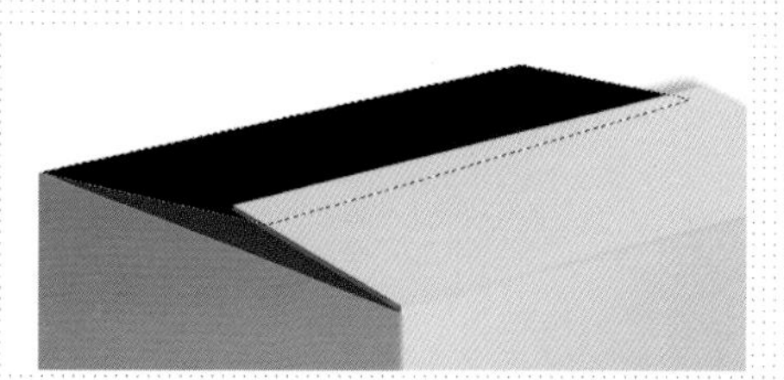

09 ▶新建图层，使用“钢笔工具”在“形状 1”图层的上方创建路径，按快捷键【Ctrl+Enter】转换为选区，并填充为黑色。

10 ▶按快捷键【Ctrl+D】取消选区，单击图层面板下方的按钮为该图层添加蒙版，使用“渐变工具”在画面中拖动。

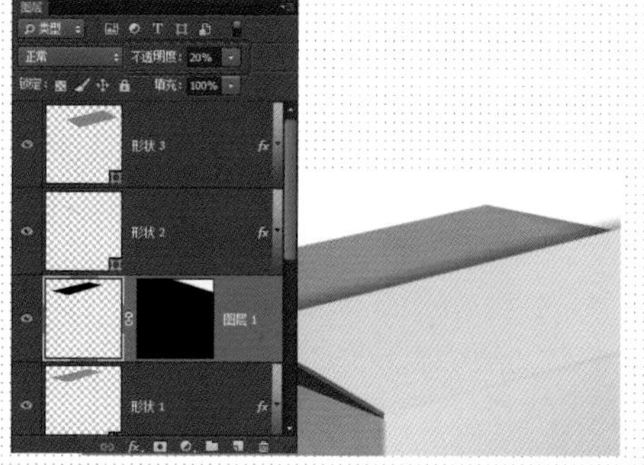

11 ▶设置该图层的“不透明度”为 20%。

12 ▶将除背景外的所有图层选中，按快捷键【Ctrl+G】进行编组。

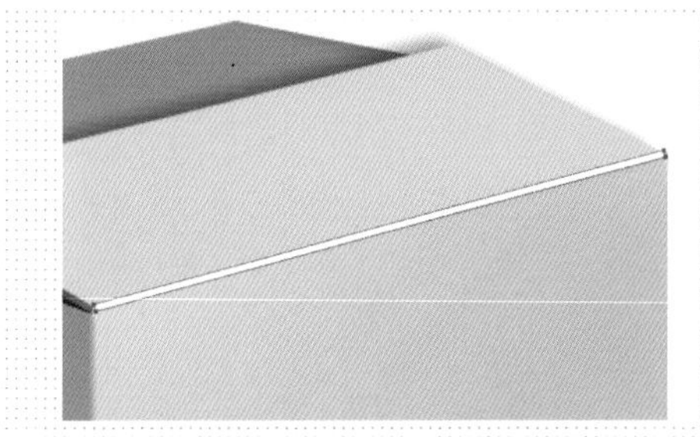

13 ▶设置“直线工具”的粗细为 4 像素，在画布中绘制直线。

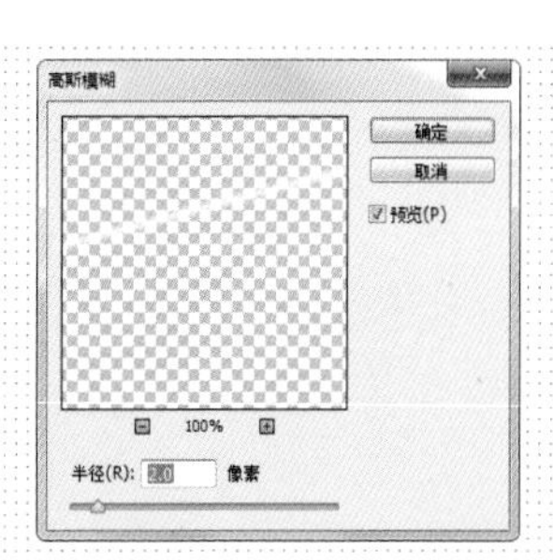

14 ▶在该形状图层上单击鼠标右键，选择“栅格化图层”，执行“滤镜 > 模糊 > 高斯模糊”命令，修改模糊半径为 2 像素。

15 ▶为该图层添加蒙版，使用喷枪柔边画笔在绘制的线条上涂抹。

16 ▶使用相同方法完成相似内容的制作。

○ 制作步骤：02——制作图标等装饰

01 ▶新建图层，使用“椭圆选框工具”在画布中创建椭圆选区，并填充为任意颜色。

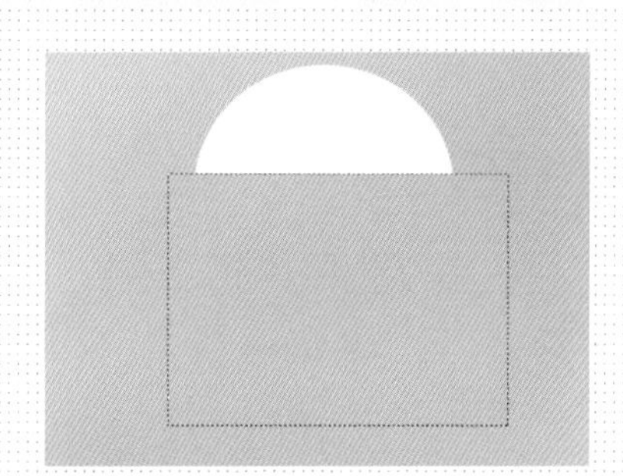

02 ▶使用“矩形选框工具”创建矩形选区，按【Delete】键将选区内的内容删除。

03 ▶用相同方法完成其他相似内容的制作，按快捷键【Ctrl+E】合并相关图层。

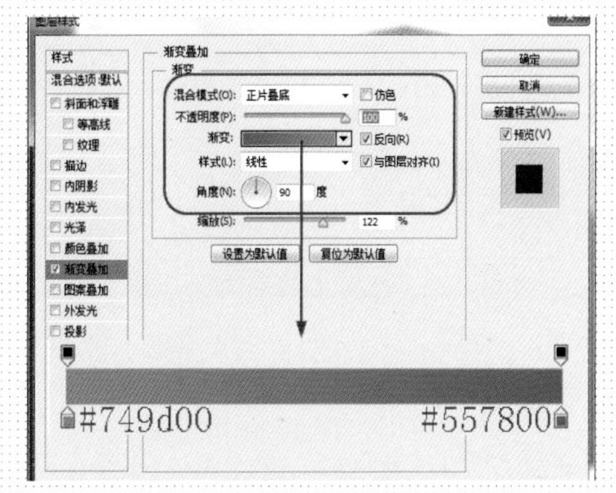

04 ▶双击合并图层的缩览图，在“图层样式”面板中选择“渐变叠加”，修改各项参数。

05 ▶单击“确定”按钮，可以看到添加图层样式后的图形效果。

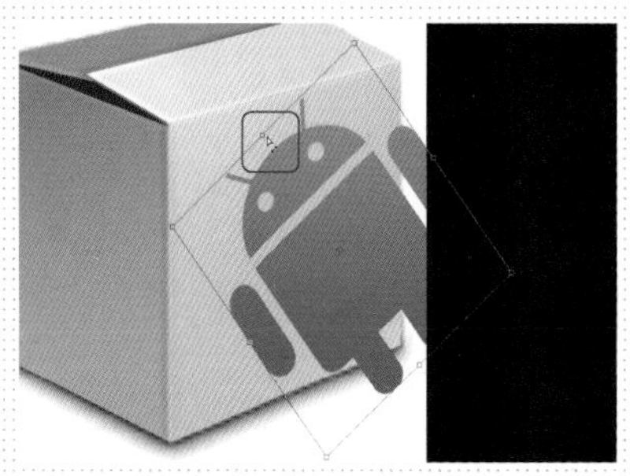

07 ▶在画布中单击鼠标右键，选择“透视”选项，调整图形的透视角度。

09 ▶使用相同方法制作其他内容。

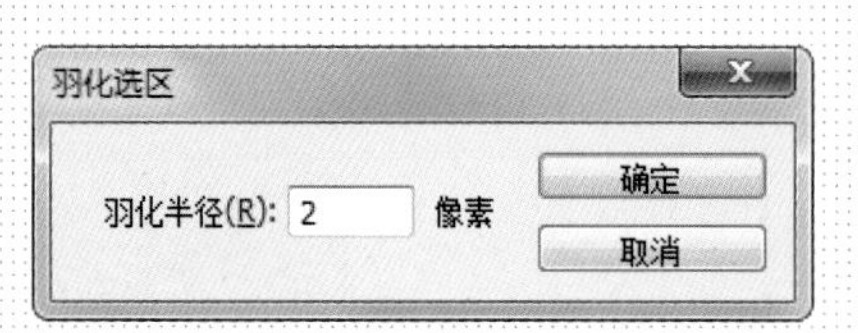

11 ▶按快捷键【Shift+F6】，修改羽化半径为 2 像素。

06 ▶按快捷键【Ctrl+T】，调整图形的位置和角度。

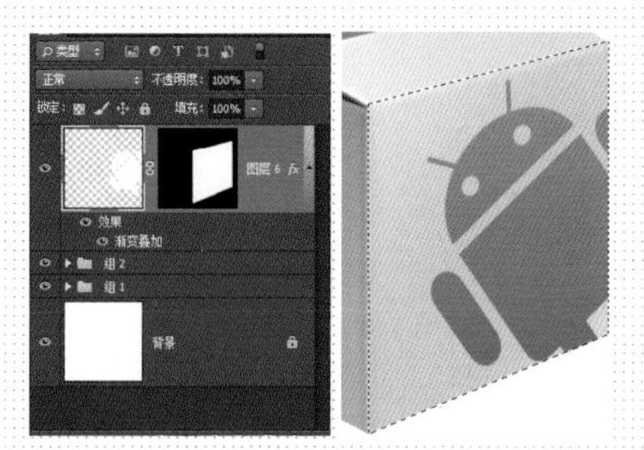

08 ▶按住【Ctrl】键，单击“矩形 2”缩览图，选中“图层 6”，单击“图层”面板下的 fx 按钮添加图层蒙版。

10 ▶在“背景”图层上方新建图层，使用“直线工具”绘制粗细为 4 像素的路径，按快捷键【Ctrl+Enter】转换为选区。

12 ▶修改前景色为黑色，按快捷键【Alt+Delete】为选区填充前景色。

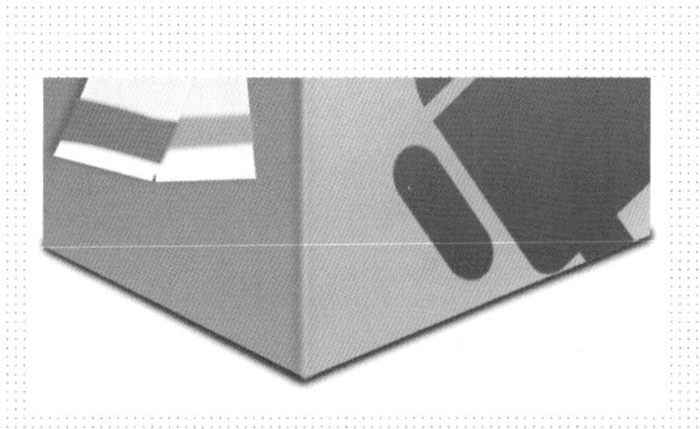

13 ▶用相同方法在该图层中制作另一边。

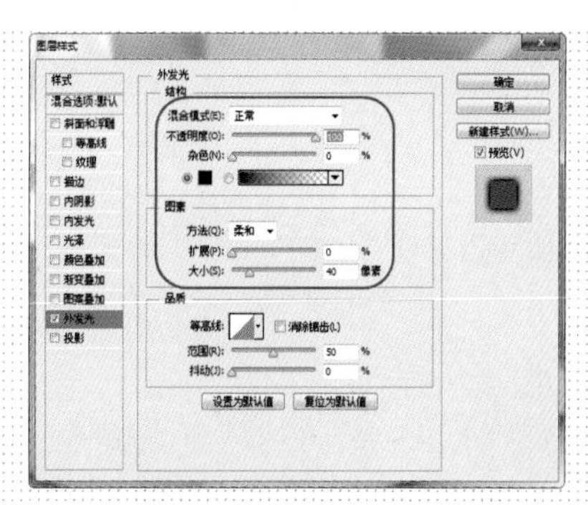

14 ▶双击该图层的缩览图，在“图层样式”对话框中选择“外发光”，修改各项参数。

15 ▶单击“确定”按钮即可看到投影效果。

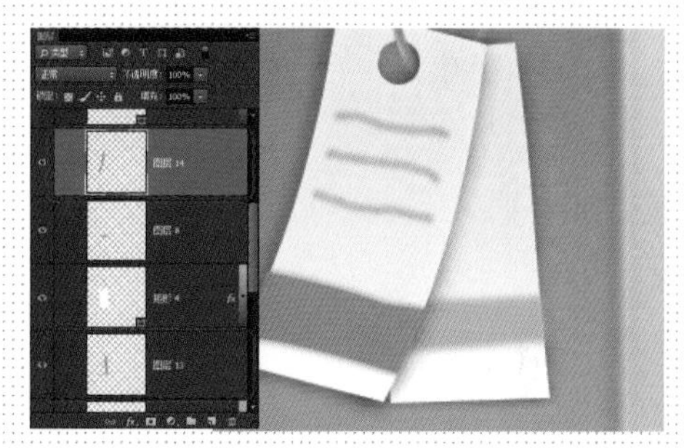

16 ▶使用喷枪柔边画笔工具分别在标签下方绘制阴影。

17 ▶执行“文件 > 置入”命令，置入素材图像“第 3 章\素材\003.png”，调整其大小和位置。

18 ▶在自由变换状态单击鼠标右键，选择“透视”选项，调整素材的透视角度。

19 ▶将“003”图层移至“组 3”的下方，完成启动图标的制作。

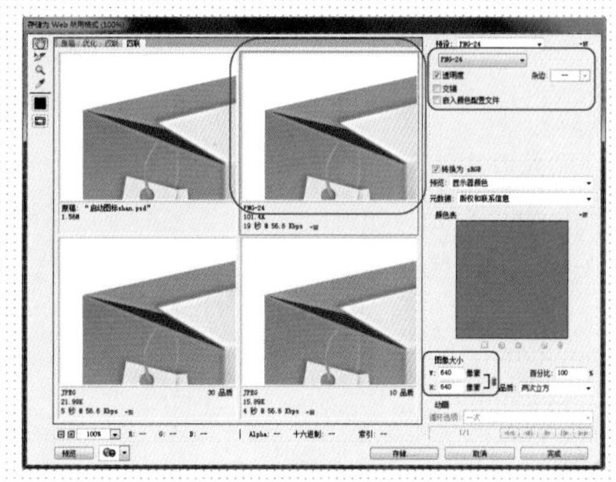

20 ▶执行“文件 > 存储为 Wed 所用格式”，在弹出的对话框中设置各参数，单击“存储”按钮，将其命名进行存储。

提问：如何制作安卓小图标?

答：除使用选框工具制作外，还可以通过“椭圆工具”、“矩形工具”绘制形状，之后设置“操作路径”为合并或减去顶层继续绘制即可。

操作难点分析

“安卓市场”的图标制作主要由形状组合而成。在制作过程中需要注意箱子的透视效果，我们可以使用“矩形工具”绘制形状，与自由变换状态下的透视相配合，这样就可以非常方便地制作出箱子的透视效果了。

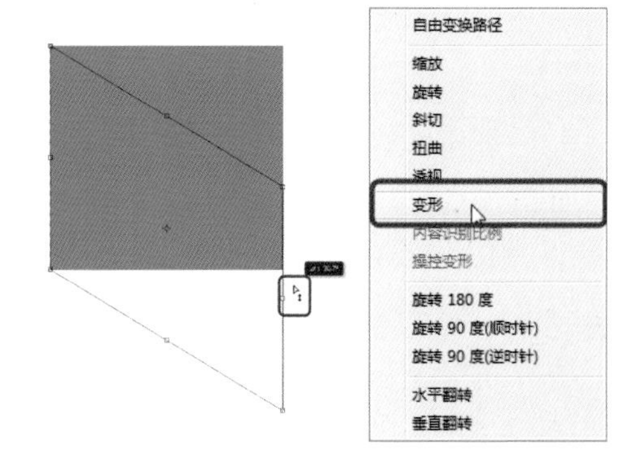

对比分析

虽然箱子的面与面之间用颜色区分开，但在同一个面中却太过单一，立体感不强；箱子上的图形标志太大，显得拥挤，且没有远近的深度感与色彩区别，再次降低了整个画面的立体感。

通过不同明度之间的色彩搭配出较强的立体感，再加上一些亮光，使整个图标看起来更加真实；图标也随着箱子的透视角度而进行改变，使其融入到箱子中。

实战 5 制作主界面

- 源文件地址：第 3 章 \005.psd
- 视频地址：视频 \ 第 3 章 \005.swf

- 案例分析：

本案例制作的是 Android 主界面，制作的难度不大，在制作过程中需要注意的是对控件框不透明度的控制，以及图标之间的距离。

- 配色分析：

该界面颜色丰富，状态栏和控件底色主要以不同透明度的白色为主，搭配色彩鲜艳的背景，这样可以清晰地将控件与背景区分开，又不显得突兀。

制作分析　制作思路

01	02	03	04
新建文档，将背景素材打开并拖入设计文档	使用形状工具配合路径操作绘制出状态栏	使用形状工具配合填充制作搜索、天气控件	将图标素材拖入文档，为其添加投影效果，并点缀以文字

- 制作步骤：01——绘制状态栏

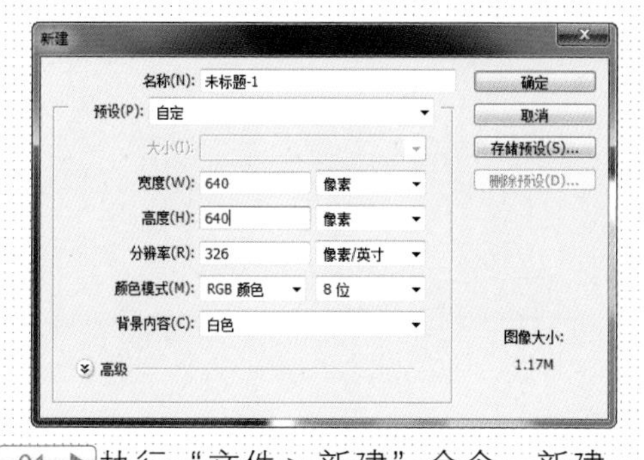

01 ▶执行“文件 > 新建”命令，新建一个空白文档。

02 ▶执行“文件 > 置入”命令，将素材图像“第 3 章 \ 素材 \005.png”置入到文档的合适位置。

03 ▶使用“矩形工具”在画布顶部绘制一个矩形。

04 ▶使用“删除锚点工具”删除矩形右上角的锚点。

05 ▶设置“路径操作”为“减去顶层形状”，继续绘制矩形。

06 ▶使用相同方法制作其他图标。

07 ▶打开“字符”面板设置参数，使用“横排文字工具”输入相应时间。

08 ▶将相关图层选中，按快捷键【Ctrl+G】进行编组，修改组的名称为“状态栏”。

○ 制作步骤：02——绘制控件

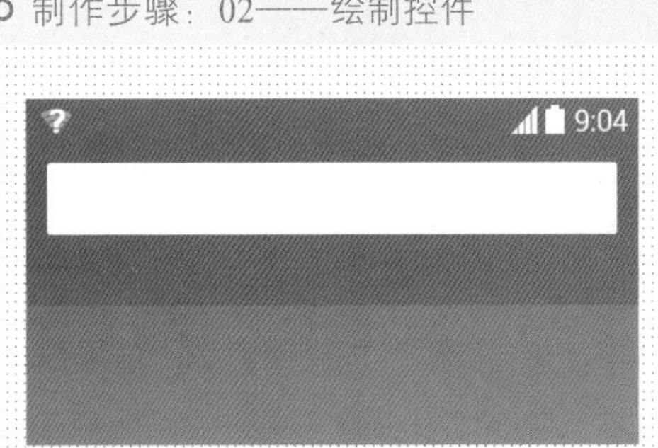

01 ▶使用“圆角矩形”在画布顶部绘制一个半径为 3 像素的白色圆角矩形。

02 ▶设置“图层”面板上方的“不透明度”为 50%。

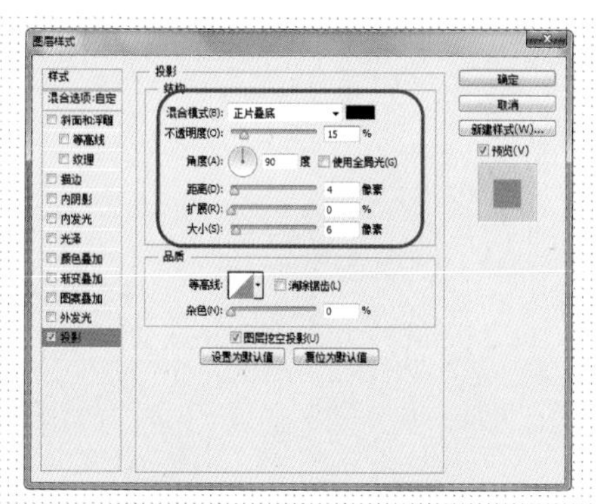

03 ▶单击 fx 按钮，打开“图层样式”对话框，选择“投影”选项设置各项参数。

04 ▶单击“确定”按钮，可以看到添加图层样式后的效果。

05 ▶使用“圆角矩形工具”绘制半径为 7 像素的圆角矩形。

06 ▶设置“矩形工具”的“路径操作”为“合并形状”，继续绘制矩形。

07 ▶使用“圆角矩形工具”绘制描边为白色、粗细为 1 点、半径为 15 像素的圆角矩形。

08 ▶使用“矩形选框工具”创建选区，按快捷键【Ctrl+I】进行反选。

09 ▶单击“图层”面板下方的 ◘ 按钮，为该图层添加蒙版。

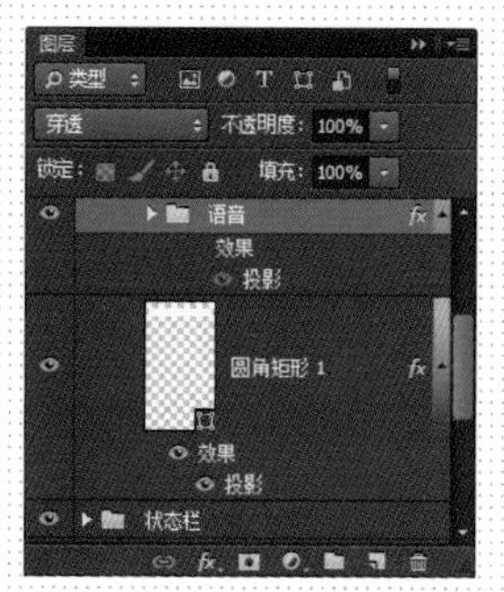

10 ▶将相关图层选中，按快捷键【Ctrl+G】进行编组，修改组的名称为“语音”。

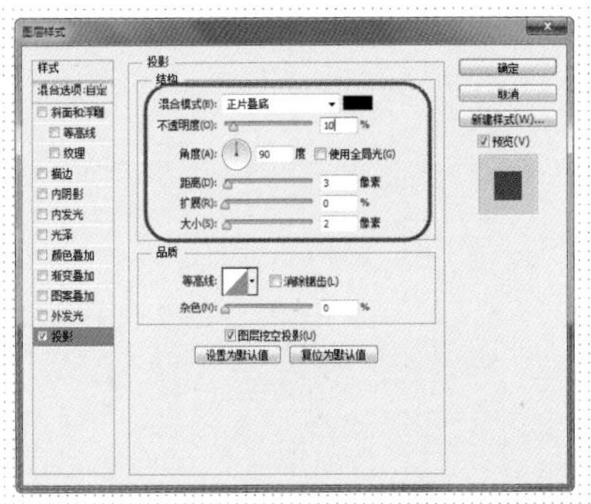

11 ▶双击该组的缩览图，打开“图层样式”对话框，选择“投影”选项设置各项参数。

12 ▶单击“确定”按钮，可以看到添加图层样式后的形状效果。

13 ▶打开“字符”面板设置各项参数，使用“横排文字工具”输入相应字母。

14 ▶用相同方法为文字添加“投影”效果。

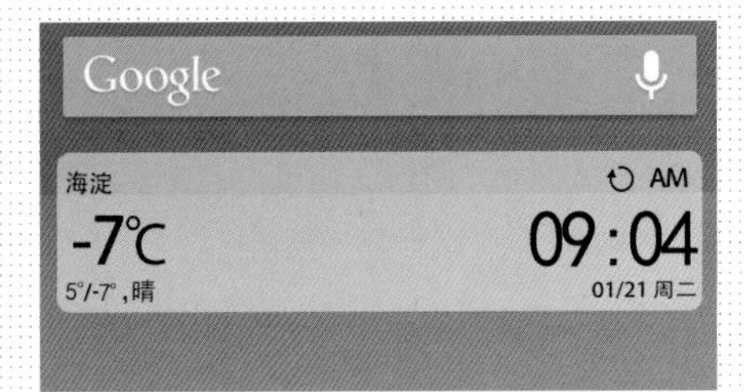

15 ▶使用相同方法制作天气控件。

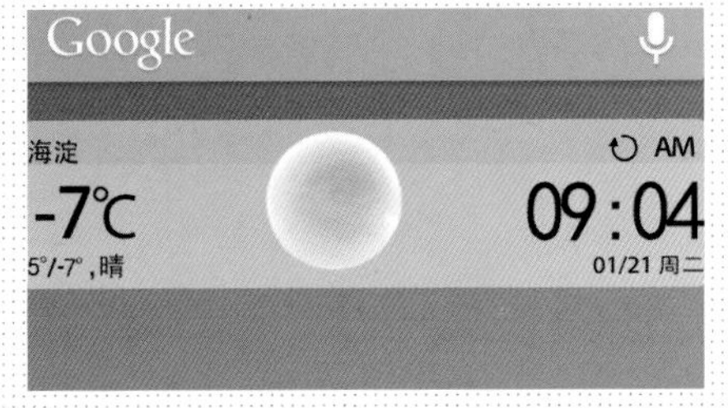

16 ▶打开素材图像“第 3 章 \ 素材 \006.png”，将其拖入到设计文档的合适位置。

○ 制作步骤：03——制作主界面

01 ▶打开素材图像“第 3 章 \ 素材 \007.png”，将其拖入到设计文档的合适位置。

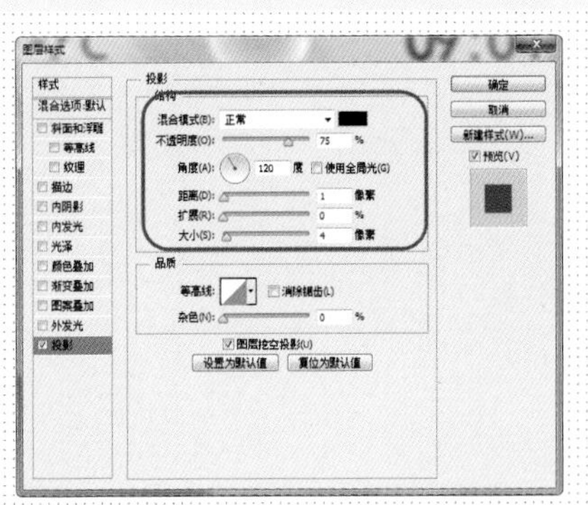

02 ▶双击该图层的缩览图，打开“图层样式”对话框，选择“投影”选项设置参数。

03 ▶单击“确定”按钮，可以看到该图层的效果。

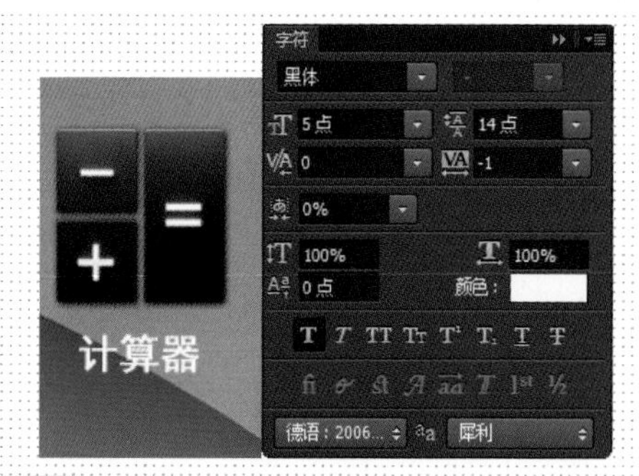

04 ▶打开“字符”面板设置各项参数，使用“横排文字工具”输入相应文字。

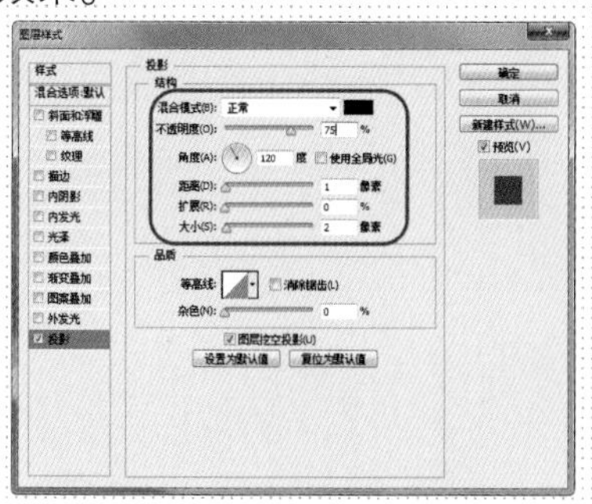

05 ▶单击fx按钮，打开“图层样式”对话框，选择“投影”选项设置参数值。

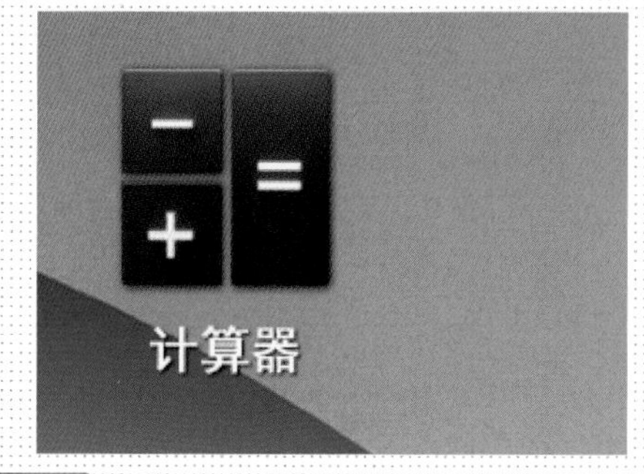

06 ▶单击“确定”按钮，可以看到添加图层样式后的文字效果。

07 ▶使用相同方法制作其他图标。

08 ▶使用“椭圆工具”绘制一个填充为白色的椭圆。

09 ▶设置该图层的“填充”为 65%。

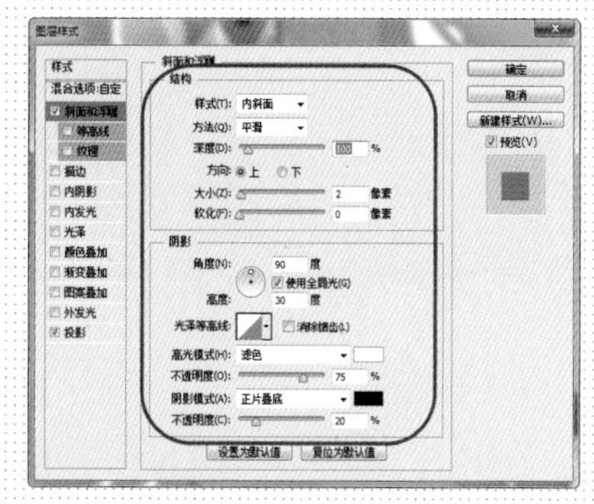

10 ▶单击fx按钮，打开“图层样式”对话框，选择“斜面与浮雕”选项设置参数值。

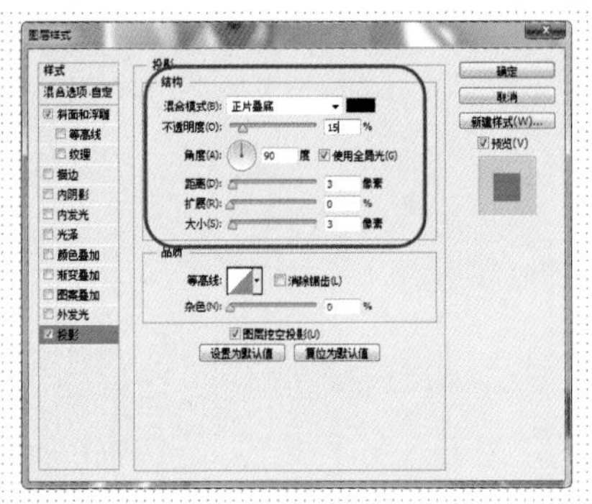

11 ▶继续选择"投影"选项，设置各项参数值。

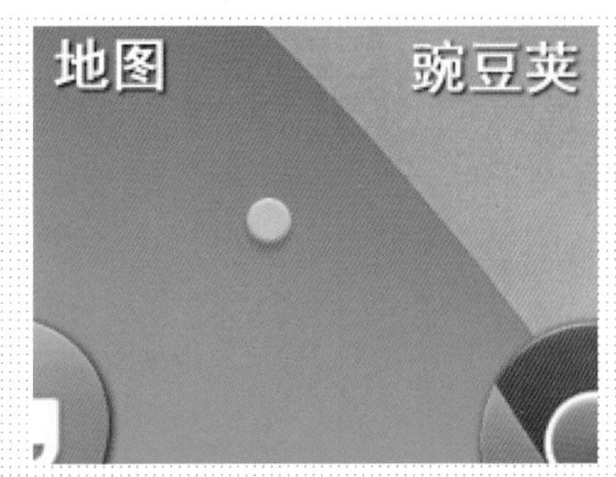

12 ▶单击"确定"按钮，可以看到添加图层样式后的形状效果。

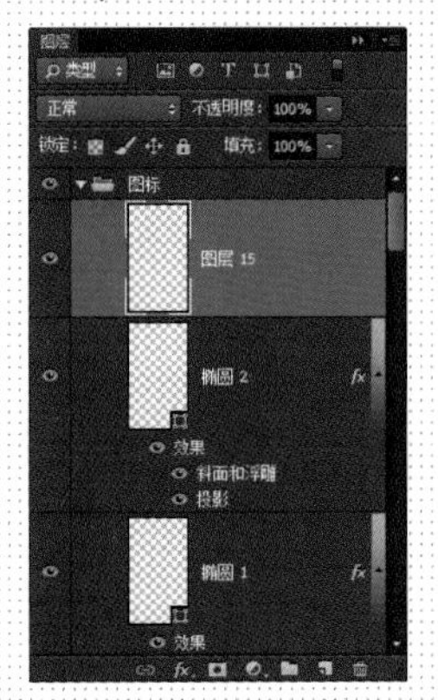

13 ▶使用相同方法制作其他图层，将相关图层选中，按快捷键【Ctrl+G】进行编组，修改组的名称为"图标"。

操作难点分析

在制作语音图标的时候，可以通过图层蒙版的方式将多余的部分隐藏，也可以通过更改"路径操作"为"减去顶层形状"，将多余的部分减去。

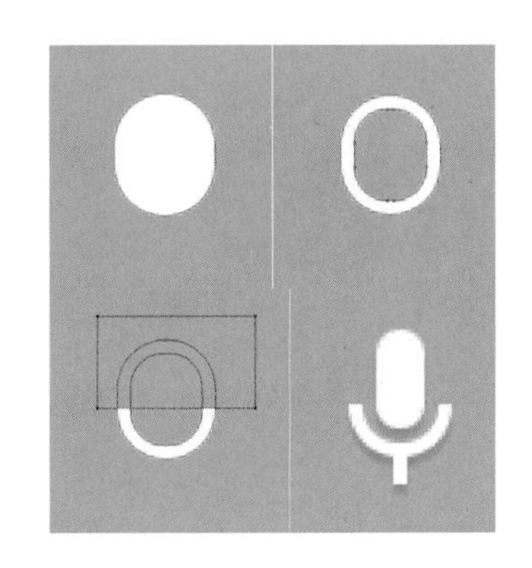

对比分析

界面中的控件元素颜色太淡，在整个界面中除文字内容外，看不清控件的边框，使控件看起来特别散乱，且容易被人忽视掉。

通过不透明度将不同的控件区别开，使用户可以清晰地知道控件的作用。此外，控件的边框精确地将控件中的内容全部约束到了控件框内，整体效果更具有凝聚力，视觉效果更集中。

3.5 控件设计

在 Android 系统中，有一套完整的 Android 控件，为用户提供了许多方便。

一套完整的 Android 控件，包括有选项卡、列表、网格列表、按钮、滚动、滑块、下拉菜单、文本输入、选择控件、反馈、对话框、选择器。

3.5.1 控件的分类

一套出色的 APP 控件库都会有一个适合自己的设计原则，例如选项卡分固定选项卡和滚动选项卡，以及各种选项卡适合用在什么样的情况下等，下面将为读者简单地介绍 Android 控件的各种分类。

○ 选项卡

操作栏中的选项卡可以帮助用户快速了解 Android APP 中的不同功能，或者浏览不同分类的数据集。

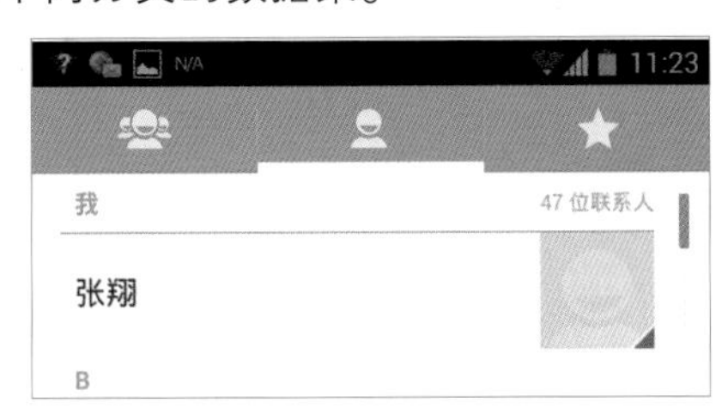

○ 列表

列表可以纵向展示多行内容，它通常被用作纵向排列的导航以及用来选取数据。

○ 网格列表

网格列表是替代标准列表的一种选择，用于展示图像数据。与普通列表相比，网格列表除垂直滚动外也可以水平滚动。

○ 按钮

按钮包括文字和图形，当用户触摸按钮后，会发出触发的行为信息。在 Android 中支持两种不同的按钮：基础按钮和无框按钮，这两种按钮都可以包含文字和图像。

○ 滚动

用户可以通过滑动的手势滚动屏幕以查看更多内容。滑动的手势越快，屏幕滚动得越快，反之，滑动的手势慢，屏幕滚动的速度也会减慢。

○ 滑块

一般从一段范围内进行选择时适合选用交互式滑块，左边放置最小值，右边放置最大值。例如，音量、亮度、强度等设置选用交互式的滑块是最好的选择。

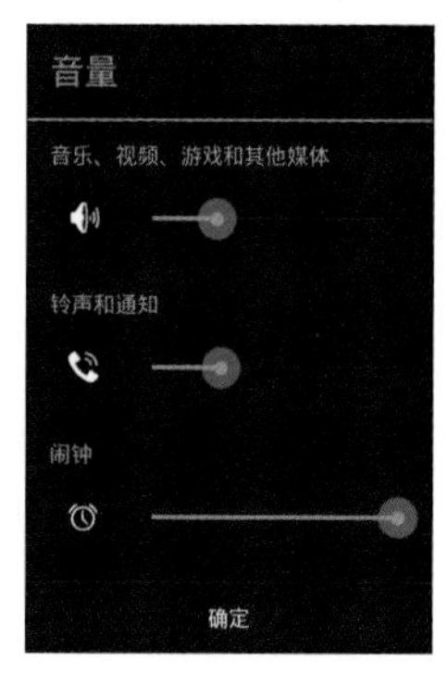

○ 下拉菜单

下拉菜单为用户提供了一个快速选择的方式，通过触摸下拉框展示所有可选内容。

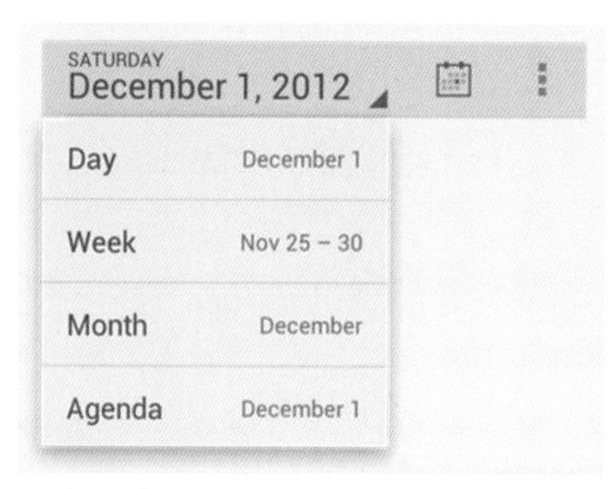

○ 文本输入

当用户触摸一个文本输入的区域时，会自动放置光标，并显示键盘；文本输入可以输入单行也可以输入多行。

Supercalifragilisticexpialidocious

I'll be on my way then. see you tomorrow

除输入文本外，文本输入区域还可以选择文本（例如复制、剪切和粘贴）和自动查找功能。

○ 选择控件

选择控件包含复选框、单选按钮和开关。

○ 反馈

当操作过程中需要花费一些时间时，需要提供正在进行的进程或者已经完成的视觉反馈，例如进度条。

○ 对话框

对话框的形式包括简单地选择确定、取消和复杂地要求用户调整设置或输入文本，在 APP 需要用户确定是否继续或更多信息任务后才能继续的时候，可以使用对话框。

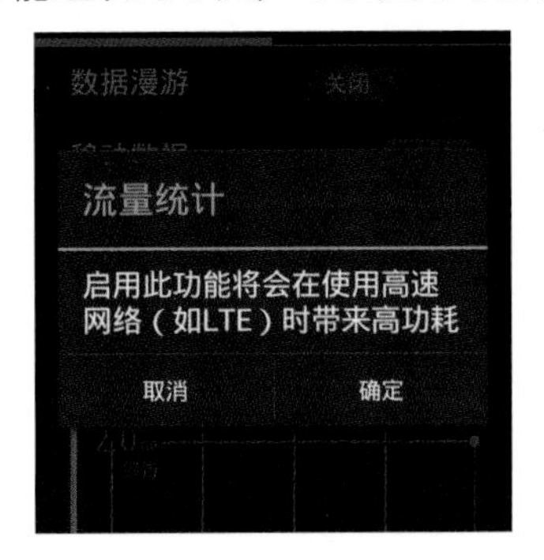

○ 选择器

选择器是以一个简单的方式从一定范围内选择一个值。用户可以通过触摸向上向下箭头按钮、向上向下滑动的手势或键盘输入进行值的选取。

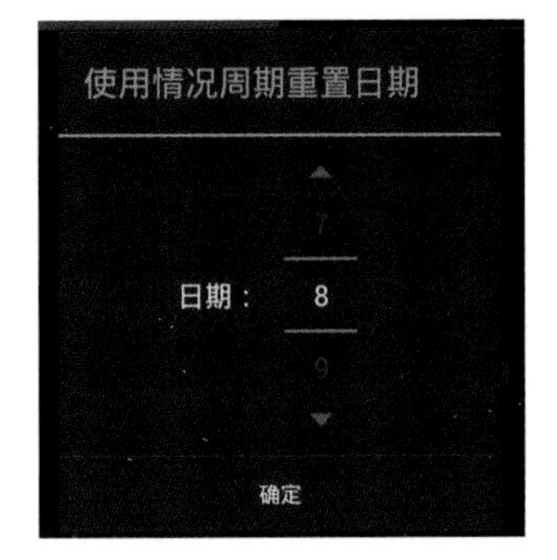

3.5.2 控件的设计规范

了解了控件的分类之后，下面为读者介绍设计制作 APP 控件时需要注意的一些设计规范。

○ 选项卡设计

Android APP 的选项卡可以分为滚动选项卡、固定选项卡和堆叠选项卡 3 类。

1）滚动选项卡

滚动选项卡是通过左右横滑来操控的，它比普通选项卡控件包含的项目更多，例如 Android 市场。

2）固定选项卡

固定选项卡中显示所有项目，通过单击选项标签即可进行导航切换，例如 You Tube。

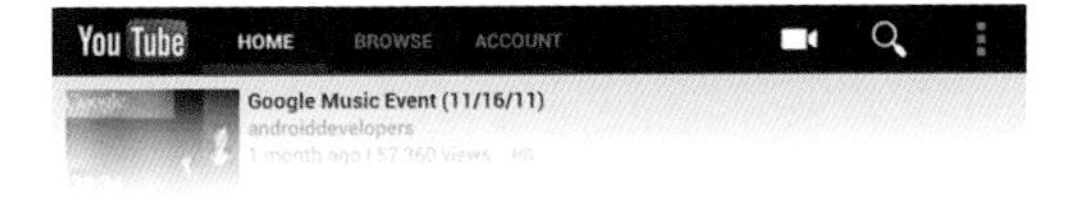

Android APP 中的固定选项卡与主题相似，分为浅色和深色两种。

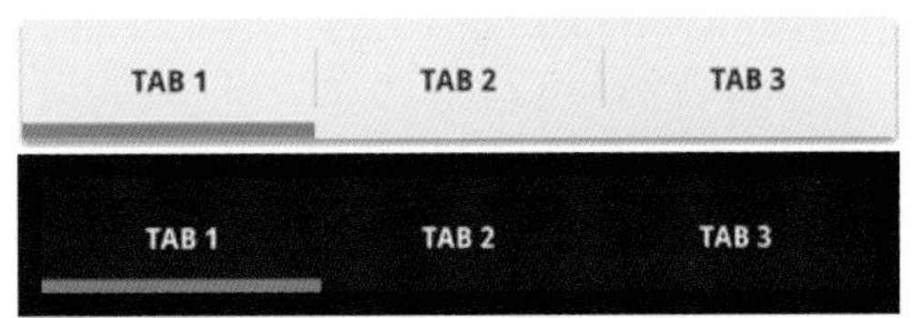

3）堆叠选项卡

在一个 APP 中，如果导航选项卡是必不可少的，可以堆叠一个单独的操作选项卡，这样有利于在较窄的屏幕中快速切换。

列表设计

1）章节分隔

使用章节分隔的方式将内容分组，这样组织的内容便于扫描。

2）行

列表的基本单位为行，其中可以容纳不同的数据组织形式，包括单行、多行、复选框、图标和操作按钮。

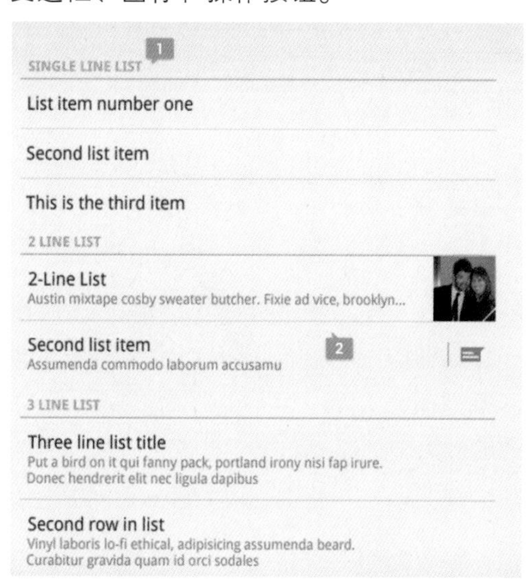

网格列表设计

网格里的对象是从两个方向构成的，一个是滚动方向，一个是排列顺序，滚动方向决定了网格的组织顺序。

在网格列表中，通过切断内容即边缘只显示一部分内容的方式告诉用户哪边是滚动方向，避免在水平和垂直两个方向都滚动。

1）水平滚动

水平滚动的网格列表排列顺序为：先从上到下，再从左到右。

显示列表时，切断右边缘的内容，只显示一部分，让用户清晰地知道水平滚动向右可以看到更多内容，旋转屏幕后也要以相同的方式显示内容。

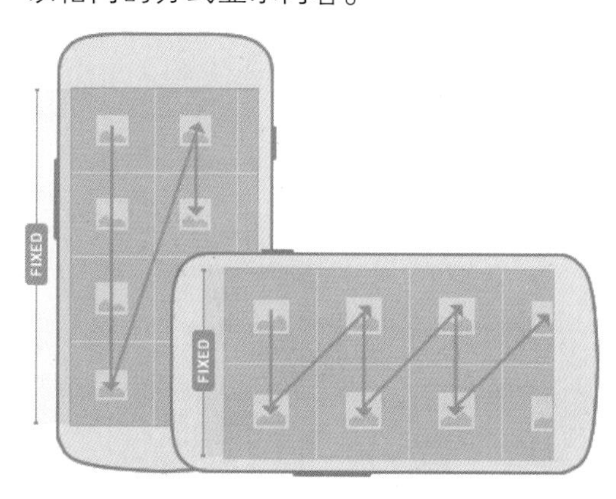

2）垂直滚动

垂直滚动的网格列表与水平滚动相比，排列顺序略有不同，垂直滚动是按照西方的阅读方式进行的排序：先从左到右，再从上到下。

显示列表时，同样使用切断底部内容的方法暗示用户正确的滚动方向。

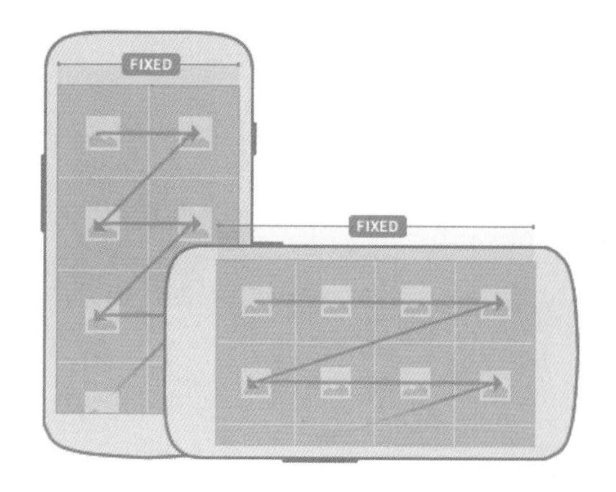

提示：一个 APP 中，如果使用了滚动选项卡，需要与垂直网格滚动列表配合使用；如果与水平滚动列表配合使用，两者直接会发生冲突。

如果网格内容有需要附加的消息，可以通过标签来显示。标签可以通过半透明的面板覆盖在内容上来展示，这样可以很好地控制背景与标签之间的对比，使标签在很亮的背景下也能清晰地显示出来。

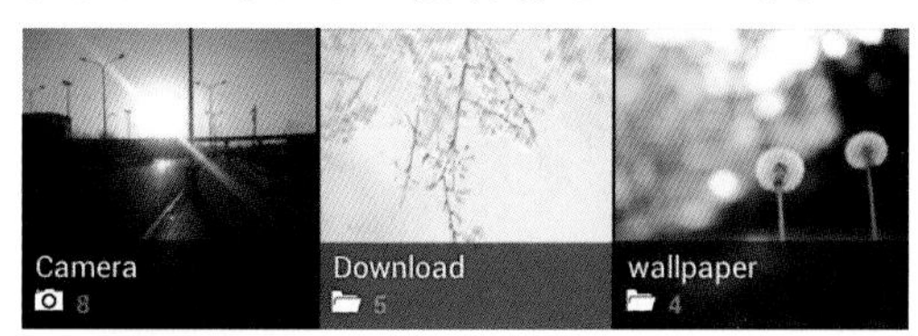

○ 按钮设计

1）基础按钮

基础按钮是传统的带边框与背景色的按钮。在 Android 系统中，基础按钮有两种样式，分别是默认按钮和小按钮。

默认按钮的字体较大，适合用在内容框外；小按钮的字体较小，适合与内容一起显示，如果按钮需要与其他 UI 元件对齐时，需要使用小按钮。

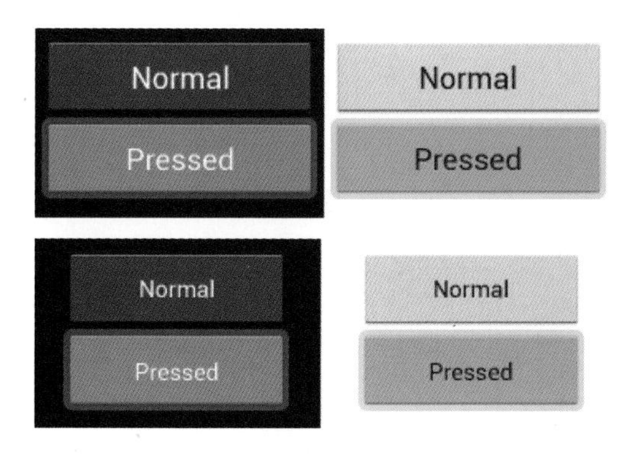

2）无边框按钮

无边框按钮和基础按钮类似，但无边框按钮没有边界与背景，它还可以同时带有图标和文本。

无边框按钮能够与其他内容很好地融合，在视觉上要比基本按钮更加轻巧。

○ 滚动设计

1）滚动提示

滚动时需要展示一个提示，告诉用户此时显示内容在全部内容的哪个位置，不滚动时隐藏滚动提示。

2）索引滚动

除传统滚动外，带有字母列表的索引滚动也是一个快速找到目标对象的方法。

索引滚动在用户不滚动屏幕时也能够看到滚动提示，触摸或拖动滚动条显示现在位置的字母。

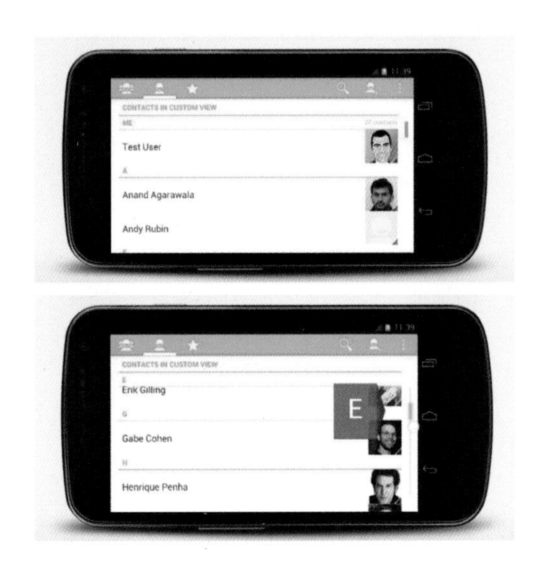

下拉菜单设计

下拉菜单是一种非常有用的选取数据的形式。它既是简单的数据输入，又可以与其他控件很好地融合在一起使用。

例如，添加联系人的时候，在输入框内输入联系人的电话，使用下拉菜单可以选择这个是联系人的手机、住宅电话还是单位传真等。

下拉菜单还可以用在操作栏内切换视图，例如，使用下拉菜单以允许账户或常用分类之间的切换。

下拉菜单在切换 APP 视图中很有用，但重要的切换内容还是要使用选项卡来切换。

文本输入设计

文本输入可以有数字、信息或电子邮件等不同的类型，不同的输入类型决定了文本输入的字符类型，而字符类型又决定了虚拟键盘。

文本输入为单行输入区域时，输入到文本框边缘要自动将内容往左边滚；为多行输入区域时，输入到文本框的边缘要自动换行。

如果用户要选择一段文本，可以长按文本中的内容。这个操作会触发文本的选择模式，用于扩展的选择或操作选定的文本。

选择控件设计

1）复选框

通过复选框用户可以在一组中选择多个选项，但需要注意不要使用复选框进行开关操作。

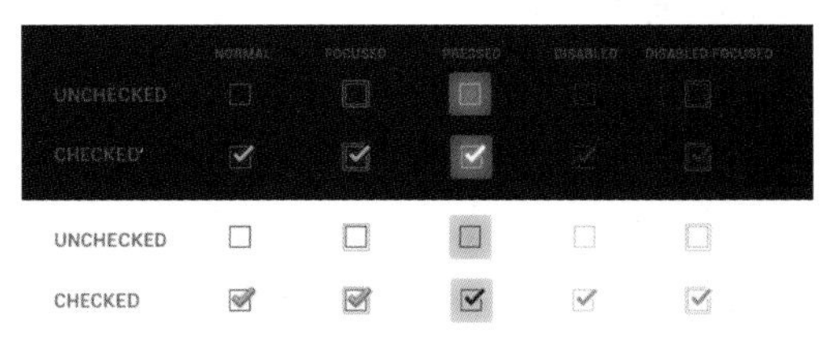

2）单选按钮

单选按钮适用于用户需要看到所有选项的情况，如果不需要看到所有选项，最好选用下拉菜单。

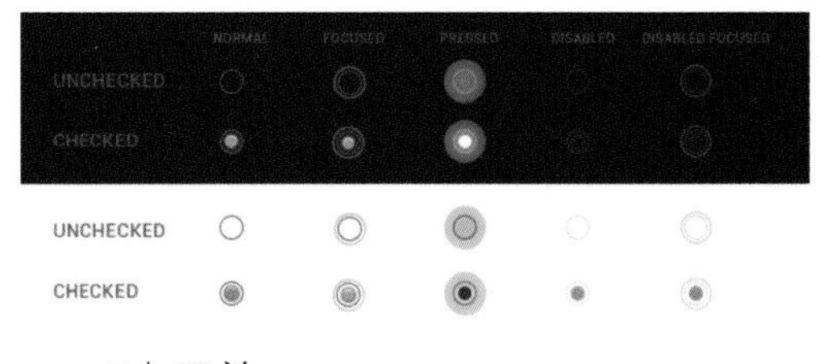

3）开关

开关可以从两个相反的选择状态中切换，用户可以通过单击（滑动）开关来切换状态。

反馈设计

1）进度条

使用进度条可以告诉用户已经完成的百分比。进度条的设计一般从 0% 到 100%，要避免将进度条设定到一个更低的值或者使用一个进度条代表多个进程。

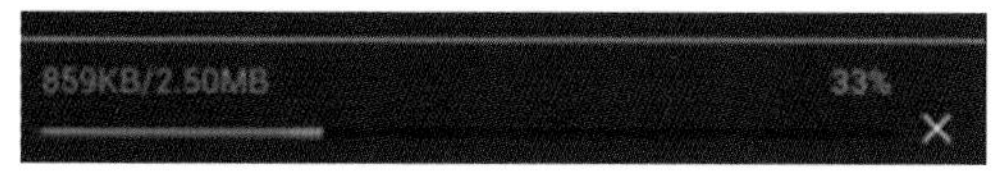

如果不确定一个进程需要多长时间，可以使用一个不确定的进度条来表示。

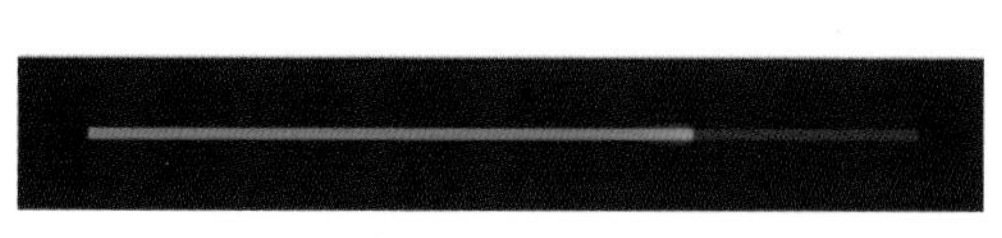

2）活动

对于一个不知道要持续多久的进程，可以使用一个不确定的进度指标。

根据不同的空间可以选择不确定的进度条或者是进度圈来表示。

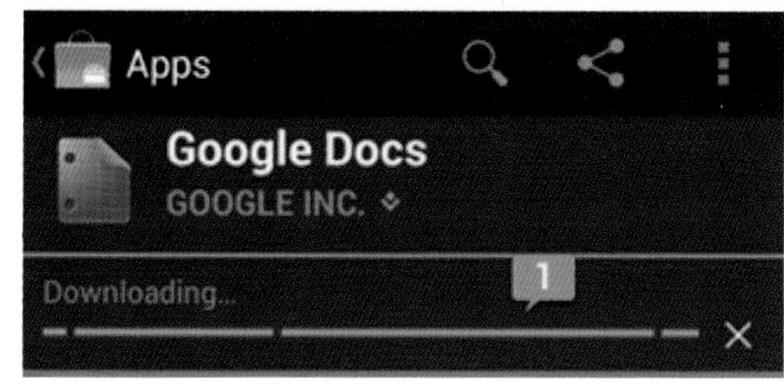

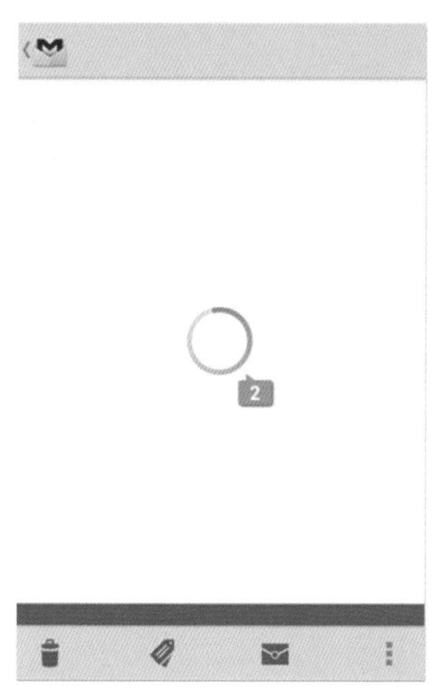

对话框设计

对话框设计包含标题区（可选）、内容区域和操作按钮。标题是显示这个对话框是关于什么的，例如，它可以是一项设置的名称等。

内容区域显示对话框的内容，对于设置对话框，内容区域的内容可以帮助用户改变 APP 的属性或者系统设置的元素，包括文本框、复选框、单选按钮、滑块等。

操作按钮通常是指确定和取消，按钮的设置要遵循：否定的操作按钮在左边，肯定的操作按钮在右边。

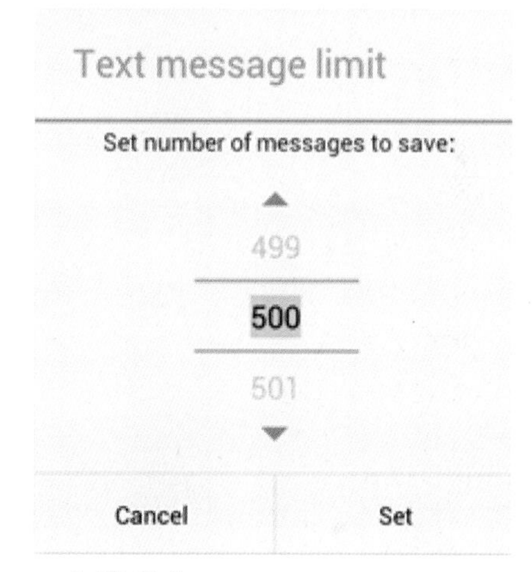

1）弹出窗口

弹出窗口与对话框相比，它只要求用户选择其中的一个，且不需要确定与取消按钮，用户只需要从众多的选项中选取一个选项，单击弹出窗口以外的地方即可离开该窗口。

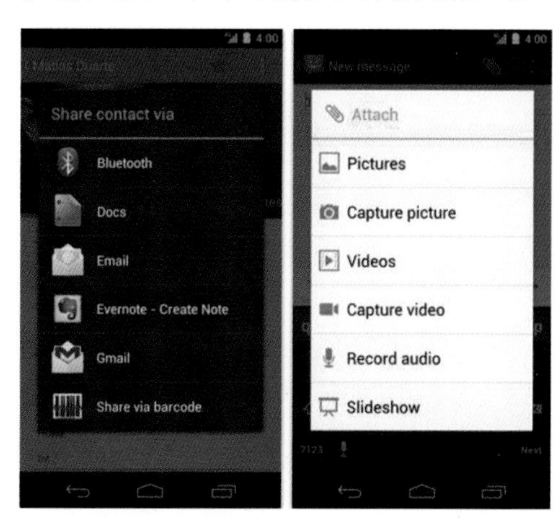

2）警报

警报以对话框的形式出现，但需要获得用户的批准才能进行下去。警报分不带标题和带标题两种形式。

大部分的警报都不需要标题，通常情况下，这种警报在用户决定之后不会有严重影响，并可以用简洁的话语总结清楚。

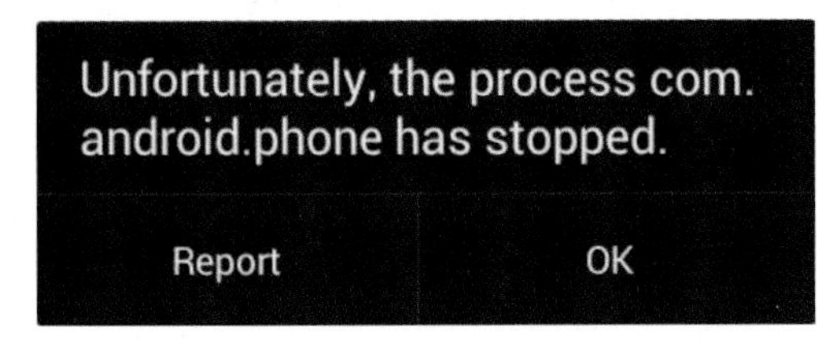

带标题的警报只有在可能引致数据丢失、连接、收取额外费用等高风险操作时才会使用，而且标题需要一个明确的问题，而在内容区域附加一些解释。

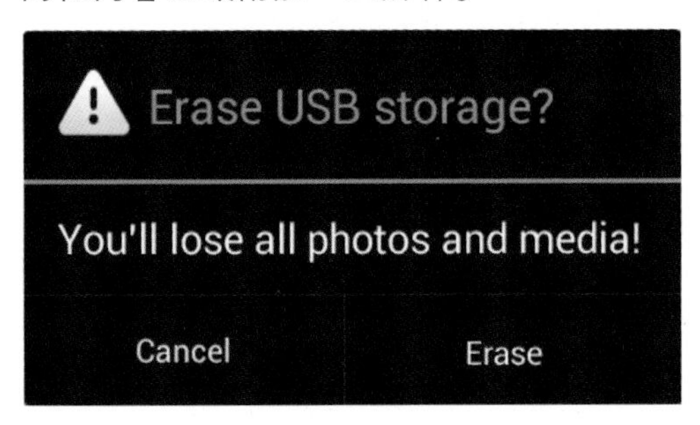

3）信息提示条

它是一个操作以后的轻量反馈，会在几秒之后自动消失。例如，当从编辑短信页面跳转到其他页面时，会弹出“信息已存为草稿”的信息提示条，之后用户还可以回到编辑页面继续编辑它。

○ 选择器设计

在设计选择器的时候需要考虑空间的问题，虽然选择器可以内嵌在一个形式里，但它占的位置相对较大，所以最好把它放在一个对话框内。

对于内嵌在一个形式里的选择器，可以考虑使用更为紧凑的空间，如下拉菜单或文本输入。

在 Android 系统中，提供了选择日期和时间的选择器对话框。日期选择器用于输入年、月、日，时间选择器用于输入小时、分钟、上午或下午。

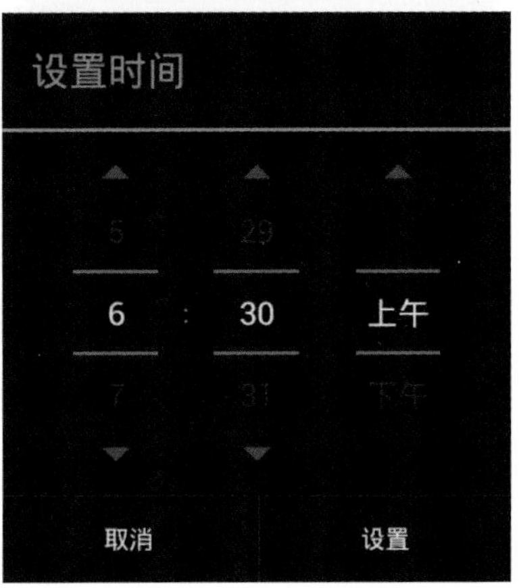

实战 6 制作网格列表

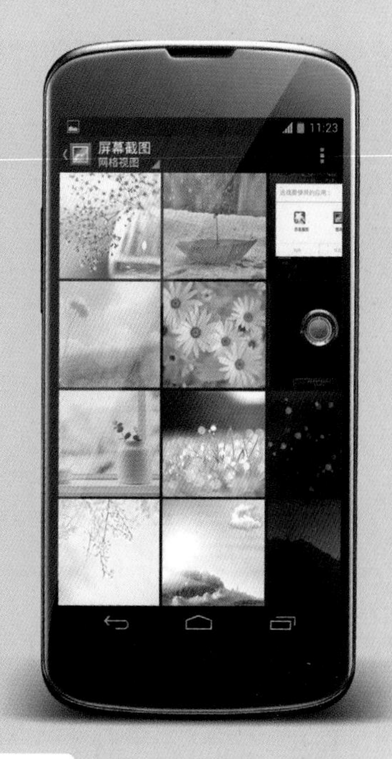

- 源文件地址：第 3 章 \006.psd
- 视频地址：视频 \ 第 3 章 \006.swf

- 案例分析：
  本案例的操作难度非常低，需要绘制几个规则的形状，将素材拖入到文档中，并创建剪贴蒙版即可完成整个界面的制作。

- 配色分析：
  本案例主要以黑色为底色，文字主要以白色为主，加入紫色渐变的多媒体图标，使整个界面看起来非常丰富，可读性强。

制作分析　制作思路

01	02	03	04
使用“矩形工具”配合路径操作，制作顶部状态栏	将素材拖入到文档的适合位置，完成相应部分的制作	使用“矩形工具”绘制几个相等的正方形	将素材图像拖入设计文档，创建剪贴蒙版，完成整个界面的制作

- 制作步骤：01——绘制状态栏

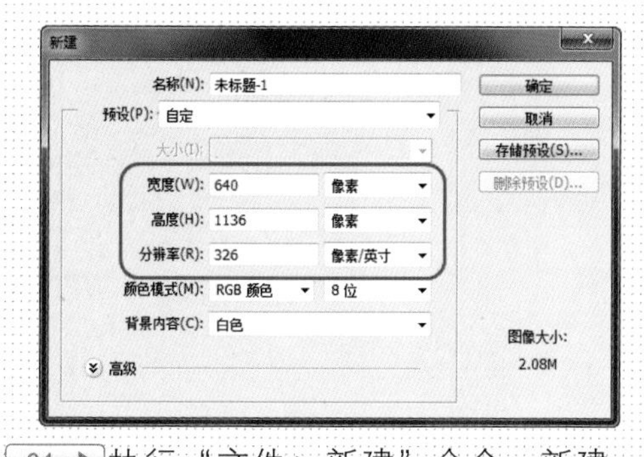

01 ▶执行“文件 > 新建”命令，新建一个空白文档。

02 ▶使用“矩形工具”在画布的顶部绘制填充颜色为黑色的矩形。

03 ▶打开“字符”面板进行设置，使用“横排文字工具”按钮输入相应文字。

04 ▶设置“矩形工具”的填充颜色为#3792b4，在画布中绘制矩形。

05 ▶再绘制一个填充颜色为白色的矩形，设置“路径操作”为“减去顶层形状”，继续绘制。

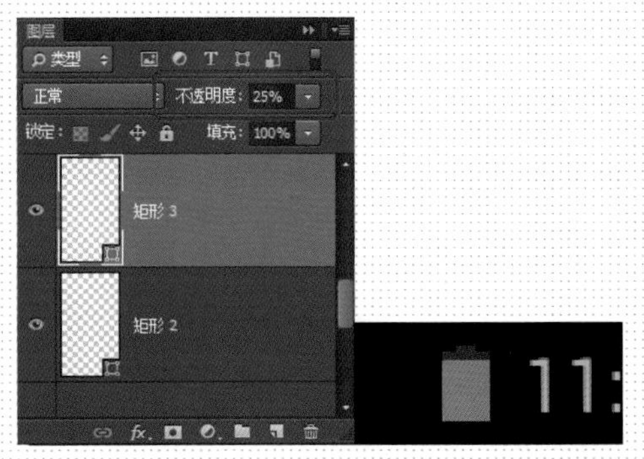

06 ▶设置刚绘制形状图层的“不透明度”为 25%。

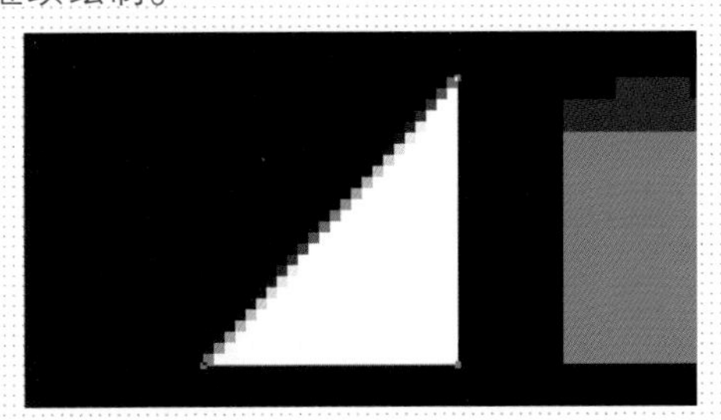

07 ▶再绘制一个填充颜色为白色的矩形，使用“直接选择工具”选中左上角的锚点，按【Delete】键将其删除。

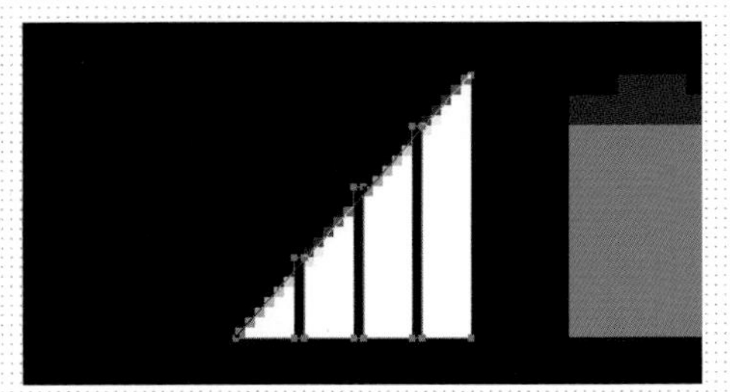

08 ▶设置“路径操作”为“减去顶层形状”，绘制出信号格。

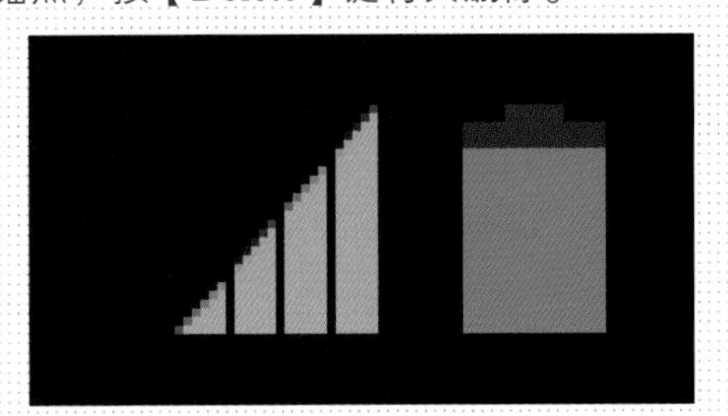

09 ▶设置该形状图层的“填充”为 70%。

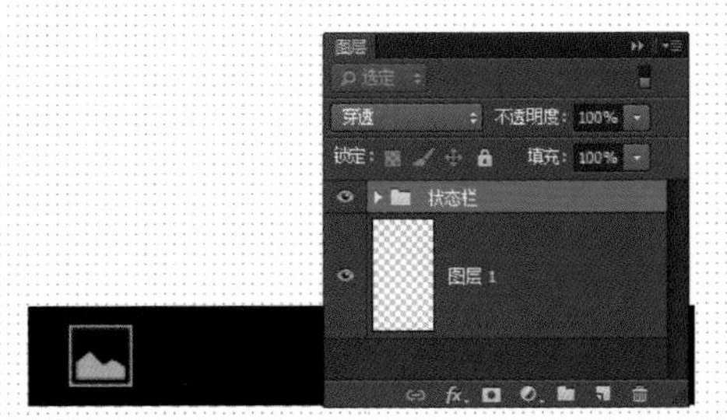

10 ▶使用相同方法制作状态栏中的其他内容，将相关图层选中，按快捷键【Ctrl+G】进行编组，并修改组的名称为“状态栏”。

提问：“路径操作”有快捷方式吗？

答：如果是在“矩形工具”状态下，按住【Shift】键会看到鼠标右下角出现一个加号，此时绘制形状的路径操作为“合并图层”，按住【Alt】键则相反，为“减去顶层形状”。

○ 制作步骤：02——绘制相册网格列表

01 ▶执行“文件 > 置入”命令，将素材图像“第 3 章 \ 素材 \018.png”置入文档，适当调整其位置。

02 ▶使用相同方法将“019.png”置入到文档的适当位置。

03 ▶使用“矩形工具”绘制填充为 #1a1a1a 的矩形。

04 ▶继续使用“矩形工具”绘制两个任意颜色的矩形。

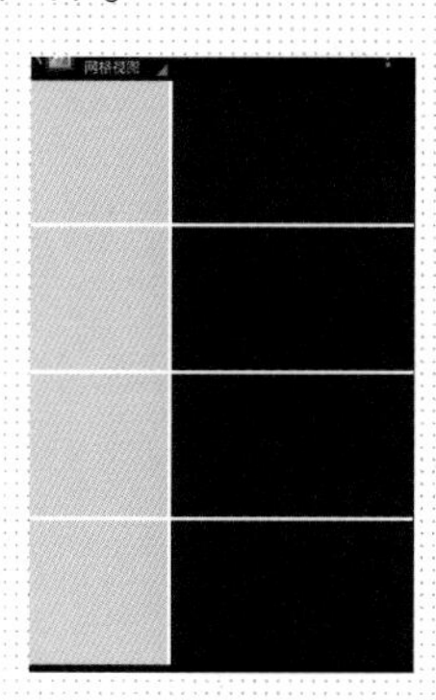

05 ▶将刚绘制的两个矩形选中，按【Shift+Alt】键拖动复制图层。

06 ▶用相同方法复制出其他形状。

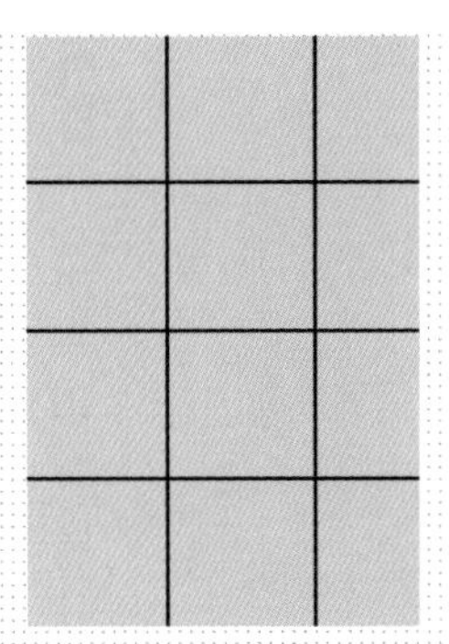

07 ▶将所有小条的矩形选中，按【Delete】键将其删除。

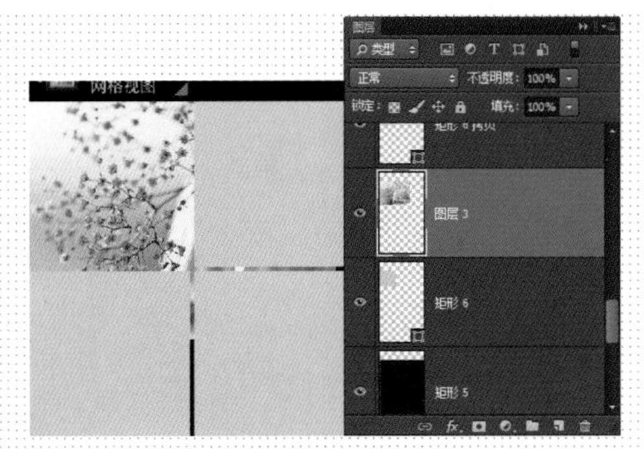

08 ▶打开素材图像“第 3 章\素材\020.jpg”，将其拖入到设计文档，将其调整到“矩形 6”图层上方。

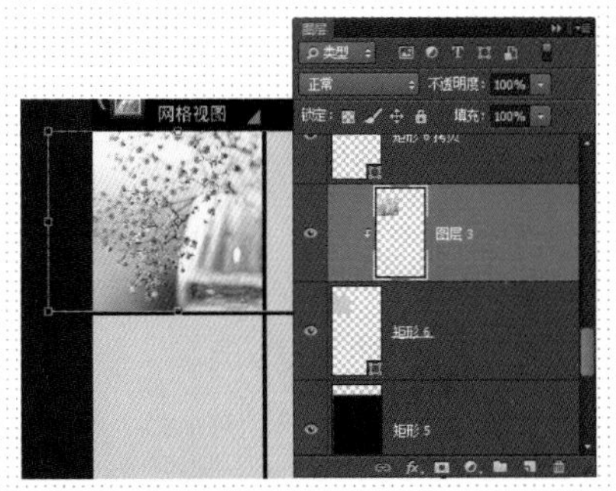

09 ▶按快捷键【Ctrl+Alt+G】创建剪贴蒙版，按快捷键【Ctrl+T】调整图像大小和位置。

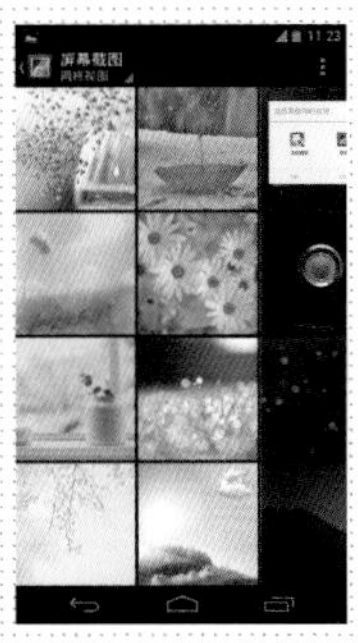

10 ▶使用相同方法制作其他相似内容，完成该案例的制作。

操作难点分析

网格列表主要以格子为主，在绘制的时候一定要注意留边，不留边会使整个界面看起来拥挤不堪，留的边粗细不一，整个界面看起来会很乱，因此在绘制的时候一定要把握好尺寸。最好的方法就是先制作一个长条，与方格一同复制，完成后将其删除即可。

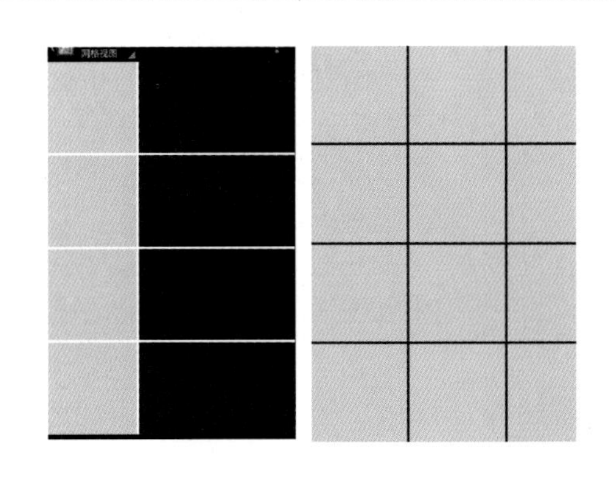

对比分析

网格列表在设计时的规则是切断内容，让用户知道哪边是正确的滚动方向，避免在两个方向同时滚动。

该图的设计中却切断了右边缘与下边缘的内容，犯了网格列表设计规范的忌讳，图片与图片之间没有间隙，看起来非常拥挤。

图片格与图片格之间留有一定的空隙，使整个界面给人以舒服、透气感，且纵向都是完整的图片格，只将右边缘的图片内容切断，从而明确地告诉用户正确的滚动方向。

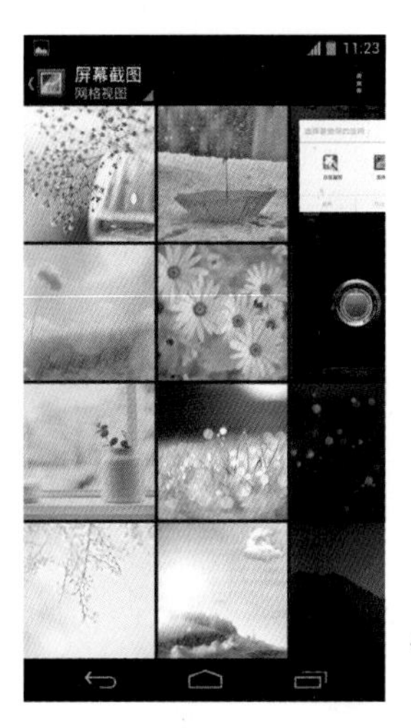

实战 7 制作声音设置界面

- 源文件地址：第 3 章 \007.psd
- 视频地址：视频 \ 第 3 章 \007.swf

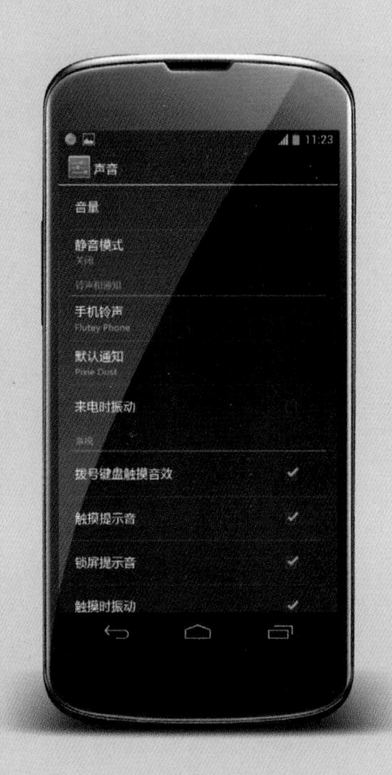

- 案例分析：

本案例的操作难度很小，只是通过几个形状和一些不同透明度的文字组成。通过绘制路径、转换选区与删除选区中的内容绘制出“设置”图标，再通过对不同明度的设置来控制文字之间的变化。

- 配色分析：

该界面使用从黑色到灰色的渐变背景，暗示用户正确的滑屏方向，用不同明度的变化来区分文字信息的主次，用淡蓝色加以点缀，使整个界面看起来非常干净，给人一目了然的效果。

制作分析　制作思路

01	02	03	04
置入素材，使用“渐变工具”绘制整个界面的整体背景	使用“圆角矩形工具”配合“矩形选框工具”绘制图标	使用“直线工具”绘制出信息的整体结构，并绘制单选框	使用“横排文字工具”输入文字，适当调整文字的不透明度

○ 制作步骤：01——制作设置图标

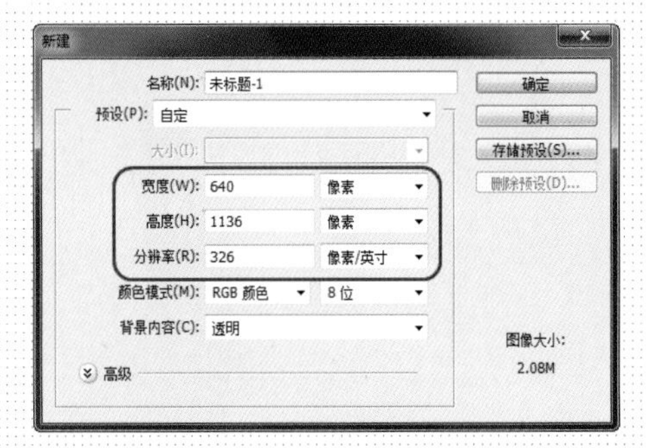

01 ▶执行“文件 > 新建”命令，新建一个空白文档。

02 ▶使用“渐变工具”为画布填充从 #000000 到 #272d33 的线性渐变。

03 ▶执行“文件 > 置入”命令，将素材图像“第 3 章 \ 素材 \032.png 和 019.png”置入到文档的合适位置。

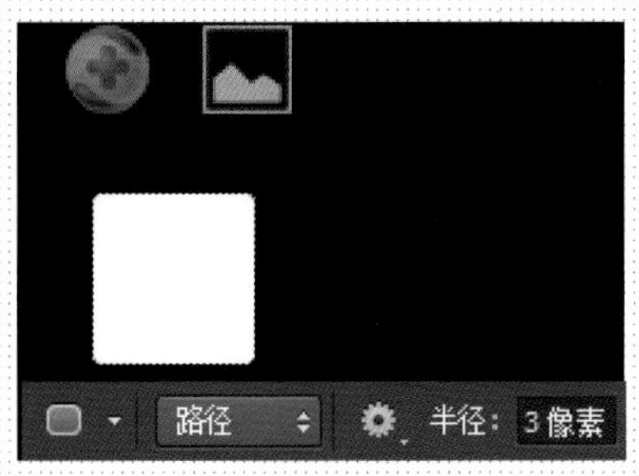

04 ▶使用“圆角矩形工具”在画布中绘制半径为 3 像素的路径，按快捷键【Ctrl+Enter】转换为选区并填充为任意颜色。

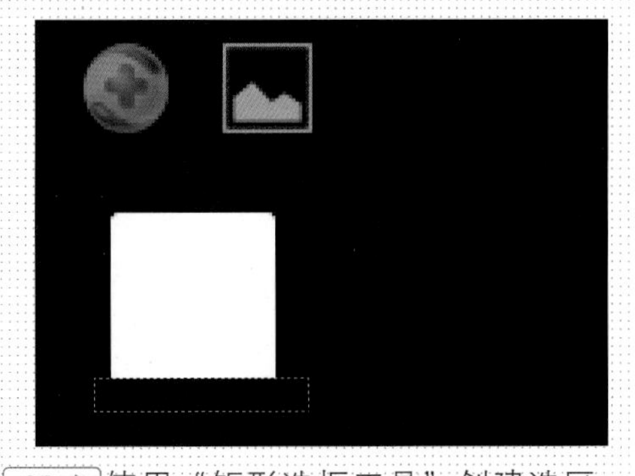

05 ▶使用“矩形选框工具”创建选区，删除选框中的内容。

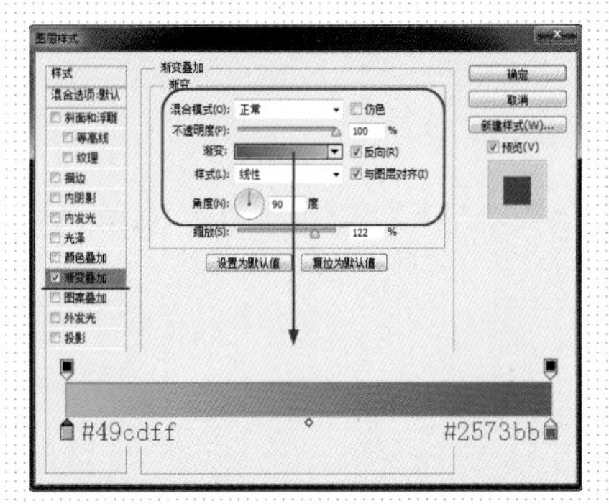

06 ▶双击该图层前的缩览图，在“图层样式”对话框中选择“渐变叠加”，设置各项参数。

07 ▶单击“确定”按钮，即可看到添加图层样式后的形状效果。

08 ▶使用相同方法制作其他形状。

09 ▶使用“直线工具”绘制粗细为 2 像素的线条。

10 ▶单击“图层”面板下的 fx 按钮，在“图层样式”对话框中设置“投影”的各项参数。

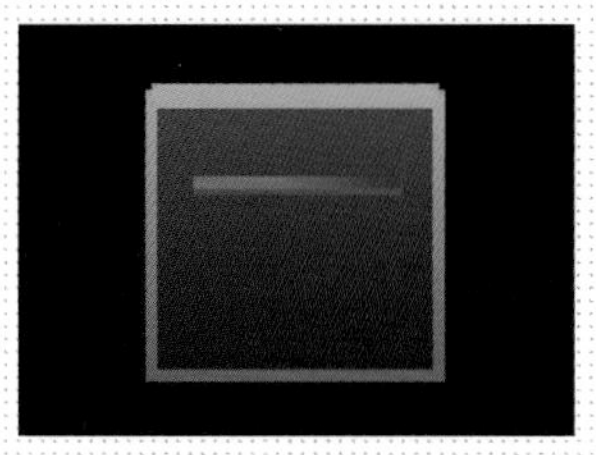

11 ▶单击“确定”按钮即可看到添加图层样式后的效果。

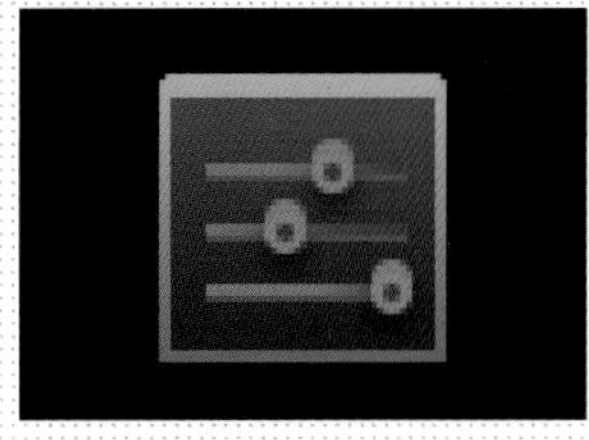

12 ▶使用相同方法完成相似内容的制作。

○ 制作步骤：02——制作列表

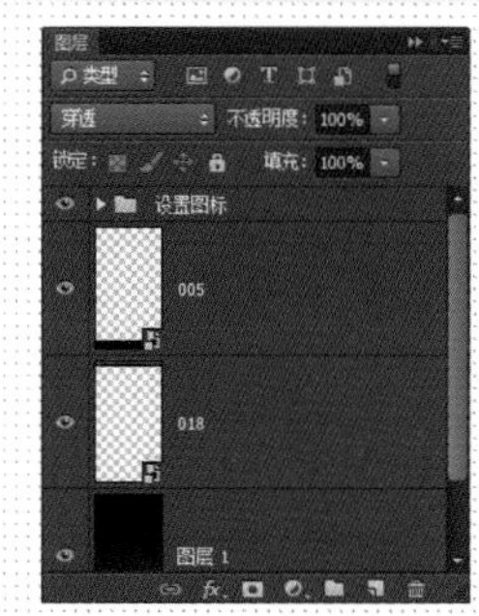

01 ▶将相关内容选中，按快捷键【Ctrl+G】进行编组，修改组的名称为“设置图标”。

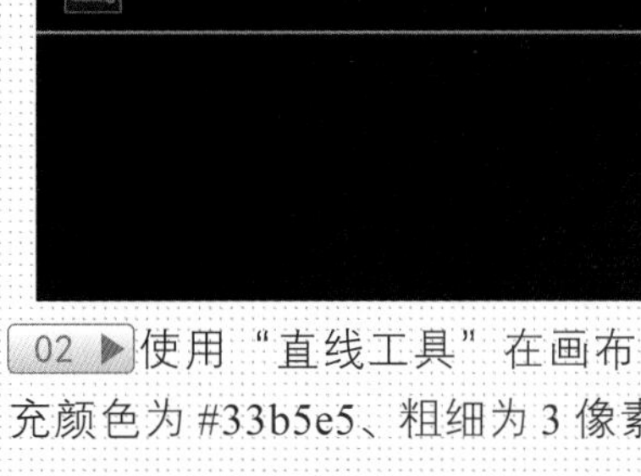

02 ▶使用“直线工具”在画布中创建填充颜色为 #33b5e5、粗细为 3 像素的线条。

03 ▶使用相同方法绘制其他线条。

04 ▶使用“矩形工具”绘制填充颜色为 #575a5d 的方形。

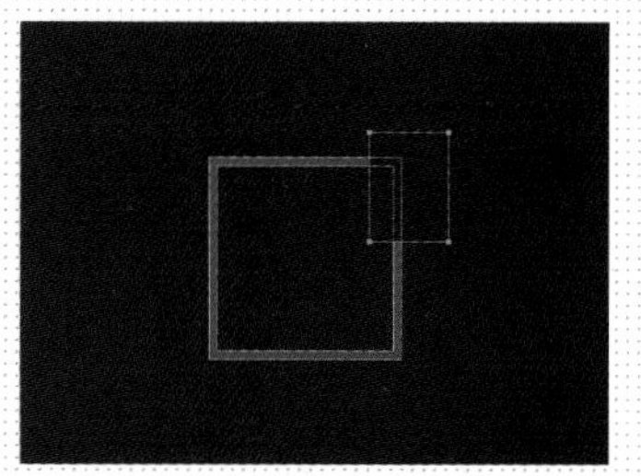

05 ▶设置矩形的路径操作为“减去顶层形状”，继续绘制矩形。

06 ▶使用相同方法绘制其他形状。

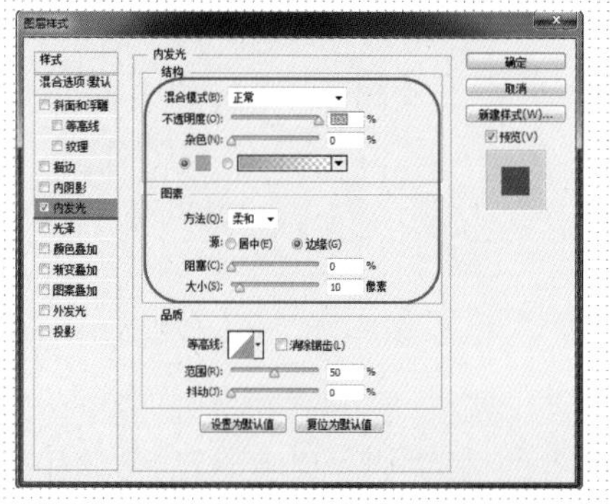

07 ▶双击“形状5”图层前的缩览图，在“图层样式”对话框中设置“内放光”的参数值。

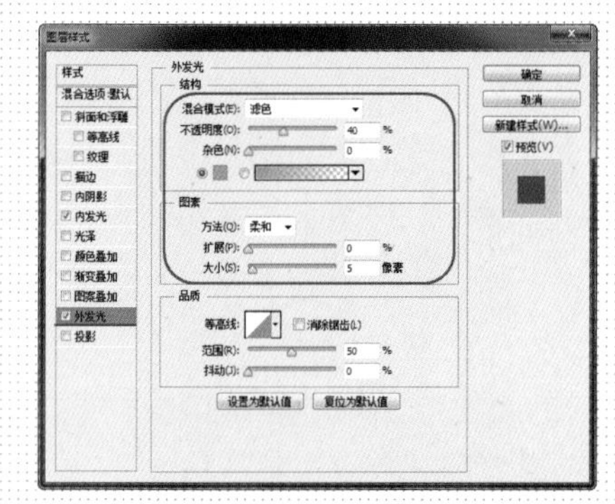

08 ▶继续选择“外发光”，设置其各项参数值。

09 ▶单击“确定”按钮可以看到形状效果。

10 ▶选中矩形和形状图层，按【Shift+Alt】组合键拖动复制图层。

11 ▶打开“字符”面板设置各项参数，使用“横排文字工具”输入文字。

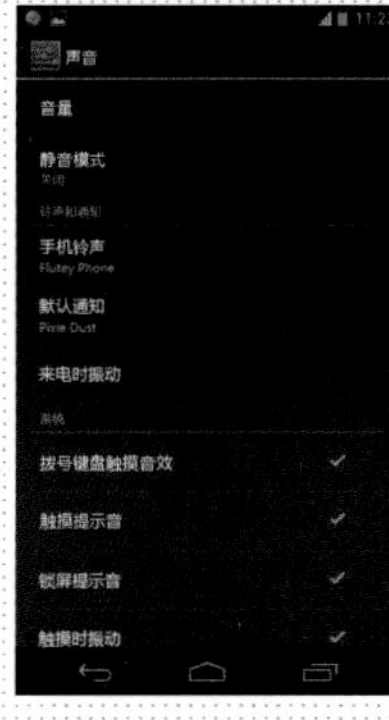

12 ▶使用相同方法输入其他文字，声音设置界面制作完成。

提示： 使用“直线工具”绘制对号形状的时候，如果觉得直接画出来的形状角度不对，可以先绘制一条直线，通过按快捷键【Ctrl+T】进入自由变换状态，按住【Shift】键调整角度，这样得到的形状角度就会是一个整的角度。

操作难点分析

设置界面的东西都很简单，在绘制边条的时候需要注意的是它们之间的距离，如果感觉绘制得不均匀，可以先绘制一个固定的矩形，之后在该矩形下方绘制线条，复制矩形和线条，按【Delete】键将多余的矩形删除即可。

对比分析

整个画面没有主次之分，首先背景与导航栏之间的区分不大；其次文字大小相同，且所有文字与文字下方的边条均为白色，使整个界面看起来非常杂乱，没有将主次区分出来，用户在看到这样的界面之后也会觉得很困扰。

使用一个渐变背景暗示用户正确的滑屏方向，用一个不同于其他颜色的蓝色边条将设置标题与内容区别开，内容文字之间也通过不同透明度与大小将其分出主次，使整个界面干净整洁，给人以舒适感。

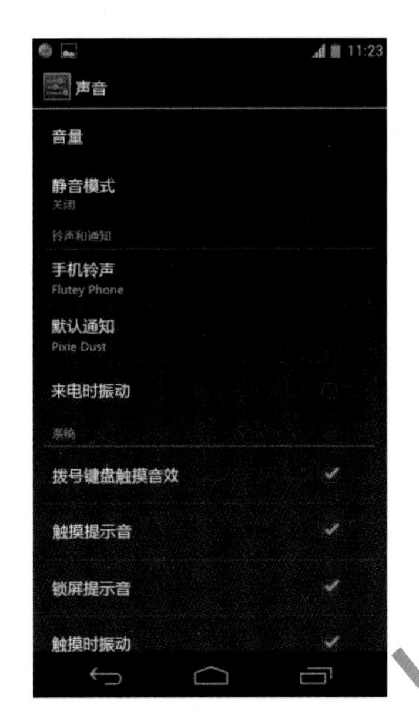

实战 8 制作音量调节对话框

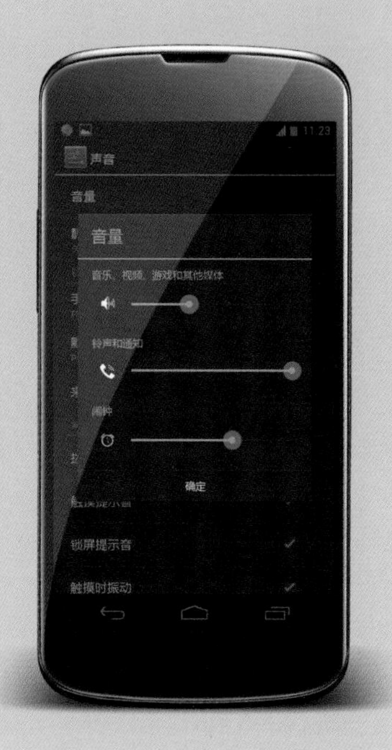

- 源文件地址：第 3 章 \008.psd
- 视频地址：视频 \ 第 3 章 \008.swf

- 案例分析：

本案例是在上一个案例的基础上制作的，主要是制作弹出对话框中的小图标以及音量控制，制作难度不大。

- 配色分析：

该界面的配色方案是 Android 系统中通用的颜色搭配，使用频率较高，使用蓝色文字、音量条将其主旨完美地展现出来。

制作分析　制作思路

使用“圆角矩形工具”配合图层样式制作弹出对话框

使用“钢笔工具”配合路径操作制作出小图标

设置“字符”样式，使用“横排文字工具”添加文字

使用“直线工具”和“椭圆工具”配合不透明度制作音量条

- 制作步骤：01——绘制状态栏

01 ▶执行“文件 > 打开”命令，打开“006.psd”文件，新建图层，并填充为黑色。

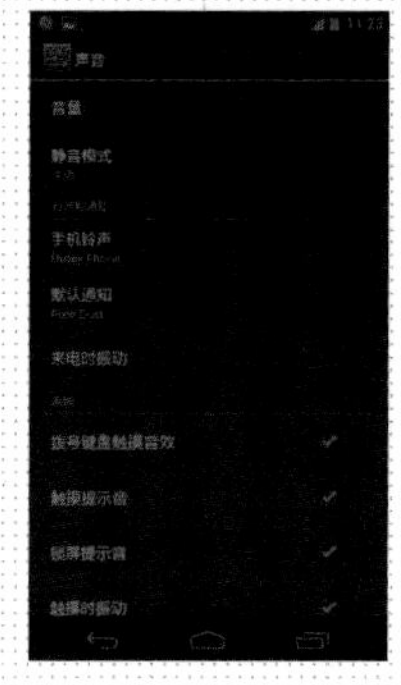

02 ▶设置该图层的“不透明度”为 40%。

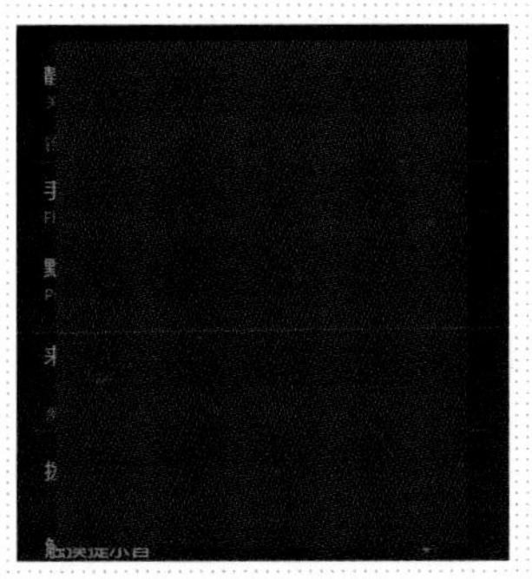

03 ▶使用“圆角矩形工具”在文档中创建圆角半径为 3 像素的圆角矩形。

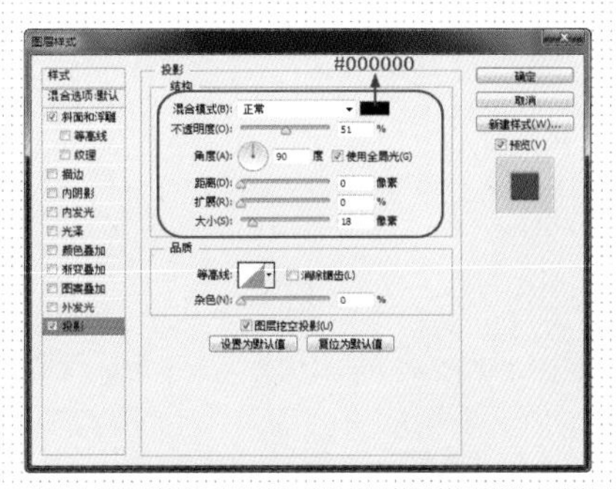

04 ▶单击“图层”面板下的 fx 按钮，在“图层样式”对话框中设置“投影”的各项参数。

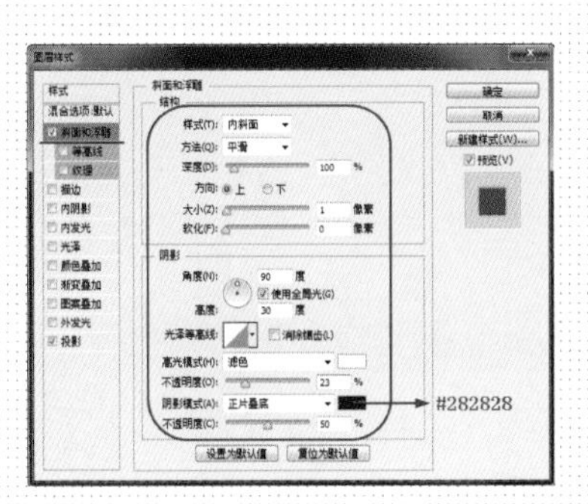

05 ▶选择“斜面与浮雕”，继续设置各项参数值。

06 ▶单击“确定”按钮可以看到形状效果。

07 ▶使用“直线工具”绘制填充为 #33b5e5、粗细为 3 像素的直线。

08 ▶使用相同方法绘制另一条直线。

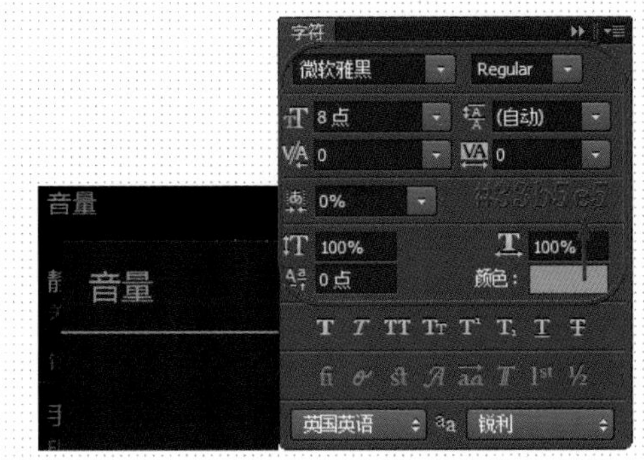

09 ▶打开“字符”面板设置各项参数，使用“横排文字工具”输入文字。

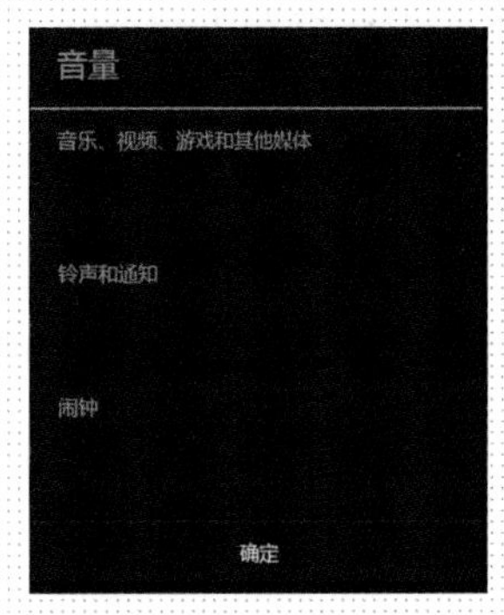

10 ▶用相同方法输入其他文字。

11 ▶使用“钢笔工具”绘制形状。

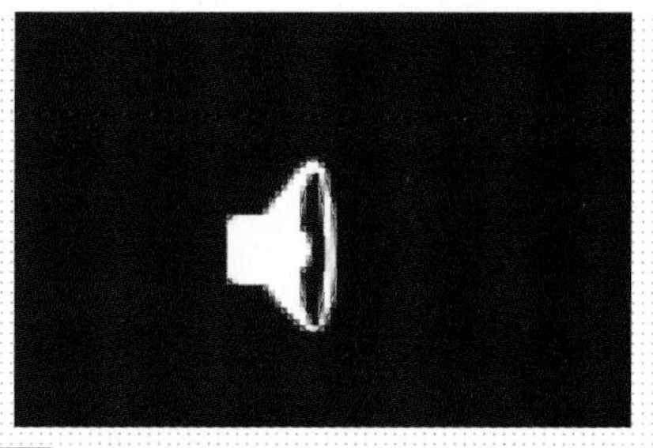

12 ▶设置“操作路径”为“减去顶层形状”，继续绘制形状。

13 ▶设置“操作路径”为“合并图层”，继续绘制形状。

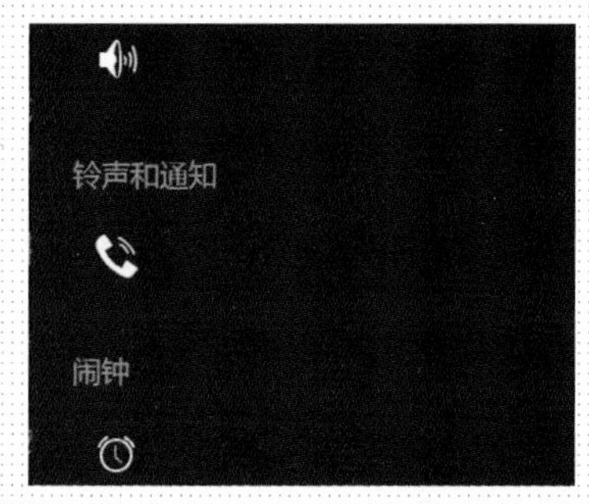

14 ▶使用相同方法绘制其他形状。

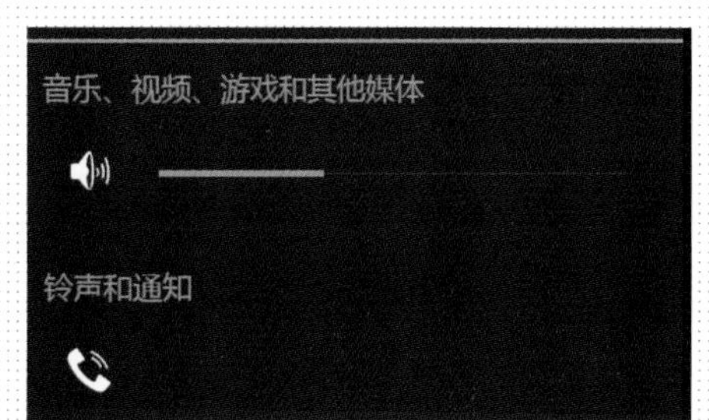

15 ▶使用“直线工具”分别绘制粗细为 1 像素、填充为 #464646 和粗细为 5 像素、填充为 #33b5e5 的直线。

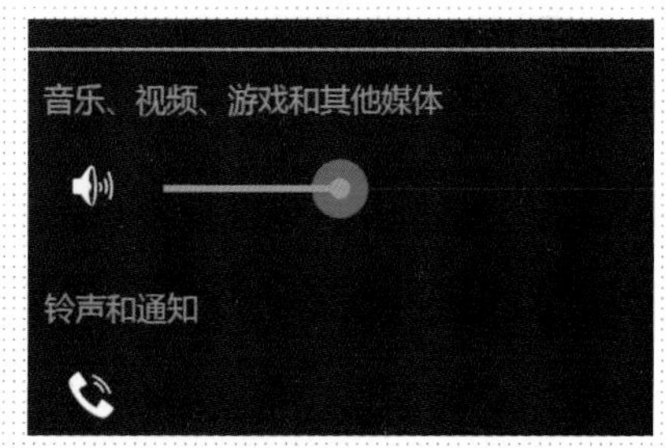

16 ▶使用“椭圆工具”绘制两个正圆，设置大正圆的“不透明度”为 60%。

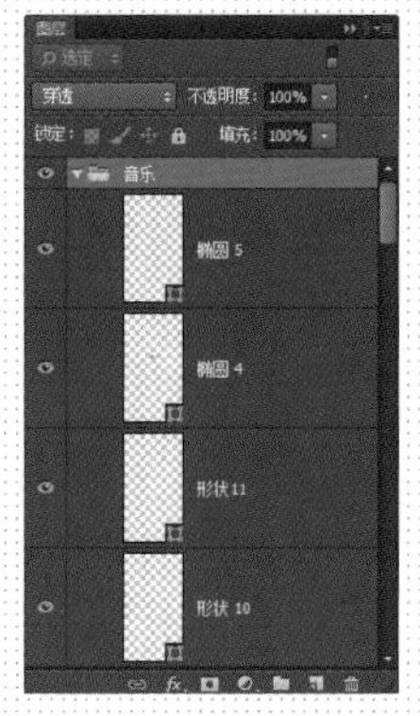

17 ▶选中直线与正圆所在图层，按快捷键【Ctrl+G】进行编组，修改组的名称为“音乐”。

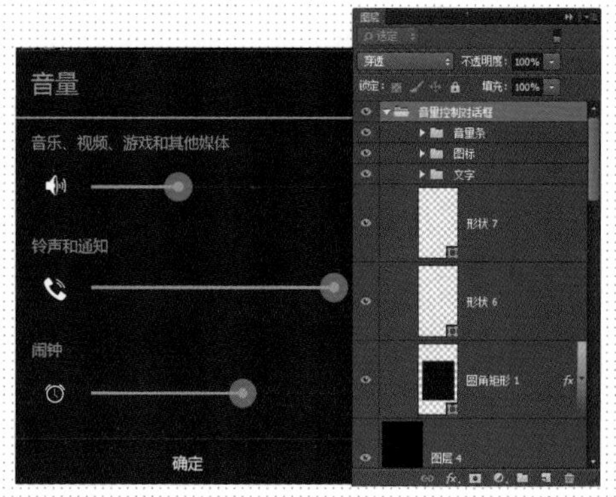

18 ▶按快捷键【Ctrl+J】复制组，稍作调整，并修改组的名称，将其他图层也分别分类编组。

操作难点分析

由于本案例是接着上一个案例制作的，所以在制作弹出窗口之前，需要先为整个界面铺一层低透明度的黑色，如果不降低下面内容的明度，制作出对话框之后会与后边的内容混淆，无法区分主次，整个界面看起来非常混乱。

对比分析

虽然使用了弹出对话框，但弹出的对话框太小，其中的文字、图标等内容与后面的内容大小相同，且背景没有降低明度，整个界面非常乱。没有前后、主次之分，同时颜色的使用也太单调，整个界面没有亮点，给人杂乱无章的感觉。

首先降低了整个界面背景的明度，将前面的弹出对话框凸显出来，告诉用户弹出界面的用意；其次使用蓝色的文字将该对话框的主要作用表明，再用不同的文字将其不同的内容表现出来，整个界面结构清晰，操作明了简单。

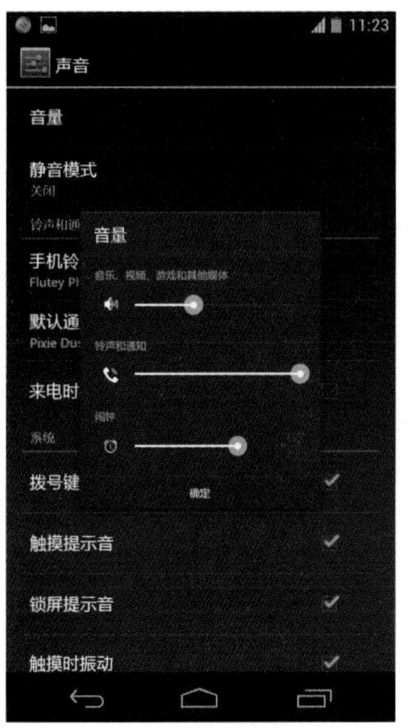

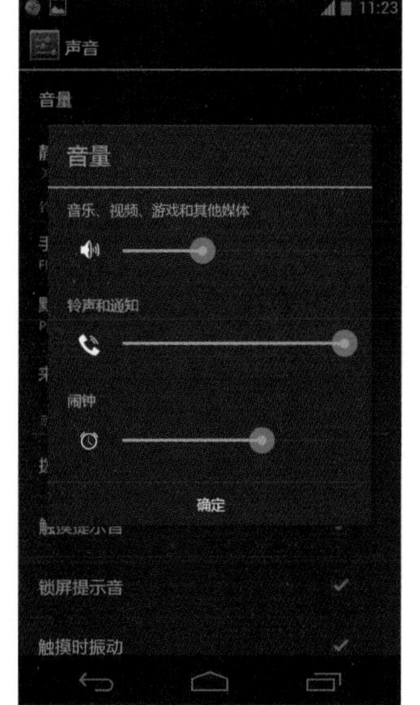

实战 9　制作信息编辑界面

- 源文件地址：第 3 章 \009.psd
- 视频地址：视频 \ 第 3 章 \009.swf

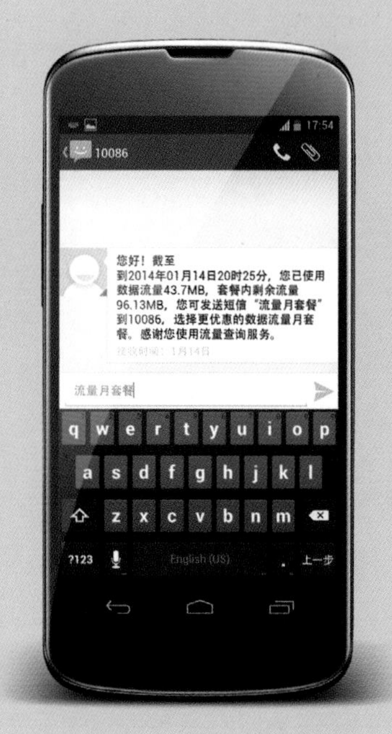

- 案例分析：

本案例的操作难度有些大，虽然没有多难制作的图标，但键盘的制作有些烦琐，在制作的过程中需要耐下心慢慢制作。

- 配色分析：

该界面的上半部分主要是以白底黑字为主，下半部分的键盘主要以黑底，灰键盘白字为主，这样的制作显得非常明显、清晰、一目了然。

制作分析　制作思路

使用形状工具配合“图层样式”制作短信图标

使用“矩形工具”配合“图层样式”绘制文本输入框

使用“横排文字工具”为整个画面添加文字

使用“圆角矩形工具”绘制键盘，并添加相应的键盘字母

- 制作步骤：01——绘制操作栏和信息内容

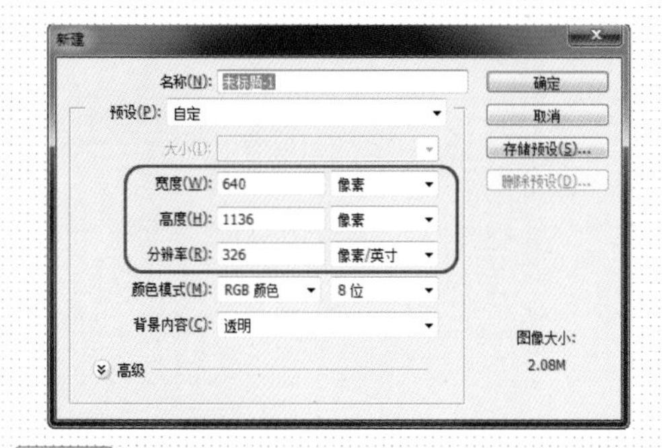

01 ▶执行“文件 > 新建”命令，新建一个空白文档。

02 ▶使用“矩形选框工具”在文档顶部创建选区，并填充为黑色。

03 ▶新建图层，设置“铅笔工具”大小为 2 像素，绘制小键盘图标。

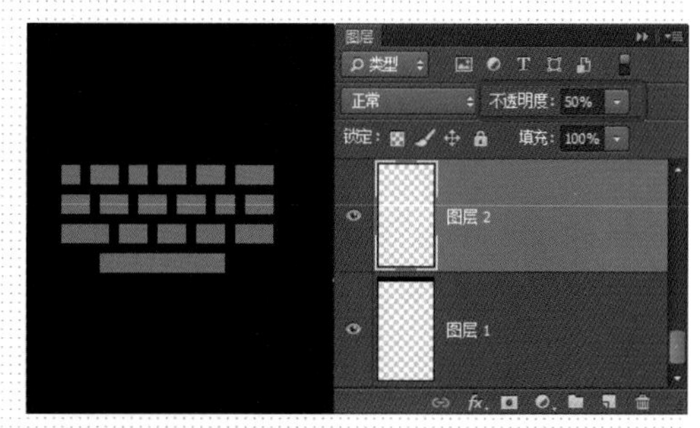

04 ▶在“图层”面板上设置小键盘的“不透明度”为 50%。

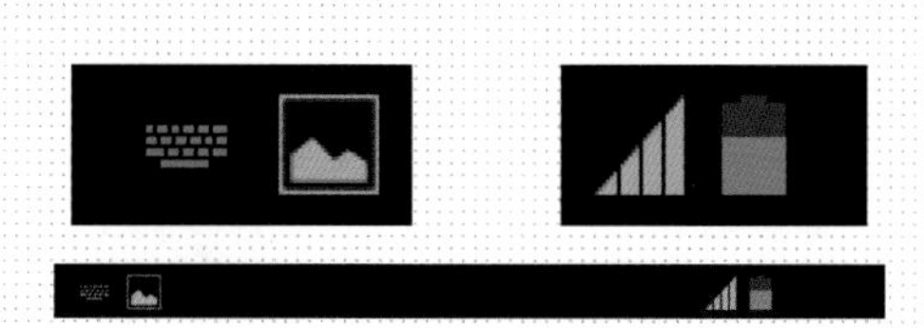

05 ▶使用相似方法制作其他图标。

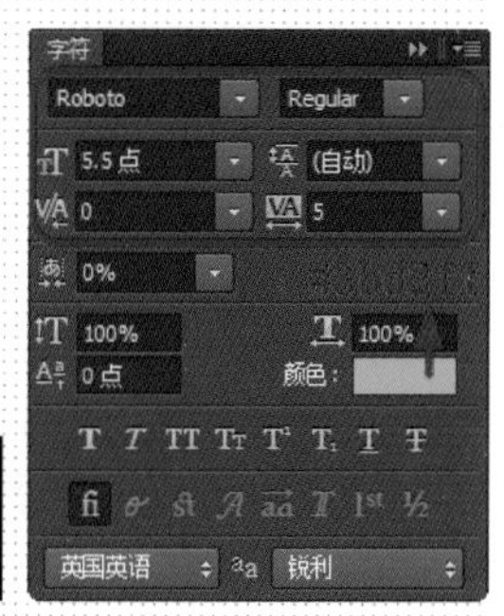

06 ▶打开“字符”面板设置各项参数，使用“横排文字工具”输入相应数字。

07 ▶使用“矩形工具”绘制一个填充为 #222222 的矩形。

08 ▶新建图层，使用“单行选框工具”在矩形顶部创建选区，并填充为 #2d2d2d。

09 ▶使用“直线工具”在矩形底部绘制一个填充为 #1b1b1b、粗细为 3 像素的直线。

10 ▶使用“自定形状工具”创建形状。

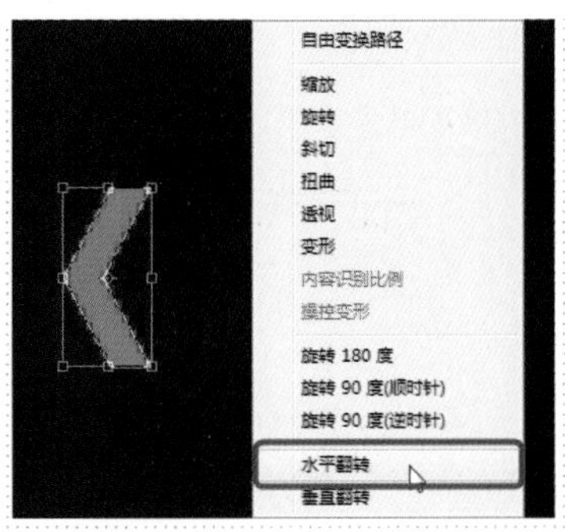

11 ▶按快捷键【Ctrl+T】，进入自由变换状态，在画布任意位置单击鼠标右键，选择“水平翻转”命令。

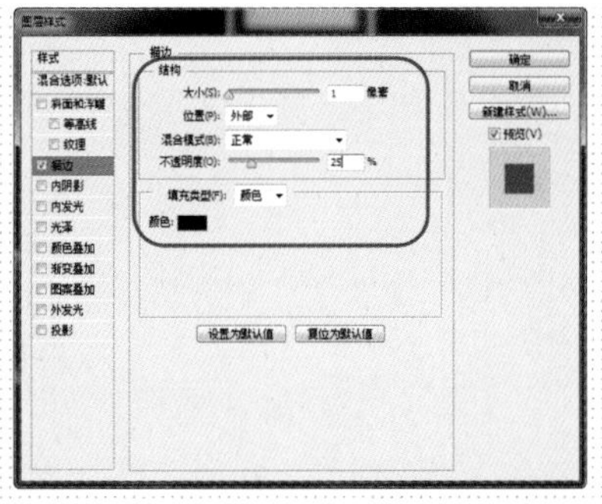

12 ▶单击“图层”面板下的fx按钮，在“图层样式”对话框中选择“描边”，设置各项参数。

13 ▶使用“圆角矩形工具”绘制半径为4像素、任意颜色的圆角矩形。

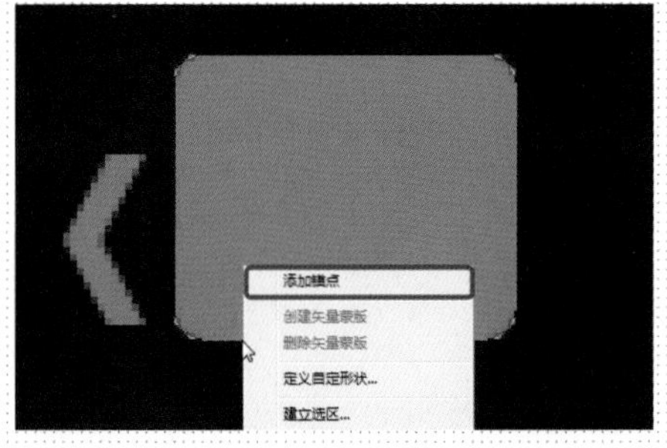

14 ▶选择“转换点工具”，在圆角矩形上单击鼠标右键，选择“添加锚点”命令。

15 ▶添加锚点后，再次单击锚点，使用“路径选择工具”适当调整锚点的位置。

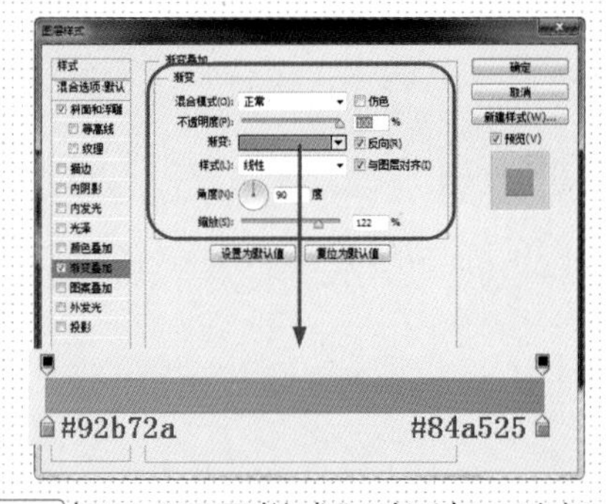

16 ▶打开“图层样式”对话框，选择“渐变叠加”选项设置各项参数。

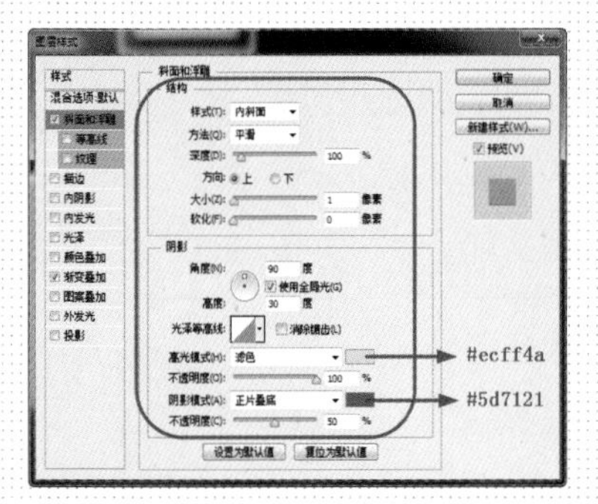

17 ▶继续选择“斜面与浮雕”选项设置各项参数。

18 ▶单击“确定”按钮可以看到添加图层样式后的形状效果。

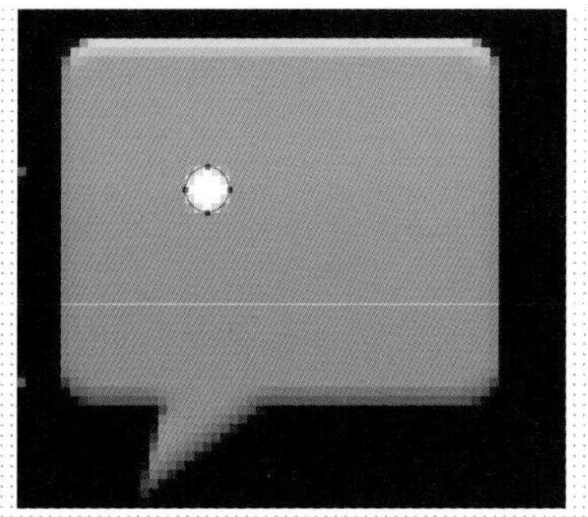

19 ▶使用“椭圆工具”绘制填充为白色的正圆。

20 ▶设置“操作路径”为“合并图层”，继续绘制正圆。

21 ▶设置“钢笔工具”的“操作路径”为“合并图层”，继续绘制形状。

22 ▶使用相同方法绘制其他形状，并使用“横排文字工具”输入相应文字。

提问：“转换点工具”的作用？

答：使用“转换点工具”可以将一个锚点转换为角点，也可以将一个角点转换为带控制柄的平滑点。

制作步骤：02——绘制文本输入框

01 ▶使用“矩形工具”绘制一个填充为白色的矩形。

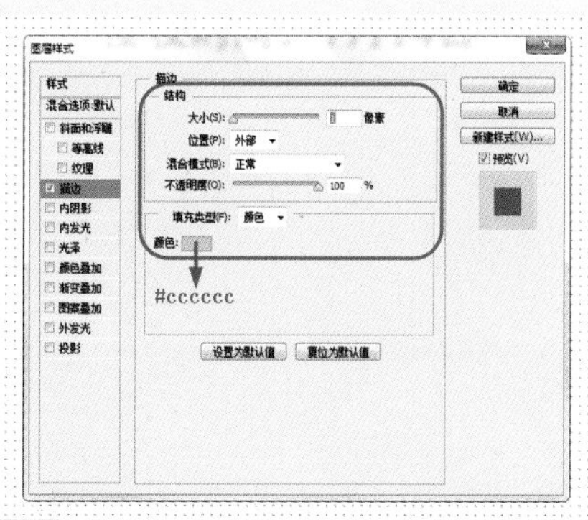

02 ▶单击“图层”面板下的 fx 按钮，在“图层样式”对话框中选择“描边”选项，设置各项参数。

03 ▶使用“直线工具”绘制填充为#b2b2b2、粗细为2像素的直线。

04 ▶继续绘制其他直线。

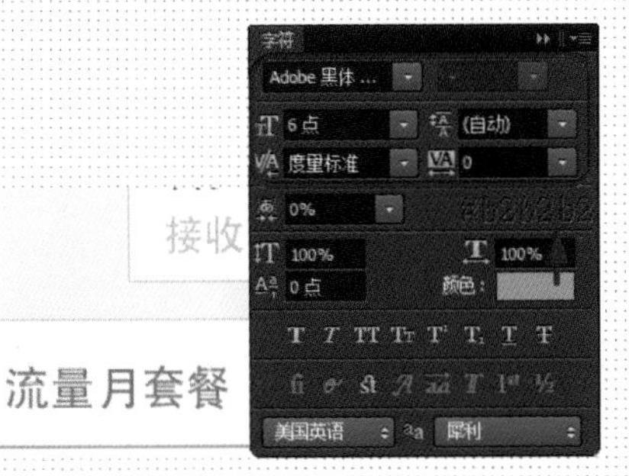

05 ▶使用“圆角矩形工具”绘制半径为4像素、任意颜色的圆角矩形。

06 ▶使用“直线工具”绘制一个填充为黑色、粗细为1像素的直线作为光标。

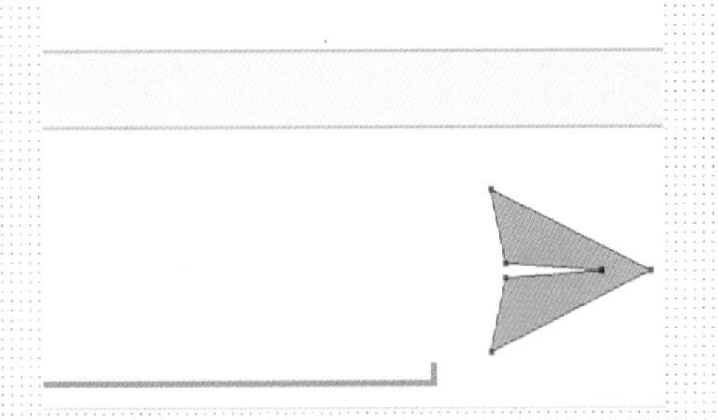

07 ▶使用“钢笔工具”绘制填充为#c1c1c1的形状。

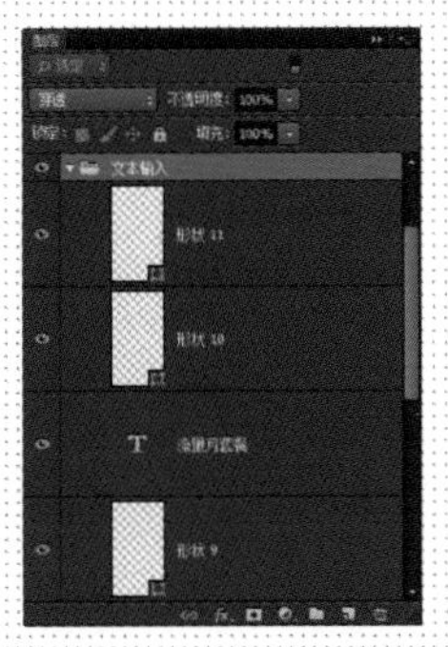

08 ▶将相关内容选中，按快捷键【Ctrl+G】进行编组，修改组的名称为“文本输入”。

○ 制作步骤：03——绘制输入键盘

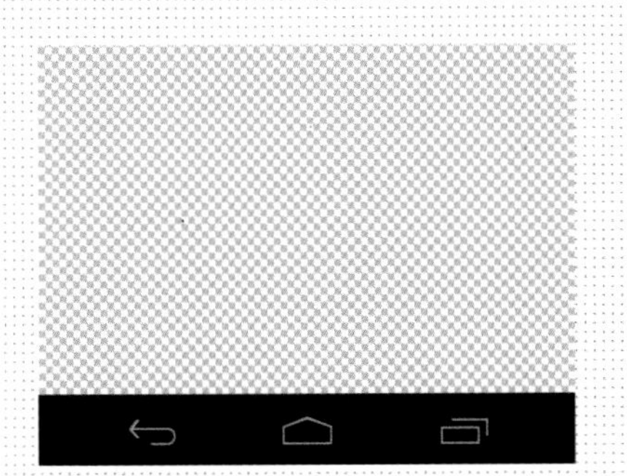

01 ▶执行“文件 > 置入”命令，将素材图像“第3章\素材\005.png”置入文档中。

02 ▶使用“矩形工具”创建一个任意填充的矩形。

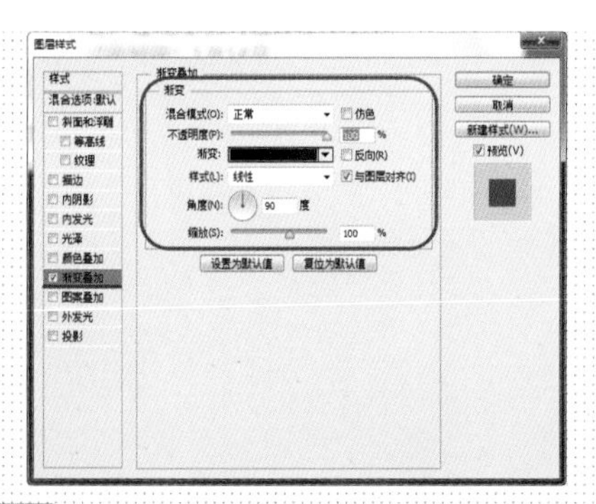

03 ▶双击该图层打开“图层样式”对话框，选择“渐变叠加”选项设置参数值。

04 ▶单击“确定”按钮可以看到图层效果。

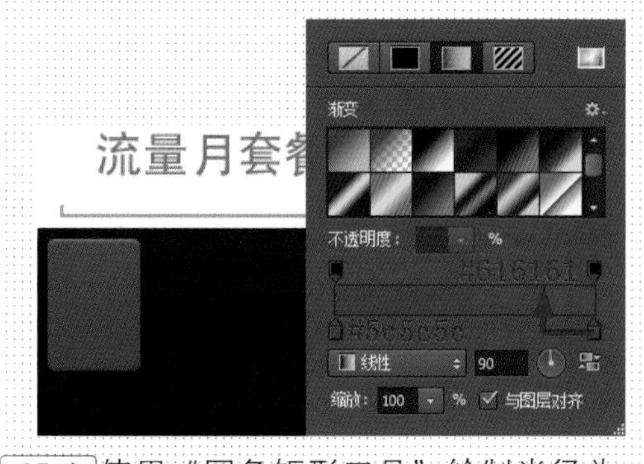

05 ▶使用“圆角矩形工具”绘制半径为 4 像素、从 #5c5c5c~#616161 的圆角矩形。

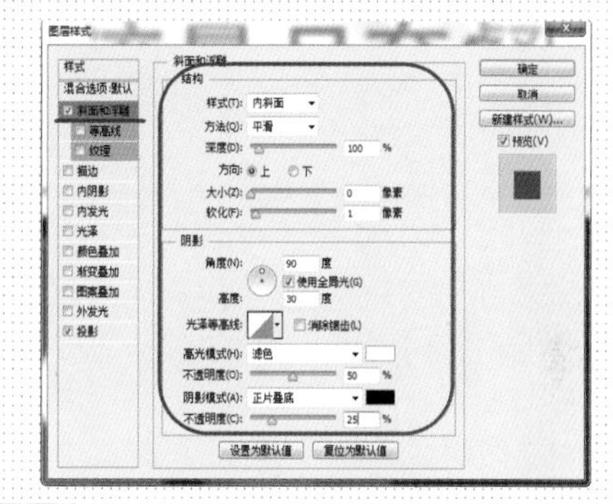

06 ▶双击该图层打开“图层样式”对话框，选择“斜面与浮雕”选项设置参数值。

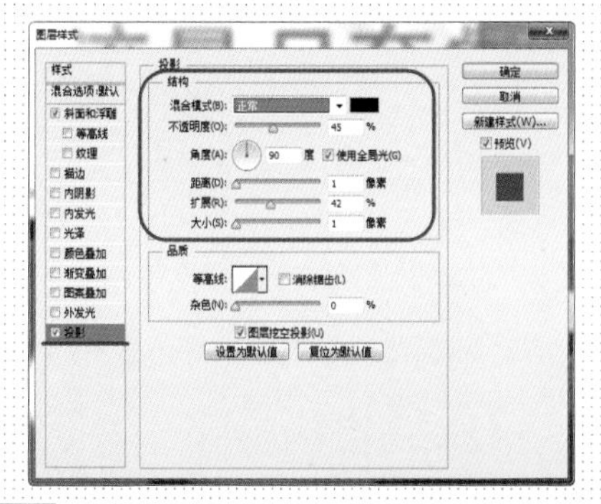

07 ▶继续选择“投影”选项设置参数值。

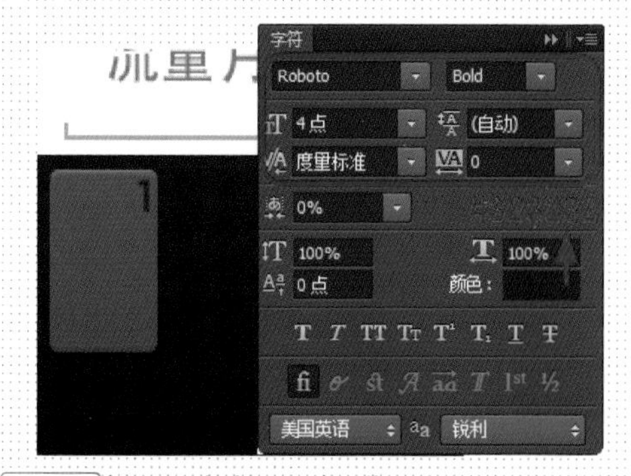

08 ▶打开“字符”面板进行设置，使用“横排文字工具”输入相应数字。

09 ▶用相同方法输入另外一个字母。

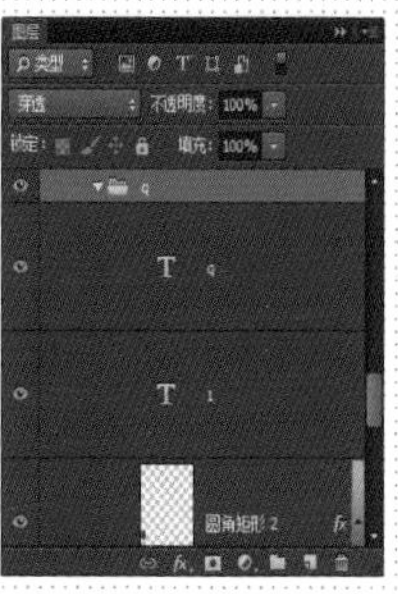

10 ▶将文字和圆角矩形选中，按快捷键【Ctrl+G】进行编组，修改组的名称为 q。

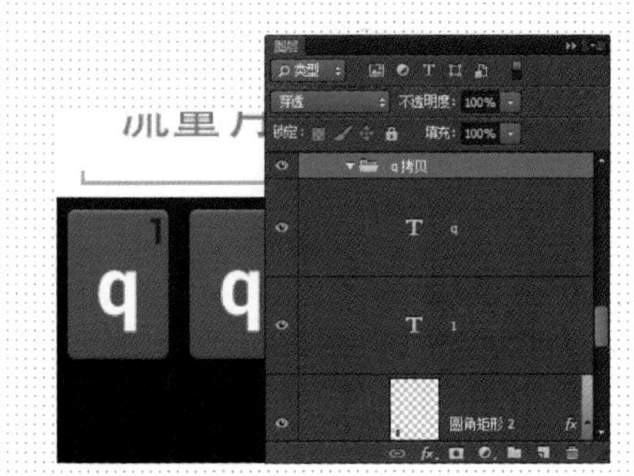

11 ▶选择"移动工具"，按住【Shift+Alt】键拖动移动组。

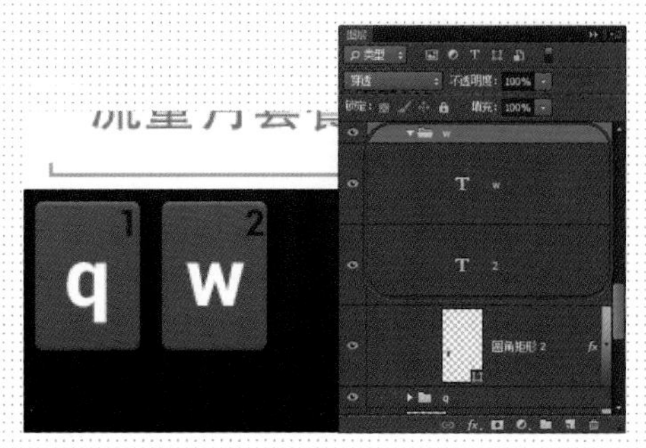

12 ▶使用"横排文字工具"修改数字与字母，并修改组的名称。

13 ▶使用相同方法制作键盘的剩余部分。

14 ▶将与键盘有关的组和图层选中，按快捷键【Ctrl+G】进行编组，修改组的名称为"键盘"，信息编辑界面制作完成。

操作难点分析

整个界面以圆角矩形与矩形为主，在制作键盘的时候，为了提高制作效率，首先绘制一个圆角矩形，按快捷键【Ctrl+J】复制，按快捷键【Ctrl+T】移动复制的圆角矩形，确定变换后，按住【Alt】键，用鼠标左键单击"编辑 > 自由变换 > 再次"命令，即可快速制作出另一个圆角矩形，多次执行该命令，可得到多个同等距离的圆角矩形。

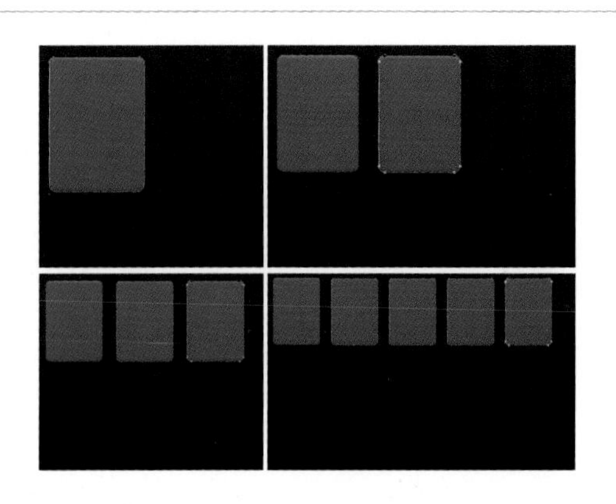

对比分析

画面中的文字太小，头像太大比例不均，且视力很好的人看信息时都非常困难，这样的结构会给用户带来诸多不便，且背景与信息框区别不大，影响画面的美观。

首先将背景与信息框区别开，给人以舒适感，文字大小也很适合用户阅读，且信息框与头像之间的比例也给人一种舒适感。

实战 10 制作添加联系人界面

- 源文件地址：第 3 章 \010.psd
- 视频地址：视频 \ 第 3 章 \010.swf

- 案例分析：

整个界面干净整洁、主次分明。界面由一些简单的形状和线条组成，在制作下拉菜单的时候，要注意为其添加投影等样式，制作图形的立体效果。

- 配色分析：

该界面使用的是白底灰字，在清晰的基础上界面也不显呆板，再点缀以蓝色与黑色区分画面的主次。整个界面干净整洁，可读性高。

制作分析　制作思路

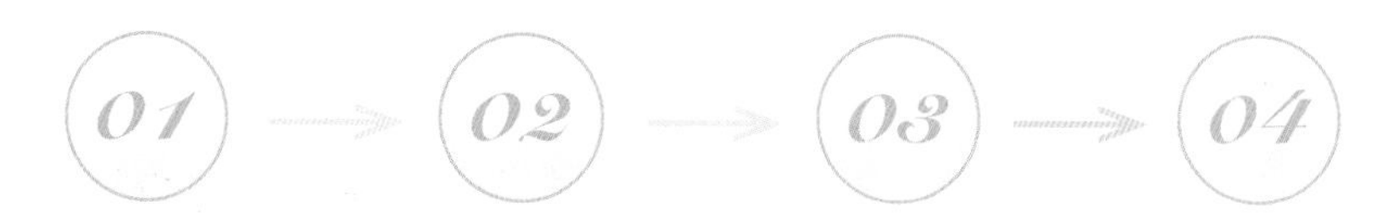

使用“矩形工具”绘制出简单的矩形底色

使用“直线工具”绘制出简单、有序的线条

使用“圆角矩形工具”配合“图层样式”制作下拉菜单

使用“横排文字工具”为整个界面添加文字，完成制作

○ 制作步骤：01——绘制操作栏

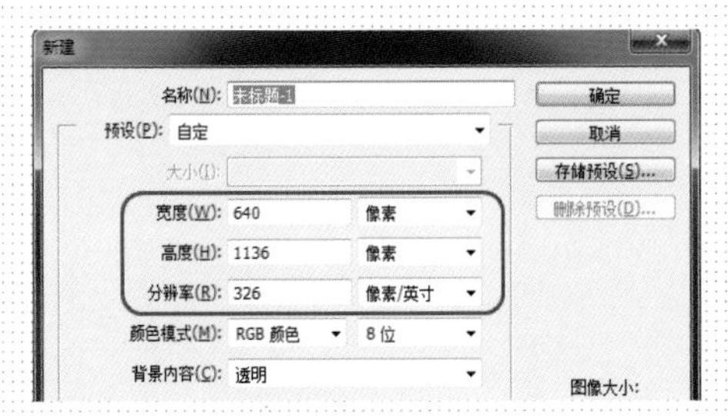

01 ▶执行“文件 > 新建”命令，新建一个空白文档。

02 ▶设置“背景色”为白色，按快捷键【Ctrl+Delete】为文档填充白色。

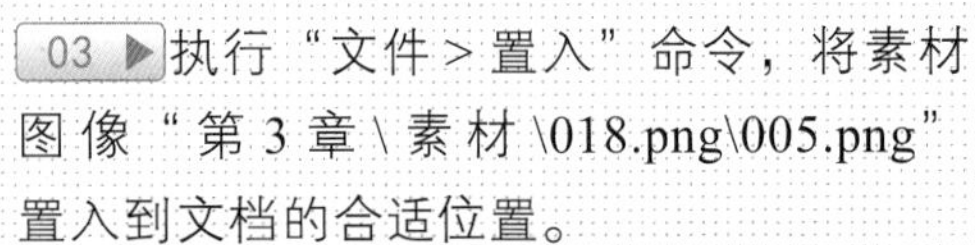

03 ▶执行“文件 > 置入”命令，将素材图像“第 3 章 \ 素材 \018.png\005.png”置入到文档的合适位置。

04 ▶使用“矩形工具”绘制填充为 #33b5e5 的矩形。

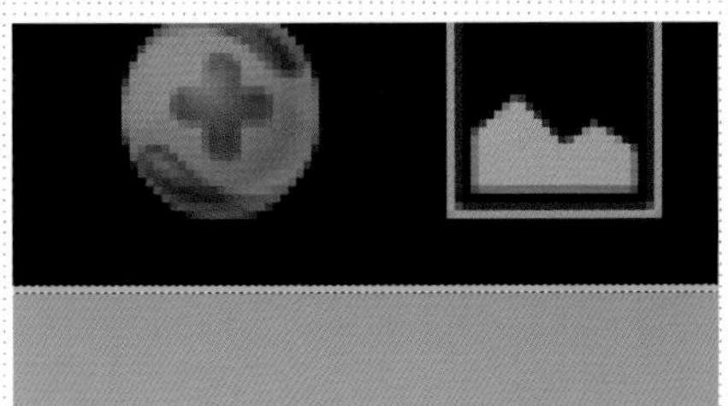

05 ▶使用“单行选框工具”创建选区，设置“前景色”为 #3bccff，按快捷键【Alt+Delete】填充颜色。

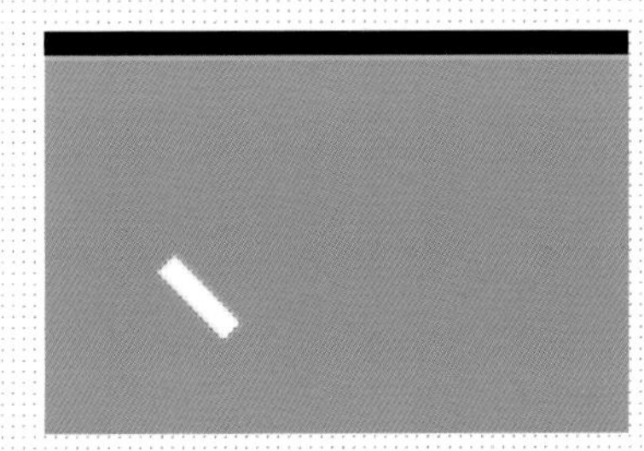

06 ▶使用“直线工具”绘制粗细为 5 像素，填充为白色的线。

07 ▶按住【Shift】键继续绘制直线，设置该图层的不透明度为 75%。

08 ▶使用相同方法绘制其他直线。

09 ▶打开“字符”面板进行设置，使用“横排文字工具”输入相应文字。

10 ▶用相同方法完成相似内容的制作。

○ 制作步骤：02——绘制文本输入区域

01 ▶使用“直线工具”绘制粗细为 2 像素，填充为 #0099cc 的直线。

google@123.com

02 ▶继续绘制粗细为 1 像素，填充为黑色的直线。

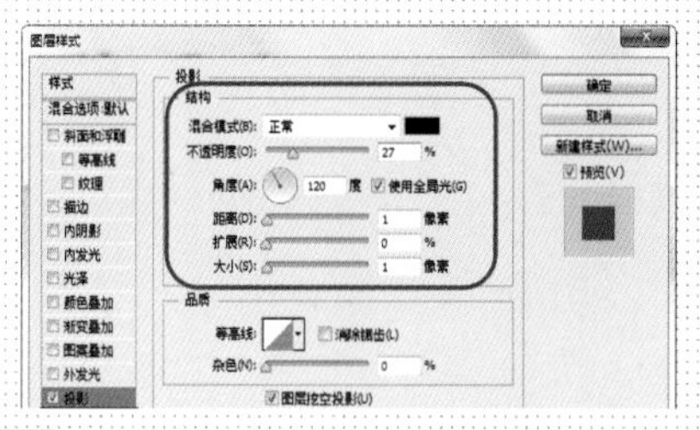

03 ▶单击“图层”面板下的按钮，在“图层样式”对话框中选择“投影”选项，设置参数值。

04 ▶打开“字符”面板进行设置，使用“横排文字工具”输入相应文字。

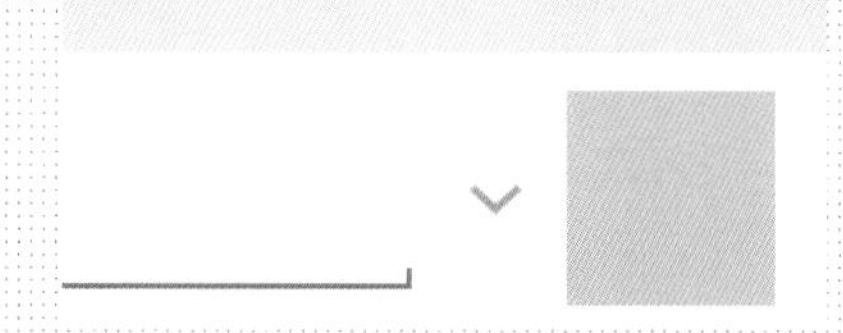

05 ▶用相同方法绘制其他形状。

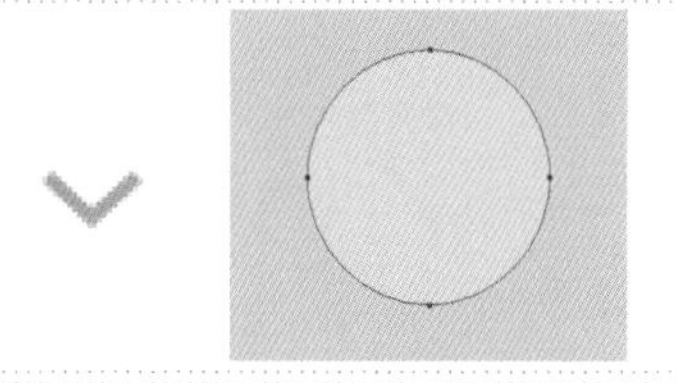

06 ▶使用“椭圆工具”绘制一个填充为 #e1e1e1 的正圆。

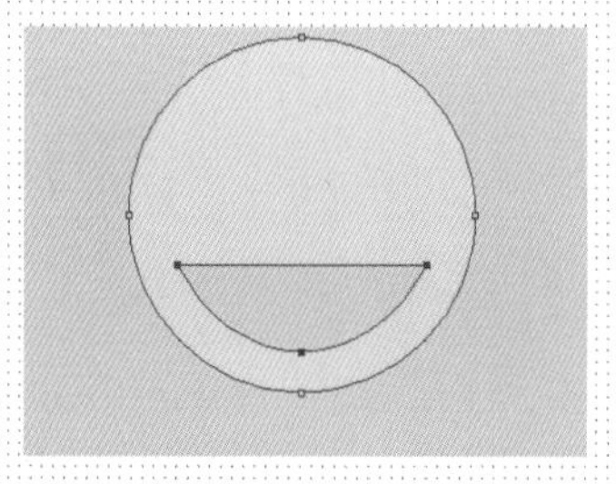

07 ▶设置“钢笔工具”的“路径操作”为“减去顶层形状”，在正圆中继续绘制。

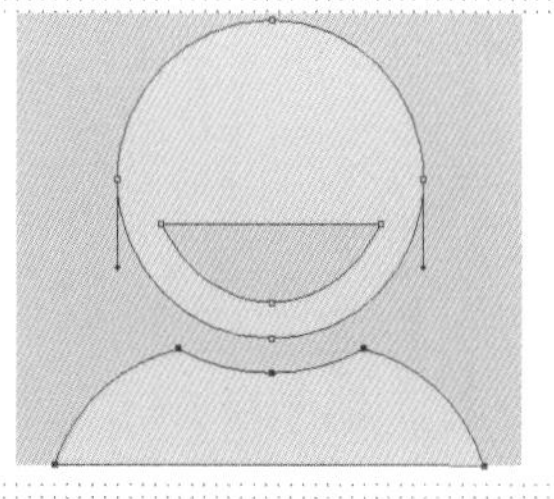

08 ▶设置“路径操作”为“合并图层”，继续绘制形状。

09 ▶使用“矩形工具”绘制填充为黑色的正方形。

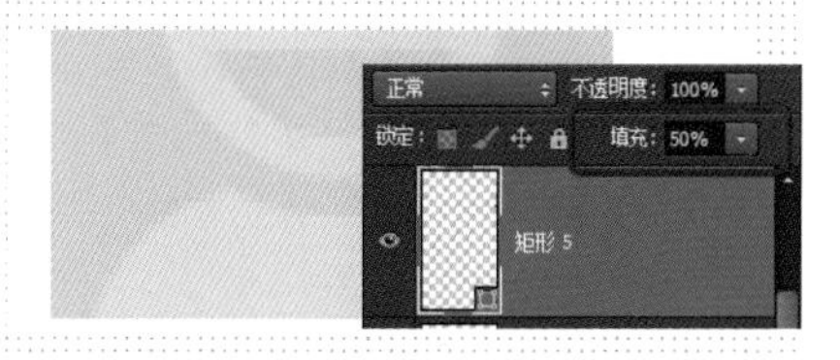

10 ▶使用“删除锚点”工具删除左上角的点，设置其“填充”为 50%。

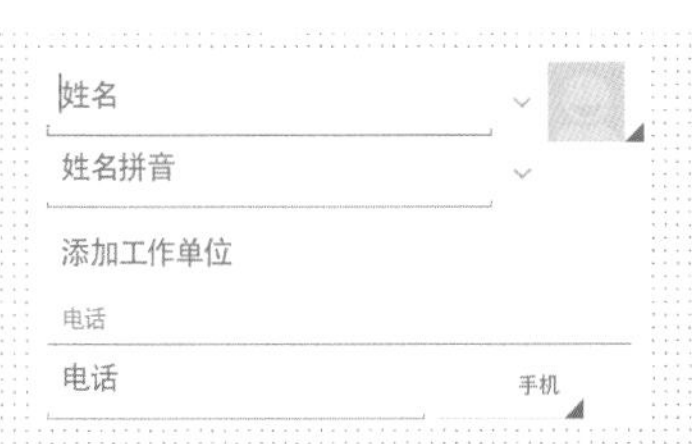

11 ▶使用相同方法制作出其他相似内容。

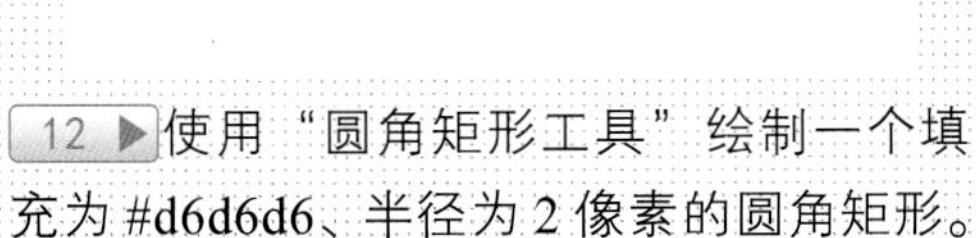

12 ▶使用“圆角矩形工具”绘制一个填充为 #d6d6d6、半径为 2 像素的圆角矩形。

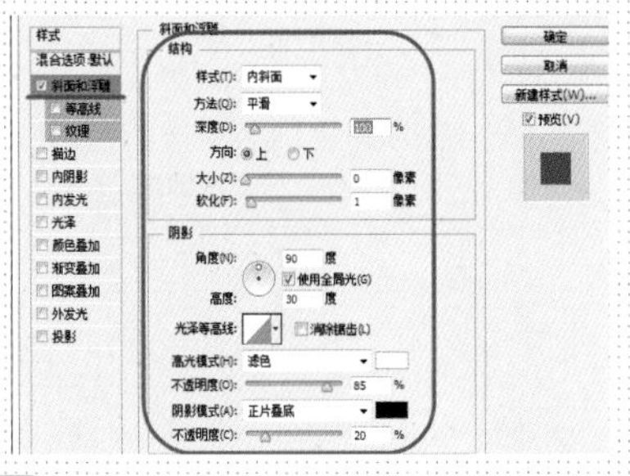

13 ▶单击“图层”面板下方的 fx 按钮，选择“斜面和浮雕”选项，设置参数值。

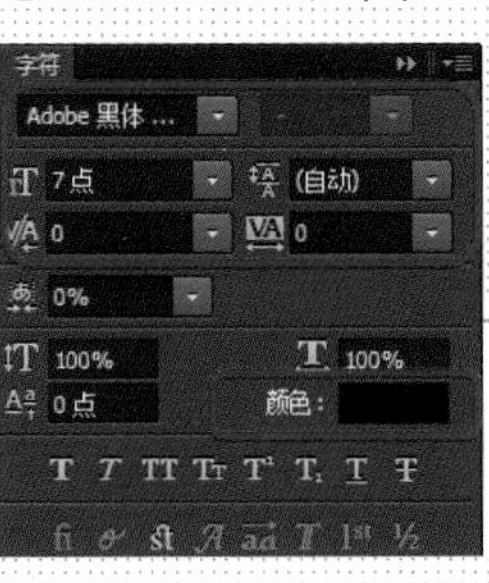

14 ▶打开“字符”面板适当设置参数，使用“横排文字工具”输入相应文字。

○ 制作步骤：03——绘制下拉菜单

01 ▶使用“圆角矩形工具”绘制填充为 #efefef、半径为 3 像素的圆角矩形。

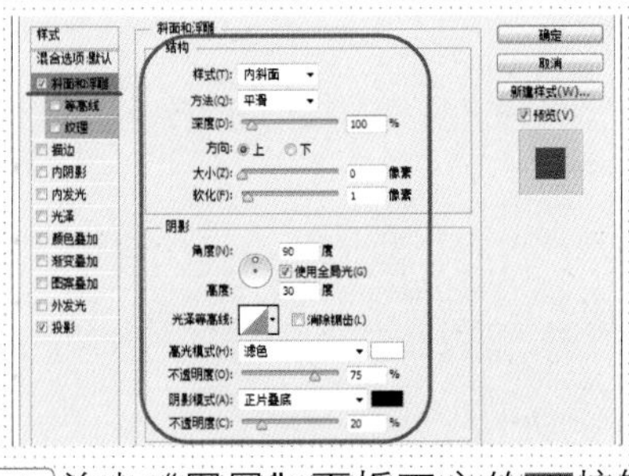

02 ▶单击“图层”面板下方的 fx 按钮，选择“斜面和浮雕”选项，设置参数值。

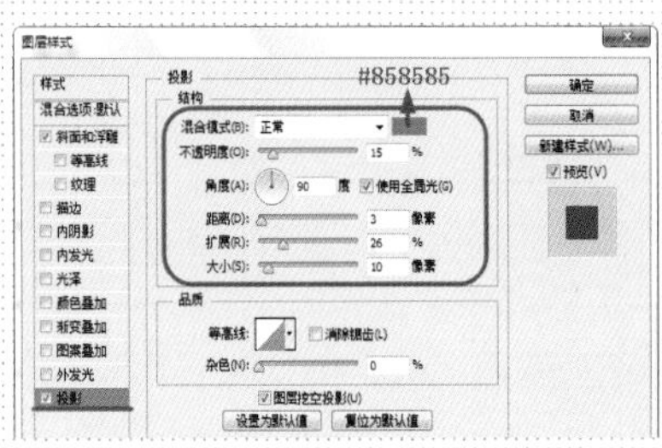

03 ▶继续选择“投影”选项，设置参数值。

04 ▶单击“确定”按钮可以看到形状效果。

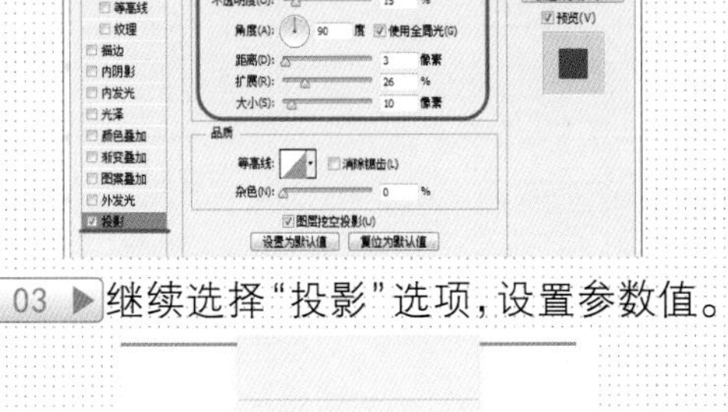

05 ▶使用“直线工具”绘制粗细为 1 像素、填充为 #d6d6d6 的直线。

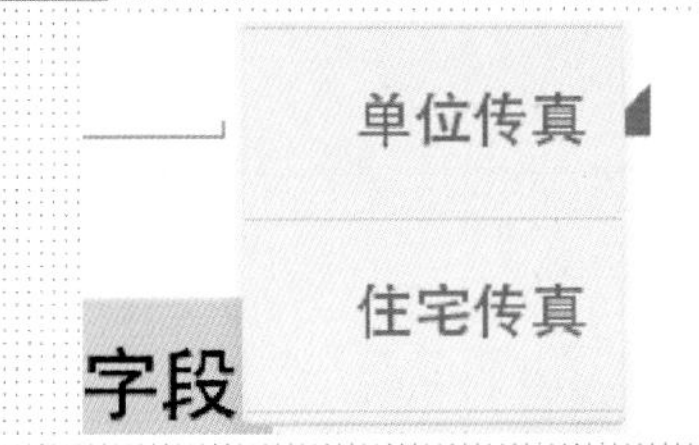

06 ▶打开“字符”面板适当设置参数，使用“横排文字工具”输入相应文字。

提问：按【Shift】键的作用是什么?

答：在“直线工具”等形状工具状态下，先按住【Shift】键，再绘制形状，绘制形状与之前的形状在同一个图层上，单击鼠标左键后再按【Shift】键，绘制的直线为垂直或水平的线，绘制的矩形为正方形，绘制的圆为正圆。

操作难点分析

打开“图层样式”的操作方法有很多，选中图层，通过单击“图层”面板下的按钮打开“图层样式”对话框；在“图层”面板上方单击鼠标右键，在弹出的快捷菜单中选择“混合选项”打开“图层样式”对话框；一般的图层，可以通过双击图层前的缩览图打开“图层样式”对话框；如果是形状图层，可以双击图层名称后方的空白才打开“图层样式”对话框。

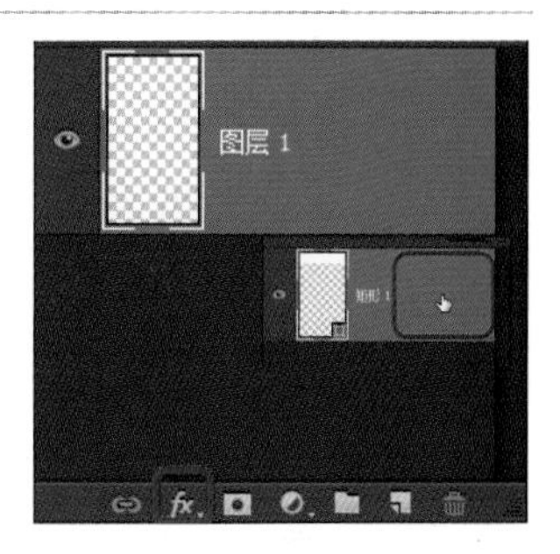

对比分析

整个画面除操作栏有明显的区分外，其余内容全部都混在了一起，无法区分，给人凌乱的感觉，虽然白纸黑字的搭配很清晰，但使用太多，会给人以强烈的刺激感；画面中没有将下拉菜单明显地区分出来，感觉其中的内容都贴在了后面，这里显得尤其乱。

使用灰色的矩形将联系人与其他内容区分开，具有较强的层次感，文字多以灰色为主，点缀以较小的蓝色文字，使整个画面看起非常干净整洁，也不会刺激人的眼球；用一个与背景不同的颜色加上投影效果将下拉菜单与背景明显地区分开，让用户可以清楚地知道这样做的效果。

3.6 特效的使用

不论是怎样的 APP 设计都需要一些新奇、与众不同的亮点，这样才会给人以眼前一亮的感觉，从而抓住用户的眼球。

在操作简单、实用、易于理解的基础上，再加上漂亮的视觉效果，这样就可以吸引用户下载该应用程序。

为了使制作出的 APP 更加美观，还需要借助一些特殊效果，例如，边框、投影、发光等效果。

○ 边框

为图标等添加边框可以突出需要展示的内容，也可以将较为零散的展示内容聚集在一起，使用户清楚地知道 APP 中所要展示的内容，给人一目了然的感觉。

○ 投影

在上一节中我们讲了很多关于对话框、选择器等浮于界面上方的控件，在这些控件的下方都有着投影效果，在制作案例时也为这些控件添加了投影效果。

那么为什么要添加投影呢？在扁平化图像的下方添加投影效果可以使其看起来更加立体化，起到丰富、美化界面的作用。

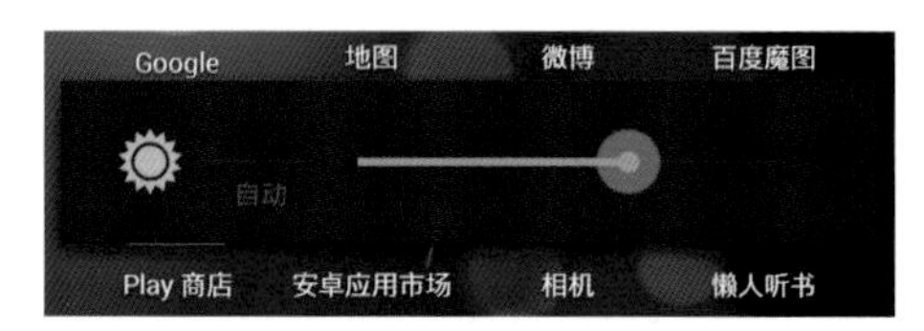

○ 发光

在看起来比较朴素的界面中添加一些发光的元素，可以使整个界面具有亮点，同时也提高了界面的阅读性。

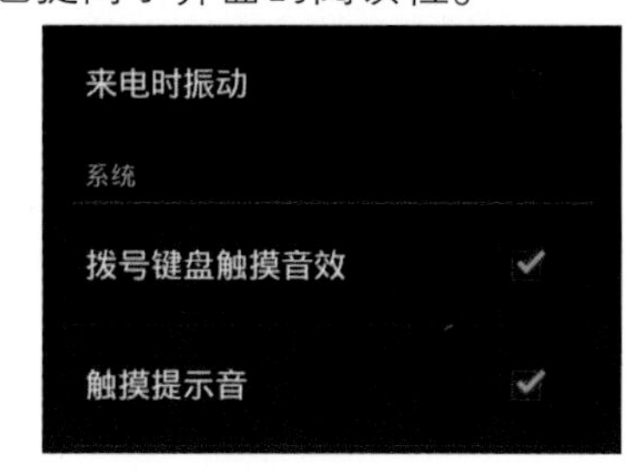

有时在一些操作界面中，用户拖动到顶或底，无法再继续的情况下，添加一个发光效果，美化了界面，同时以一种柔和感暗示用户这样做是不正确的。

实战 11 制作锁屏界面

- 源文件地址：第 3 章 \011.psd
- 视频地址：视频 \ 第 3 章 \011.swf

- 案例分析：

本案例在锁屏界面上为用户添加了 APP 的对话框，显示一些用户的重要消息。在制作过程中主要是利用形状工具与图层样式配合绘制图标，最后再添加一些必要的文字信息即可完成该案例的制作。

- 配色分析：

该界面使用了一个由暖色到冷色的背景，上面的文字、图标主要以白色为主，再将有消息的提示以红色或蓝色的按钮表现出来，整个界面简单大方、一目了然。

制作分析 制作思路

01 新建文档，将需要的素材图像置入到文档中

02 使用“矩形工具”、“钢笔工具”等形状工具绘制出图标

03 分别为图标添加不同的图层样式，制作出不同的效果

04 使用“横排文字工具”为整个画面添加文字

- 制作步骤：01——绘制通知图标

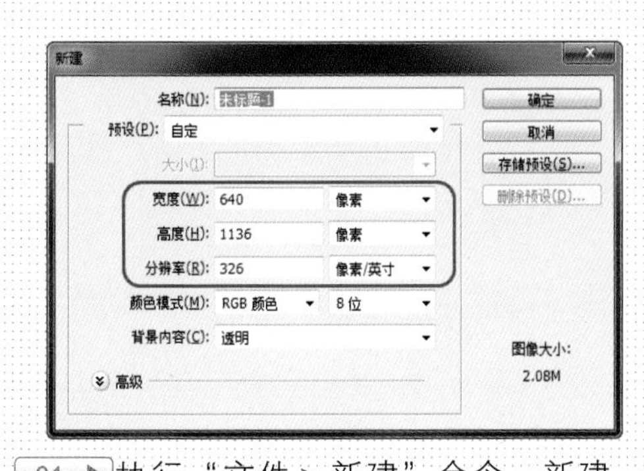

01 ▶执行“文件 > 新建”命令，新建一个空白文档。

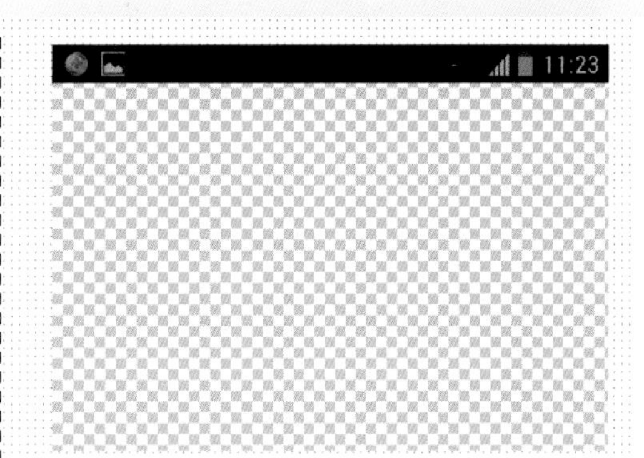

02 ▶执行“文件 > 置入”命令，将素材图像“第 3 章 \ 素材 \032.png”置入文档，将其移至文档的顶部。

03 ▶ 使用相同方法将其他图像置入文档，并调整图像的位置和大小。

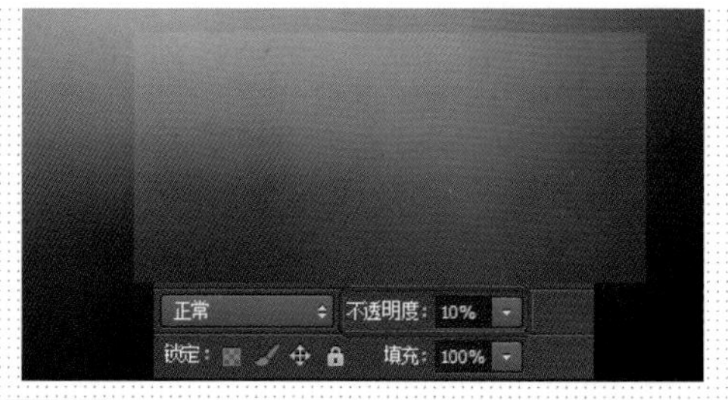

04 ▶ 使用“矩形工具”绘制一个填充为白色的矩形，设置其“不透明度”为 10%。

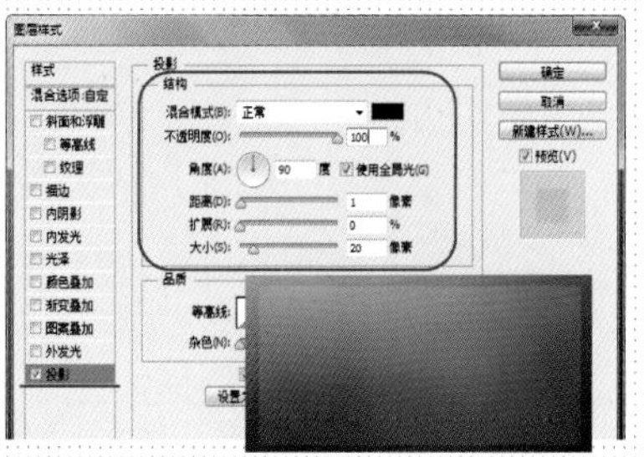

05 ▶ 单击“图层”面板下方的 fx 按钮，在“图层样式”对话框中设置“投影”的参数。单击“确定”按钮可以看到图层效果。

06 ▶ 使用相同方法制作相似内容。

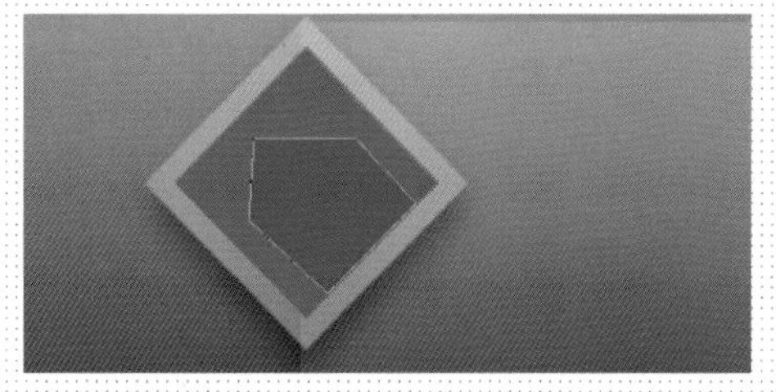

07 ▶ 使用“钢笔工具”绘制填充为 #016fc8 的形状。

08 ▶ 打开“字符”面板，设置各项参数，使用“横排文字工具”输入相应文字。

09 ▶ 使用“直线工具”在字母上方绘制填充为 #dfe1e1、粗细为 1 像素的直线。

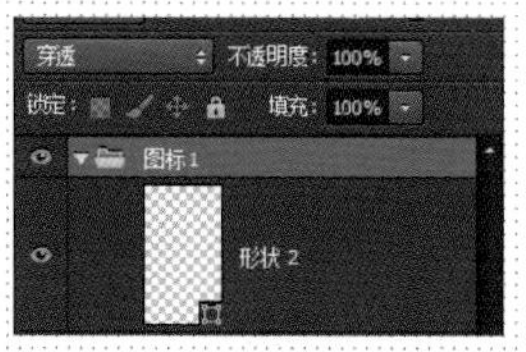

10 ▶ 将“矩形 2”~“形状 2”图层选中，按快捷键【Ctrl+G】进行编组，并修改其名称。

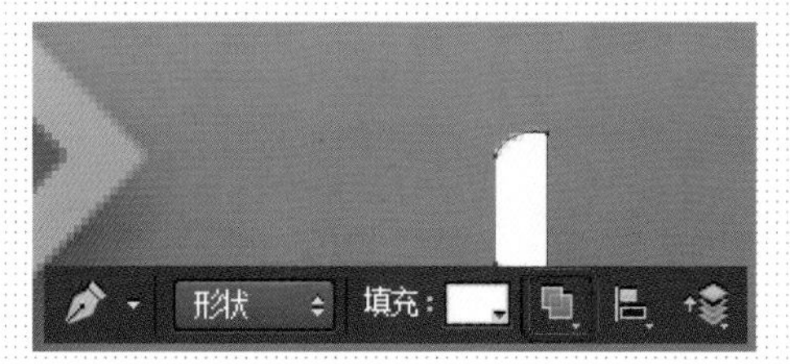

11 ▶ 使用“钢笔工具”绘制一个填充为白色的形状。设置“路径操作”为“合并图层”，继续绘制形状。

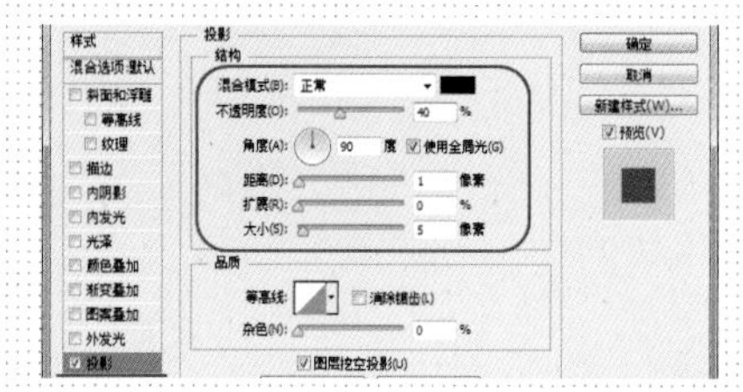

12 ▶ 单击“图层”面板下方的 fx 按钮，在“图层样式”对话框中设置“投影”选项的参数。

13 ▶使用“圆角矩形工具”绘制半径为 4 像素、从 #f72b2c~#d11315 的圆角矩形。

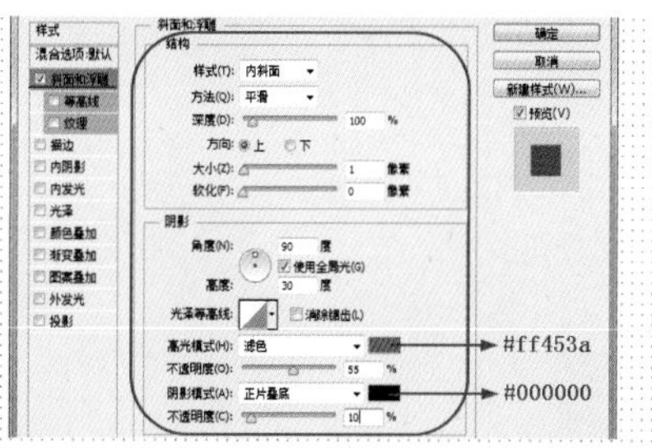

14 ▶单击“图层”面板下方的 fx 按钮，设置“斜面和浮雕”的参数。

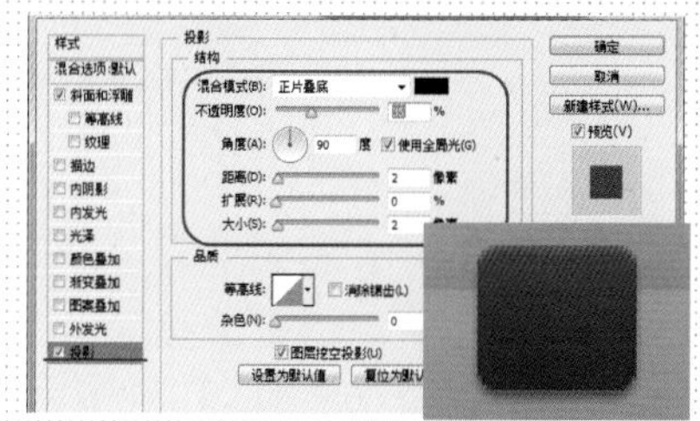

15 ▶选择“投影”选项继续设置参数值。单击“确定”按钮可以看到图层效果。

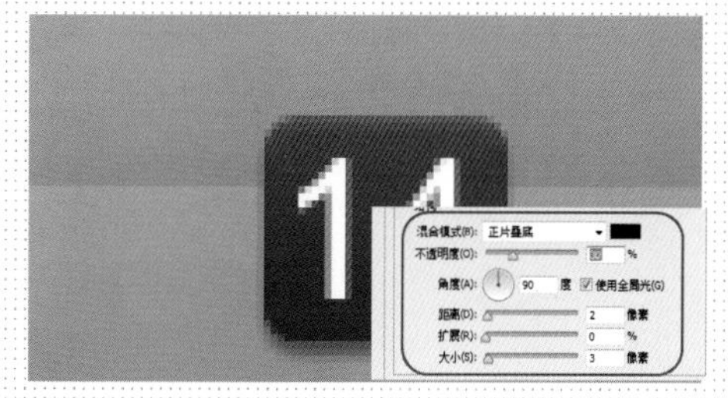

16 ▶打开“字符”面板，设置各项参数，使用“横排文字工具”输入相应数字。用相同方法为其添加“投影”样式。

17 ▶使用相同方法制作其他图标。

18 ▶使用“直线工具”绘制填充为白色、粗细为 2 像素的直线，设置其“不透明度”为 8%。

19 ▶使用相同方法制作相似内容。

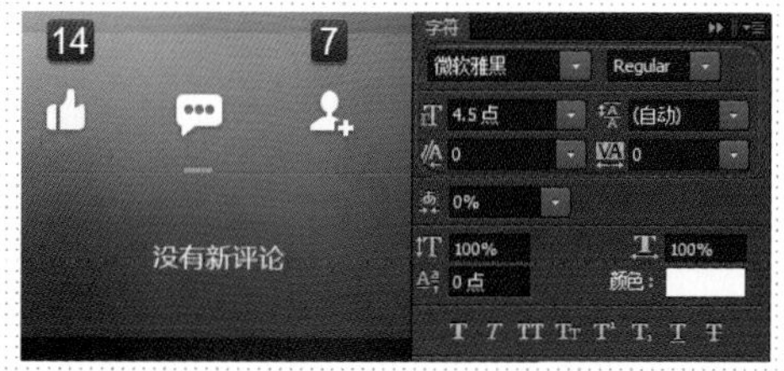

20 ▶打开“字符”面板，设置各项参数，使用“横排文字工具”输入相应文字。

○ 制作步骤：02——绘制锁屏图标

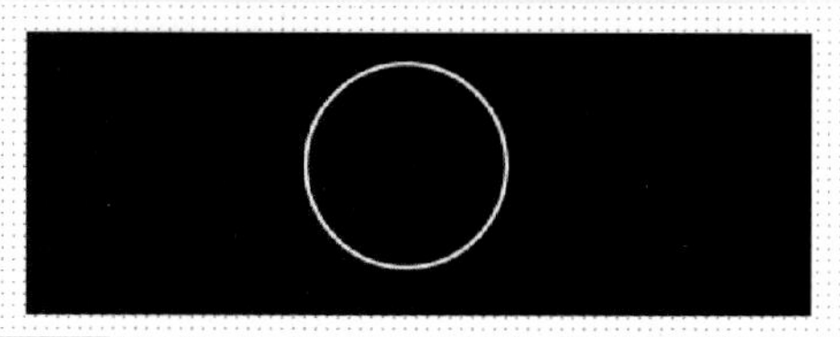

01 ▶使用“椭圆工具”绘制填充为无、描边为 0.5 点、填充为白色的正圆。

02 ▶单击“图层”面板下方的 fx 按钮，为正圆添加“投影”样式。

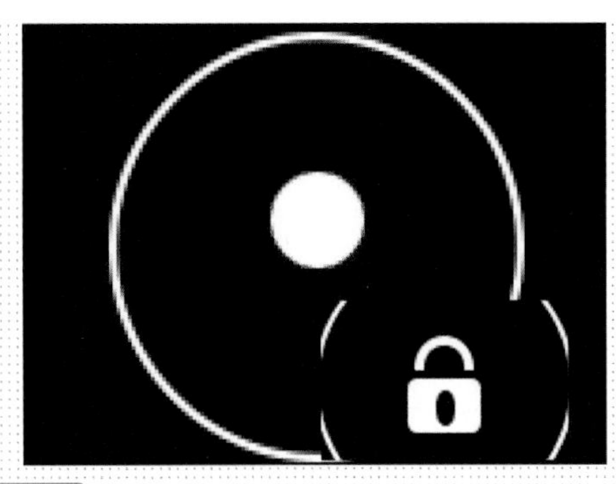

03 ▶在正圆中继续绘制一个填充为白色的正圆。设置“操作路径”为“减去顶层形状”，继续绘制形状。

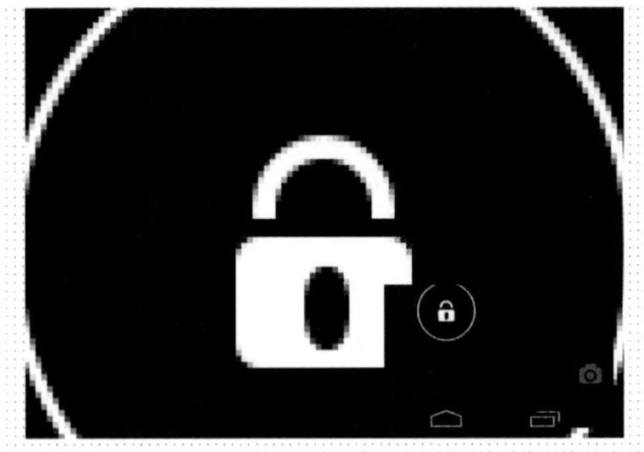

04 ▶使用相同方法继续绘制锁子的剩余部分，并添加与正圆相同的“投影”样式。使用相同方法绘制照相机图标。

05 ▶打开“字符”面板设置各项参数，使用“横排文字工具”输入相应文字。

06 ▶修改字体样式，继续输入相应文字。

07 ▶使用相同方法输入其他文字，完成锁屏界面的制作。

操作难点分析

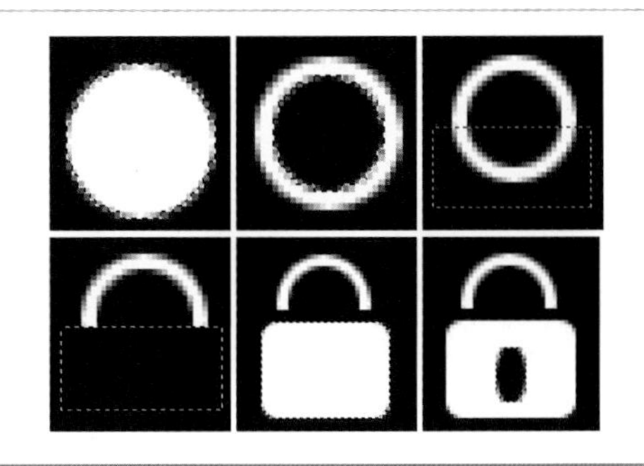

案例中主要以绘制形状添加图层效果为主。绘制图形时，可以使用“钢笔工具”、“矩形工具”、“椭圆工具”等绘制形状的工具与路径操作配合使用；也可以使用“矩形选框工具”、“椭圆选框工具”等创建选区，为选区填充颜色的方法绘制图形。

对比分析

整个画面的色彩对比不强烈，当有消息时，给出的提醒虽然与背景区别开了，但却只是单纯的文字，很显然，可能会导致用户错过主要的事情；同时整个界面没有亮点，制作的图标与放置图标的区域融合在了一起，不仅显得呆板，还不实用。

首先，消息提示用一个较有质感的图形将其数量衬出，提醒用户该功能有新的消息，非常醒目；其次，为图标等添加了阴影效果，使其具有立体效果；虽然图标与放置图标的区域都是白色的，但却通过不透明度和阴影将两者区分开，不仅美化了界面，还将较为零散的内容聚集在了一起。

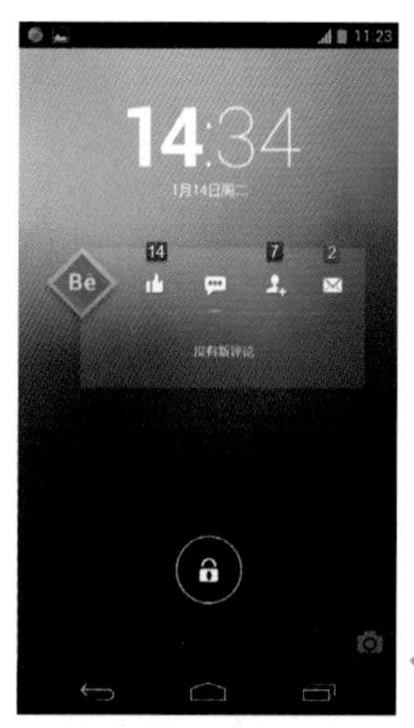

综合实战 12 制作天气界面

- 源文件地址：第 3 章 \012.psd
- 视频地址：视频 \ 第 3 章 \012.swf
- 案例分析：

  这套天气界面的风格偏简洁明晰，所有元素的细节和质感都极其简单，配色、投影和半透明是贯穿全局的元素。

- 配色分析：

  该界面的背景都使用了小清新的渐变壁纸，可以很好地衬托出具体的信息，白色和深红色相间的文字可读性很高。

制作分析　制作思路

处理背景，使用“矩形工具”创建出界面的大致框架

输入重点文字，使用各种形状创建不同的图标

使用“直线工具”、“椭圆工具”和文本工具创建走势图

使用“椭圆工具”和图层样式制作出头像部分，并嵌入图片

○ 制作步骤：01——制作背景和框架

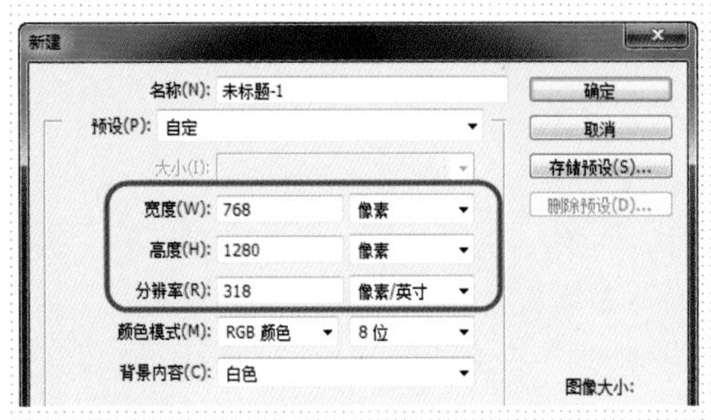

01 ▶执行“文件 > 新建”命令，新建一个空白文档。

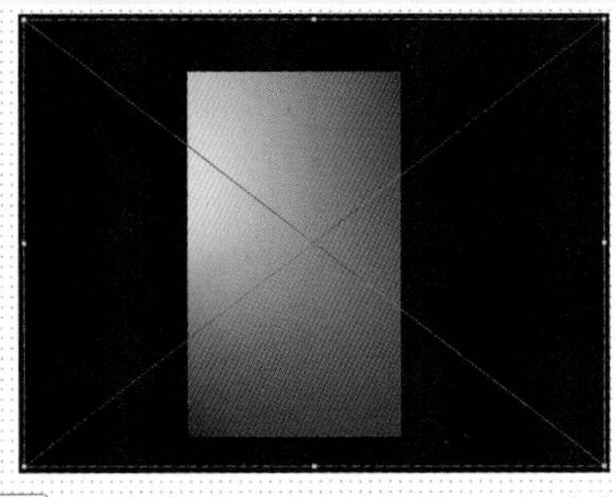

02 ▶执行“文件 > 置入”命令，置入素材“第3章\素材\034.jpg”，适当调整位置和大小。

03 ▶执行“图层 > 新建调整图层 > 亮度/对比度”命令，在弹出的“属性”面板中设置参数值，得到图像效果。

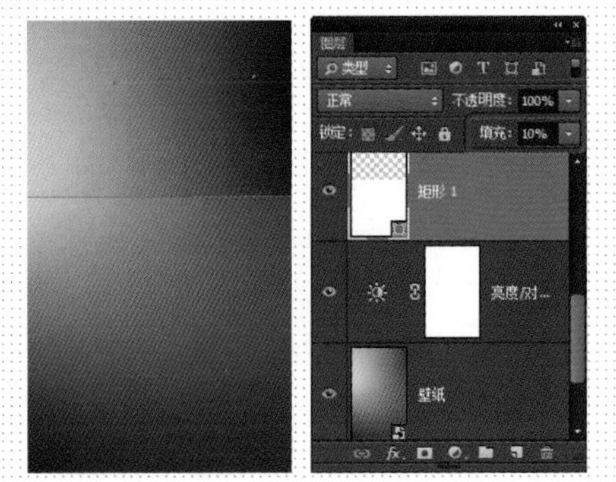

04 ▶使用“矩形工具”创建一个“填充”为白色的矩形，设置该图层“填充”为10%。

05 ▶使用“矩形工具”创建一个“填充”为白色的矩形，设置该图层“填充”为30%。

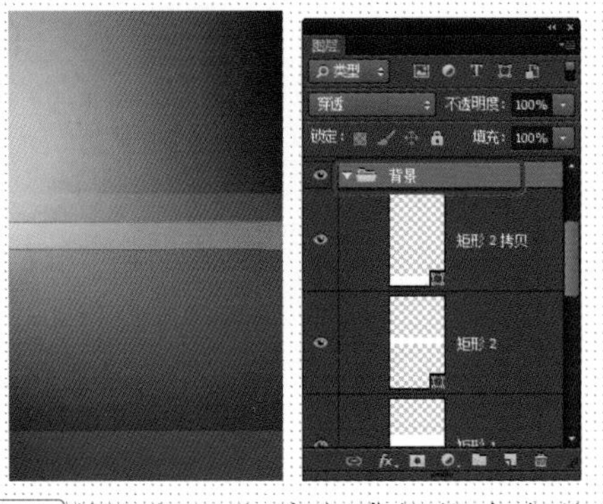

06 ▶使用相同方法完成相似内容的制作。选中全部的图标，执行“图层 > 编组”命令进行编组，重命名为“背景”。

○ 制作步骤：02——制作天气部分

01 ▶ 使用“矩形工具”创建一个“填充”为白色的矩形。

02 ▶ 设置“路径操作”为“合并形状”，继续绘制形状。

03 ▶ 在“字符”面板中适当设置字符属性，使用“横排文字工具”输入相应的文字。

04 ▶ 使用“椭圆工具”创建一个“填充”为白色的正圆。

05 ▶ 使用“转换点工具”单击正圆下方的锚点，使用“直接选择工具”调整锚点位置。

06 ▶ 使用“椭圆工具”，设置“路径操作”为“减去顶层形状”，继续绘制形状。

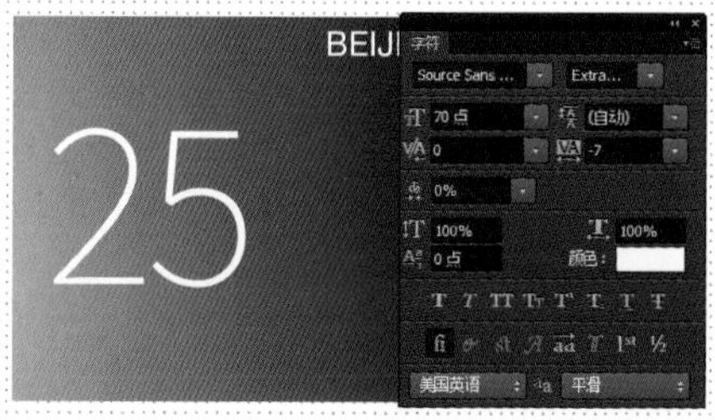

07 ▶ 在“字符”面板中适当设置字符属性，使用“横排文字工具”输入相应的文字。

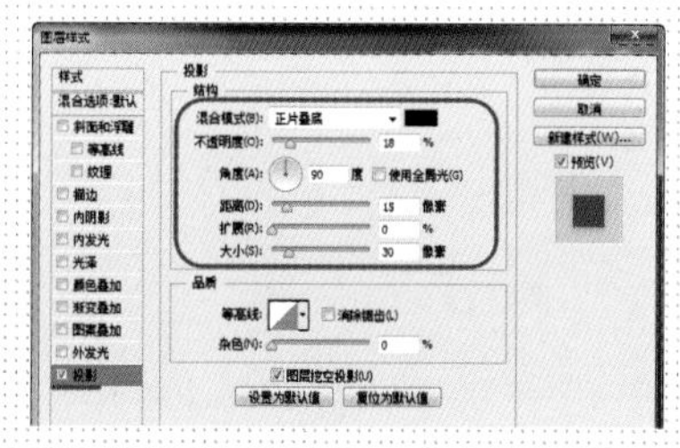

08 ▶ 双击该图层缩览图，弹出“图层样式”对话框，选择“投影”选项设置参数值。

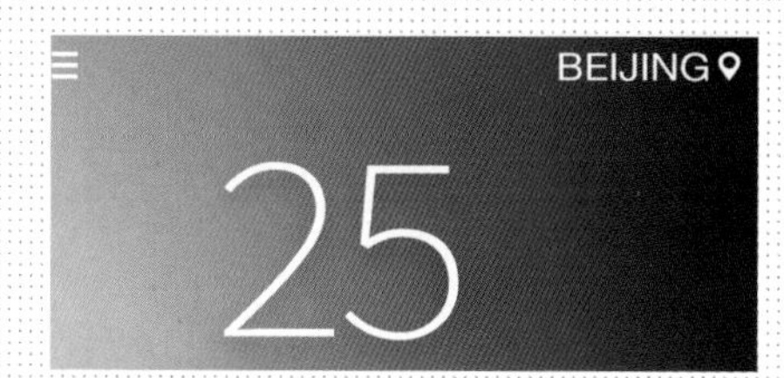

09 ▶ 设置完成后单击“确定”按钮，得到文字的投影效果。

10 ▶ 使用相同方法完成相似内容的制作。

11 ▶使用“椭圆工具”创建一个“描边”为白色的正圆。

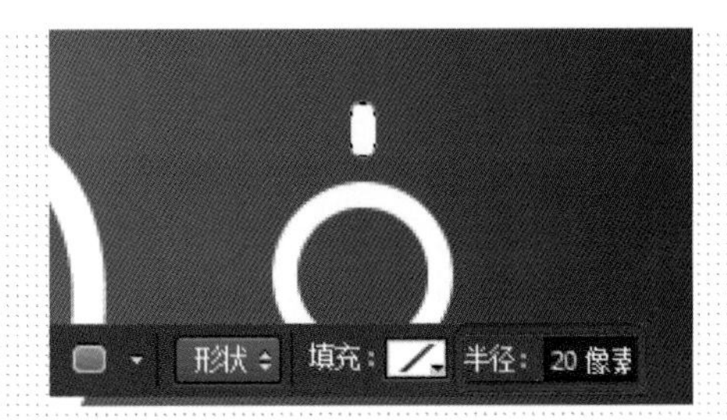

12 ▶使用“圆角矩形工具”创建一个“半径”为 20 像素的圆角矩形。

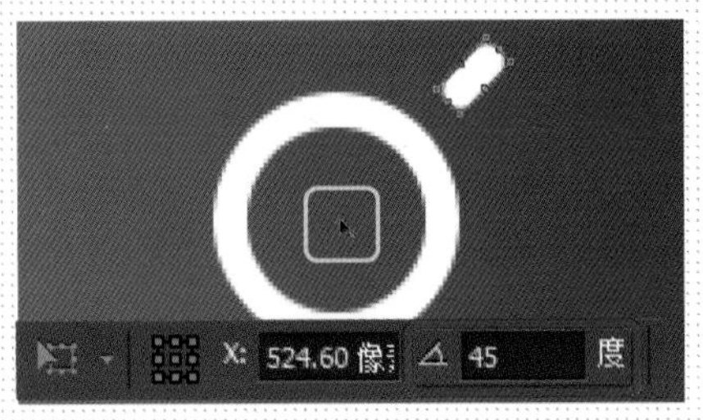

13 ▶按快捷键【Ctrl+T】，按【Alt】键单击圆环中心，将其设置为新的变换中心，将该形状旋转 45°。

14 ▶按【Enter】键确认变形，多次按快捷键【Ctrl+Shift+Alt+T】，得到一整圈形状。

15 ▶使用“椭圆工具”，以“合并形状”模式绘制云朵。

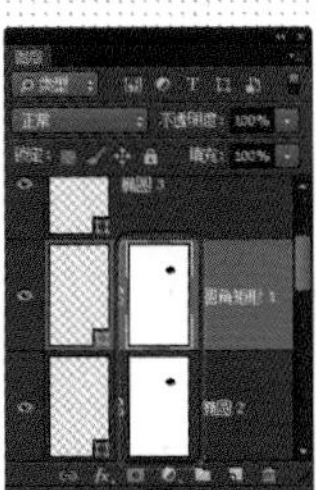

16 ▶分别为“椭圆 2”和“圆角矩形 1”添加蒙版，使用黑色笔刷适当涂抹形状。

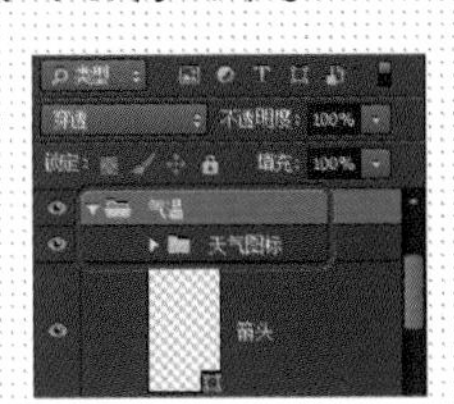
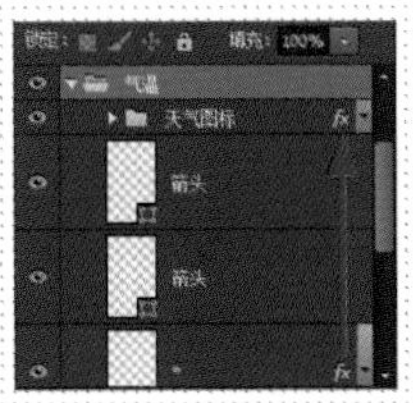

17 ▶分别选中不同的图层，执行“图层 > 编组”命令进行编组，对其进行重命名。按下【Alt】键将句号图层的fx图标拖动复制到“天气图标”图层组，得到图标的投影效果。

制作步骤：03——制作表头和走势图

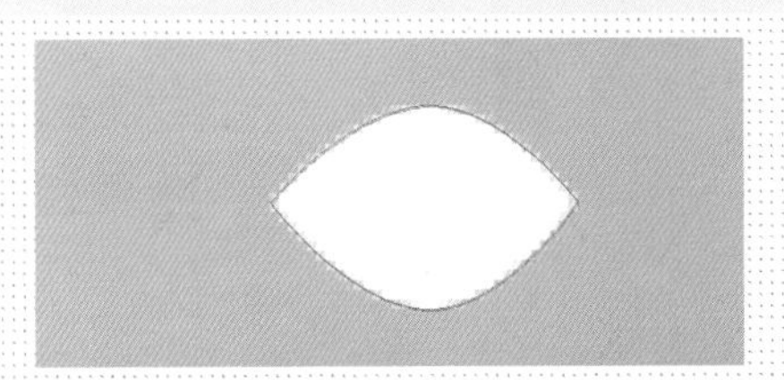

01 ▶使用“钢笔工具”创建一个“填充”为白色的形状。

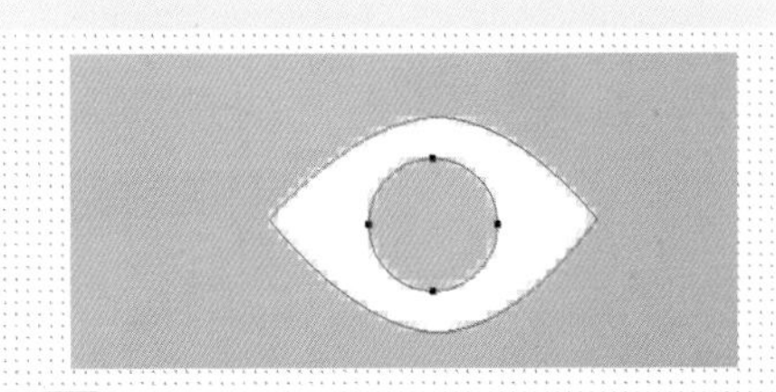

02 ▶使用“椭圆工具”，设置“路径操作”为“减去顶层形状”，继续绘制形状。

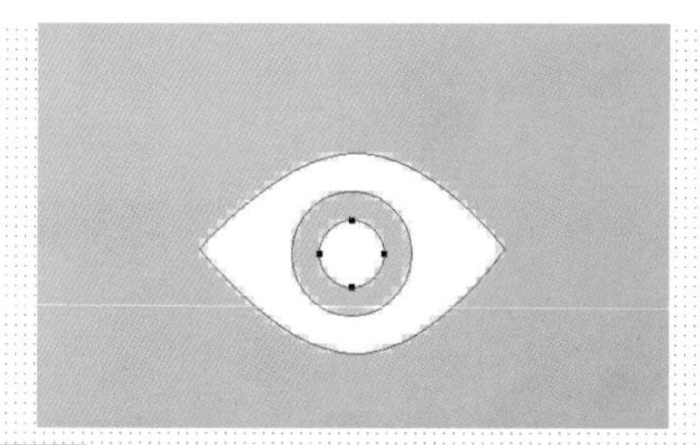

03 ▶设置“路径操作”为“合并形状”，继续绘制形状。

04 ▶在“字符”面板中适当设置字符属性，使用“横排文字工具”输入文字内容。

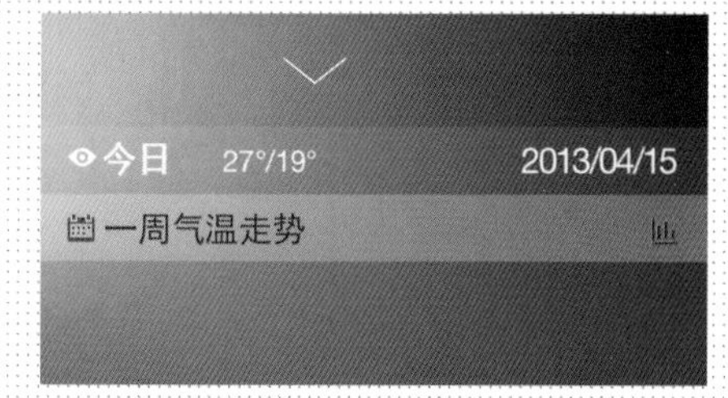

05 ▶使用相同方法完成相似内容的制作。

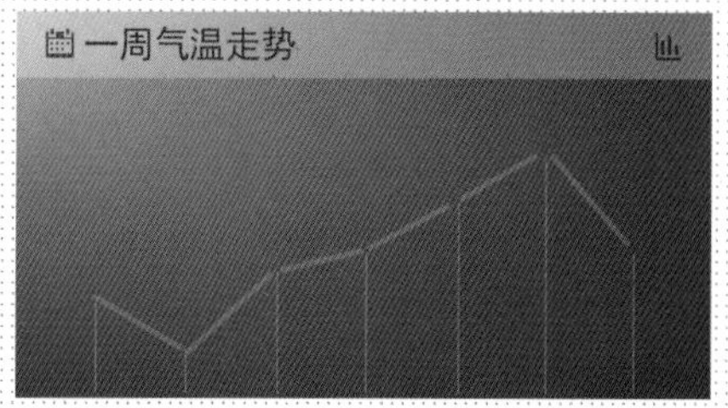

06 ▶使用相同方法完成相似内容的制作。

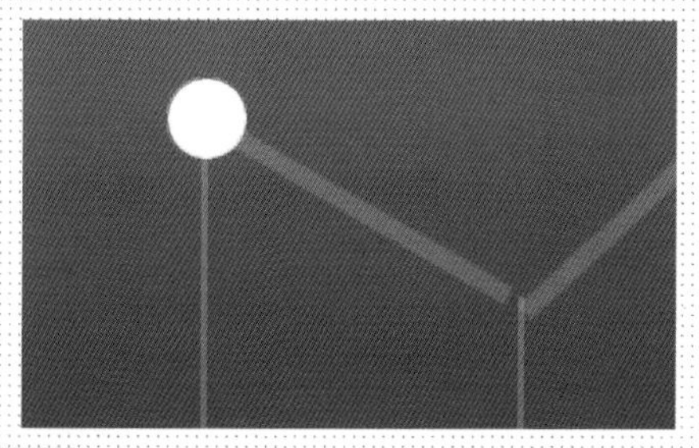

07 ▶使用“椭圆工具”创建一个“填充”为白色的正圆。

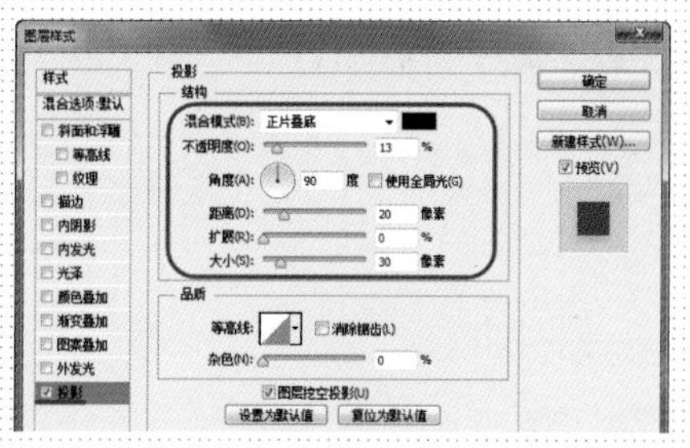

08 ▶双击该图层缩览图，弹出“图层样式”对话框，选择“投影”选项设置参数值。

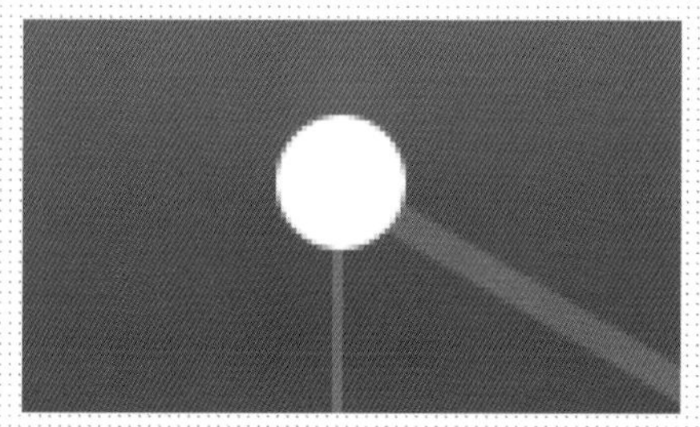

09 ▶设置完成后单击“确定”按钮，得到该形状的效果。

10 ▶按快捷键【Ctrl+J】复制该形状，将其等比例缩小，修改“填充”为 #f22d31。

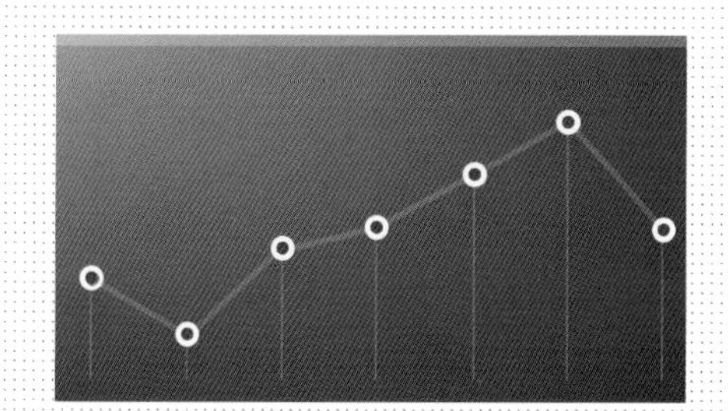

11 ▶使用相同方法完成相似内容的制作。

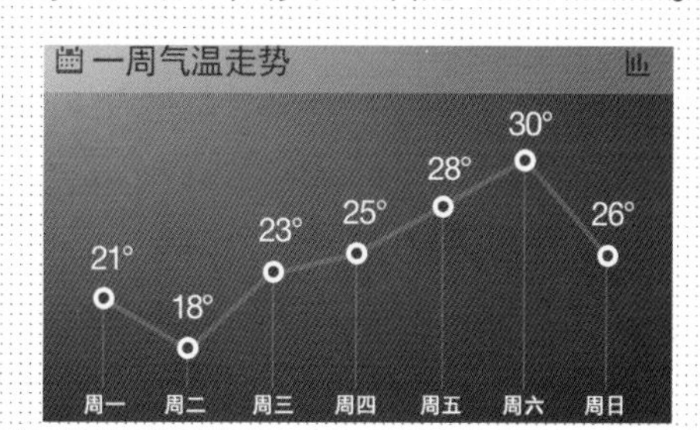

12 ▶使用相同方法完成相似内容的制作。

○ 制作步骤：04——制作用户头像和标签

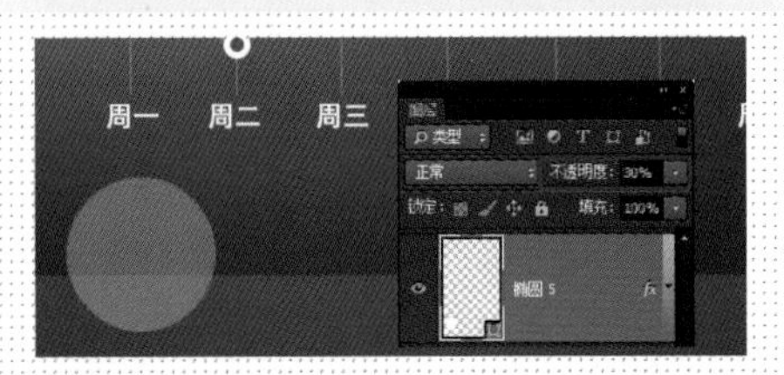

01 ▶使用“椭圆工具”创建一个白色正圆，设置该图层“不透明度”为 30%。

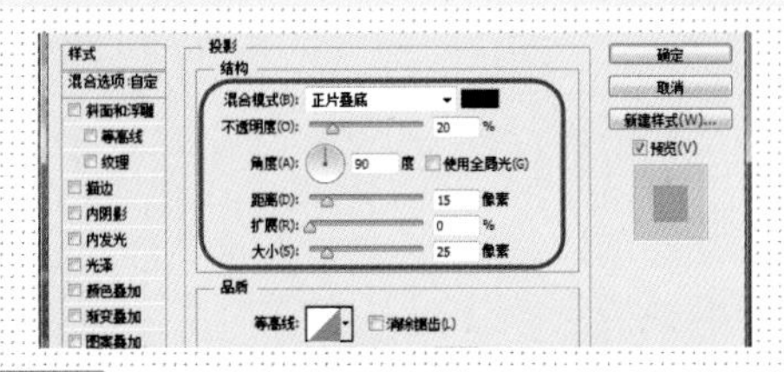

02 ▶双击该图层缩览图，弹出“图层样式”对话框，选择“投影”选项设置参数值。

03 ▶设置完成后单击“确定”按钮，得到该形状的效果。

04 ▶使用“椭圆工具”创建一个“填充”为白色的正圆。

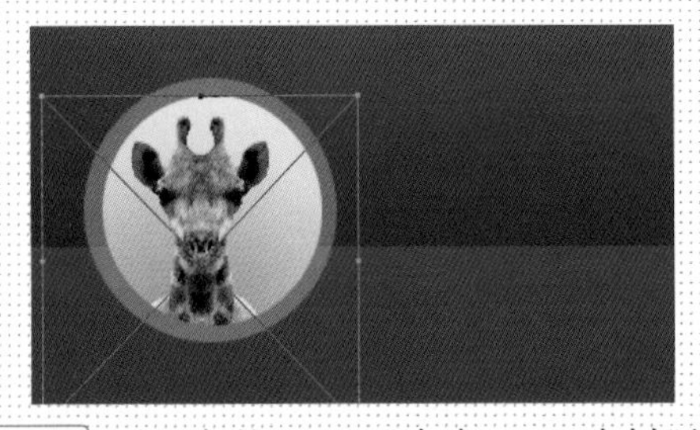

05 ▶执行“文件>置入”命令，置入素材“第 3 章\素材\003.jpg”，按快捷键【Ctrl+Alt+G】创建剪贴蒙版，适当调整大小。

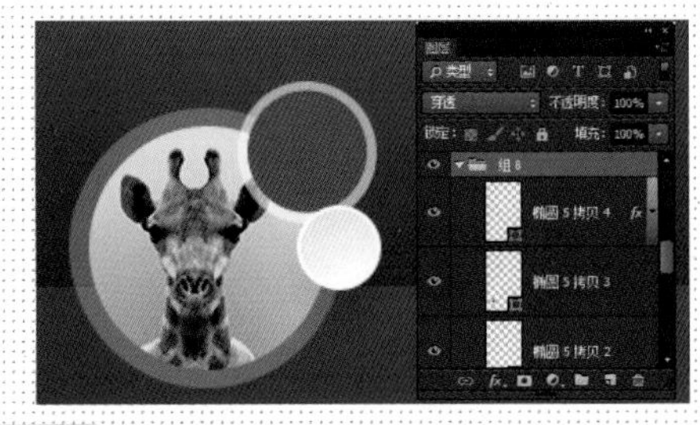

06 ▶使用相同方法完成相似内容的制作。

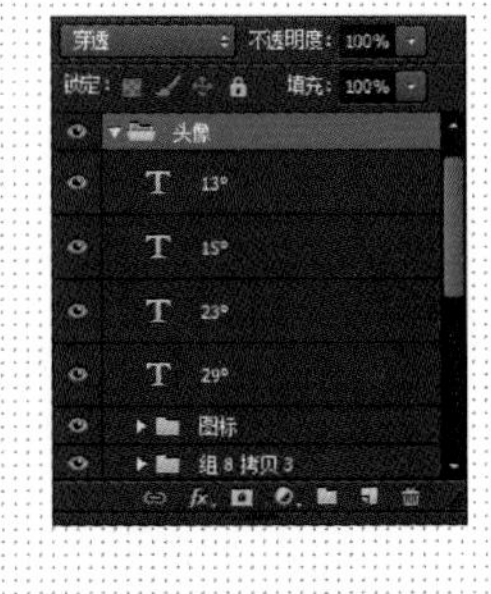

07 ▶使用相同方法完成相似内容的制作。

08 ▶使用“圆角矩形工具”创建一个“半径”为 6 像素的白色圆角矩形，设置该图层“不透明度”为 75%。

09 ▶使用“钢笔工具”，设置“路径操作”为“合并形状”，继续绘制形状。

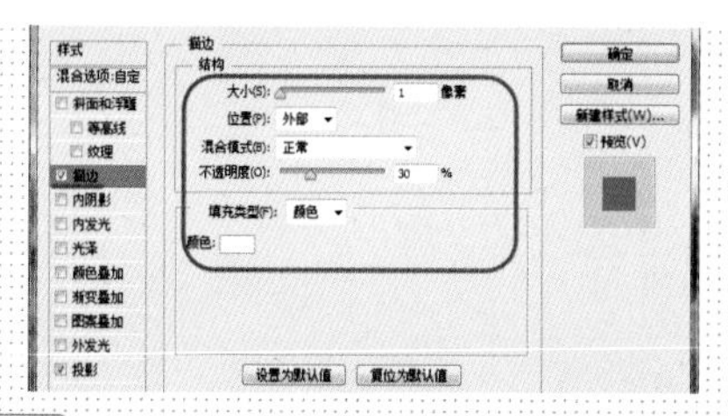

10 双击该图层缩览图，弹出“图层样式”对话框，选择“描边”选项设置参数值。

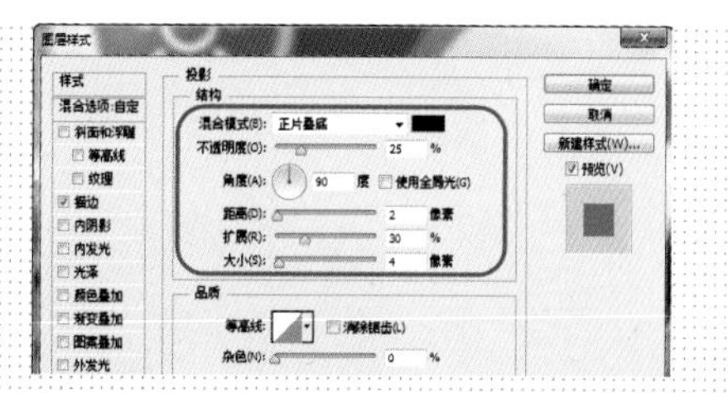

11 继续在“图层样式”对话框中选择“投影”选项设置参数值。

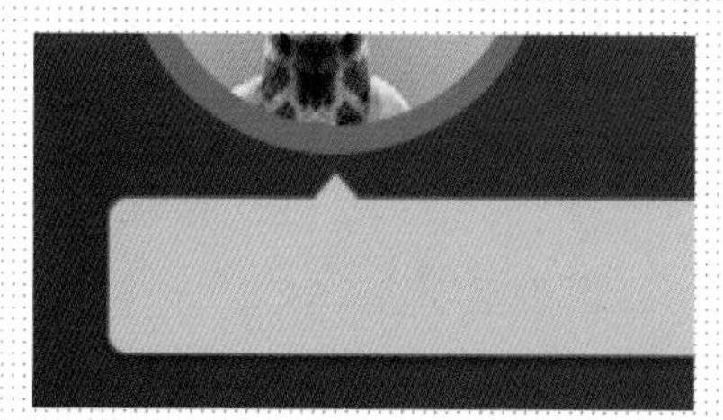

12 设置完成后单击“确定”按钮，得到该形状的效果。

13 使用相同方法完成相似内容的制作。

提问：形状的“描边”属性和“描边”样式有何不同?

答：形状的“描边”属性允许设置描边的端点形状和转角形状，但不允许设置不透明度。“描边”样式允许设置描边的“混合模式”和“不透明度”，无法设置端点形状。

14 至此完成该案例的全部制作过程，得到该界面的最终效果。

○ 制作步骤：05——切片存储

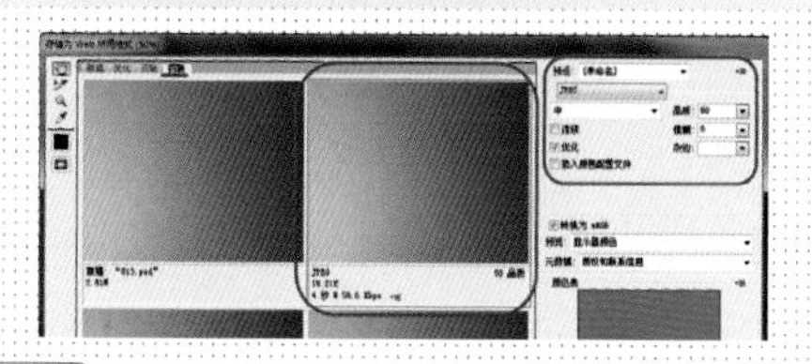

01 仅显示背景相关的图层，执行“文件 > 存储为 Web 所用格式”命令，对图像进行优化设置。

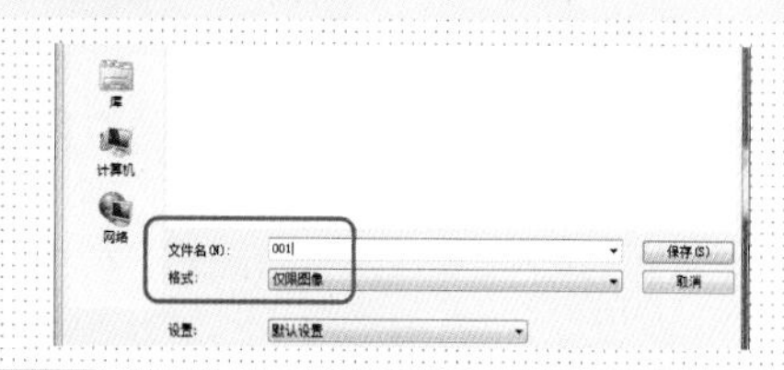

02 单击对话框底部的“存储”按钮，对优化的图像进行存储。

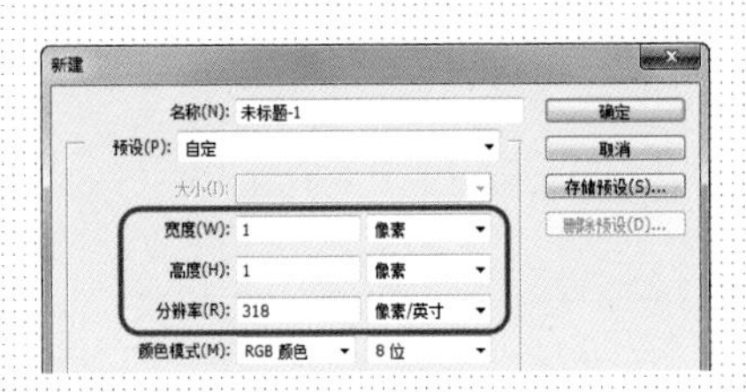

03 ▶执行“文件 > 新建”命令，新建一个 1×1（像素）的透明背景文档。

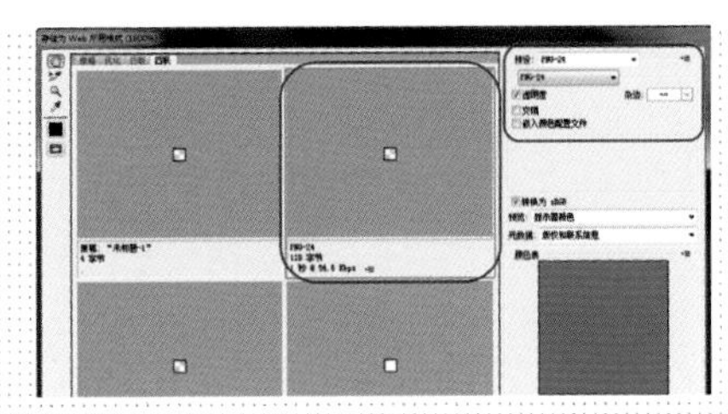

04 ▶将“矩形 1”拖入新文档，执行“文件 > 存储为 Web 所用格式”命令，对图像进行优化设置。

提示：后期通过代码构建界面时，可以通过横向重复和纵向重复的方式得到不同宽度和长度的白色半透明矩形。

05 ▶单击对话框底部的“存储”按钮，对优化的图像进行存储。

06 ▶按下【Ctrl】键单击“菜单”图层的缩览图载入选区，执行“编辑 > 合并拷贝”命令；

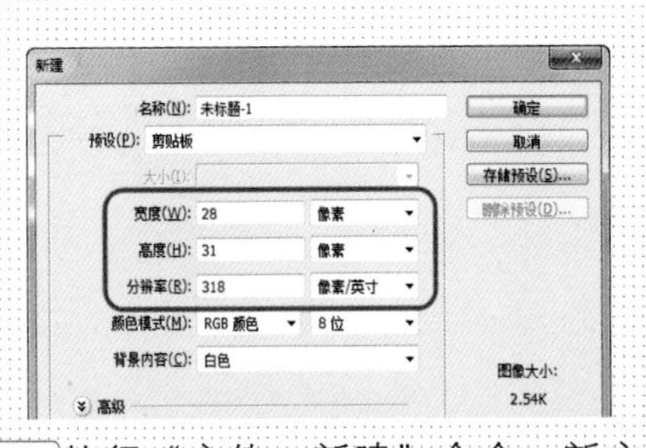

07 ▶执行“文件 > 新建”命令，新文档的尺寸会自动跟踪选区大小（这里执行“合并拷贝”命令的作用就是得到这个尺寸）。

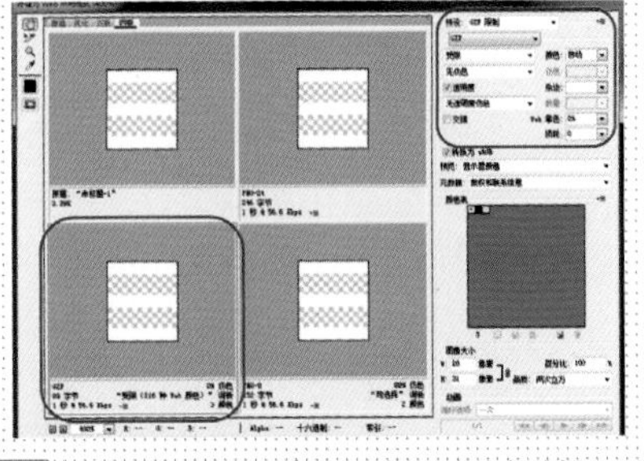

08 ▶将“菜单”图层拖入新文档，隐藏背景，执行“文件 > 存储为 Web 所用格式”命令，对图像进行优化存储。

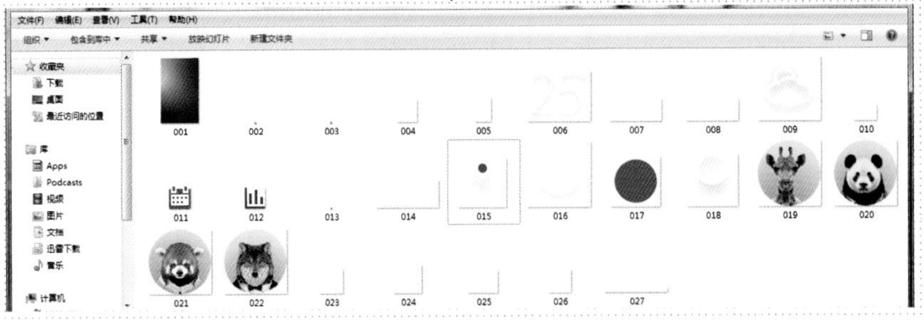

09 ▶使用相同方法对界面中的其他元素进行切片存储。

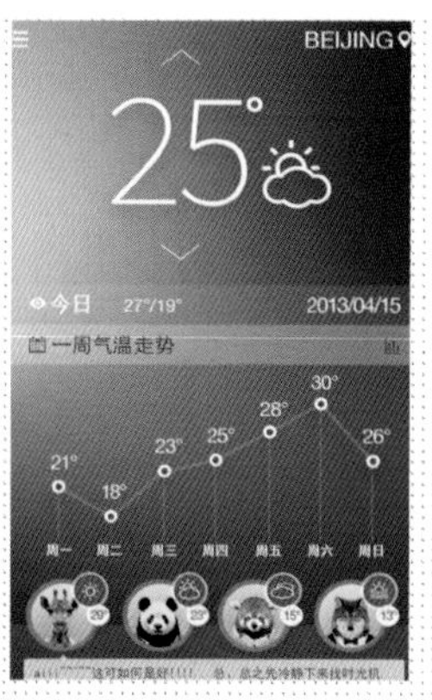

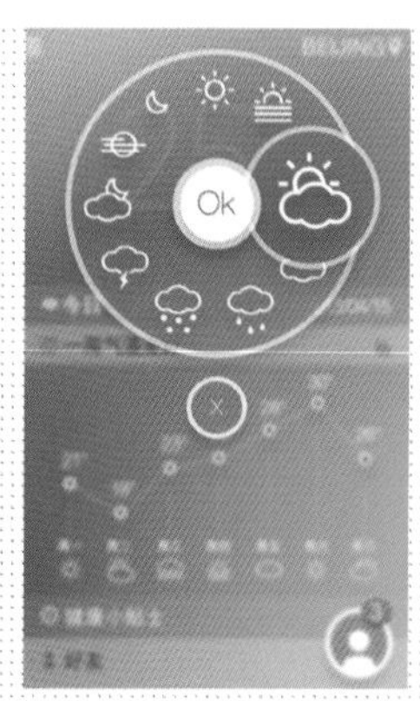

10 ▶使用相同方法可以制作出其他界面。

操作难点分析

制作另外两个页面时，可能会使用到其他页面中的天气图标。如果直接将形状图层拖入使用，会增加图层管理的难度；如果将图层组合并后拖入使用，则无法调整图标描边的宽度，而且可能会降低清晰度。最好的办法是将相关图层组转换为智能对象拖入使用，既方便修改，又不会影响清晰度。

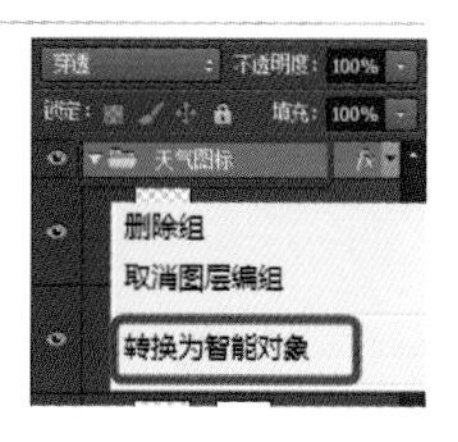

对比分析

走势图的线条过于明显，而且与圆点的颜色相同，喧宾夺主，大大削弱了重点元素的重要程度。

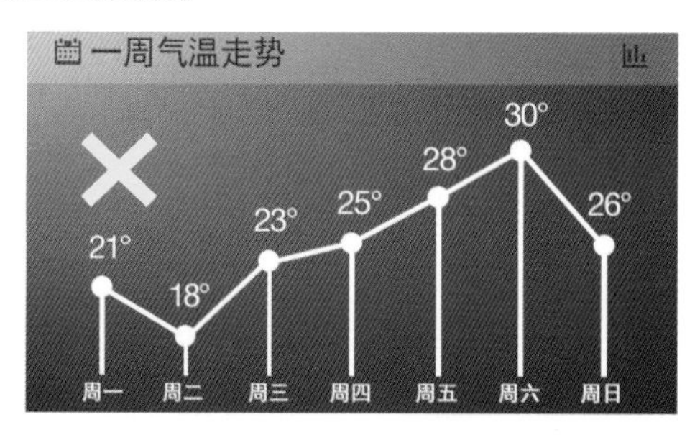

走势图的线条粗细不同，均采用半透明样式，与其他半透明元素相呼应。圆点中心使用醒目的红色，并添加了投影效果。

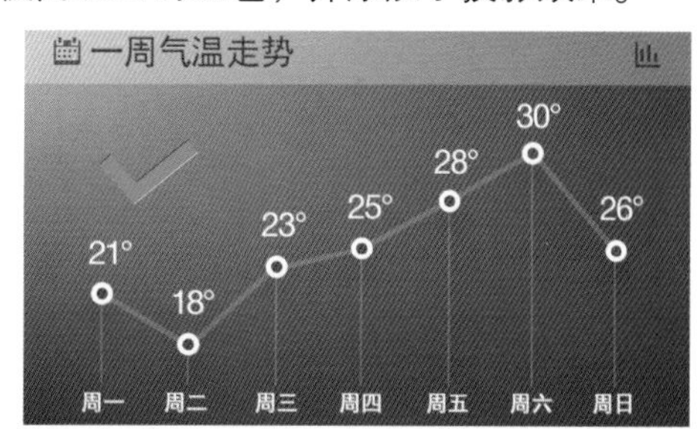

综合实战 13 制作游戏界面

- 源文件地址：第 3 章\013.psd
- 视频地址：视频\第 3 章\013.swf

- 案例分析：
这款游戏界面风格简洁、可爱、稚嫩、有趣。乍看之下没有任何的难点，但实际的工作量相当大，大概需要 3 个小时。

- 配色分析：
标题文字使用粉红色，线条都采用深棕色，以提高识别性。个别物件使用黄色、青色和嫩绿等明亮、可爱的颜色，整个画面充满了童趣。

制作分析　制作思路

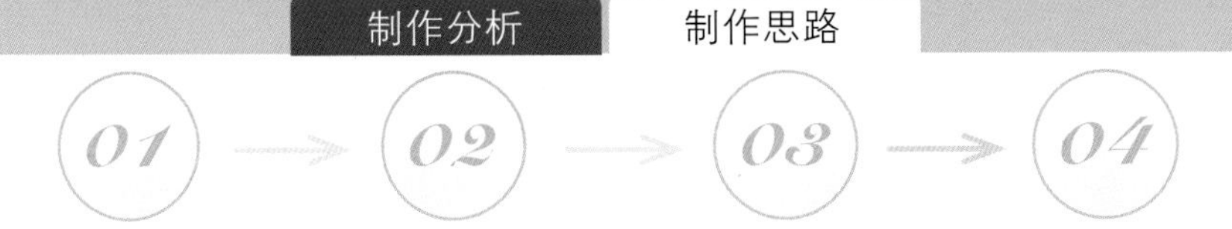

将背景转换为智能对象，通过"添加杂色"命令制作纹理

通过创建基本形状+调整路径形状的方法制作各种物件

使用钢笔工具直接绘制出各种精确的物件

对界面中的各种元素进行分片存储，完成界面的制作

- 制作步骤：01——制作背景和标题文字

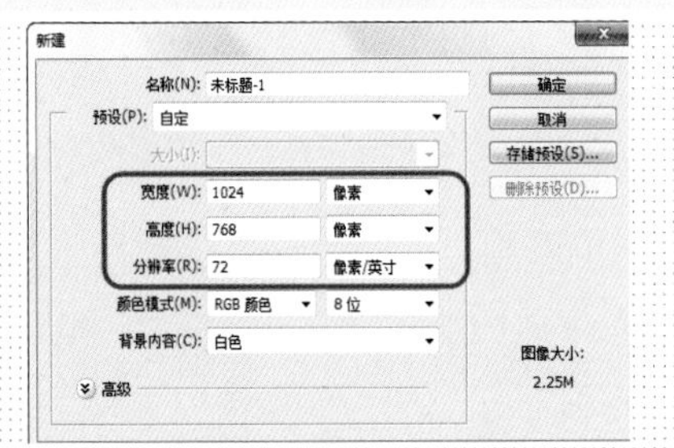

01 ▶执行"文件 > 新建"命令，新建一个空白文档。

02 ▶执行"图层 > 智能对象 > 转换为智能对象"命令，将背景转换为智能对象。

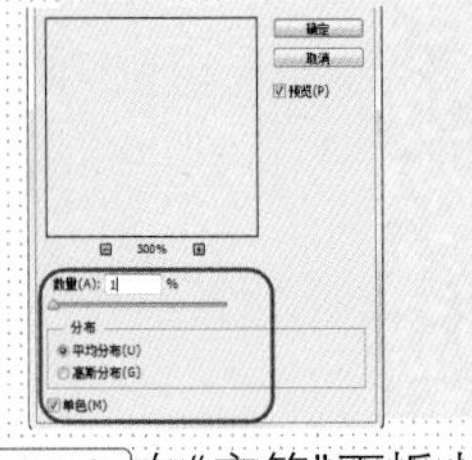

03 ▶在"字符"面板中适当设置字符属性，使用"横排文字工具"输入相应的文字。

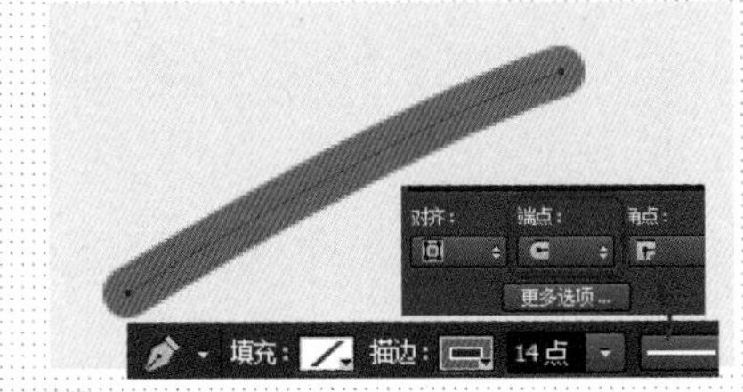

04 ▶使用"钢笔工具"绘制"描边"为 #ff5c42 的线条，设置"端点"为圆头。

05 ▶使用相同方法完成相似内容的制作。

06 ▶使用相同方法完成相似内容的制作（请将每个笔画都创建为新图层）。

07 选中所有的文字图层，按快捷键【Ctrl+G】进行编组，重命名为“文字”。按快捷键【Ctrl+Alt+G】复制合并图层组。

09 设置完成后单击“确定”按钮，得到文字效果。

08 双击该图层缩览图，弹出“图层样式”对话框，选择“描边”选项设置参数值。

10 新建图层，设置“前景色”为#522801，使用硬边笔刷适当处理文字。

○ 制作步骤：02——绘制厨具

01 使用“圆角矩形工具”创建一个“填充”为 #eb5739 的圆角矩形。

03 使用“椭圆工具”，设置“路径操作”为“减去顶层形状”，继续绘制形状。

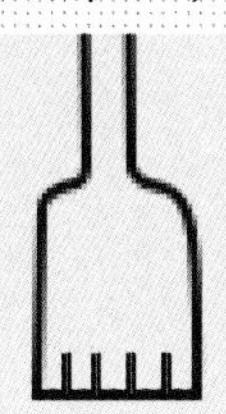

05 使用相同方法完成相似内容的制作。

02 分别使用“添加锚点工具”和“直接选择工具”调整路径的形状。

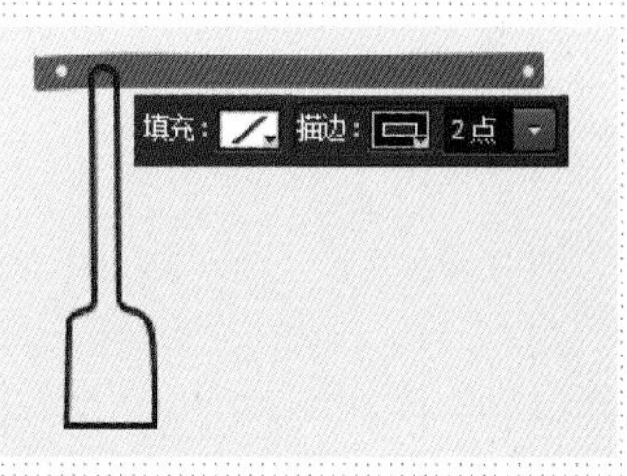

04 使用“钢笔工具”创建“描边”为 #5b2400 的锅铲形状。

06 使用“椭圆工具”创建一个属性相同的椭圆。

07 ▶使用“直接选择工具”调整椭圆下方锚点的位置。

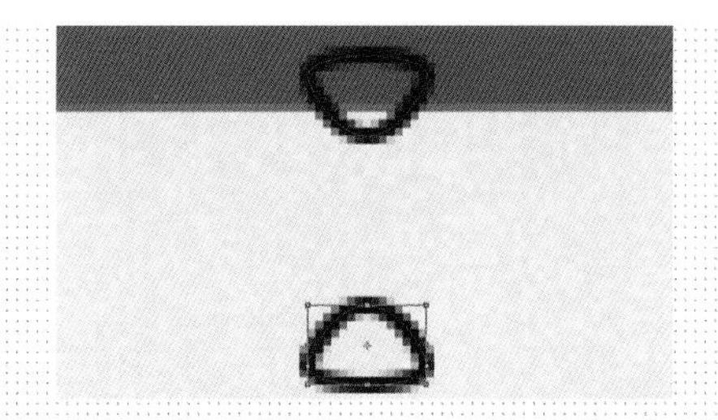

08 ▶使用“路径选择工具”，按下【Alt】键拖动复制形状，将其垂直翻转，调整位置。

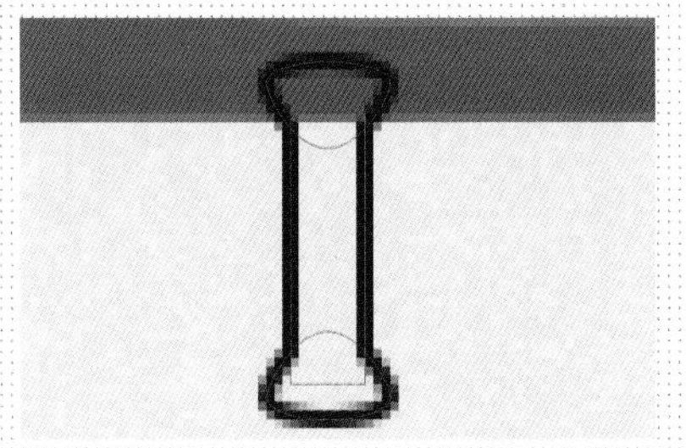

09 ▶使用“矩形工具”，设置“路径操作”为“合并形状”，继续绘制形状。

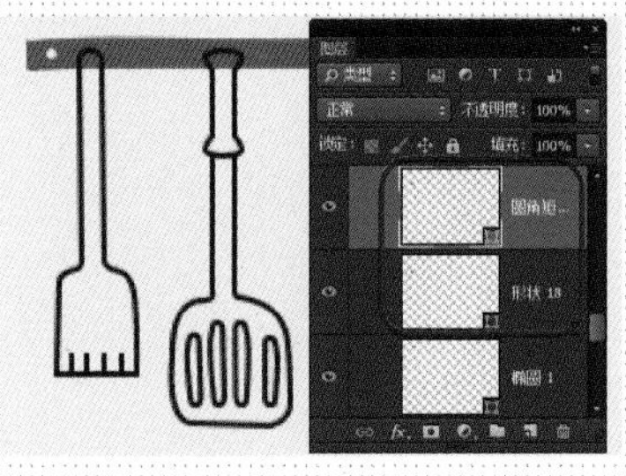

10 ▶使用相同方法完成相似内容的制作。

11 ▶使用相同方法完成相似内容的制作。

12 ▶使用“椭圆工具”创建一个“填充”为 #707101 的椭圆。

制作步骤：03——绘制榨汁机和薯条

01 ▶使用“钢笔工具”，在椭圆下方创建“填充”为 #a8aa22 的形状。

02 ▶使用前面讲解过的方法完成相似内容的制作。

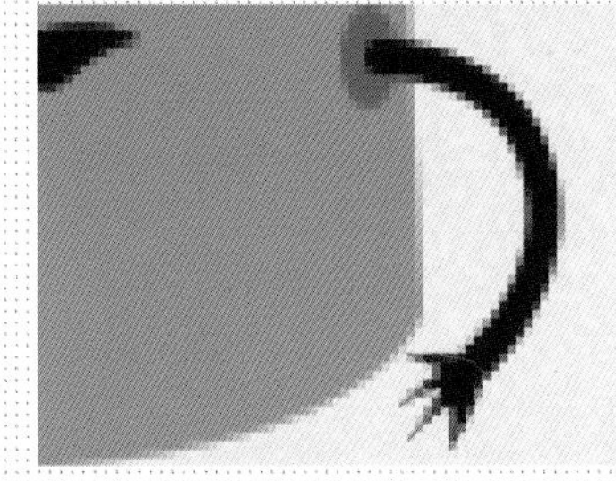

03 ▶使用“钢笔工具”绘制出手部，“填充”为 #5b2400。

04 ▶使用相同方法完成相似内容的制作。

05 ▶为“椭圆 6”添加蒙版，使用黑色硬边笔刷涂抹掉不需要的部位。

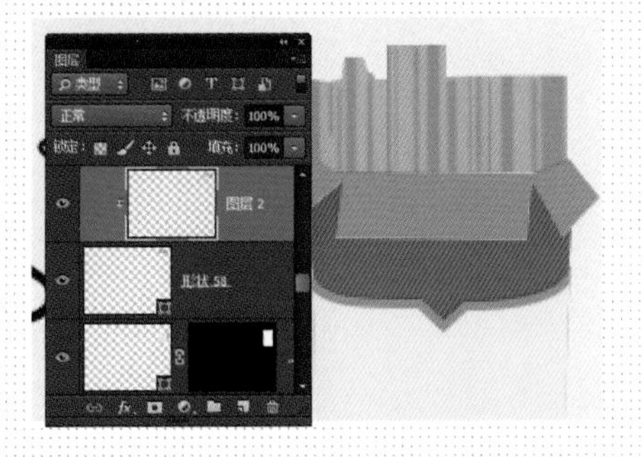

07 ▶在“形状 58”上方新建图层，执行“图层 > 创建剪贴蒙版”命令。使用硬边笔刷涂抹颜色 #d49c2e(请随时更改笔刷尺寸)。

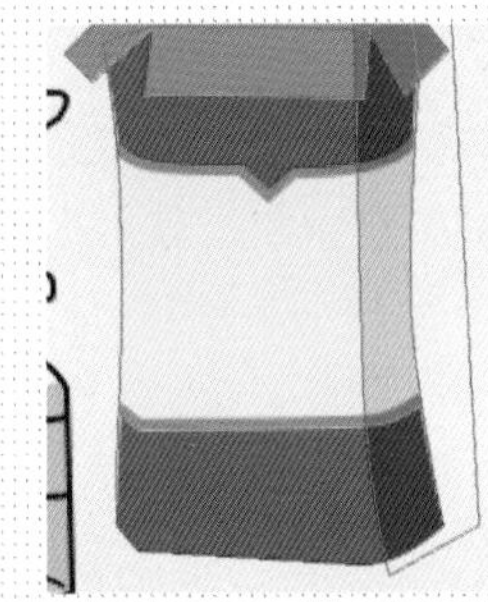

09 ▶修改其“填充”为黑色，设置该图层“混合模式”为“线性加深”，“填充”为 0%。

06 ▶使用相同方法完成相似内容的制作。

08 ▶复制“形状 56”，将其调整到图层最上方。使用“钢笔工具”，以“与形状区域相交”模式进行绘制。

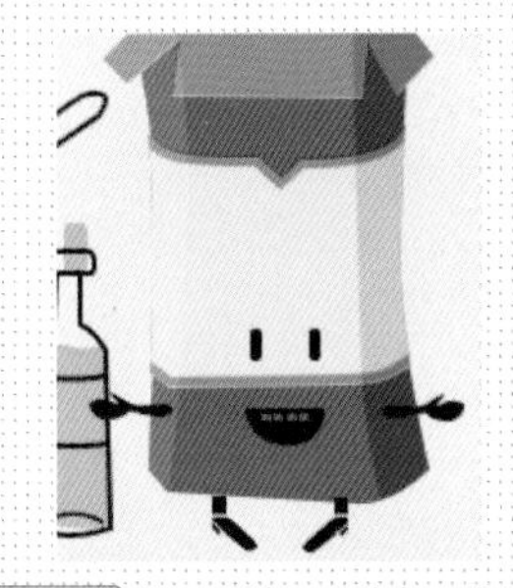

10 ▶使用前面讲解过的方法完成相似内容的制作。

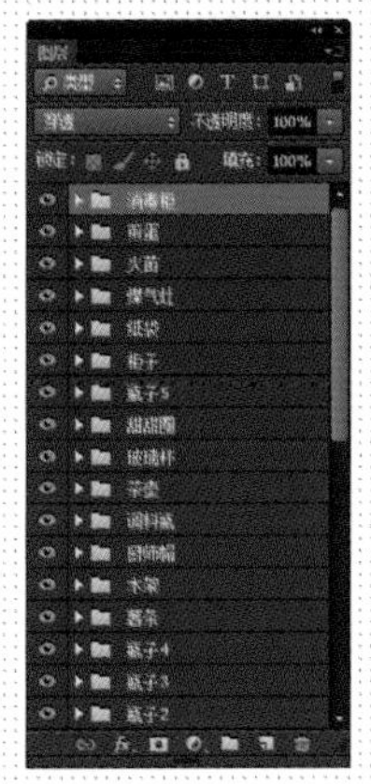

11 ▶使用相同方法完成其他内容的制作，得到该界面的最终效果。

制作步骤：04——切片存储

01 仅显示“图层 0”，使用“矩形选框工具”创建一个 10×10（像素）的选区。

02 执行“图像 > 裁剪”命令，裁掉选区之外的部分。

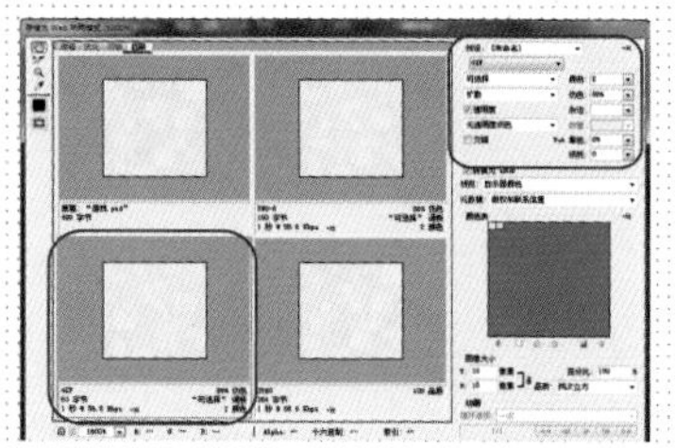

03 执行“文件 > 存储为 Web 所用格式”命令，弹出“存储为 Web 所用格式”对话框，适当设置参数值。

04 单击对话框底部的“存储”按钮，弹出“将优化结果存储为”对话框，对图像进行存储。

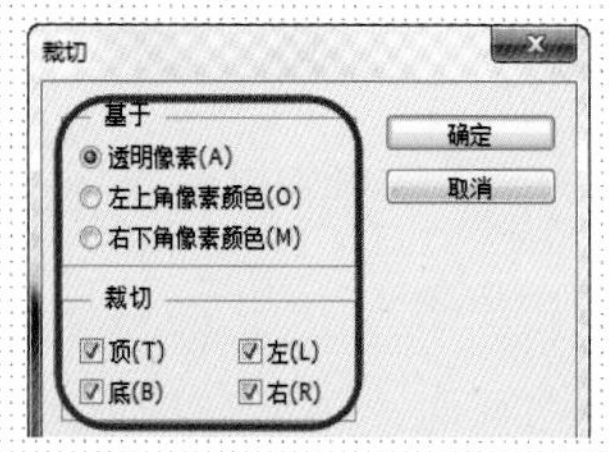

05 按快捷键【Ctrl+Alt+Z】恢复上一步操作。仅显示“标题”图层组，执行“编辑 > 裁切”命令，对文档进行裁切。

06 设置完成后单击“确定”按钮，裁掉画布周围的透明像素。

07 执行“文件 > 存储为 Web 所用格式”命令，弹出“存储为 Web 所用格式”对话框，适当设置参数值。

08 单击对话框底部的“存储”按钮，弹出“将优化结果存储为”对话框，对图像进行存储。

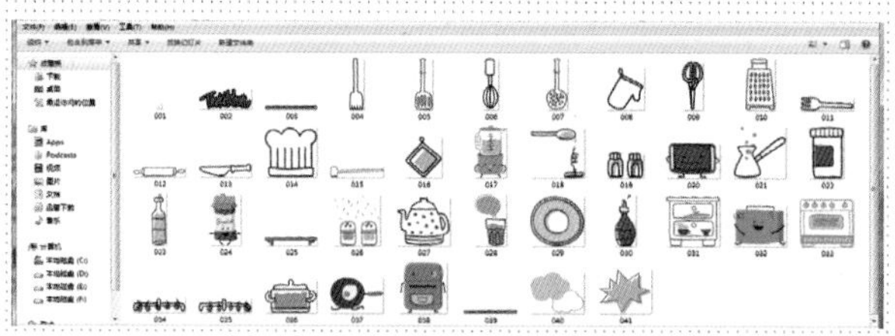

09 使用相同方法对界面中的其他元素进行切片存储。

操作难点分析

界面中的某些物体都穿了不同款式的鞋子，鞋子的细节也有不同程度的刻画。绘制时可以先使用“钢笔工具”，然后添加蒙版，使用黑色的硬边笔刷绘制细节。当然，也可以直接新建图层，使用背景色绘制出鞋子细节。

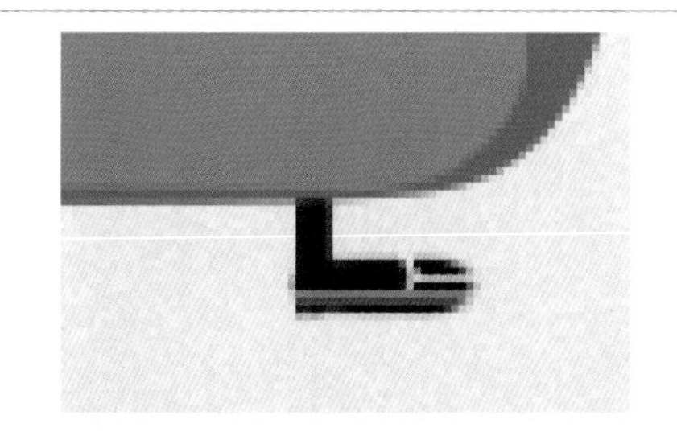

对比分析

界面中的全部元素均采用彩色，很难分清主次，可能使用户无所适从。标题文字没有添加描边，不够显眼，而且显得杂乱。

重要的元素使用彩色，次要的元素则只采用线条表现，主次分明。标题文字添加了深色的描边，非常显眼。

3.7 本章小结

本章前面为读者介绍了 Android APP UI 组成、UI 设计原则、界面设计风格、控件设计等一些基础知识，并通过一些小的案例为读者进行了详细的实例介绍。最后我们还通过两个大案例为读者介绍 Android APP 界面的完整设计，通过对本章的学习，读者可以清楚地了解什么是 Android，它有着怎样的设计风格，并将其运用到实际工作中。

第 4 章 Windows Phone 系统实例

精彩案例:

最受欢迎 | 最近的

实战 1 制作 WP 系统主界面
源文件：第 4 章 \001.psd
视频：视频 \ 第 4 章 \001.swf

耗时 50min | 难度 一般

实战 4 制作新建信息界面
源文件：第 4 章 \004.psd
视频：视频 \ 第 4 章 \004.swf

耗时 30min | 难度 容易

实战 8 制作全景视图
源文件：第 4 章 \008.psd
视频：视频 \ 第 4 章 \008.swf

耗时 90min | 难度 较难 

综合实战 11 制作计算器界面
源文件：第 4 章 \011.psd
视频：视频 \ 第 4 章 \011.swf

耗时 100min | 难度：困难

综合实战 12 制作可爱游戏界面
源文件：第 4 章 \012.psd
视频：视频 \ 第 4 章 \012.swf

耗时 200min | 难度：困难 | 31 次收藏

前情提要:

本章主要向读者介绍 Windows Phone 系统的设计方法。Windows Phone 系统的 UI 基于一个被称为 Metro 的内部项目。它的设计和字体灵感来源于机场和地铁系统的指示系统所使用的视觉语言。这个项目的目标是在内容之间创造一种上下文关系，其中内容来源于用户本身，这样一来，使用手机也就变成一种独特的个人体验。Metro 的 UI 界面兼备了和谐性、功能性和吸引人的视觉元素，使用户能感觉到期盼和兴奋。这种干净的设计风格，直截明了的操作流程不仅能让应用很清晰，而且能使用户感到真正的快乐。

本章知识点:

- WP 系统的设计原则
- WP 系统的度量单位
- 游戏 UI 的设计
- 用户界面框架的设计
- 推送通知的设计
- 界面框架设计
- UI 界面控件设计

4.1 Windows Phone 的设计原则

Windows Phone 的 UI 设计基于一个叫作 Metro 的内部项目。Metro 界面的设计和字体灵感来源于机场和地铁系统的制作系统所使用的视觉语言。

总体起来说，Windows Phone 的设计原则包括以下 5 条。

○ 干净、轻量、快速、开放

Windows Phone 界面在视觉上很独特，要留有充足的白色空间，同时要减少各种非必要的因素，尽可能突出文字和信息内容，后者才是设计的关键因素。

○ 要内容，而不是质感

设计要集中体现和突出用户最关心的内容，同时使产品简单并为所有人所接受，而不是单纯地为了追求视觉美观而添加一些非必要的元素和质感。

○ 整合软硬件

硬件和软件彼此融合，并创造出一种无缝的用户体验，例如一键进入搜索、开始、返回和照相机等及其他搭载的整合感应器。

○ 使用流畅的动画效果

Windows Phone 在电容屏上的触摸和手势体验与 Windows 系统的桌面体验一致，使用了硬件加速的动画和逼真流畅的过渡效果，以在每一处细节增强用户体验。

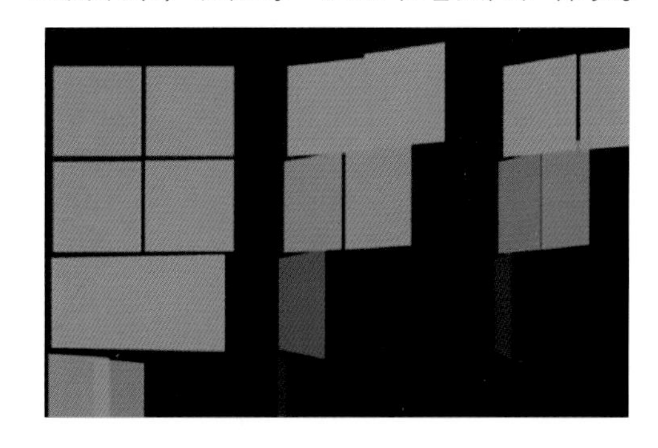

○ 生动、有灵魂

为用户所关心的信息注入个性化和自动更新的观念，并彻底整合了 Zune 媒体播放器的体验，可以为用户带来戏剧性的照片和视频体验。

这些设计原则都基于这样一个原则——所有的 UI 元素都应该实实在在地数字化，并附以和谐的、功能化的、吸引人的视觉元素。应用程序应该用探索精神和激动人心的视觉设计去打动用户。

开发者应当使用自然的、恰当的数字化隐喻，而不应该一味地照搬真实世界中的交互方式。如果有必要，用户界面应该仅通过模仿那些模拟操作行为的界面元素也能看起来很棒。Windows Phone 开发工具提供了一系列由 Metro 风格启发的 Silverlight 控件以供在应用程序中使用。

微软高度推荐开发者采用 Metro 设计风格。尽管每个应用都会在要求和实际实施上有所不同，但采用 Metro 风格的元素可以为用户创造一个更加整体生动的界面体验。

4.2 关于度量单位

搭载了 Windows Phone 系统的手机的一般会使用 800×480（像素）的 WVGA 屏幕，而不论屏幕实际尺寸如何。多数度量单位都会以像素计算，除非特殊情况下——例如触摸目标的大小将以毫米计算。

但是在不知道具体屏幕的每毫米像素量，计量单位无法进行直接转换，所以需要精准定位以及元素尺寸的设计师和开发者要向设备生产商询问显示特性。

Windows Phone 开发工具中包含的所有控件以及 UI 元素的尺寸都能支持所有可能的屏幕尺寸，并且无论屏幕尺寸如何，都坚持尽量缩小毫米级触摸目标。

4.3 关于游戏 UI 的设计

游戏是一个沉浸式的环境，它们的界面应该能够灵活地满足游戏本身的需要。

设计游戏 APP 时，从一开始就应该充分考虑多点触摸，并且充分利用各种输入方式以及控制系统，使用户感受到绝佳的操作体验。尽管手机上有物理按键，但其中只有返回键在游戏中有用，而且应该只用于特定的动作，如暂停或者退出游戏。

我们需要思考什么样的操控机制适用于多点触摸，不要一味模仿传统的操控方式，例如拇指操作的方向杆，因为它们占据了宝贵的界面空间。可以用手势来作为输入方式，例如单击、拉伸、缩放和翻转等。还应该允许用户在屏幕上直接滑动来操控物体移动，或者通过两指拉框选取群组。此外，还应该允许用户滑动屏幕上的地图来在游戏中导航，或两指旋转屏幕视角。

通过触控，我们可以在游戏里实现很多操作，一旦实现了操作目的，用户会觉得很自然、很有成就感。拥有轻松上手的控制风格，能够使你的游戏更受欢迎。

对于全屏游戏来说，开发者可以自由地创造合适的界面元素。而对于会出现在 Windows Phone 基本界面框架中的游戏，开发者则需要遵循本书中的相关界面规范。

4.4 用户界面框架

Windows Phone 的用户界面框架为开发者和设计师提供了一致的系统组件、事件以及交互方式，以帮助他们为用户创建出精彩易用的应用体验。

4.4.1 主界面

主界面（Start）是用户启动 Windows Phone 开始体验的起始点。主界面中显示了用户自定义的快速启动应用程序。用户只需按下 Start 按钮，就会立刻返回主界面。

使用了“瓦片式”通知机制的瓦片可以更新瓦片的图形或文字内容，这使得用户可以创造更加个性化的主界面体验。例如，瓦片上可以显示某个游戏里是否已经轮到用户的回合，或者天气，抑或有几封新邮件和几个未接来电等。

主界面里预留了空间，只有用户自己可以向里面放置应用程序。Windows Phone 里会预装一些来自微软或者硬件制造商和手机运营商定制的应用程序。

主界面很可能是用户最经常关注的界面。因此，开发者和设计师应当谨慎地考虑到用户可能会将他们创造的应用放到主界面的瓦片里。

提示：用户界面由四种层级类型组成：背景图片、全景标题、全景区域标题和全景区域，它们彼此有独立的动作逻辑。此外还有缩略图，它们构成了完整的体验。缩略图是全景视图的一个主要元素。

实战 1 制作 WP 系统主界面

- 源文件地址：第 4 章 \001.psd
- 视频地址：视频 \ 第 4 章 \001.swf

- 案例分析：

本案例的制作方法非常简单，框架部分可以通过创建并复制矩形的方法完成。大部分的图标则需要通过各种形状工具配合路径操作来制作。

- 配色分析：

该界面的底色为不同明度的橙色，奠定了朝气蓬勃的氛围。白色的文字和图标显得清新，可读性较强。彩色的图标活跃了画面氛围。

制作分析 制作思路

使用“矩形工具”制作出界面的大致框架结构

使用“横排文字工具”在界面中添加文字内容

使用形状工具配合“路径操作”方式绘制出图标

将素材图像拖入界面，调整大小，剪切至色块中

○ 制作步骤：01——制作框架

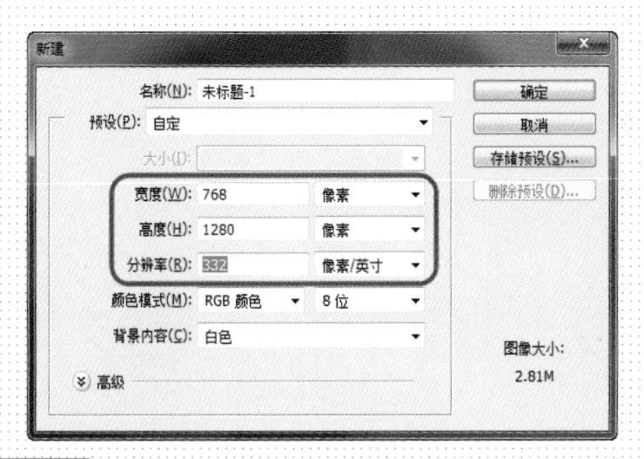

01 ▶执行“文件 > 新建”命令，新建一个空白文档。

02 ▶设置前景色为黑色，按快捷键【Alt+Delete】为画布填充颜色。

03 ▶使用“矩形工具”创建一个“填充”为 #f1a30b 的矩形。

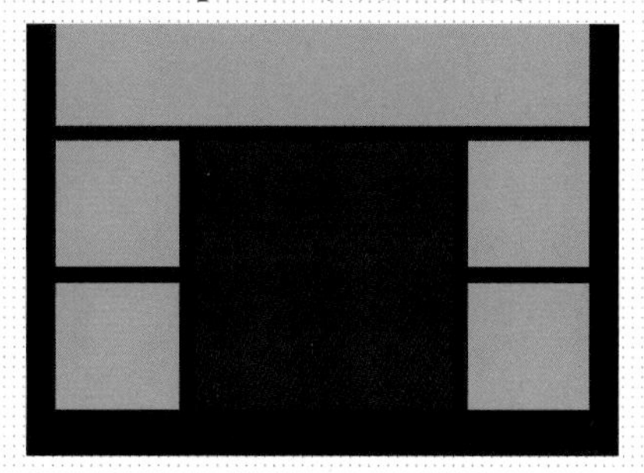

04 ▶使用相同方法完成相似制作。

05 ▶将所有图层选中，执行“图层 > 编组”命令将其编组，重命名为“上”。

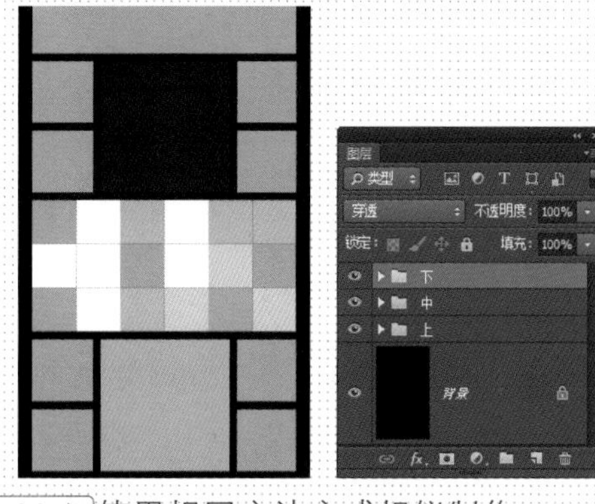

06 ▶使用相同方法完成相似制作。

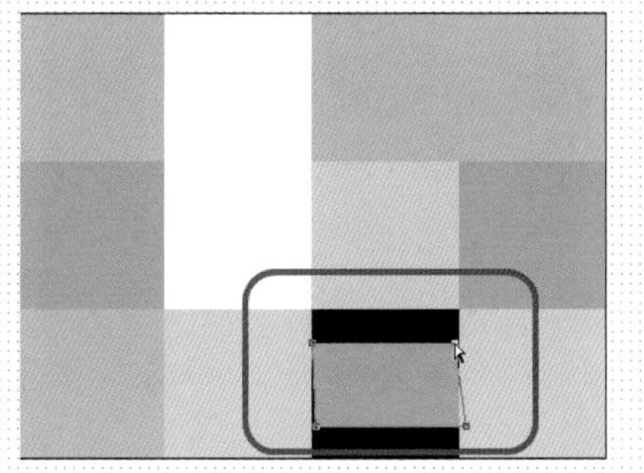

07 ▶选择“矩形 4 拷贝 4”，使用“直接选择工具”适当调整矩形的形状。

08 ▶将 3 个图层组选中，执行“图层 > 编组”命令将其编组，重命名为“框架”。

提问：如何快速制作不规则的多边形？

答：如果要制作平行四边形，除了直接使用“钢笔工具”绘制之外，也可以先创建规则的矩形，再通过变换或调整锚点的方法进行形状细化。

○ 制作步骤：02——输入相关的文字

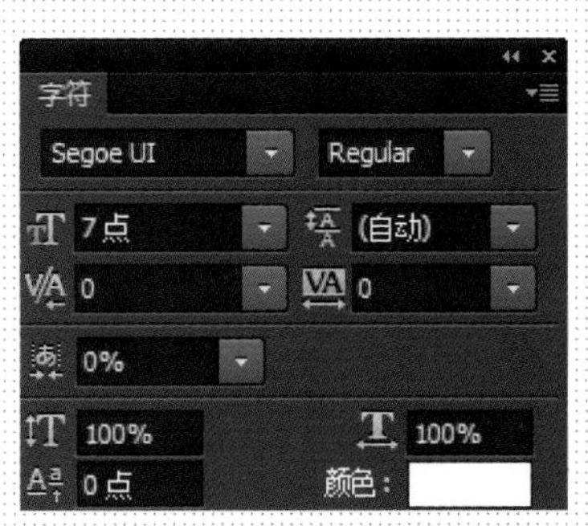

01 ▶打开“字符”面板，适当设置字符的属性。

02 ▶使用“横排文字工具”输入相应的文本内容。

03 ▶打开“字符”面板，重新设置字符的属性。

04 ▶使用“横排文字工具”输入其他的文本内容。

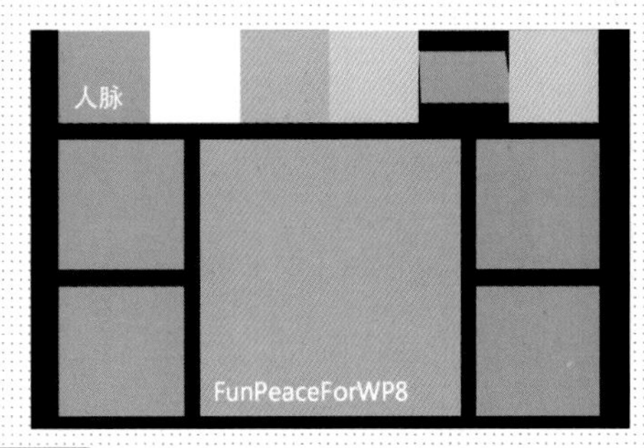

05 ▶使用相同方法输入其他文字。

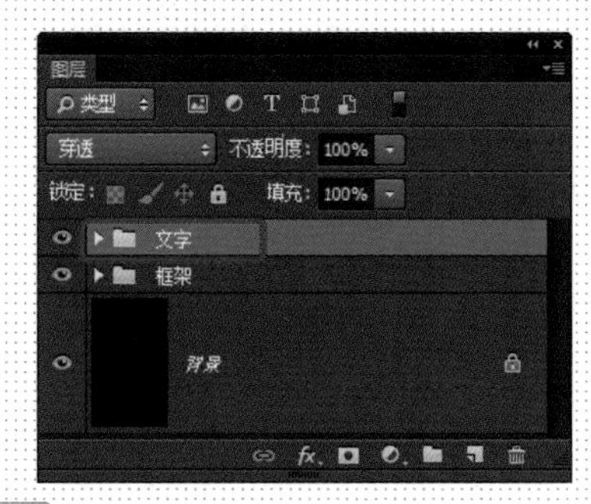

06 ▶将所有的文字图层选中，执行“图层>编组”命令进行编组，重命名为“文字”。

○ 制作步骤：03——制作图标

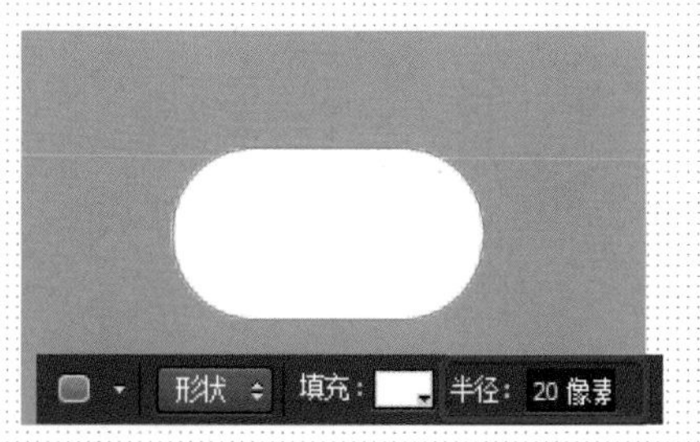

01 ▶使用“圆角矩形工具”创建一个“半径”为 20 像素的白色圆角矩形。

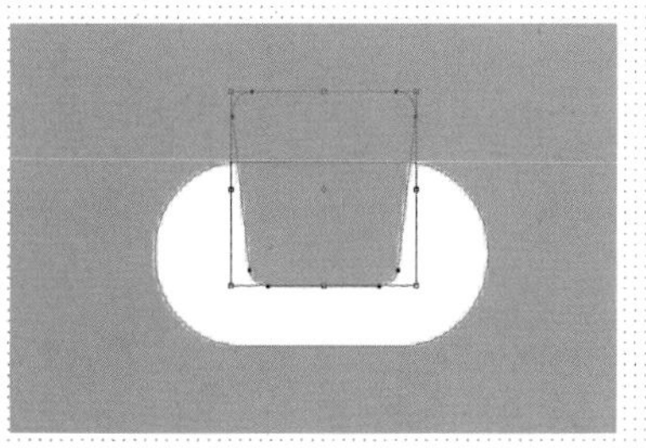

02 ▶设置“半径”为 4 像素，“路径操作”为“减去顶层形状”，继续绘制形状。对形状进行透视变形。

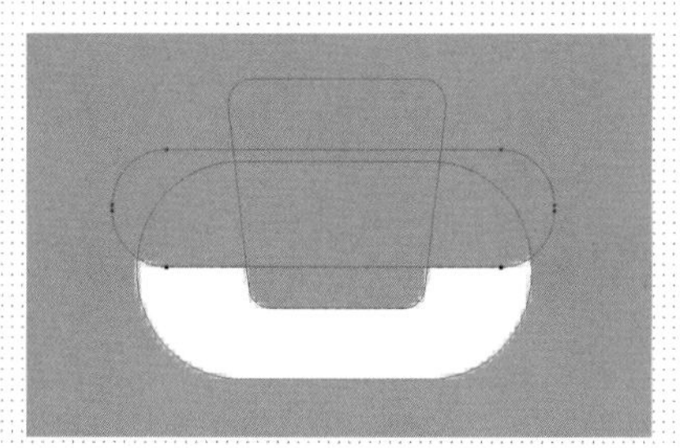

03 ▶设置“半径”为 20 像素，继续以“减去顶层形状”模式绘制形状。

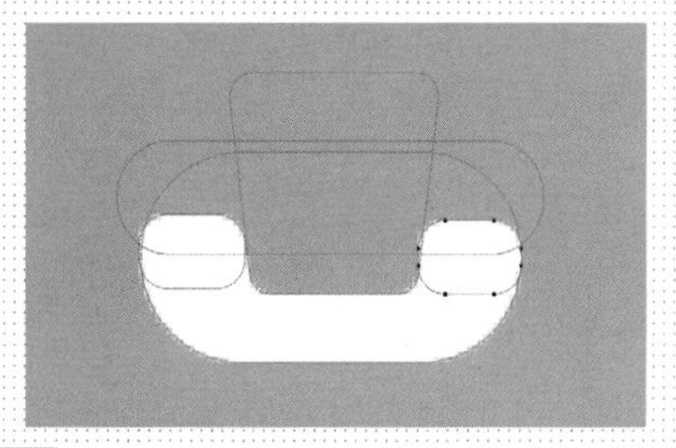

04 ▶设置“半径”为 4 像素，“路径操作”为“合并形状”，继续绘制形状。

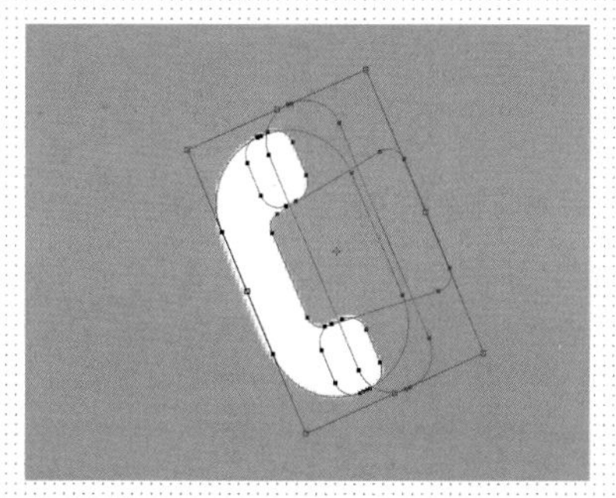

05 ▶按快捷键【Ctrl+T】将图标适当旋转。

06 ▶执行“文件 > 打开”命令，打开素材“第 4 章 \ 素材 \001.png”，将其拖入设计文档，适当调整位置和大小。

提问：如何对复合形状进行变换？

答：如果要对包含多个形状的复合形状整体进行旋转、缩放或扭曲等变换，需要先使用“路径选择工具”拖选所有的子形状，否则变换操作将只针对选中的子形状。

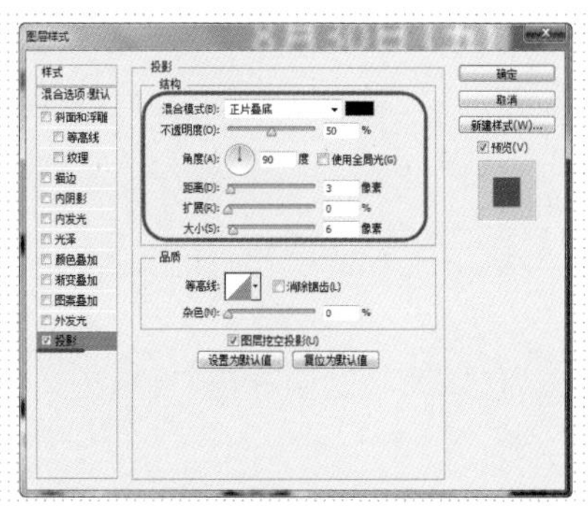

07 ▶双击该图层缩览图，打开“图层样式”对话框，选择“投影”选项设置参数值。

08 ▶设置完成后单击“确定”按钮，得到图标的投影效果。

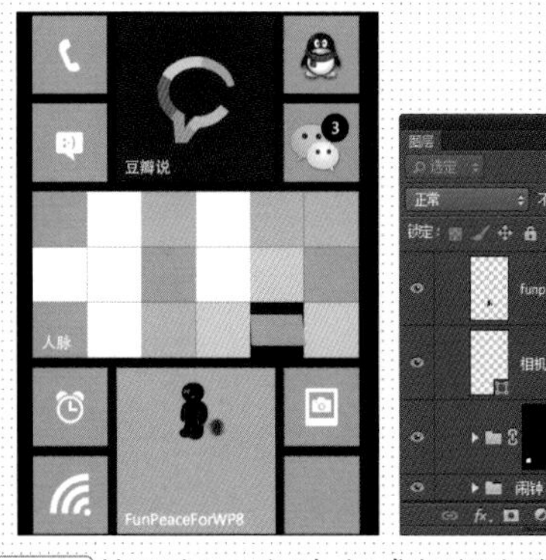

09 ▶使用相同方法完成相似制作。

10 ▶使用前面讲解过的方法绘制形状。

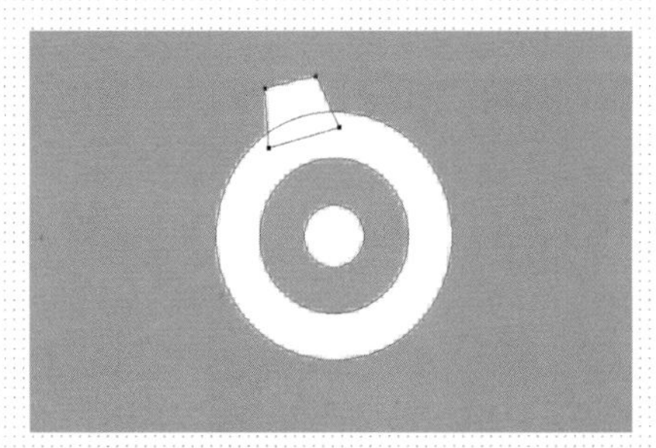

11 ▶使用“钢笔工具”，设置“路径操作”为“合并形状”，继续绘制形状。

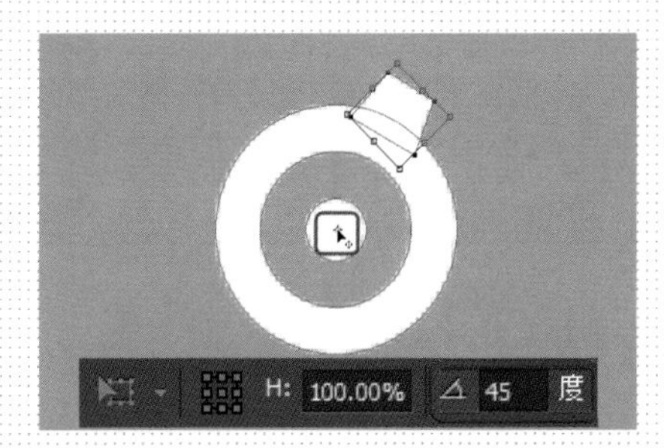

12 ▶按快捷键【Ctrl+T】，按下【Alt】键单击圆环中心，将其定义为新的变换中心，将形状精确旋转45°。

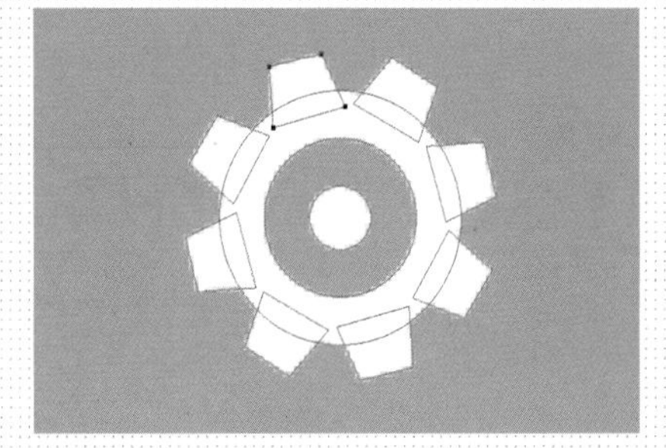

13 ▶多次按快捷键【Ctrl+Shift+Alt+T】，得到一整圈形状。

14 ▶将相关图层选中，执行“图层 > 编组”命令进行编组，重命名为“图标”。

提问：如何使变形重置出的形状都在一个图层？

答：如果要使重置出的形状位于同一图层，变形时请使用“直接选择工具”、“路径选择工具”或任意一种形状绘制工具。如果使用“移动工具”，重置出的形状会分别位于不同的图层。

制作步骤：04——嵌入用户图片

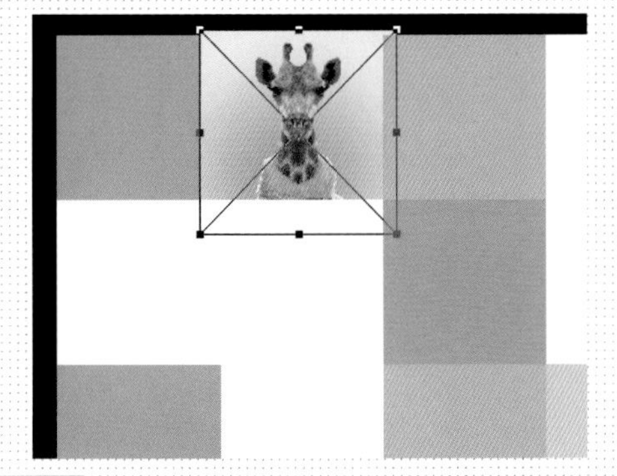

01 ▶执行“文件>置入”命令，置入素材“第 4 章\素材\004.jpg”，适当调整其大小。

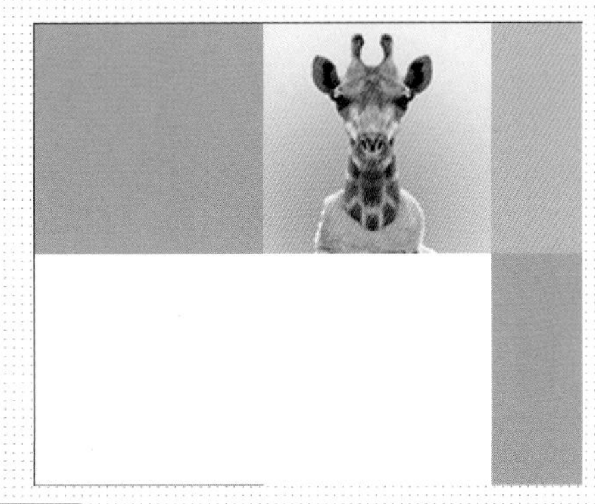

02 ▶执行“图层>创建剪贴蒙版”命令，将该图层剪切至下方的图层。

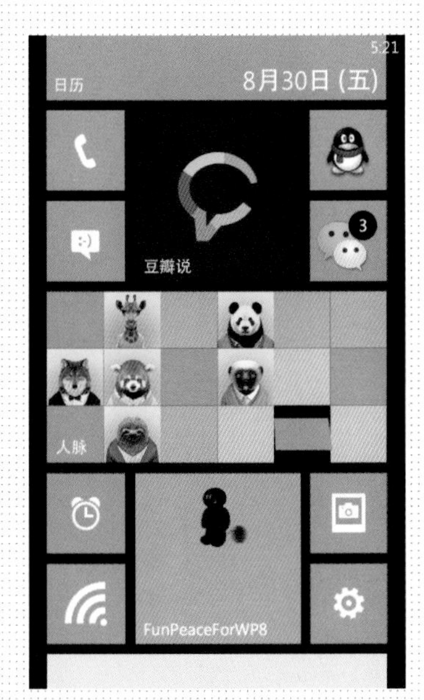

03 ▶使用相同方法完成相似内容的制作，得到界面和“图层”面板的最终效果。

操作难点分析

“豆瓣说”的图标制作主要分为底部形状和色块两部分。我们使用“矩形工具”和“钢笔工具”，配合路径操作绘制出图标的轮廓。然后分别绘制不同颜色的色块，或者新建图层，直接使用画笔涂抹不同的颜色，并将色块剪切至下方的轮廓形状，图标就制作好了。

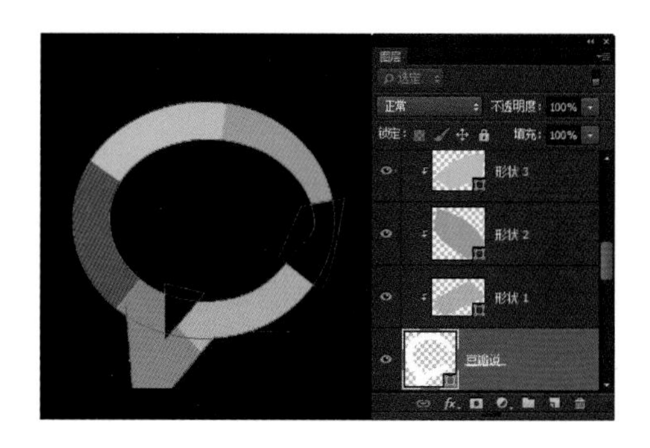

对比分析

图片的尺寸过大，主体周围的留白过少，给人一种透不过气的压抑感，画面显得臃肿、杂乱、憋闷。

图片的大小适中，主体周围留有足够的空间。几张图片的背景色相同，搭配在一起显得美观协调，整体感强。

4.4.2 状态栏

状态栏是一个在应用程序以外预留的位置上，用一种简洁的方式显示系统及状态信息的指示条。状态栏是 Windows Phone 系统的两个主要组件之一，另一个是应用程序栏。

状态栏可以自动更新，以提供不同的通知并通过显示以下信息让用户保持对系统状态的关注。

左图中图标的顺序依次为：

1）信号强度
2）数据连接
3）呼叫转移
4）漫游
5）无线网络信号强度
6）蓝牙状态
7）铃音模式
8）输入状态
9）电池电量
10）系统时间

默认设置下，状态栏中只有系统时间是始终显示的。当用户双击状态栏所在区域时，其他图标会自动滑动进入屏幕，并保持大约 8 秒，再滑出屏幕。系统时间在纵向显示时高度为 32 像素，横向显示时为 72 像素宽。它会始终延展到屏幕边缘，并且不会有半透明效果。

状态栏是系统预留的，无法被改动，但可以被隐藏。大部分用户会经常用手机看时间，所以在隐藏之前请充分考虑清楚。

4.4.3 应用程序栏

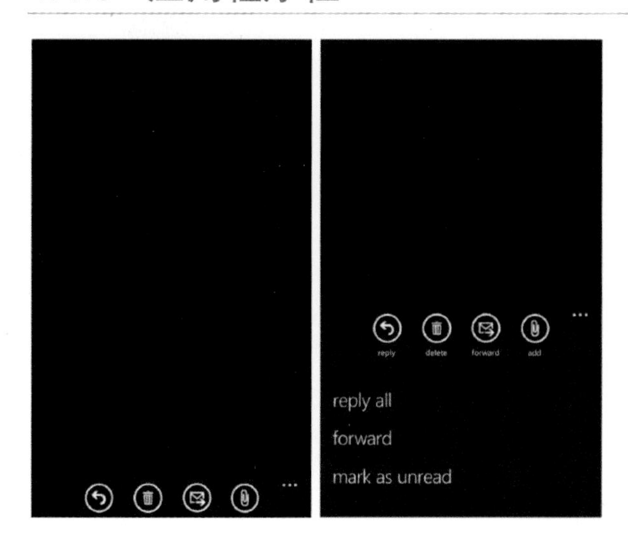

应用程序栏无论在纵向模式还是横向模式下都固定为 72 像素，并且不可改动。不过可以设置成可见或隐藏。应用程序栏上的按钮最好设定成程序里最主要、最常用的动作，切记不要为了使用而使用。在这里，少即是多。

应用程序栏菜单项的文字如果太长会超出屏幕范围。这里推荐把文字长度控制在 14 到 20 个字符之间。

应用程序栏允许开发者将应用中的最多 4 个常用任务，以图标的形式停留在上面。应用程序栏提供了一种视图，可以显示带文字提示的图标按钮和可选的上下文菜单。

当用户单击最右边的“更多”图标，或者直接向上翻动应用程序栏时，上下文菜单就会滑入屏幕。当单击应用程序栏以外区域或再次单击“更多”按钮，或使用返回按钮，或单击菜单或其他任何按钮时，上下文菜单会滑出屏幕。

应用程序栏无论纵向或者横向都会延展至整个屏幕宽度。旋转屏幕时，图标按钮始终保持和手机一致的朝向。应用程序栏上的按钮分成可用和不可用状态。例如当屏幕显示只读内容时，删除按钮就变成不可用状态。

除非有特殊原因，请使用用户自定义的系统主题颜色。如果开发者自己设定了不同的颜色，会影响按钮的显示效果。菜单动画也会出问题，同时会在一些显示模式下增加耗电量。

应用程序栏的透明度可以被调整。但是建议只使用 0、0.5、1 这几个数值。如果应用工具栏的透明度小于 1，整个应用工具栏就会覆盖在 UI 的上面。如果透明度设为 1，那么整个页面的显示大小将会改变。

4.4.4 应用程序栏的图标

应用程序栏的图标应当简洁、直白，易于理解，并让用户能联想到真实世界里的隐喻。图标最好有简单的几何形态，不要包含非必要的精致细节。当应用程序栏显示时，图标的文字提示应该及时展示出来。有些动作很难用图标来阐释清楚，可以把它们放到菜单里，用文字来描述。

按钮需要有图标和文字提示，而且文字提示应当简洁概况地描述按钮的作用。例如，能用“翻转”说明，就不要写成“水平翻转”。

应用程序栏上的图标尺寸为 48×48（像素）。图标应当使用白色前景色，并在透明背景下使用 alpha 通道。应用程序栏将会根据当前样式的设置着色，彩色图标会导致此效果难以预测。如果图标不是推荐的尺寸，将会被自动缩放，图标的显示效果就会变差。图标外面的圆圈是由应用工具栏绘制的，在源文件中没有必要再绘制一遍。

4.4.5 屏幕方向

Windows Phone 支持纵向、左横向和右横向 3 种屏幕视图模式。以下组件会根据屏幕方向的改变自动调整显示方式：

1）状态栏
2）应用程序栏与菜单
3）应用程序栏菜单
4）音量 / 铃音 / 振动
5）推送通知
6）对话框

Windows Phone 支持三种屏幕视图方向：纵向、左横向和右横向。

在纵向视图下，屏幕垂直排布，导航按钮在手机下端，页面高度大于宽度。在横向视图下，状态栏和应用程序栏保持在 Power 和 Start 按钮所在的屏幕一侧。在左横向视图下，状态栏在左侧；右横向视图下，状态栏在右侧。在横向视图下，状态栏的宽度从 32 像素变为 72 像素。纵向视图是应用程序的默认视图。主界面永远以纵向视图展示。在纵向视图下，当呼出横向物理键盘时，界面会自动变换成横向视图。

视图变换不能通过程序来实现，这一特性是只读的，不可改动，但可以锁定视图方向。

下面是屏幕方向进行变化的具体方式：

初始屏幕方向	触发条件	旋转后的屏幕方向
纵向	向左倾斜 60°	左横向
纵向	向右倾斜 60°	右横向
左横向	向右倾斜 60°	纵向
右横向	向左倾斜 60°	纵向
横向，机体水平放置	向上倾斜 60°	纵向

4.4.6 字体

Segoe WP Regular

abcdefghijklmnopqrstuvwxyz1234567890
ABCDEFGHIJKLMNOPQRSTUVWXYZ

Segoe WP Bold

abcdefghijklmnopqrstuvwxyz1234567890
ABCDEFGHIJKLMNOPQRSTUVWXYZ

Segoe WP Semi-bold

abcdefghijklmnopqrstuvwxyz1234567890
ABCDEFGHIJKLMNOPQRSTUVWXYZ

Segoe WP Semi-light

abcdefghijklmnopqrstuvwxyz1234567890
ABCDEFGHIJKLMNOPQRSTUVWXYZ

Segoe WP Black

abcdefghijklmnopqrstuvwxyz1234567890
ABCDEFGHIJKLMNOPQRSTUVWXYZ

Metro 设计原则的核心思想在于用文字设计贯穿始终。WP 系统默认字体为 Segoe WP，是 Unicode 字体，有 5 种样式：

1）普通
2）粗体
3）半粗体
4）半细体
5）黑体

系统提供了一套东亚阅读字体，支持中文、日文以及韩文。开发者可以在他们的应用程序中嵌入自己的字体，但是这些字体仅在该应用程序中有效。

请避免使用小于 15 号的字体，因为过小的文字很难阅读，并且难以单击。如果要使用彩色字体，要在字号很小的时候使用与背景色对比明显的颜色，以提高阅读性。

实战 2 制作功能设置界面

- 源文件地址：第 4 章\002.psd
- 视频地址：视频\第 4 章\002.swf

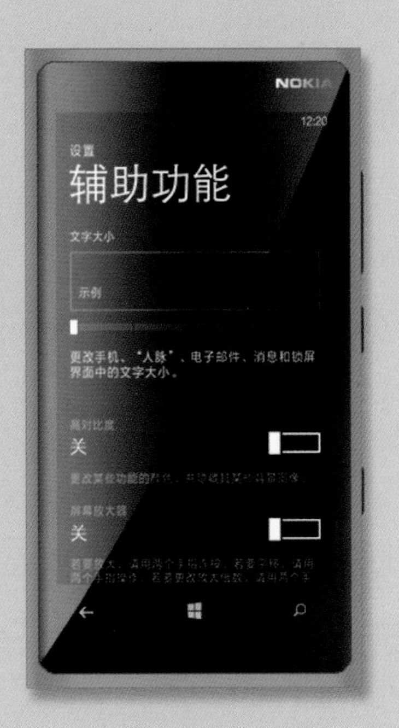

- 案例分析：

本案例的操作难度非常低，只有几个规则的形状和一些文字。可以利用“路径操作”来制作开关图标，使用“不透明度”控制文字的深浅。

- 配色分析：

该界面的配色方案非常简洁，使用最普通的黑底白字，仅通过不同明度的变化来区分信息的主次。整个画面干净、有力、可读性高。

制作分析 制作思路

01	02	03	04
使用“矩形工具”绘制出简单的线框和滑动条	使用“矩形工具”配合路径操作绘制出开关图标	使用“横排文字工具”为整个画面添加文字	适当调整文字的不透明度，配合辅助线对齐界面中的元素

- 制作步骤：01——绘制图形

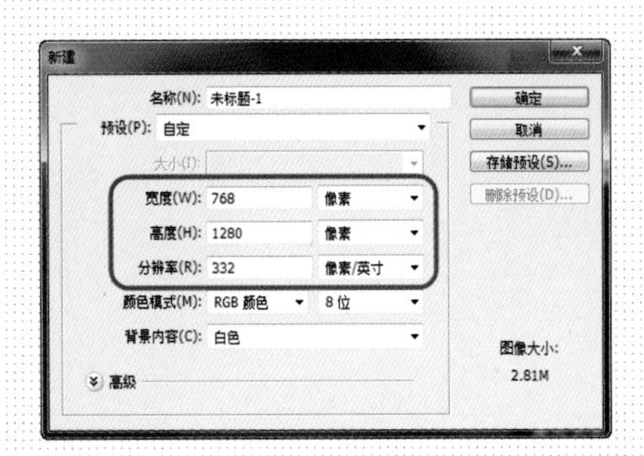

01 ▶执行“文件 > 新建”命令，新建一个空白文档。

02 ▶设置前景色为黑色，按快捷键【Alt+Delete】为画布填充颜色。

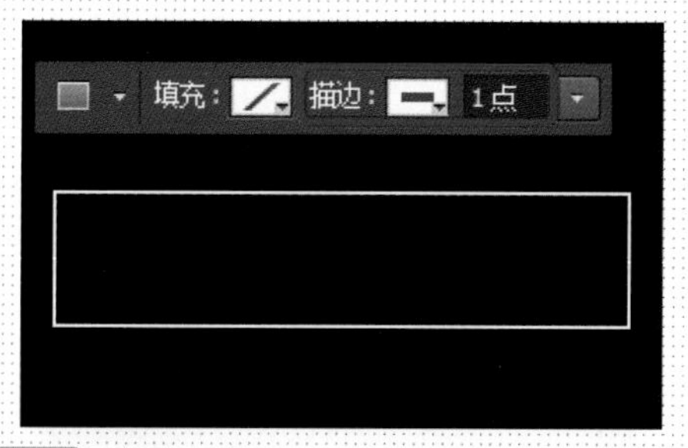

03 ▶使用“矩形工具”创建一个“描边”为白色的矩形。

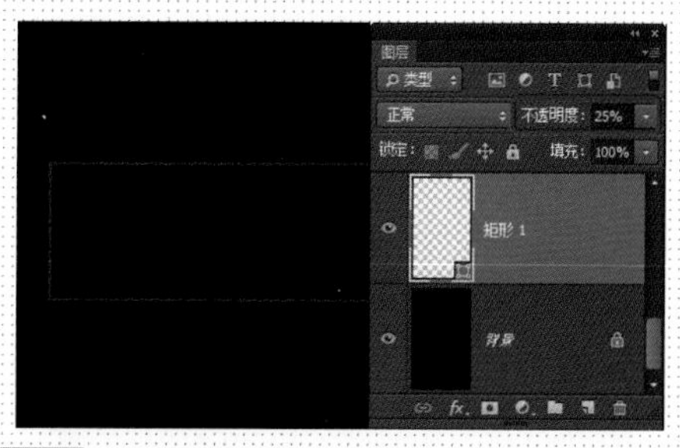

04 ▶在“图层”面板中设置该图层“不透明度”为 25%。

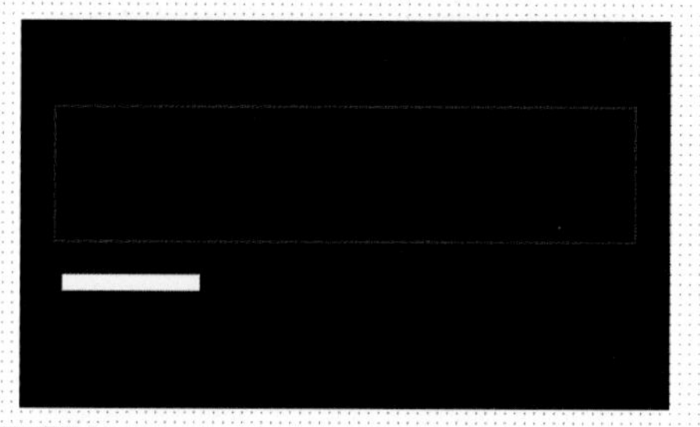

05 ▶使用“矩形工具”创建一个“填充”为白色的矩形。

06 ▶选择“路径选择工具”，按下【Alt】键拖动鼠标复制矩形。

07 ▶使用相同方法复制其他的形状。

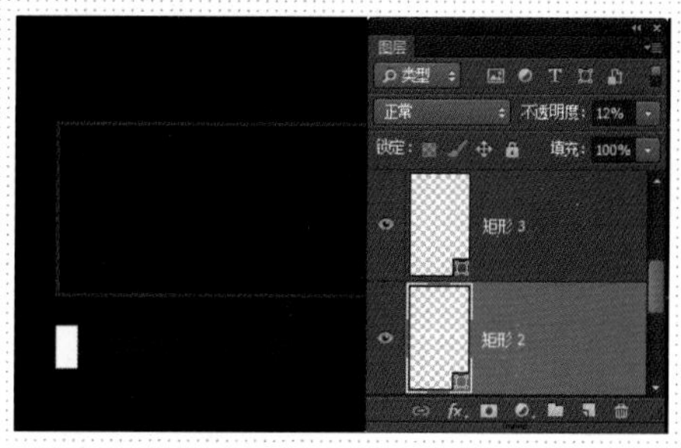

08 ▶使用相同方法完成相似制作。

09 ▶使用“矩形工具”创建一个“填充”为白色的矩形。

10 ▶设置“路径操作”为“减去顶层形状”，继续绘制形状。

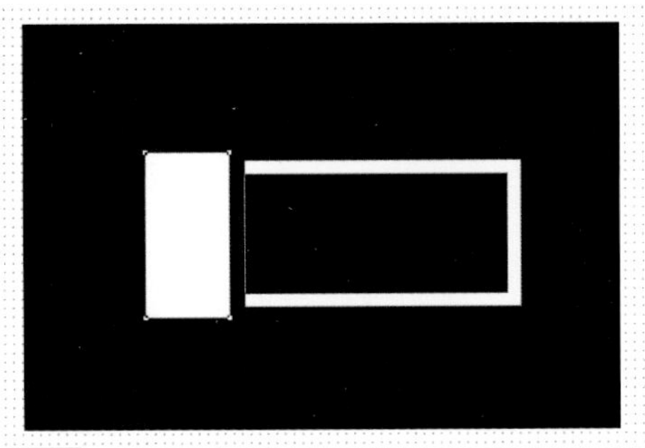

11 ▶设置“路径操作”为“合并形状”，继续绘制形状。

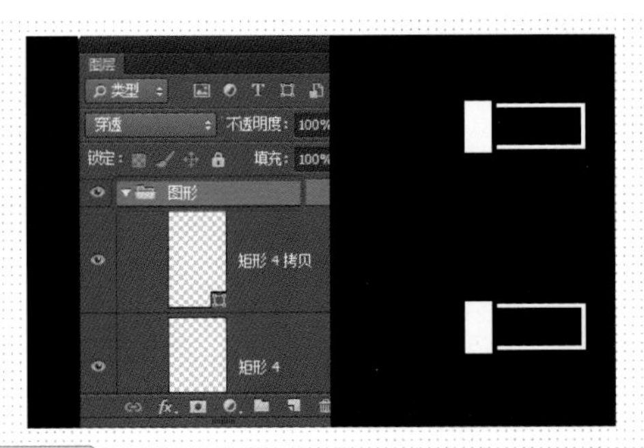

12 ▶用相同方法完成相似内容的制作。将所有的图层选中，按快捷键【Ctrl+G】进行编组，重命名为“图形”。

○ 制作步骤：02——添加文字

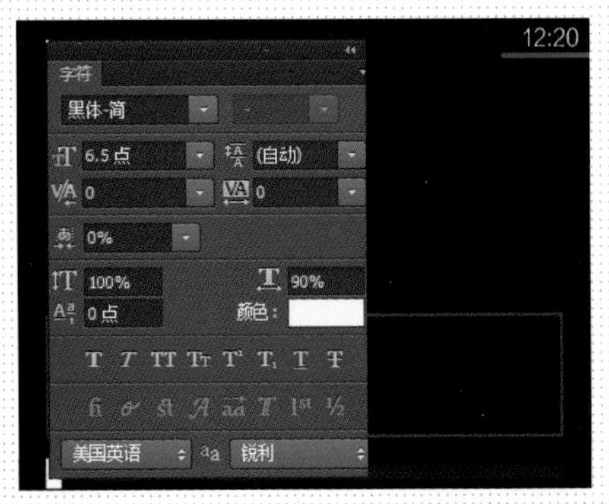

01 ▶打开“字符”面板，适当设置参数值。使用“横排文字工具”输入时间。

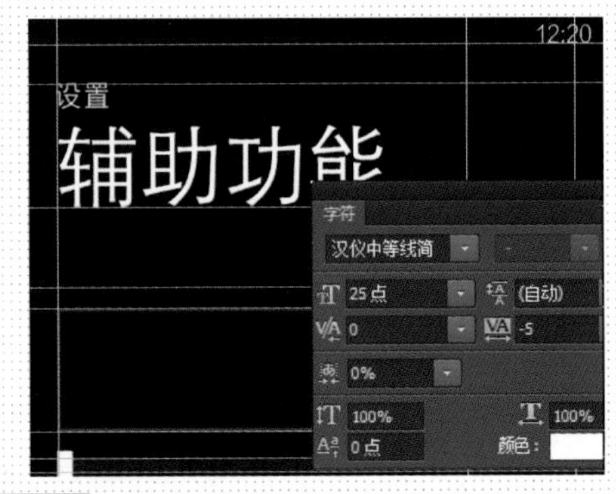

02 ▶使用“横排文字工具”输入其他文字，在“字符”面板中适当修改字符属性。

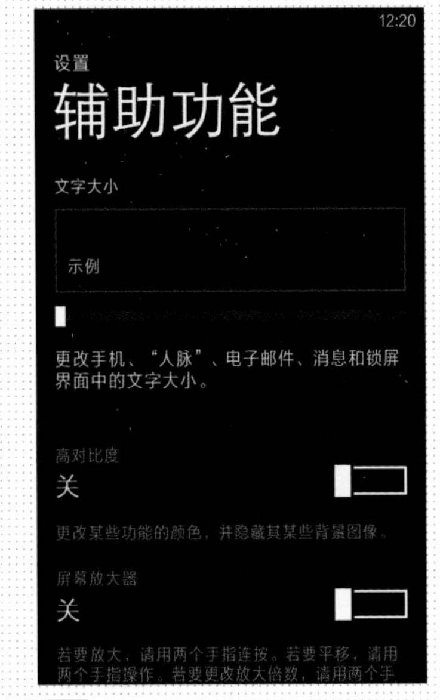

03 ▶使用相同方法完成相似内容的制作，得到界面的最终效果。

操作难点分析

在 UI 设计中经常会绘制线框，通常可以通过 2 种方式来完成：1. 使用一个矩形挖空另一个矩形；2. 只为一个矩形应用描边，不应用填充。使用第 2 种方法绘制线框时，最好将描边对齐方式设置为“向内对齐”。若使用“居中对齐”，那么当设置的描边宽度无法被 2 整除时，可能无法正确显示。

对比分析

文字和图形紧靠画布边缘，从视觉上给人一种拥挤的感觉。文字的字体、大小和颜色全部相同，无法有效地区分主次。

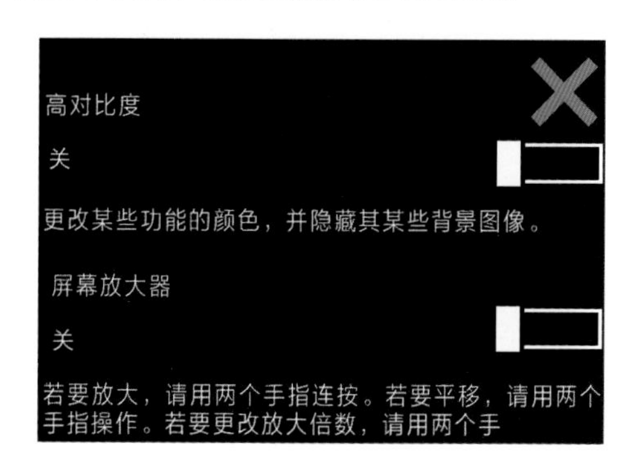

文字和图形与画布边缘有一定的留白，使画面看起来更加舒适、透气。标题文字和解释性语句有明显的区别，可读性强。

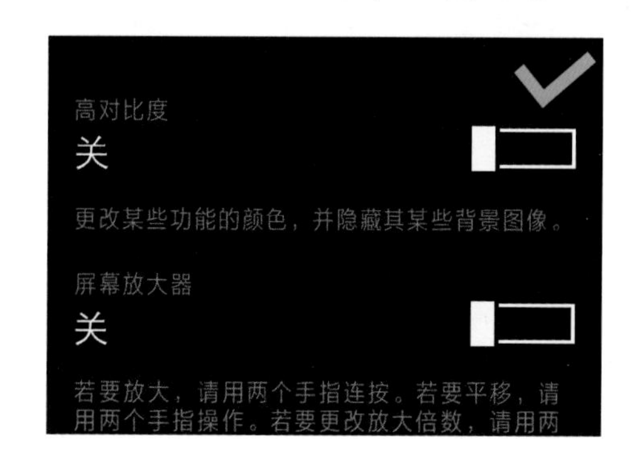

4.5 推送通知

通知推送用于提供一种云服务，它具有一条独有的弹性通道，可以将通知推送到移动设备。当一个云服务需要发送推送通知到移动设备时，它会先将通知发送到推送通知服务，然后再将通知送达应用程序，设备上的客户端就会获取通知。

推送通知有以下 3 种形式：

1）“瓦片”式通知

能够在不打断用户的情况下提醒用户注意到动态变化，出现在主界面中。

2）“烤面包”式通知

将需要用户操作的信息告知用户，既可以不打断用户操作，也可以要求立即处理，例如收到新信息。

3） 原生通知

由应用程序生成并完全由程序本身控制，也只会影响程序本身的通知，需要用户立刻响应。

4.5.1 “瓦片式”通知

瓦片是一种易于辨认的应用程序，或者应用程序中某个特定功能的快捷方式，用户可以将其放置在主界面中。用户只能自发地在主界面增加瓦片，应用程序本身无法侦测到它是否已经被放到瓦片上。瓦片上有一个可选的计数器，可以让用户发现更新信息。瓦片还可以更新由开发者提供的背景图，或者显示可选的标题和字体等。

瓦片上的图标尺寸为173×173(像素)，格式为JPEG或PNG。尺寸不符的图片将会被放大，或从左上角开始裁剪。默认的标题图片会被缩小以在程序列表中显示，除非开发者另外提供一个63×63（像素）的图片。应用程序如果没有自带用在瓦片上的图片或者标题，则会显示成系统默认的图标以及开发项目名称。

4.5.2 烤面包式通知

“烤面包”一词最早来自于MSN内部员工形容桌面Tips，因为Tips从桌面弹出的方式很像烤面包从面板机里跳出的样子。

云服务能生成一种特殊的，被称为“烤面包”式的推送通知。它出现在屏幕顶部，停留10秒钟。如果此时通知被单击了，则会启动相应的应用程序。烤面包上的应用程序图标会被缩小后显示在栏的左侧，在右侧显示粗体的标题和普通字体的副标题，内容中过长的文字会被截断。

开发者应该克制地设置应用程序所产生的烤面包频率和数量，因为所有的程序都能使用这种通知，想象一下每个程序一有事件就叨扰用户，用户会烦不胜烦。

4.5.3 原生通知

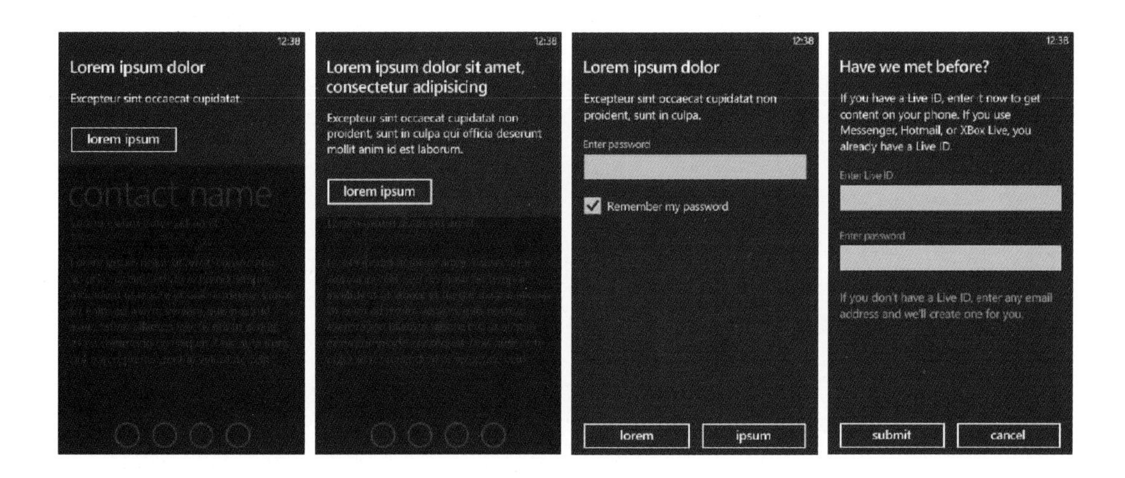

原生通知是由应用程序内部产生的，需要用户立即处理。它们可以由程序生成，或者发送自网络服务器。后者只会出现在一些特定的应用程序里。

4.6 界面框架设计

一个应用程序的核心元素包含了称为 Frame（框架）的顶层容器控件，它可以承载 Page（页面）。每个应用程序只能有一个框架，但可以包含多个页面。在应用程序中，页面可以实现内容的分离。Windows Phone 系统提供框架和页面类，以方便导航到独立的内容章节。

4.6.1 页面标题

页面标题可以直观地显示页面内容的信息，页面标题控件不具备动作。

页面标题是可选的，当它显示时不可滚动；如果标题显示，那么为了考虑体验的一致性，应该在程序的每个页面都保留标题的位置。如果选择显示标题，那么内容应该是程序名称或者相关的描述性文字。

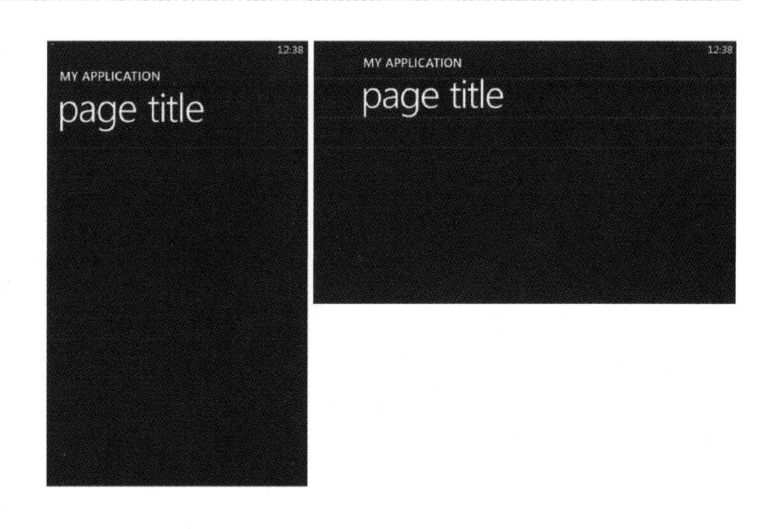

4.6.2 主题

主题是指用户自己选择的背景和色调，使手机上的视觉元素更加个性化。主题只涉及颜色变化，其他的字体、控件之类的元素尺寸不会随着改变。

Windows Phone 系统有两种背景色，一深一浅，以及 10 种色调：品红 (FF0097)、紫 (A200FF)、青 (00ABA9)、柠檬 (8CBF26)、棕 (996600)、粉红 (FF0097)、橙色 (F09609)、蓝 (1BA1E2)、红 (E51400) 和绿 (339933)。手机运营商和生产商可以额外增加一种颜色。

默认的主题由深色背景和蓝色调组成，但是运营商和生产商可以更改这个设置。由于用户可以从 20 种主题色调（如果运营商和手机生产商增加颜色，最多可有 22 种）中进行选择，开发者就需要考虑到，如果给自己的程序界面增加色彩元素，会和系统界面颜色产生什么样的组合。

作为 Windows Phone 应用程序平台的一部分，应用程序会自带选定的主题颜色，以保证系统控件和界面元素在整个平台上的统一。如果一个控件的前景色和背景色是分别设定的，那么需要在检验一下它在深色和浅色背景下的效果。如果可见性不好，则需要调整背景色或前景色，以保证对比度。

4.6.3 进度指示器

进度指示器显示的进度状态分为确定和不确定。确定的进度会有起点有终点，而不确定的则一直显示到任务结束。进度指示器显示了程序内正在进行的与某个动作或者一系列事件相关的动作的情况。这个控件是系统预留的，并且被整合进了状态栏，因此可以在程序的各个页面显示。

如果开发者可以在诸如下载场景下使用确定的进度条，在诸如远程连接场景下使用不确定的进度条。

实战 3 制作视频播放界面

- 源文件地址：第 4 章 \003.psd
- 视频地址：视频 \ 第 4 章 \003.swf
- 案例分析：
  视频播放界面的制作方法比较简单，先制作半透明度的控件背景，再加入视频文件名称和各种按钮即可。制作时精确对齐按钮。

- 配色分析：
  该界面的底色为不同明度的橙色，奠定了朝气蓬勃的氛围。白色的文字和图标显得清新，可读性较强。

制作分析　制作思路

01	02	03	04
使用“矩形工具”创建屏幕范围，拖入素材图像	使用“矩形工具”和“椭圆工具”创建进度条	使用形状工具配合“路径操作”方式绘制出图标	适当设置字符属性，使用“横排文字工具”输入文字

制作步骤：01——制作背景

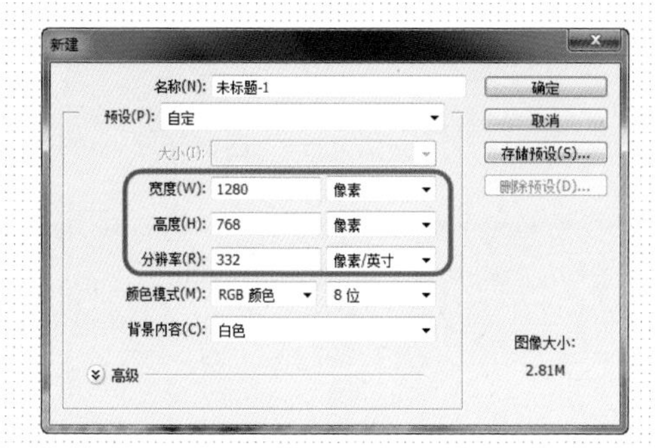

01 ▶执行“文件 > 新建”命令，新建一个空白文档。

02 ▶设置“前景色”为黑色，按快捷键【Alt+Delete】为画布填充颜色。

03 ▶使用“矩形工具”创建一个任意颜色的矩形。

04 ▶执行“文件>打开”命令，打开素材“第4章\素材\010.jpg”，适当调整其位置，按快捷键【Ctrl+Alt+G】创建剪贴蒙版。

提问：创建剪贴蒙版的作用是什么？

答：将一个图层剪切至其下方的图层后，可以将当前图层的显示范围限制到其下方的图层中，而且会继承下方图层的不透明度。

○ 制作步骤：02——制作播放进度条

01 ▶使用“矩形工具”创建一个黑色矩形，按快捷键【Ctrl+Alt+G】创建剪贴蒙版，设置其“不透明度”为25%。

02 ▶使用“矩形工具”创建白色的进度条，设置该图层“不透明度”为25%。

03 ▶使用“矩形工具”创建另一个白色的进度条。

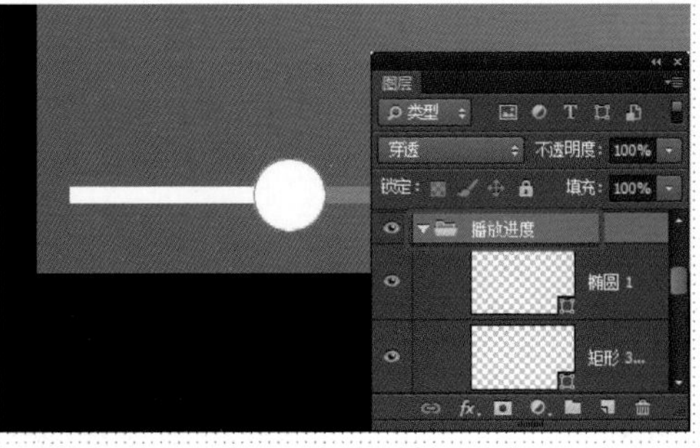

04 ▶使用“椭圆工具”创建白色的播放头。将相关图层选中，执行“图层>图层编组”进行编组，重命名为“播放进度”。

○ 制作步骤：03——制作按钮、添加文字

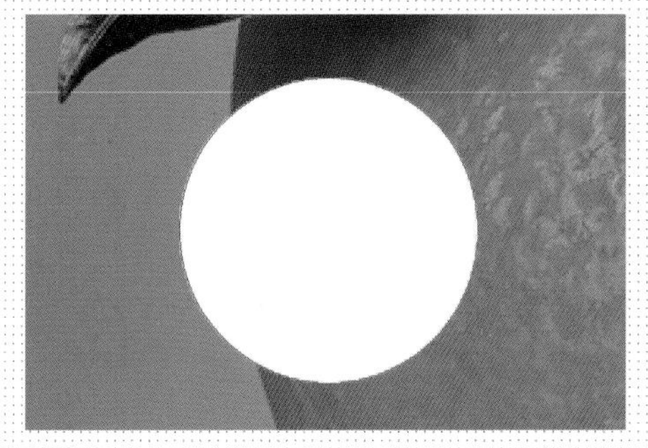

01 ▶使用“椭圆工具”，按下【Shift】键创建一个白色正圆。

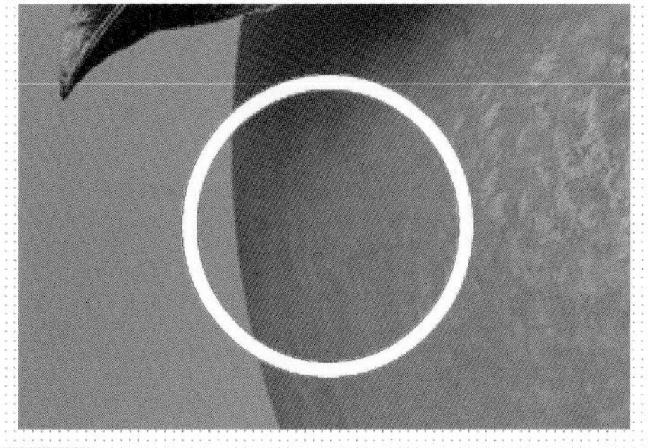

02 ▶设置“路径操作”为“减去顶层形状”，对正圆进行挖空。

03 ▶使用相同方法绘制其他的按钮。

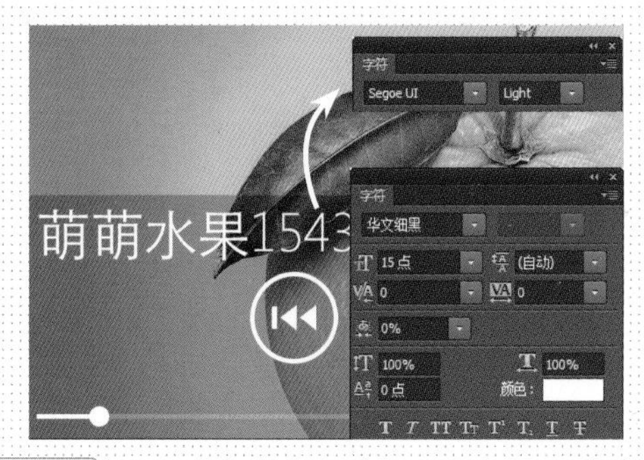

04 ▶打开“字符”面板，适当设置字符属性，使用“横排文字工具”输入文字。

05 ▶使用相同方法完成相似内容的制作，得到界面和“图层”面板的最终效果。

操作难点分析

绘制“全屏”按钮时，外围的圆圈可以直接复制前面绘制的按钮。用户只需使用“路径选择工具”选择复合形状中需要的形状，按快捷键【Ctrl+J】，即可复制选中的形状。中间的图标部分是使用“直线工具”绘制的。当然，也可以使用“矩形工具”一点点进行修剪，不过操作会比较烦琐。

对比分析

播放控件的背景不是半透明度的黑色，而是选择了比画面略深的纯色。用户使用控件时无法看到视频的内容，很不方便。

播放控件的背景使用半透明度的黑色，用户可以毫不受阻地看到后面的视频内容，还为画面添加了轻盈精致的感觉。

4.6.4 屏幕键盘

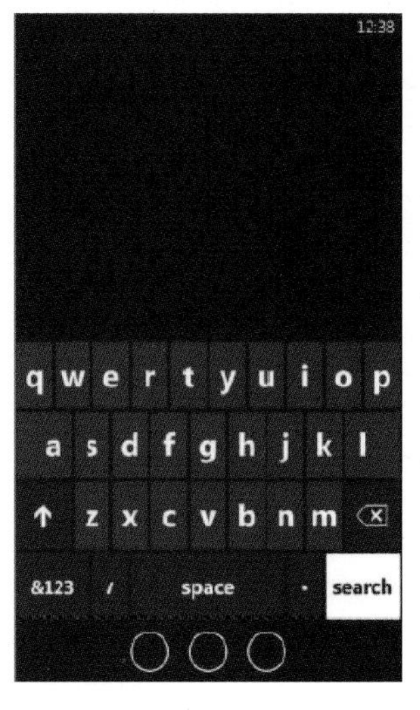

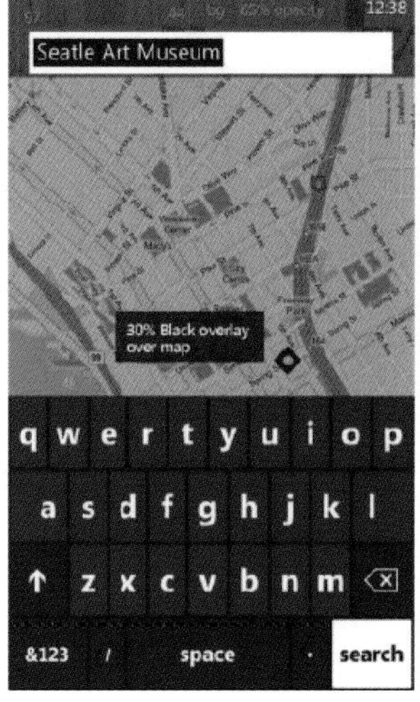

屏幕键盘用来输入字符。当某个可编辑控件激活时，键盘由屏幕底部自动升起。当用户单击编辑控件以外的区域，或滚动列表，或单击返回按钮时，键盘自动向下收回到屏幕底部。如果手机有物理键盘，并且处于打开状态，则屏幕键盘会自动收起。

Windows Phone 系统支持完整的 QWERTY、AZERTY 以及 QWERTZ 全字母键盘布局，不支持 12/-20 键盘布局。

手机支持一些辅助输入功能，比如自动联想，自动修正，以及针对特定情境的键盘布局。如果自动联想功能开启，它会位于键盘上方，并且挡住其下的内容。

屏幕键盘在竖屏时高度为 336 像素，横屏时高度为 256 像素。自动联系的窗口高度始终为 65 像素。开发者可以定义一个编辑控件是否激活，并且当进入一个页面时是否会升起屏幕键盘。

由 Windows Phone 开发工具里提供的编辑控件如果激活，系统就会自动将它滑动到屏幕键盘的上方。如果键盘上有回车键，并且当前的编辑控件是一个单行，那么单击回车键时，要么会提交数据并关闭键盘，要么会把焦点移动到下一个控件。如果编辑控件是多行的，那么单击回车键会新增一行。

开发者应当在编辑区域中设定输入范围，以便于选择合适的布局和启用合适的输入辅助功能。

实战 4 制作新建信息界面

- 源文件地址：第 4 章 \004.psd
- 视频地址：视频 \ 第 4 章 \004.swf

- 案例分析：

  该页面的制作方法同样比较简单，使用各种形状工具和“横排文字工具”基本可以制作出大部分的内容。制作下方的按钮时要注意形状的精确性。

- 配色分析：

  该界面的配色方案非常简洁，黑的背景、深灰色的键盘背景、白色的文字。整个画面非常简洁，没有任何干扰重要信息的元素。

制作分析　制作思路

01 输入状态栏时间，使用形状工具制作出小部件

02 使用矩形工具绘制键盘背景和按键，复制出全部按键

03 输入按键上的字符，使用形状工具绘制出个别图标

04 使用形状工具和“路径操作”制作出界面下方的按钮

制作步骤：01——制作状态栏和小部件

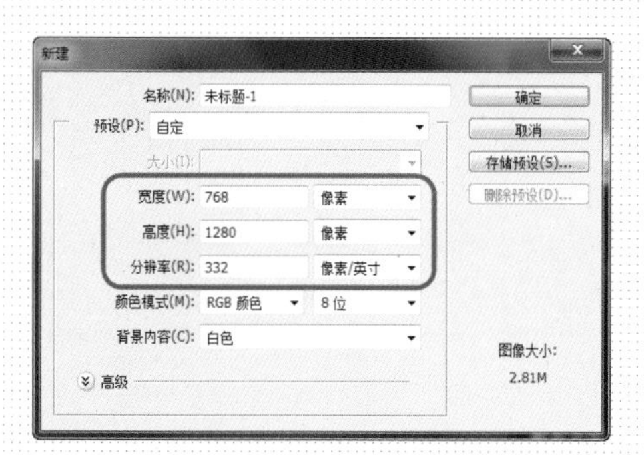

01 ▶执行“文件 > 新建”命令，新建一个空白文档。

02 ▶设置前景色为黑色，按快捷键【Alt+Delete】为画布填充颜色。

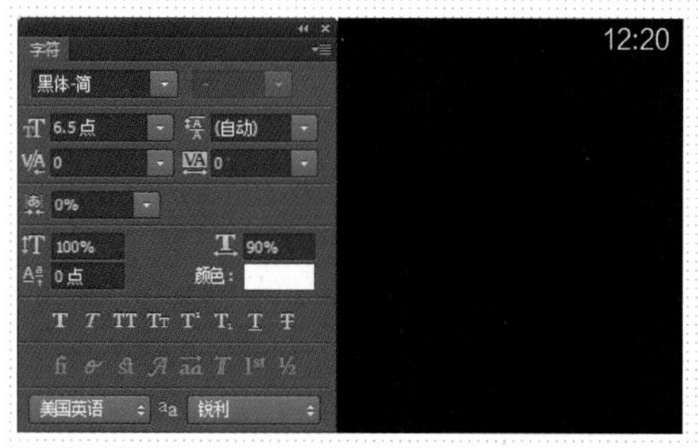

03 ▶打开“字符”面板，适当设置字符属性，使用“横排文字工具”输入时间。

04 ▶使用“直线工具”绘制一条“粗细”为 1 像素的白色线条。

05 ▶使用相同方法完成相似内容的制作。

06 ▶使用“矩形工具”创建一个“描边”为白色的矩形。

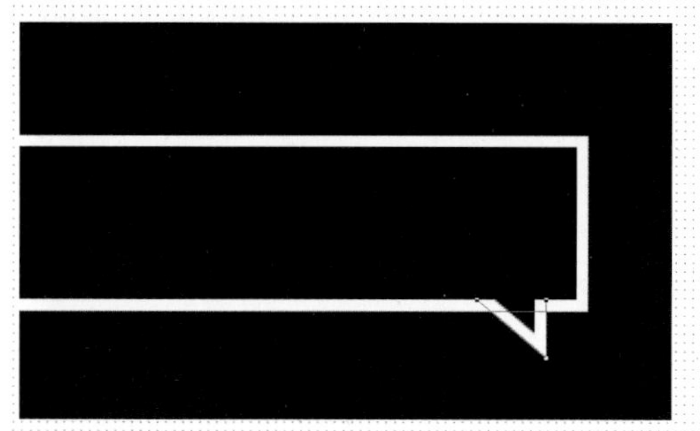

07 ▶使用“钢笔工具”，设置路径操作为“合并形状”，继续绘制形状。

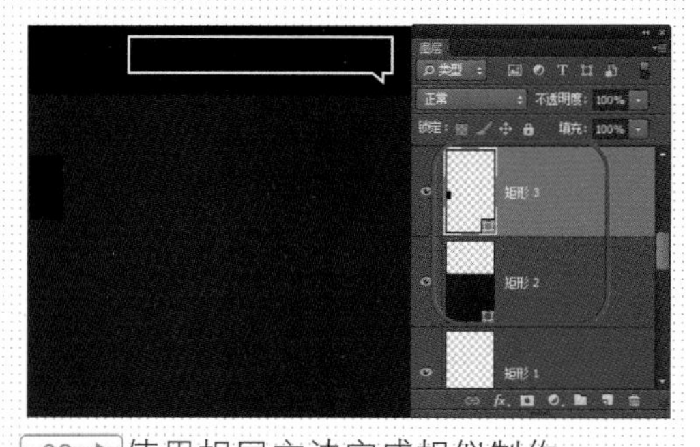

08 ▶使用相同方法完成相似制作。

○ 制作步骤：02——制作键盘

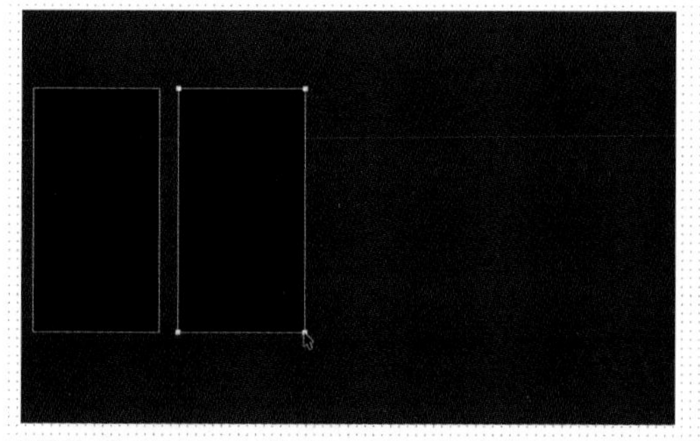

01 ▶ 使用“路径选择工具”，按下【Shift+Alt】组合键拖动复制黑色矩形。

02 ▶ 使用相同方法复制出其他的矩形。

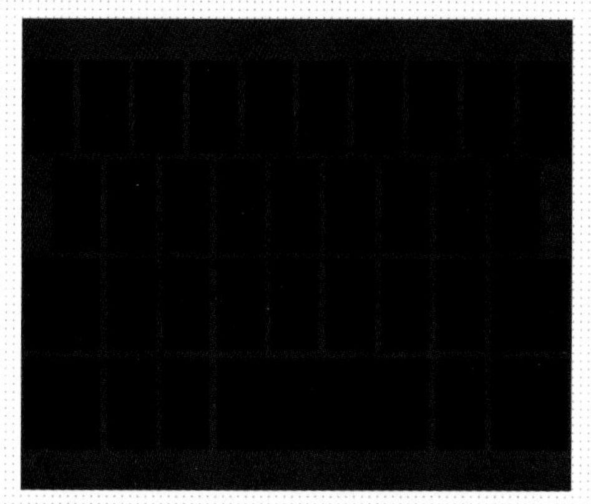

03 ▶ 使用相同方法完成相似制作。

04 ▶ 在“字符”面板中适当设置字符属性，使用“横排文字工具”输入相应的文字。

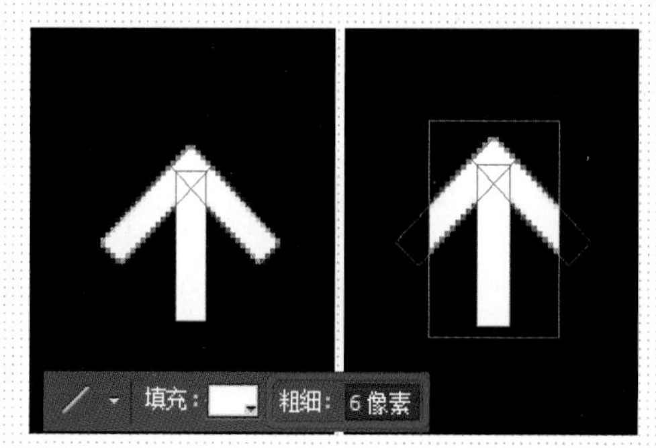

05 ▶ 使用“直线工具”，以“合并形状”模式绘制箭头。使用“矩形工具”，以“与形状区域相交”模式进行绘制 。

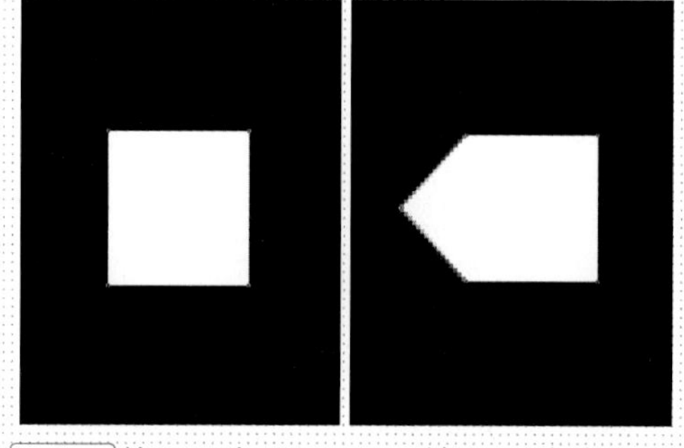

06 ▶ 使用“矩形工具”绘制一个白色的矩形。使用“添加锚点工具”添加锚点，将平滑点转换为角点，适当调整锚点位置。

提问：如何转换锚点的类型？

答：锚点的类型分为“角点”和“平滑点”，用户可以使用“转换点工具”单击一个锚点，将平滑点转换为角点，或将角点转换为平滑点。

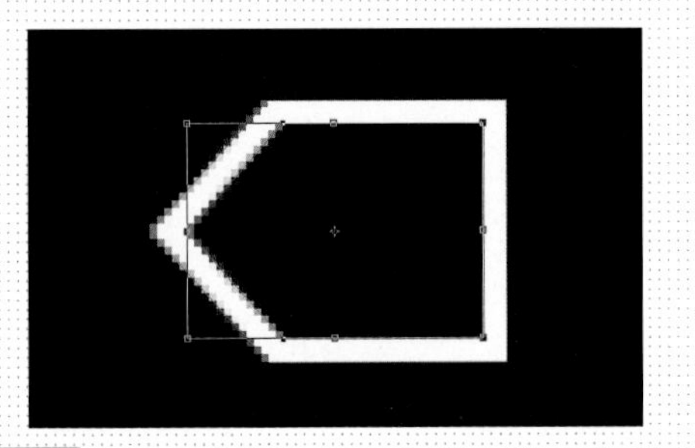

07 ▶使用“路径选择工具”，按下【Alt】键拖动复制该形状，设置其“路径操作”为“减去顶层形状”，适当调整大小。

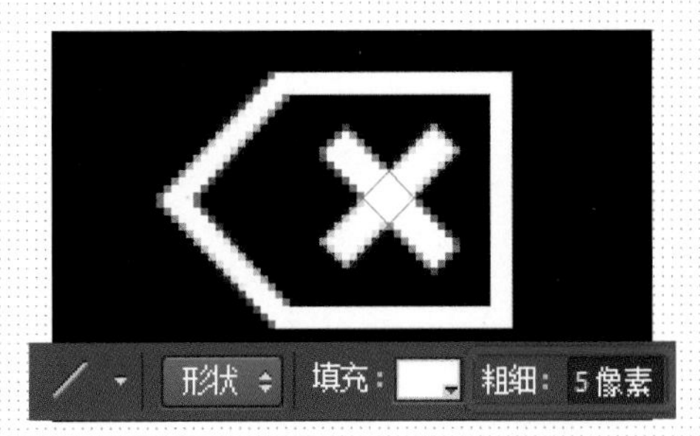

08 ▶使用“直线工具”，以“合并形状”模式绘制白色的线条。

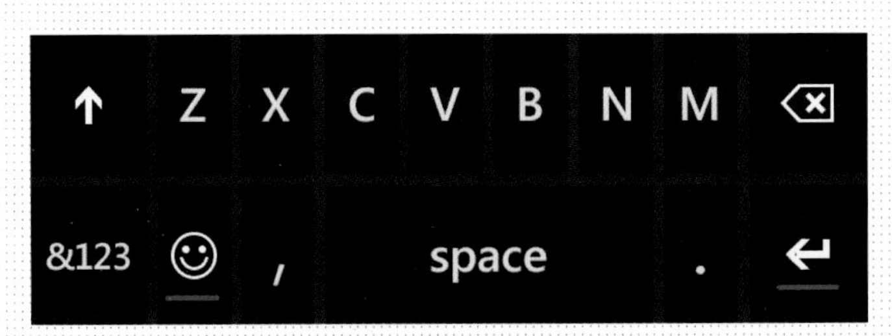

09 ▶使用相同方法完成相似内容的制作。

○ 制作步骤：03——制作按钮

01 ▶使用“椭圆工具”创建出白色的圆环。

02 ▶使用“圆角矩形工具”，设置“半径”为5像素，绘制形状。

03 ▶分别设置“路径操作”为“合并形状”和“减去顶层形状”，继续绘制形状。

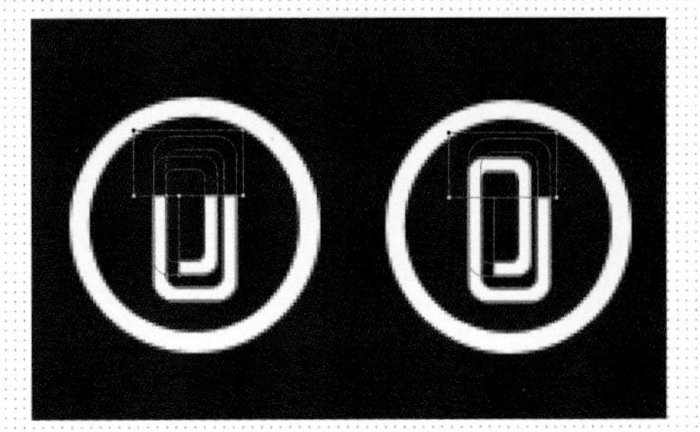

04 ▶使用“矩形工具”，设置“路径操作”为“减去顶层形状”，继续绘制形状。适当调整矩形的排列顺序。

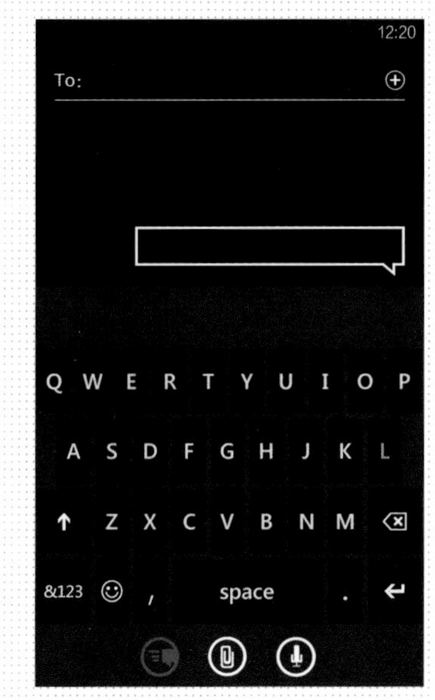

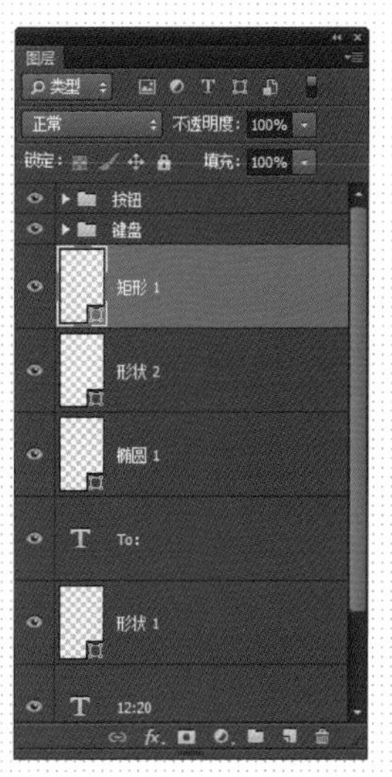

05 ▶使用相同方法完成相似内容的制作，得到界面的最终效果。

操作难点分析

界面下方的语音图标的绘制相对比较复杂。绘制时先使用“矩形工具”和“圆角矩形工具”创建出底座和支架，然后使用“圆角矩形工具”挖空支架，最后再以“合并形状”模式绘制话筒。如果绘制的形状顺序不正确，请使用选项栏中的调整排列顺序。

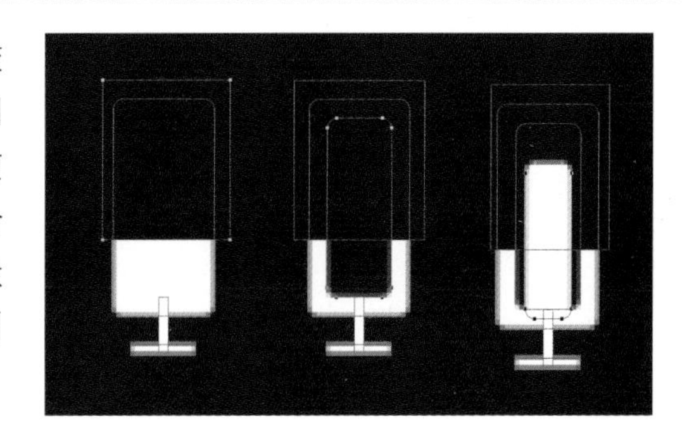

对比分析

按键排列得不整齐，按键中的字符和图标也没有精确地放置到按键正中央，显得极其不美观、不专业。

各个按键的行距和间距是完全相等的，按键中的字符和图标也被精确地放置到了正中央，整体效果美观而整洁。

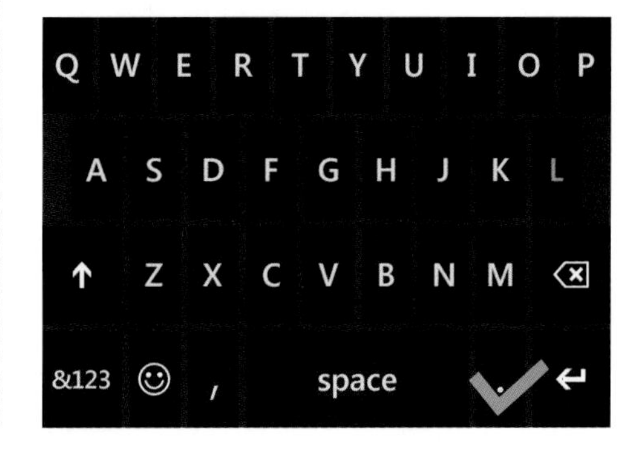

4.7 应用程序界面控件

Windows Phone 系统上承载的 Silverlight 界面框架使得一系列崭新的移动设备设计体验成为可能。Silverlight 掌握了 .NET 的力量，包含大量的控件、丰富化布局和样式。开发者可以利用他们以前的 Silverlight 以及 .NET 开发经验来促进现在在移动设备上的控件工作，并把它们运用到 WindowsPhone 的应用程序里。

4.7.1 按键

当用户按下按键时就会激发一个动作。按键形状一般是长方形，并且上面可以显示文字或者图形。按键支持“正常”、“单击”和“禁用”三种状态，支持手势单击。如果要在按键上使用文字，那么最好不要显示超过两个英文单词。按键文字应当简明，并且是动词。当使用对话框时，“OK”或者其他积极操作应当位于左边，“取消”或其他消极操作位于右边。

实战 5 制作应用商店界面

- 源文件地址：第 4 章 \005.psd
- 视频地址：视频 \ 第 4 章 \005.swf

- 案例分析：

  该案例中大部分的内容为文字，制作时要注意不同元素的对齐。字符属性相似的段落文字可以使用文本框的形式输入。

- 配色分析：

  使用纯白色的背景，文字信息为黑色，可读性非常高。青色和粉红色相间的图标为朴素的页面添加了不少光彩。

制作分析 制作思路

使用形状工具和“路径操作”绘制出电池图标

输入相关的文字内容，通过字体大小的调整构建层级关系

拖入相关的 Logo 素材，并制作出评级和文字内容

使用“矩形工具”制作出按钮，并输入文字内容

○ 制作步骤：01——制作状态栏

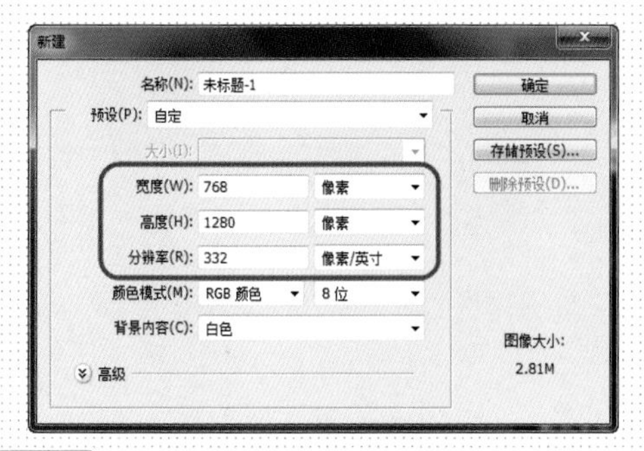

01 ▶执行“文件 > 新建”命令，新建一个空白文档。

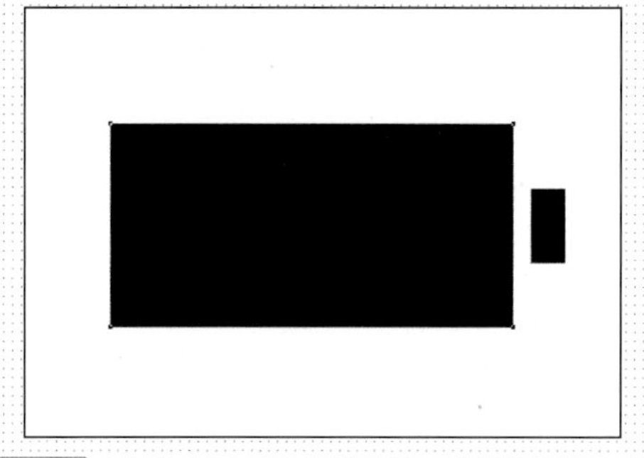

02 ▶使用“矩形工具”，设置“路径操作”为“合并形状”，绘制形状。

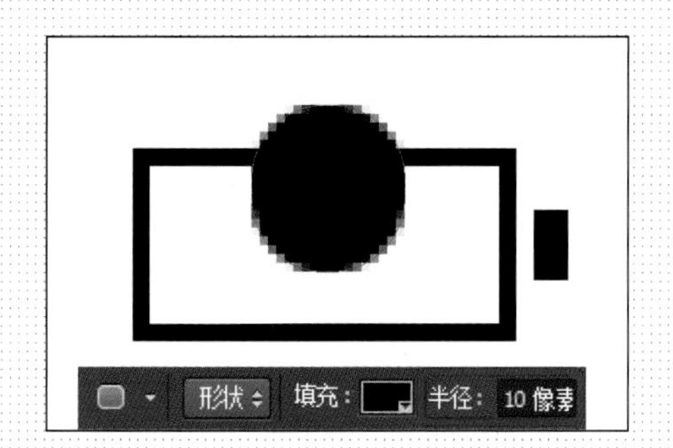

03 ▶使用“圆角矩形工具”，设置“半径”为 10 像素，绘制一个黑色圆角矩形。

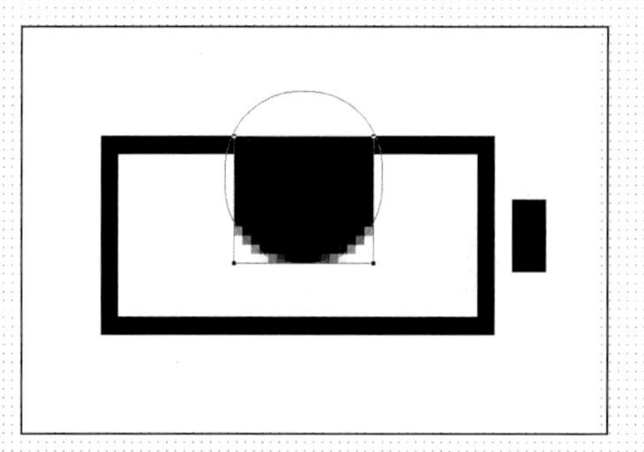

04 ▶使用“矩形工具”，设置“路径操作”为“与形状区域相交”，继续绘制形状。

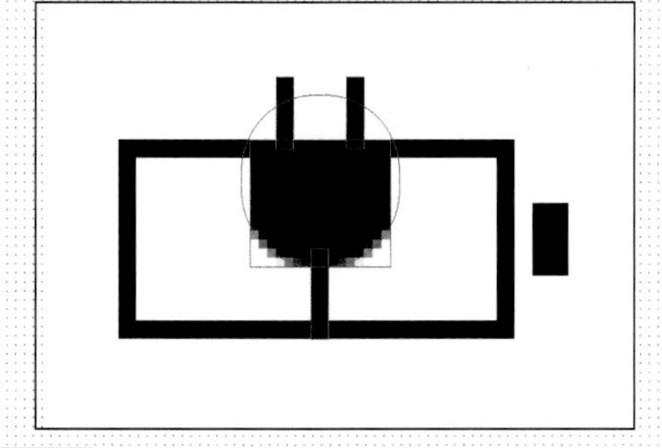

05 ▶设置“路径操作”为“合并形状”，继续绘制形状。

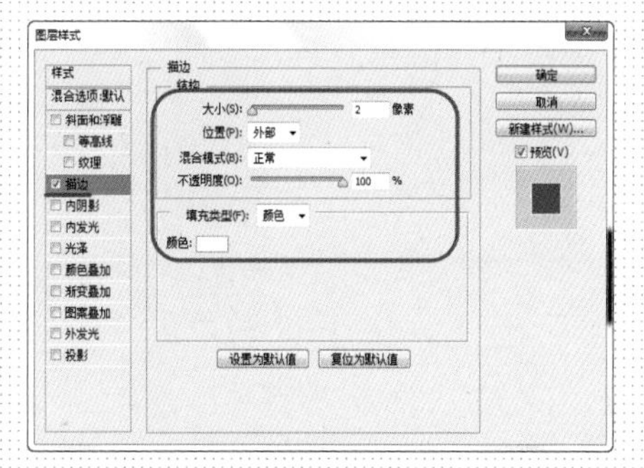

06 ▶双击该图层缩览图，打开“图层样式”对话框，选择“描边”选项设置参数值。

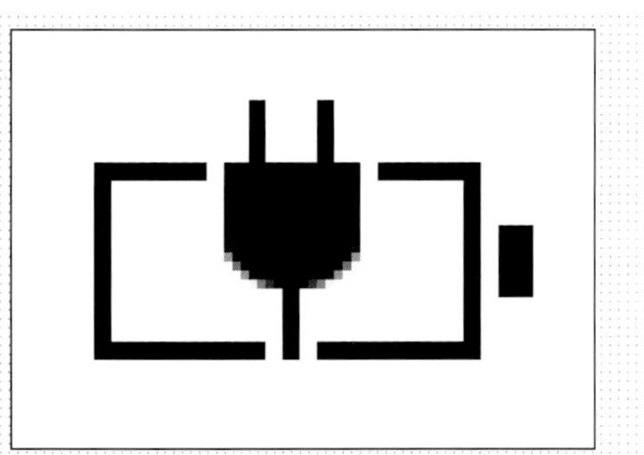

07 ▶设置完成后单击“确定”按钮，得到图标效果。

08 ▶在“字符”面板中适当设置字符属性，使用“横排文字工具”输入时间。

○ 制作步骤：02——制作 App 详情

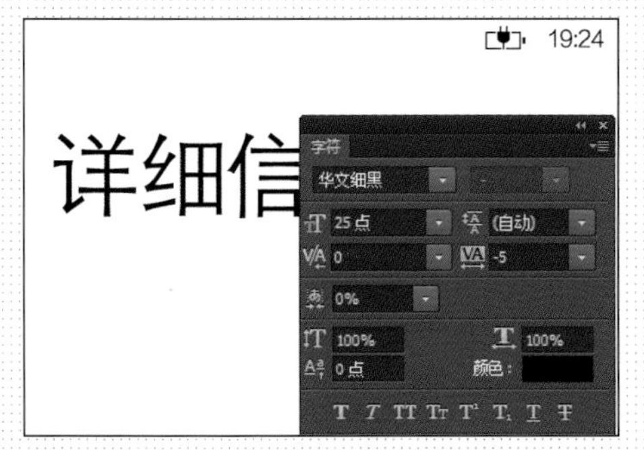

01 ▶使用“横排文字工具”输入相应的文字，并在“字符”面板中修改字符属性。

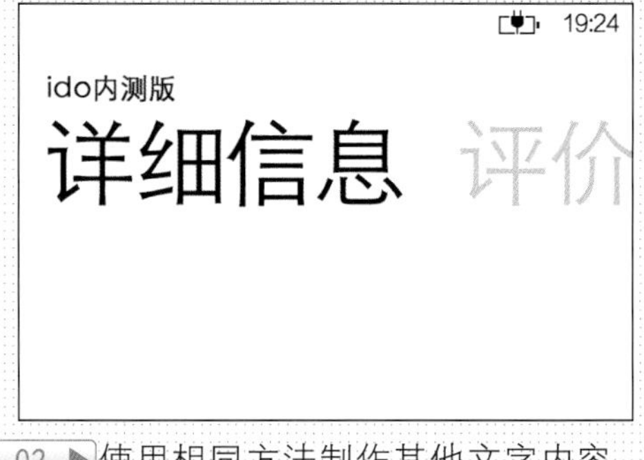

02 ▶使用相同方法制作其他文字内容。

03 ▶使用“矩形工具”创建一个任意颜色的矩形。

04 ▶执行“文件 > 置入”命令，置入素材“第 4 章 \ 素材 \011.jpg”，适当调整位置和大小。

提问：如何编辑智能对象？

答：将图层转换为智能对象后，用户仍然可以通过双击该对象缩览图的方式来编辑它，编辑完成后存储编辑结果，即可在设计文档中更新智能对象的状态。

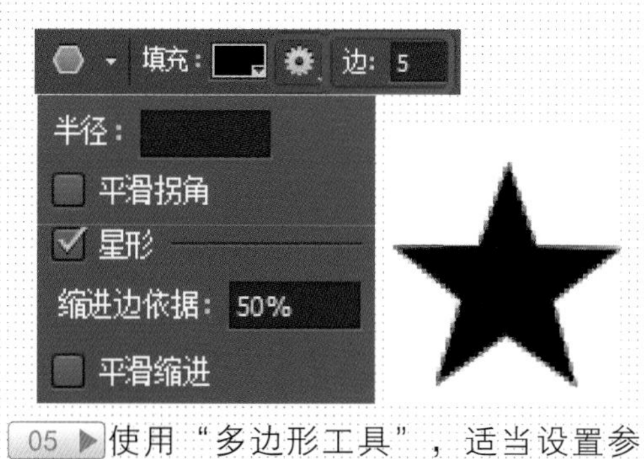

05 ▶使用“多边形工具”，适当设置参数值，绘制一个黑色五角星。

06 ▶相同方法完成相似内容的制作。

提问：星形绘制好后还能修改边数吗？

答：Photoshop CC 新增了实时路径功能，允许在创建形状后修改圆角矩形的圆角值，但仍不支持修改多边形的边数。

○ 制作步骤：03——制作按钮

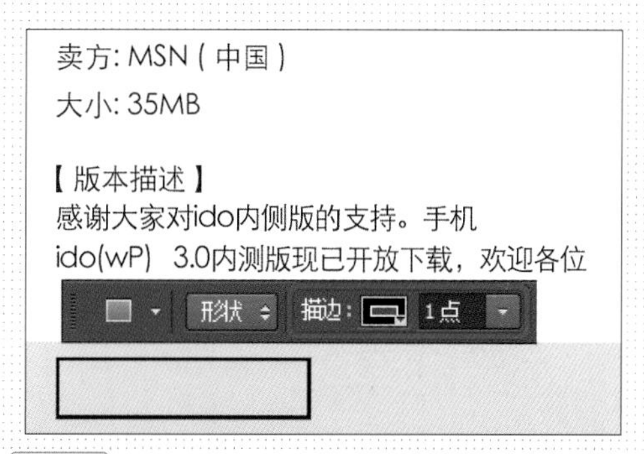

01 ▶使用“矩形工具”创建一个黑色矩形，设置该图层“不透明度”为 13%。

02 ▶使用“矩形工具”创建一个“描边”为黑色的矩形。

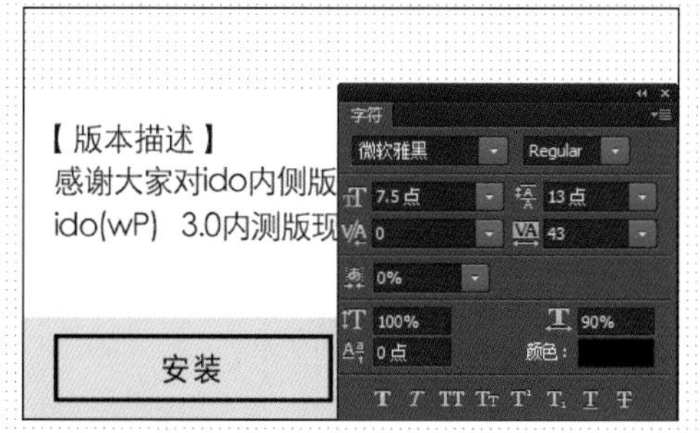

03 ▶打开“字符”面板设置参数，并在画布中输入相应的文字。

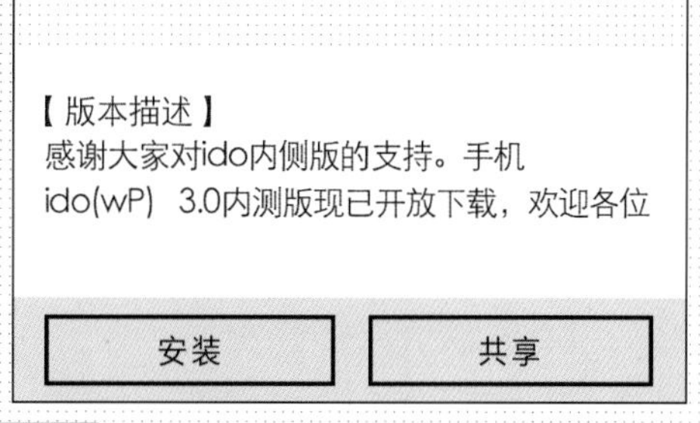

04 ▶使用相同的方法完成另一个按钮的制作。

05 ▶ 至此完成该页面的全部制作过程，得到页面的最终效果。

操作难点分析

绘制半黑半白的星形时，可以先复制绘制好的星形 2 次，使用“直接选择工具”删除第一份星形的一半。设置第二份星形的“不透明度”为 25%，将半颗星形对齐到半透明星形上，就制作出了半黑半白的星形效果。

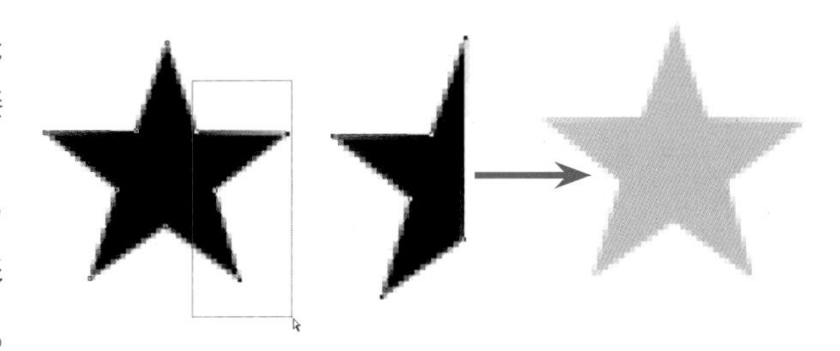

对比分析

文字的透明度和字体大小没有很明显的区别，整个画面的中心内容和重点信息不明确，为用户操作带来了困难。

通过文字的大小和透明度的变化很好地构建出了信息的主次层级关系，虽然画面内容不多，但可操作性很高。

4.7.2 复选框

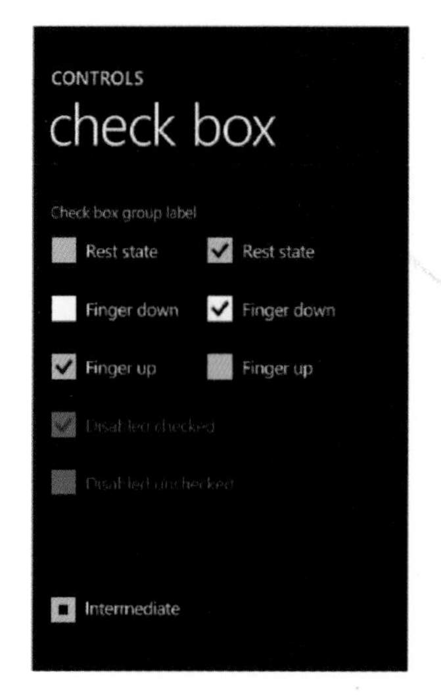

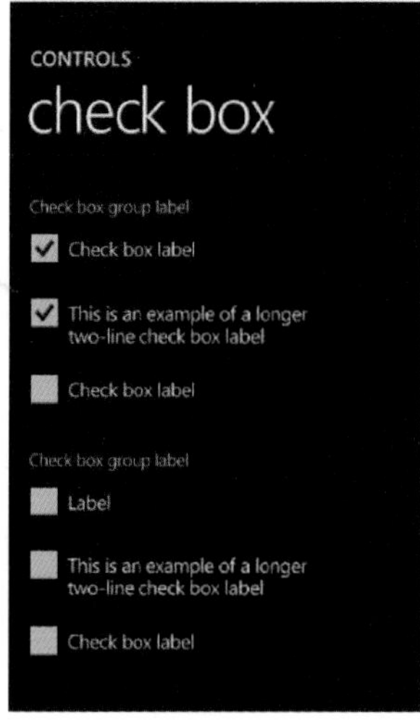

复选框通常用来定义一个二进制状态，可以群组使用，以显示多种选择，用户可以从中选择一个或多个。用户可以通过手势单击复选框本身，或者其他相关的文字来完成操作。

此控件支持一种不定状态，可以用来同时表示一组项里有些被选中，有些没有选中。复选框在选中和未选中时都支持“正常”、“单击”和“禁用”三个状态。

尽管此控件支持多行文字显示，但请将字数限制在两行以内，以保证设计的统一。如果用户有多个选项要选择，那么可以考虑使用滚轮查看器或者增加一个堆栈面板。微软不推荐使用不定态的勾选框，因为用户可能会分不清楚那些项目是选中的，哪些没有选中。有个更合适的方式是，测算复选框的数据源，以分散复选框，或者使用多选列表，尤其是当使用动态数据组合时。

实战 6 制作添加键盘界面

- 源文件地址：第 4 章 \006.psd
- 视频地址：视频 \ 第 4 章 \006.swf

- 案例分析：
  该案例中大部分的内容为文字，制作时要注意不同元素的对齐问题，如有必要可以使用参考线辅助对齐。

- 配色分析：
  背景为纯黑色，文字信息为白色，与背景的反差非常大，极大地提高了可读性。界面下方的深灰色按钮背景有效地将控件和内容区分开来。

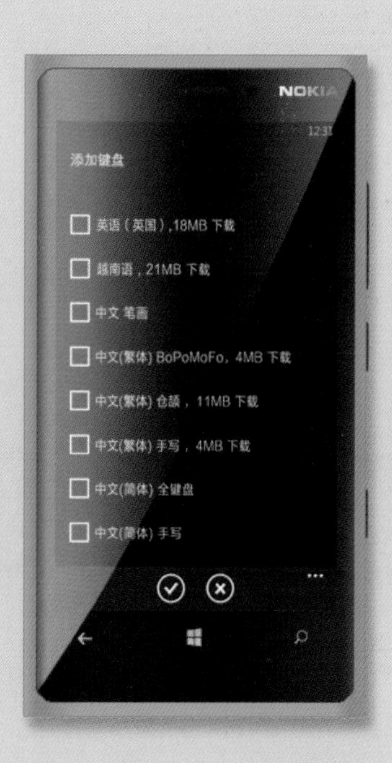

制作分析 制作思路

使用“横排文字工具”在界面右上方输入时间

使用“矩形工具”创建出复选框，复制调整出其他部分

使用“横排文字工具”输入其他的内容信息

使用各种形状工具和路径操作方法制作出两个按钮

○ 制作步骤：01——制作复选框和文字

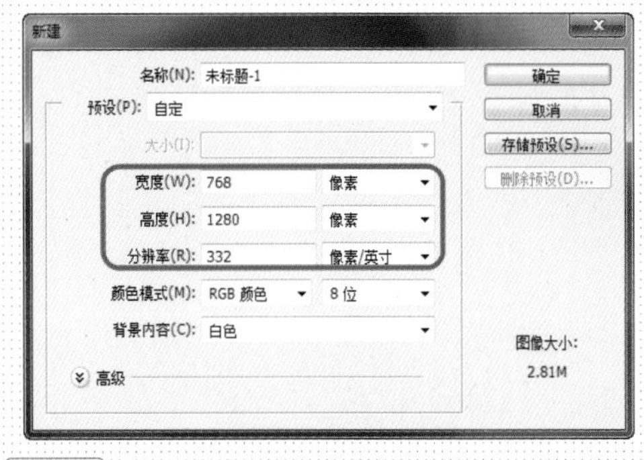

01 ▶执行“文件 > 新建”命令，新建一个空白文档。

02 ▶设置“前景色”为黑色，按快捷键【Alt+Delete】填充颜色。

03 ▶打开“字符”面板设置参数，并在画布中输入相应的文字。

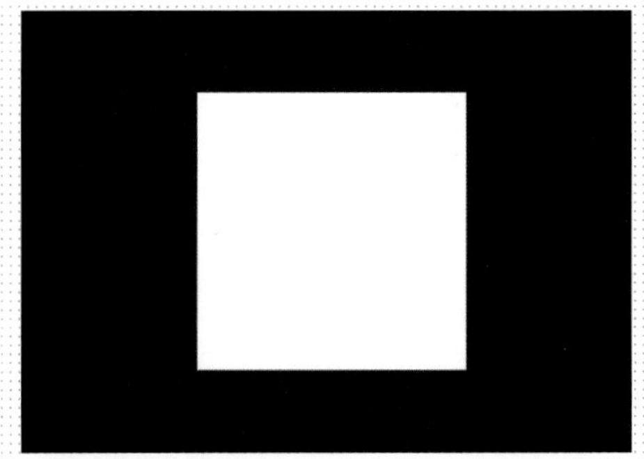

04 ▶使用“矩形工具”创建白色矩形。

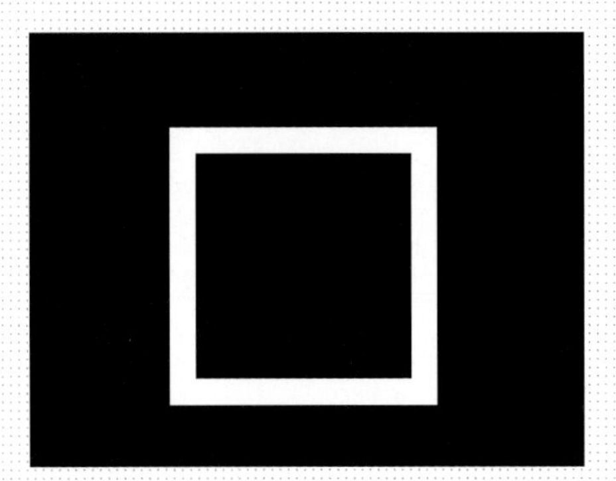

05 ▶设置“路径操作”为“减去顶层形状”，继续绘制形状。

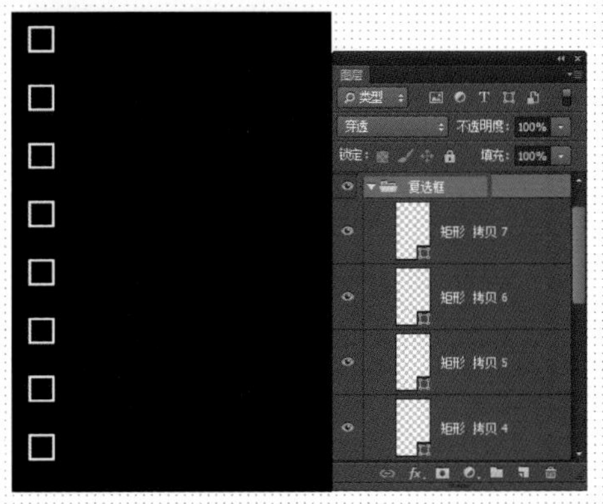

06 ▶使用相同方法完成其他复选框的制作，并将相关图层编组。

提问：如何快速复制形状？

答：若要使复制出的形状同在一个图层，请使用“路径选择工具”按下【Alt】键拖动复制，使用“移动工具”按下【Alt】键拖动复制出的形状不在一个图层。

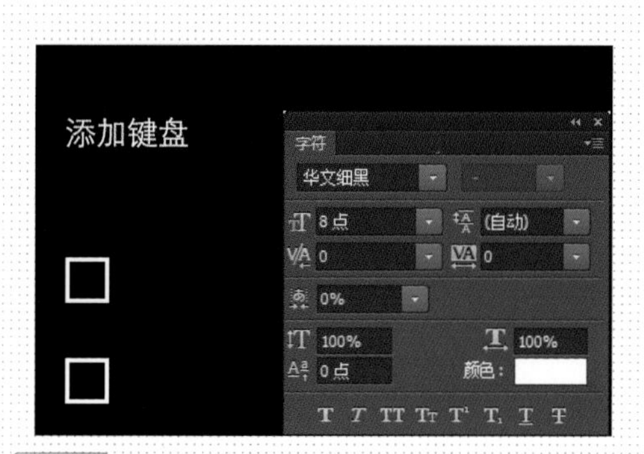

07 ▶ 打开“字符”面板，适当设置字符属性，使用“横排文字工具”输入文字。

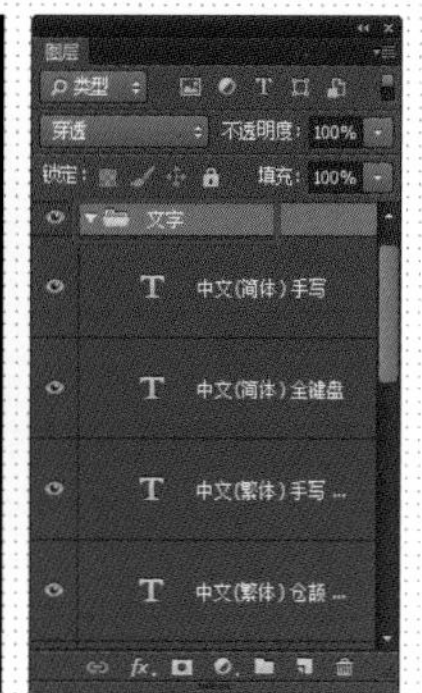

08 ▶ 使用相同方法输入其他文字，并将相关图层编组，重命名为“文字”。

○ 制作步骤：02——制作按钮

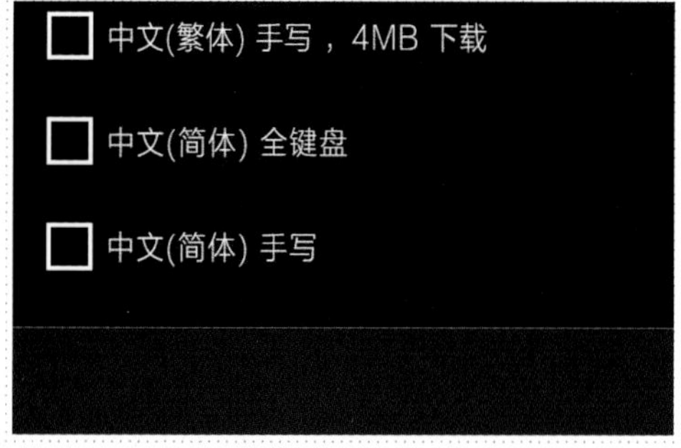

01 ▶ 使用“矩形工具”创建一个“填充”为 #1f1f1f 的矩形。

02 ▶ 使用“椭圆工具”创建白色正圆。

03 ▶ 设置“路径操作”为“减去顶层形状”，继续绘制形状。

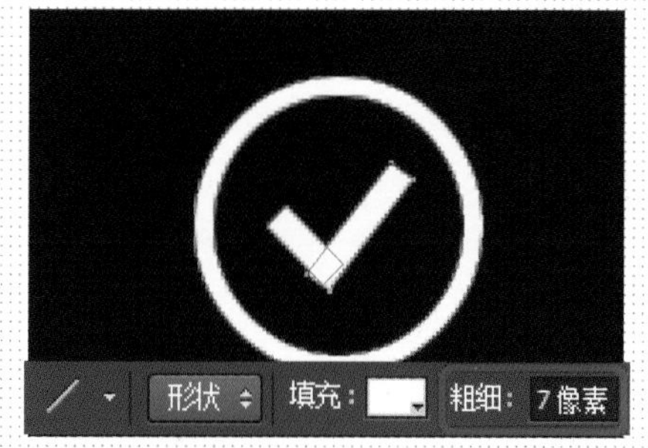

04 ▶ 使用“直线工具”，设置“路径操作”为“合并形状”，继续绘制形状。

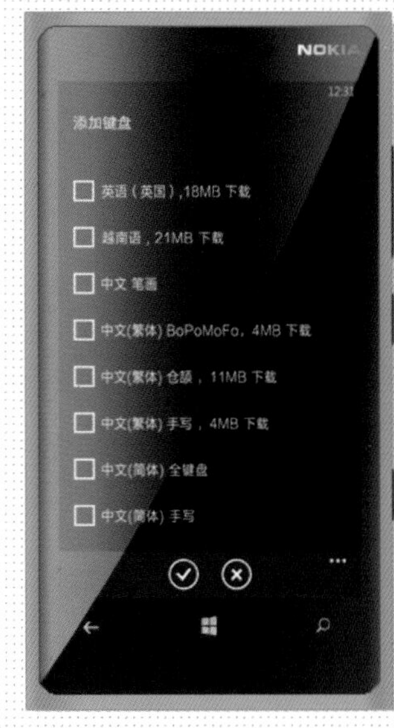

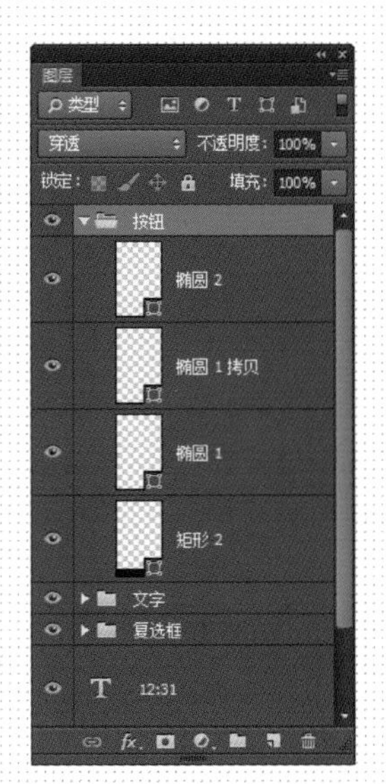

05 ▶使用相同方法完成其他内容的制作，得到界面的最终效果。

操作难点分析

制作“关闭”按钮时，圆形外框部分可以直接复制“确定”按钮的外框。制作 × 时，可以先使用“直线工具”或“矩形工具”绘制线条，将其旋转 45°。然后使用“路径选择工具”，按下【Alt】键拖动复制该形状，将其水平翻转，即可精确快速地制作出 × 号。

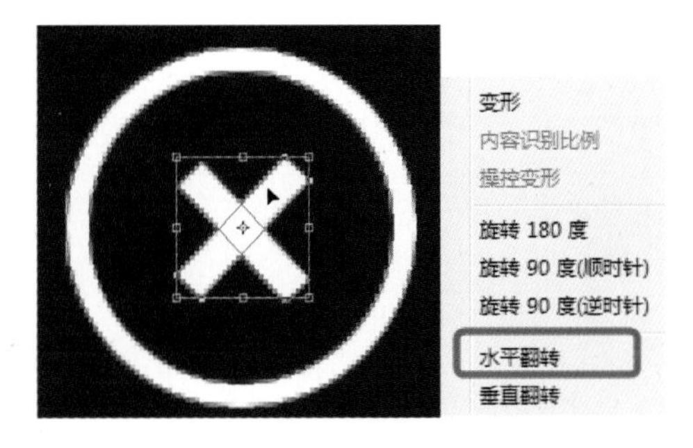

对比分析

界面内容紧靠边缘，从视觉上给人一种拥挤、紧张的感觉。复选框和段落文字的间距不等，整个画面过于凌乱。

界面内容与页面边缘留有一定的空间，合理地使用留白强化舒适感。复选框和文字的间距完全相同，界面整洁而清晰。

4.7.3 超链接

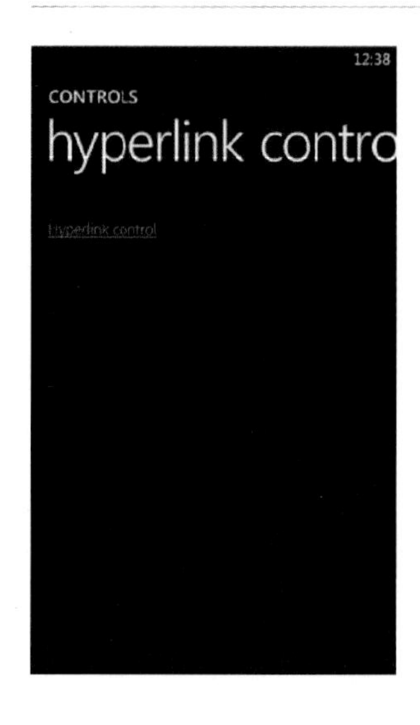

超链接控件允许用户在页面上嵌入超文本链接并且指定一个导航目标。此控件包含“正常”、“单击”和“禁用”三个状态，没有“获取焦点”状态。

超链接控件只可用于导航，而不是触发事件，或者用来隐藏/显示额外的文字。如果要触发事件，请使用按键控件。应避免让超链接彼此相邻，因为这样做可能会增加准确单击的难度，而不得不放大画面。

当系统处于临时状态，例如正在运行其他系统进程，或者处于某种可通过用户操作而更改的状态时，应当使超链接控件处于禁用状态。如果一个链接被禁用，并且无法通过用户操作使其恢复可用，应该使其不显示。

4.7.4 列表框

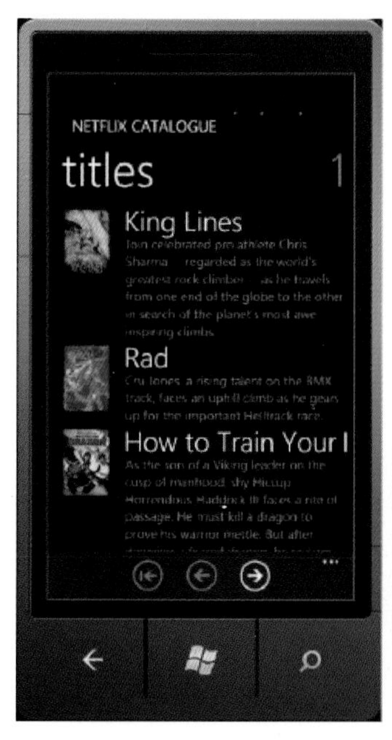

列表框控件包括一系列项，用户可以通过绑定一个数据源来生成这个控件，或者显示绑定的项。列表框是项的控件，这意味着通过含有文本的项或者其他控件来生成一个列表框。

实战 7 制作应用程序列表

- 源文件地址：第 4 章 \007.psd
- 视频地址：视频 \ 第 4 章 \007.swf

- 案例分析：

该案例中的主要内容为文字和图标，制作时要特别注意对齐各个条目信息。请使用辅助线颜色限定界面两侧的留白。

- 配色分析：

背景为黑色，文字信息为白色，显得简洁清晰。黄色、绿色和蓝色等艳丽的图标是界面中最显眼的元素。

制作分析　制作思路

01	02	03	04
使用“矩形工具”和“自定形状工具”绘制出电池	将相关的图标素材拖入到设计文档中，仔细调整位置	使用“横排文字工具”输入相关的应用程序信息	使用“多边形工具”制作出星形，并复制调整出其他部分

- 制作步骤：01——制作状态栏和文字

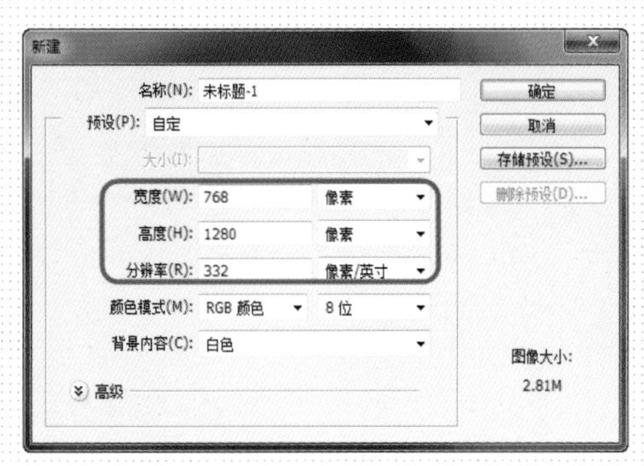

01 ▶执行“文件 > 新建”命令，新建一个空白文档。

02 ▶新建图层，设置“前景色”为黑色，按快捷键【Alt+Delete】填充颜色。

03 ▶使用“矩形工具”创建白色矩形。

04 ▶设置“路径操作”为“减去顶层形状”，继续绘制形状。

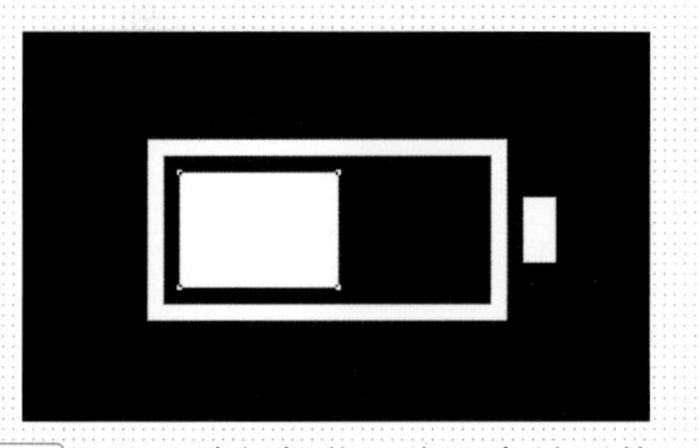

05 ▶设置“路径操作”为“合并形状”，继续绘制形状。

06 ▶使用“自定形状工具”，适当设置参数值，绘制一个白色心形。

提问：如何快速设置路径操作方式？

答：使用形状工具时，按下【Shift】键可以“合并形状”模式绘制；按下【Alt】键可以“减去顶层形状”模式绘制，按下【Alt+Shift】组合键可以“与形状区域相交”模式绘制。

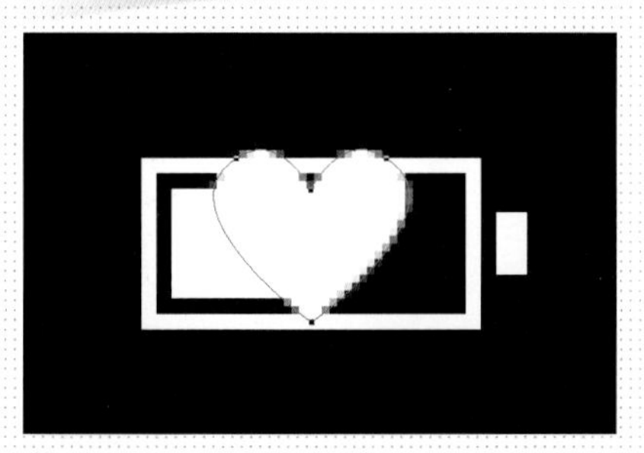

07 ▶使用“直接选择工具”适当调整心形的形状。

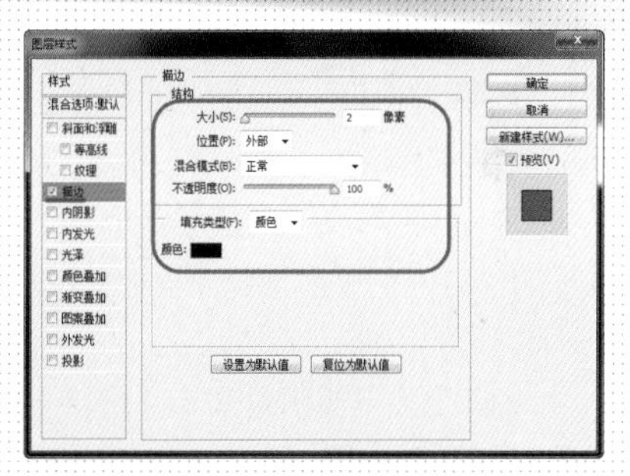

08 ▶双击该图层缩览图，弹出“图层样式”对话框，选择“描边”选项设置参数值。

09 ▶设置完成后单击“确定”按钮，得到该图形的效果。

10 ▶在“字符”面板中适当设置字符属性，使用“横排文字工具”输入文字。

○ 制作步骤：02——制作列表信息

01 ▶使用“横排文字工具”输入其他文字。

02 ▶执行“文件 > 打开”命令，打开素材图像“第 4 章 \ 素材 \012.tiff”，将相关图层拖入设计文档，适当调整位置。

03 ▶使用相同方法完成相似制作。

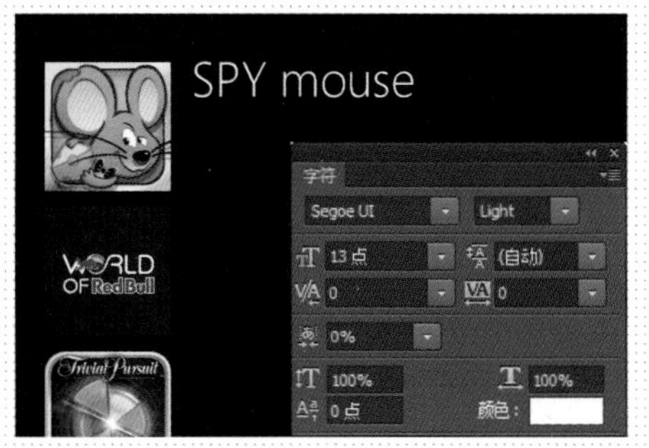

04 ▶打开“字符”面板设置字符属性，使用“横排文字工具”输入文字。

05 ▶使用相同方法完成相似制作。

06 ▶使用“多边形工具”创建一颗星形。

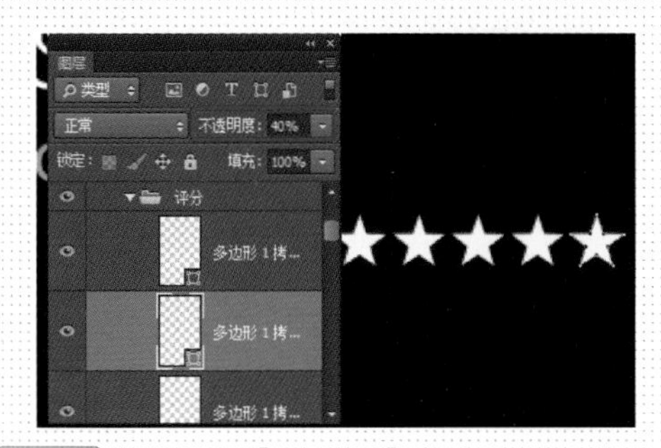

07 ▶按快捷键【Ctrl+J】多次复制星形，设置相关图层的“不透明度”为 40%。

08 ▶为最上层的星形图层添加图层蒙版，创建矩形选区，为蒙版填充黑色。

09 ▶使用相同方法完成其他内容的制作，得到界面的最终效果。

操作难点分析

Windows Phone 系统的文字信息基本通过文调整文字大小和不透明度的方式来构建信息的主次关系。在这里制作文字时，应该将“颜色”设置为白色，通过调整图层“不透明度”的方法来使文字呈现灰色，而不是直接将文字颜色设置为灰色。

对比分析

图标的尺寸过小，与右侧文字信息的重量基本相当，画面显得零散。此外文字信息的层级关系不够清晰，可读性不高。

图标的尺寸比较大，重量比右侧的文字信息重，是整个画面的焦点。文字信息通过文字大小和透明度变化很好地构建层级关系。

4.7.5 全景视图

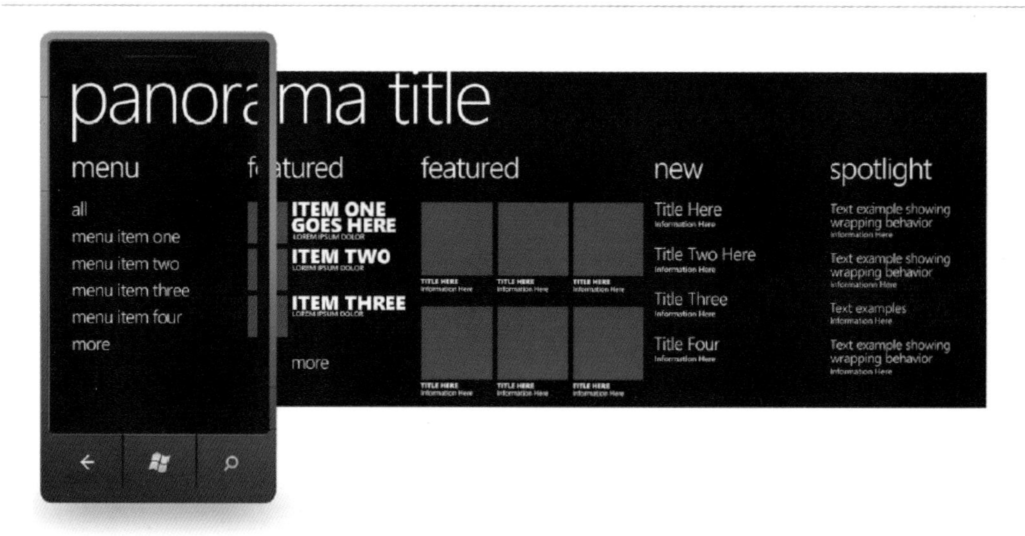

全景式应用程序是 Windows Phone 的核心体验之一。标准的应用程序会受到手机屏幕的区域限制，而全景式应用则不同，它提供一个超出手机屏幕局限的水平长背景布以提供独特的方式来浏览控件、数据和服务。这些内在的动态应用程序利用了分层的动画和内容，来实现层与层之间以不同的速度平滑过渡，就和时差效果类似。

缩略图是全景式应用程序的一个主要元素。它们链接到全景以外的内容或者媒体。

全景式应用程序的元素作为那些更加细致的体验的起点。元素流程的例子并非指的是平台的功能，而是终端用户的体验。例如，在一个全景式应用中启动另一个应用程序，这时在终端用户看来，刚刚启动的应用程序只不过是同一个全景式应用的不同视图而已。

用户界面由四种层级类型组成：背景图片，全景标题，全景区域标题以及全景区域，它们彼此有独立的动作逻辑。此外还有缩略图，它们构成了完整的体验。缩略图是全景视图的一个主要元素，它们链接到全景以外的内容或者媒体。

背景图片位于全景式应用的最底层，由它来给予全景类似于杂志的体验，通常是一张占满整个版面的图片。背景图可能是整个应用里视觉成分最重的一部分。

全景标题是整个全景应用的标题，用户通过它来识别这个应用程序，所以无论用户如何进入这个应用程序，它都应该是可见的。

为了确保良好的程序性能，最少的加载时间，并且无须剪裁，图片的尺寸应该在 480×800（像素）和 800×1024（像素）之间。对于一个有四个全景区域的应用，应该使用 16×9 的屏幕比例。

提示：对于全景标题而言，可以使用普通的文字或图片，例如一个 logo 作为全景标题。也可以使用多个元素，例如 logo 加文字。要确保字体或者图片的颜色与整个背景相匹配，而且标题的可视性不能依赖于背景图片。

实战 8 制作全景视图

- 源文件地址：第 4 章 \008.psd
- 视频地址：视频 \ 第 4 章 \008.swf

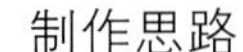

案例分析：

该案例的主要难点在于不同图标的绘制。很多看似不规则的形状都可以通过基础形状调整得到，制作时注意进行分析。

配色分析：

该界面的主题色为蓝色，其中背景为深蓝，瓦片为浅蓝。搭配以其他明艳的颜色，如绿色、青色和红色，丰富了界面色彩。

制作分析 制作思路

为背景填充深蓝色，使用“椭圆工具”绘制出背景圆圈

使用“矩形工具”创建矩形，并通过复制构架整体框架

使用各种形状工具和不同的路径操作方法创建图标

使用“横排文字工具”输入文字，并置入相关的素材图像

制作步骤：01——制作背景

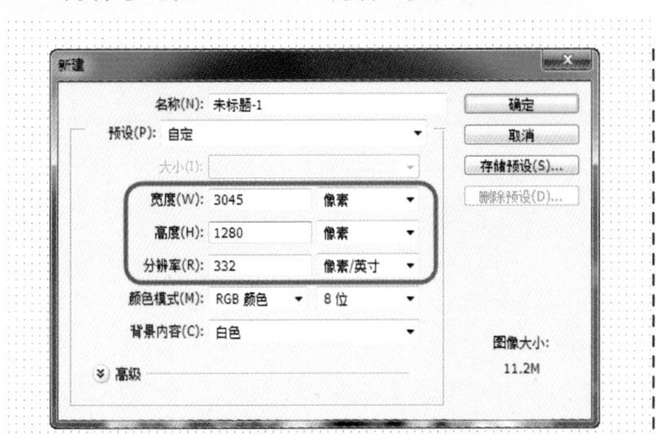

01 ▶执行“文件 > 新建”命令，新建一个空白文档。

02 ▶设置“前景色”为 #0a4776，按快捷键【Alt+Delete】填充颜色。

03 ▶使用“椭圆工具”创建一个“描边”为白色的正圆。

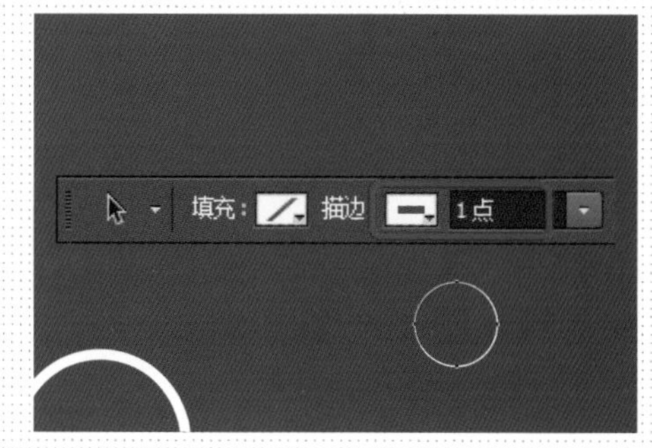

04 ▶按快捷键【Ctrl+J】复制该形状，适当调整位置大小，修改描边宽度为 1 点。

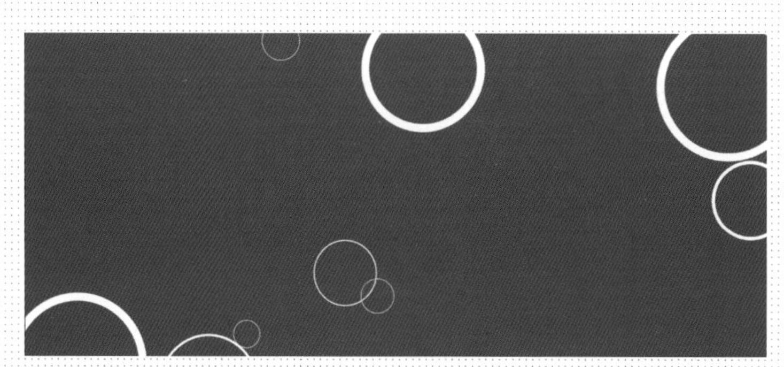

05 ▶使用相同方法完成相似内容的制作。

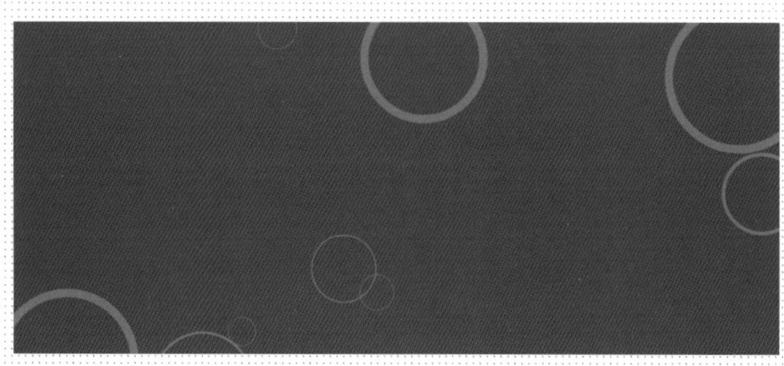

06 ▶选中所有的图层，执行“图层 > 编组”命令将其编组，重命名为“背景”。设置该图层组的“不透明度”为 25%。

提问：所有的圆圈形状可以绘制到一个形状图层中吗？

答：不可以。将多个形状绘制到一个形状图层中后，每个子形状都只能被设置完全相同的属性，这里圆圈的描边宽度明显是不同的。

○ 制作步骤：02——制作状态栏

01 ▶使用“矩形工具”创建一个“填充”为白色的矩形。

02 ▶使用“路径选择工具”，按下【Alt】键拖动复制该形状，调整其高度。

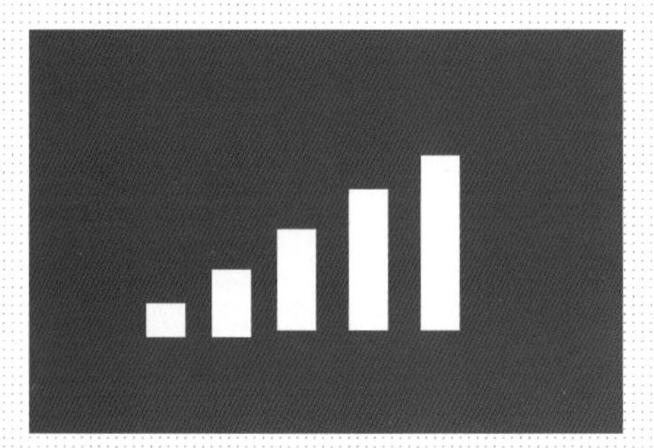

03 ▶使用相同方式完成相似内容的制作。

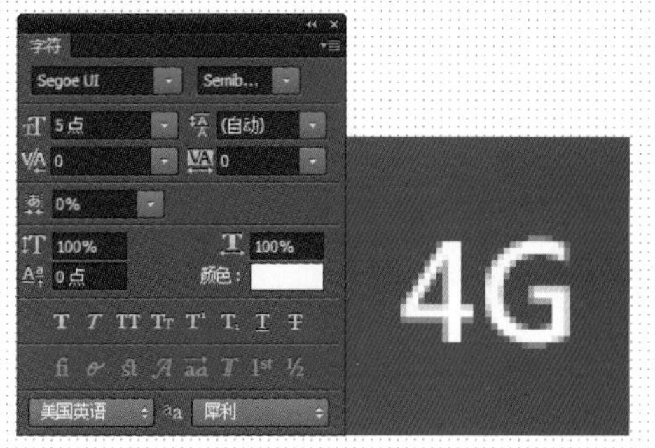

04 ▶打开“字符”面板设置参数值，使用“横排文字工具”输入文字。

05 ▶使用“矩形工具”创建一个“填充”为白色的矩形。

06 ▶设置“路径操作”为“减去顶层形状”，继续绘制形状。

07 ▶设置“路径操作”为“合并形状”，继续绘制形状。

08 ▶使用相同方法完成相似内容的制作。

○ 制作步骤：03——制作页面内容

01 ▶使用“矩形工具”创建一个“填充”为 #00adef 的矩形。

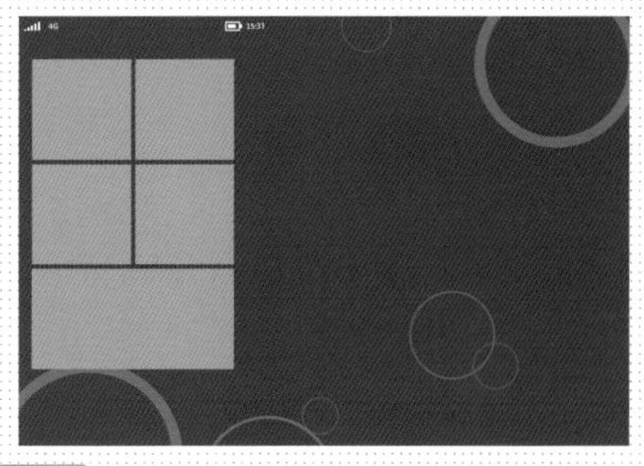

02 ▶使用相同方法绘制其他的矩形。

03 ▶执行“文件 > 打开”命令，打开素材“第 4 章 / 素材 /013.jpg”，将其拖入设计文档，适当调整位置和大小。

04 ▶使用“钢笔工具”创建一个“填充”为白色的形状。

05 ▶使用“圆角矩形”工具创建一个“半径”为 10 像素的圆角矩形。

06 ▶使用“钢笔工具”，设置“路径操作”为“合并形状”，继续绘制形状。

07 ▶分别使用“椭圆工具”、“圆角矩形工具”和“钢笔工具”，以减去模式绘制形状。

08 ▶使用相同方法完成相似内容的制作。

09 ▶使用相同方法完成相似内容的制作，并将相关图层编组。

10 ▶使用相同方法完成相似内容的制作。

11 ▶使用“椭圆工具”创建一个“填充”为白色的正圆。

12 ▶设置“路径操作”为“减去顶层形状”，继续绘制形状。

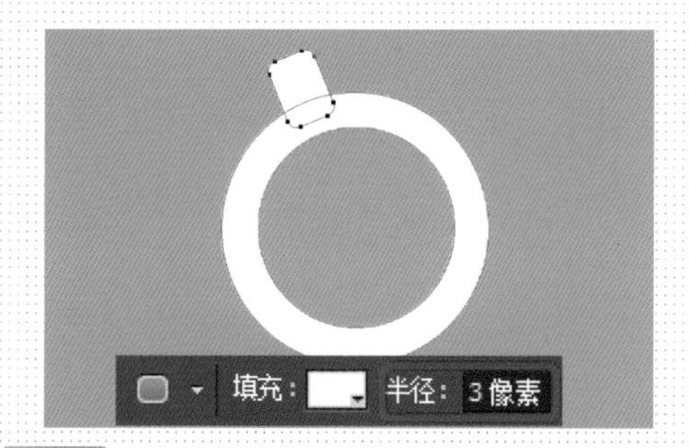

13 ▶使用“椭圆工具”创建一个“半径”为 3 像素的形状，将其适当旋转。

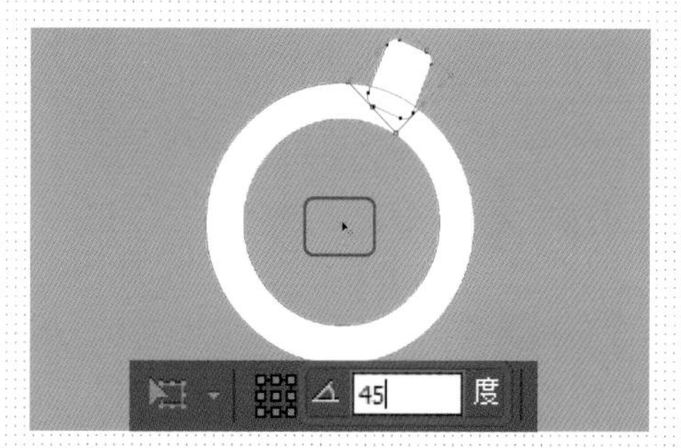

14 ▶按下【Ctrl+T】，按下【Alt】键单击圆环中心，定义新的变换中心，将形状旋转 45°。

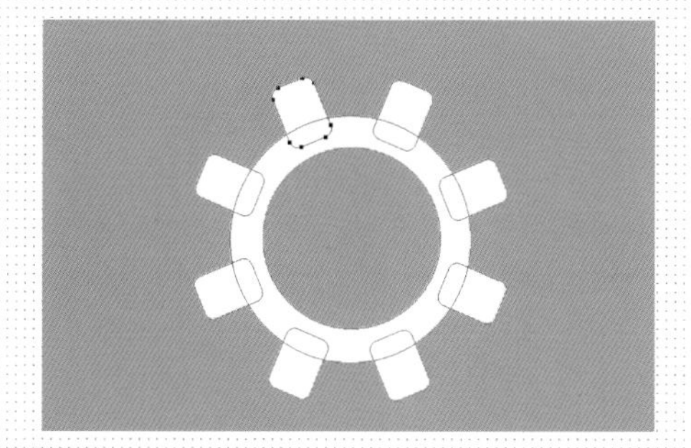

15 ▶多次按快捷键【Ctrl+Shift+Alt+T】，得到一整圈形状。

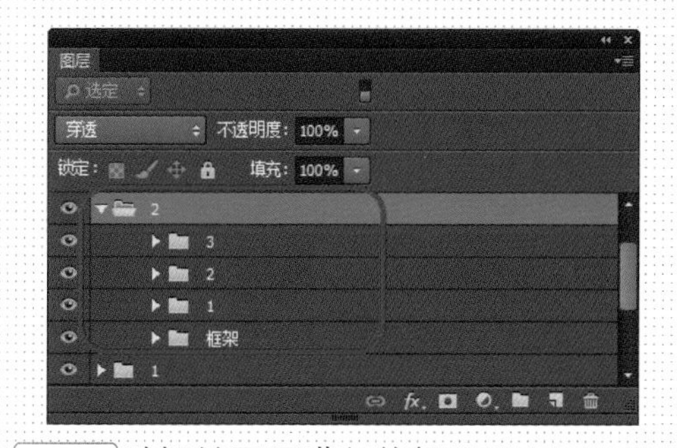

16 ▶对相关图层进行编组。

17 ▶使用相同方法完成其他内容的制作，得到界面的最终效果。

操作难点分析

制作视频图标上方的板时可以直接复制下方的形状，调整矩形长度。使用“路径选择工具”将斜纹全部选中，水平翻转。最后拖选全部的复制形状，对其进行旋转，即可精确快速地绘制出该形状。

对比分析

瓦片中的图标尺寸大小不等，会带给用户一种极其不专业的感觉。图片的尺寸偏大，留白过少，给人拥挤不堪的感觉。

瓦片中的图标尺寸大小合适，整体效果美观、协调。素材图像均留有适当的留白，能够带来舒适、轻松的感觉。

4.7.6 密码框

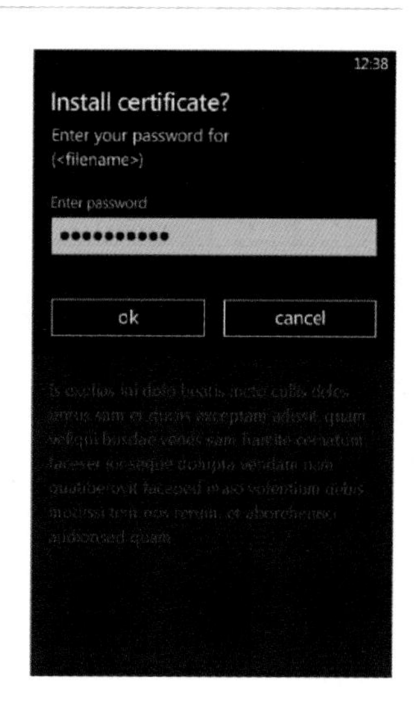

密码框控件会显示内容并允许用户输入或编辑内容。当输入一个字符时，它会立刻显示出来，而当下一个字符输入，或者间隔两秒钟以后，它会变成一个黑点。当密码框获取焦点时，屏幕键盘会自动升起，除非手机有物理键盘。

当给屏幕键盘加入一个输入范围时，要在密码框控件上适当地调试这个输入范围。所支持的手势：单击—获取焦点和选择长按—精确控制光标位置。

4.7.7 进度条

进度条是一个表示某项操作进度的控件，用户可以使用该控件来显示普通的进度，或者根据一个数值来改变的进度。进度条支持marquee(不确定)模式。

用户可以选择使用或不用进度条，但如果一个应用程序里会出现等待状态，并且不需要用户进行任何操作那么最好使用进度条。

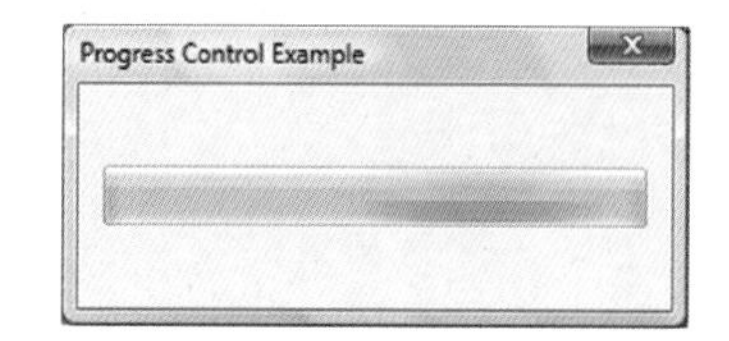

marquee 模式是指进度条只表示一个操作正在进行，而不会表现具体的进度，从而不会告诉用户这个操作何时能完成。

4.7.8 单选按钮

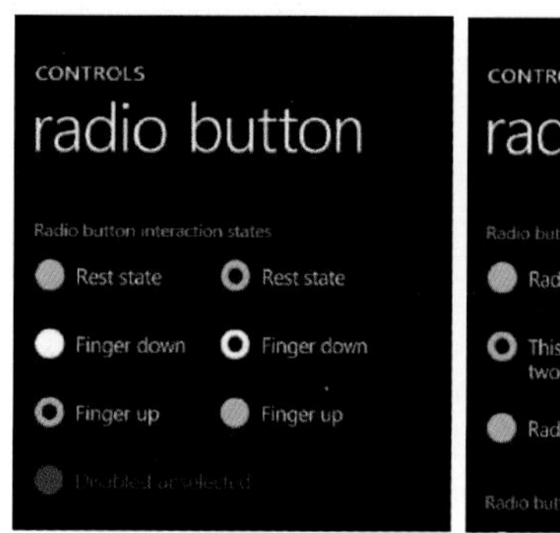

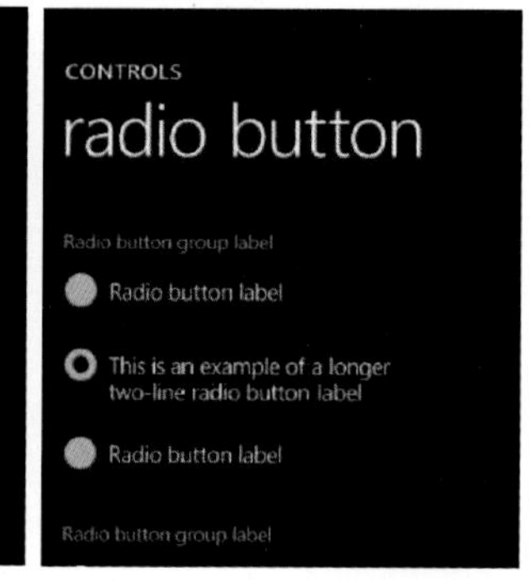

单选按钮是用来从一组相关联但是又从本质上互斥的选项中选取一个。用户可以单击按钮后面的说明文字或者按钮本身来选取，每次只能有一个选项被选中。无论选中还是未选中的按钮都有正常、单击和禁用三个状态，没有可视的焦点状态。

实战 9 制作同步设置界面

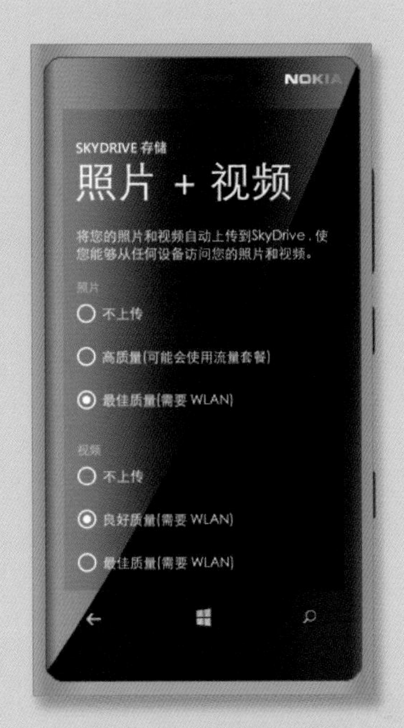

- 源文件地址：第 4 章 \009.psd
- 视频地址：视频 \ 第 4 章 \009.swf

- 案例分析：

该案例的制作方法也比较简单，界面中唯一的形状就是单选按钮，可以通过“椭圆工具”制作。输入括号时记得切换到英文输入法。

- 配色分析：

使用纯黑色的背景，文字信息和单选按钮为白色，最大限度地凸显出了信息的重要性。信息层级关系通过文字透明度和大小的改变来体现。

制作分析　制作思路

使用“横排文字工具”输入时间和其他标题性文字

使用“椭圆工具”创建出单选按钮，并复制调整出其他按钮

使用“横排文字工具”输入其他文字，适当进行调整

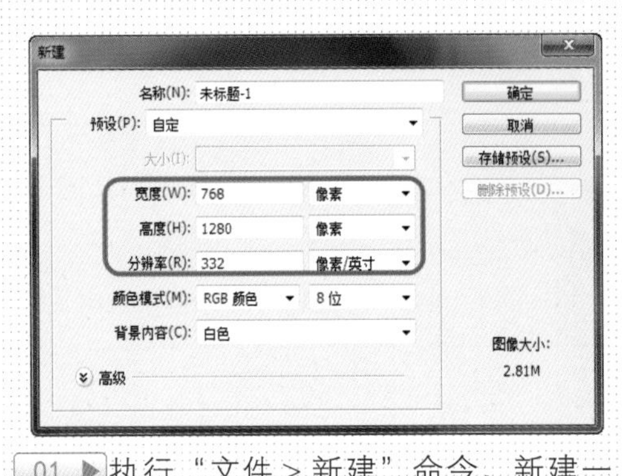

01 ▶执行“文件 > 新建”命令，新建一个空白文档。

02 ▶新建图层，设置“前景色”为黑色，按快捷键【Alt+Delete】填充颜色。

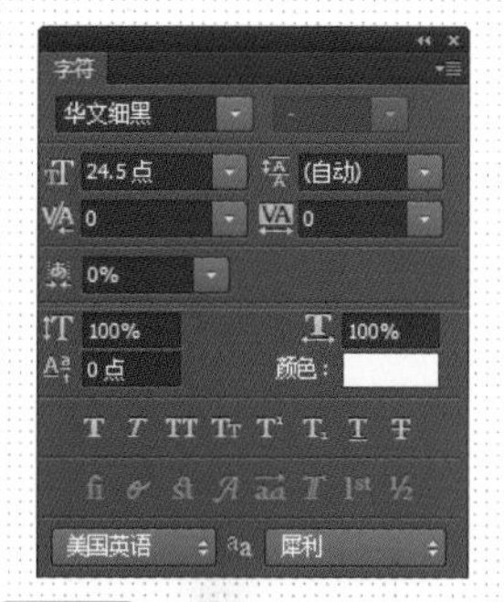

照片 视频

03 ▶打开“字符”面板，适当设置字符属性，使用“横排文字工具”输入相应的文字。

04 ▶使用“横排文字工具”在界面中拖动出一个文本框。

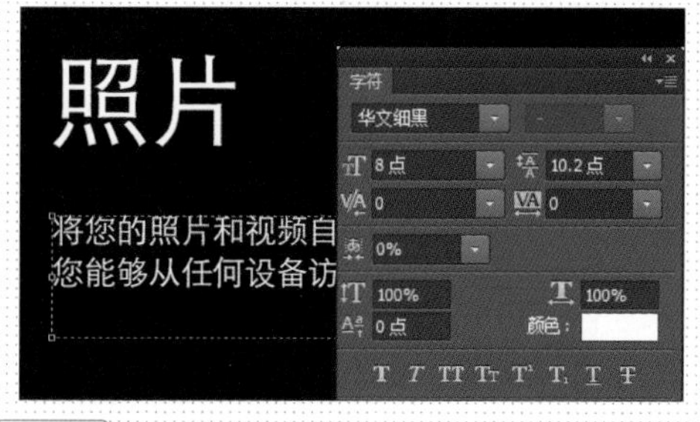

05 ▶在文本框中输入文字，并在“字符”面板中修改字符属性。

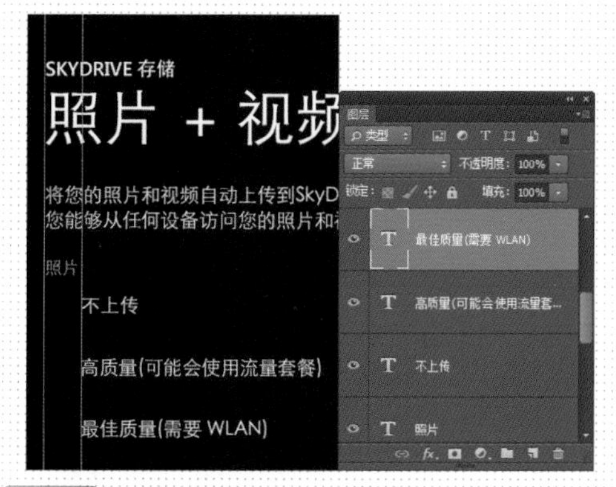

06 ▶使用相同方法完成相似内容制作。

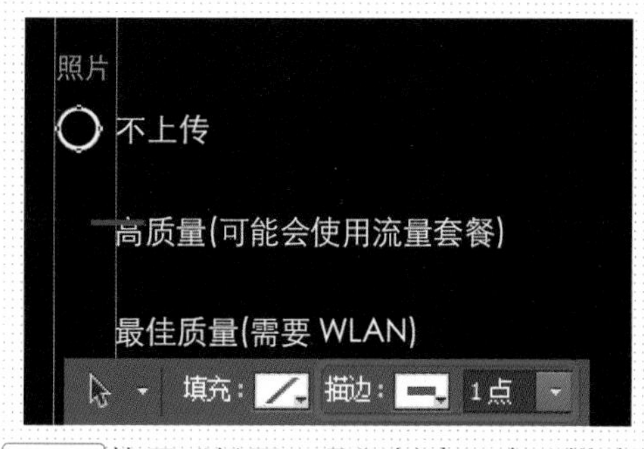

07 ▶使用“椭圆工具”创建一个“描边”为白色的正圆。

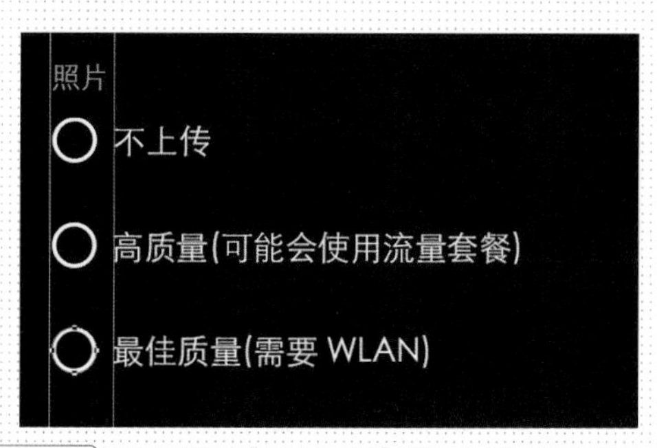

08 ▶按快捷键【Ctrl+J】复制该形状 2 次，分别调整它们的位置。

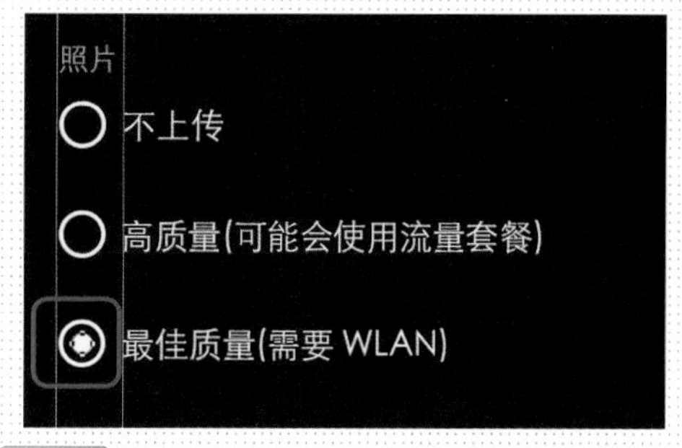

09 ▶使用“椭圆工具”在圆环中创建一个白色的正圆。

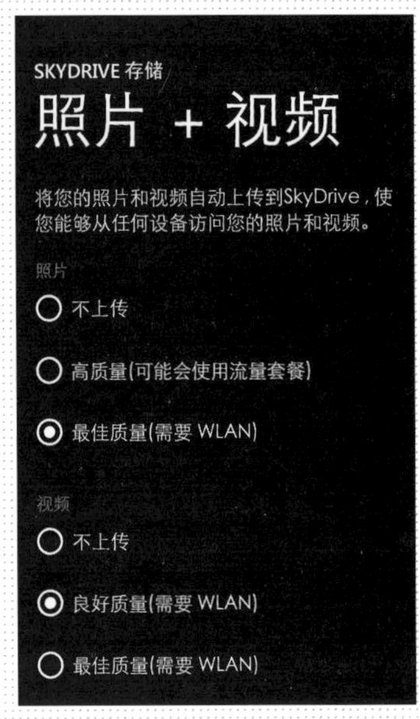

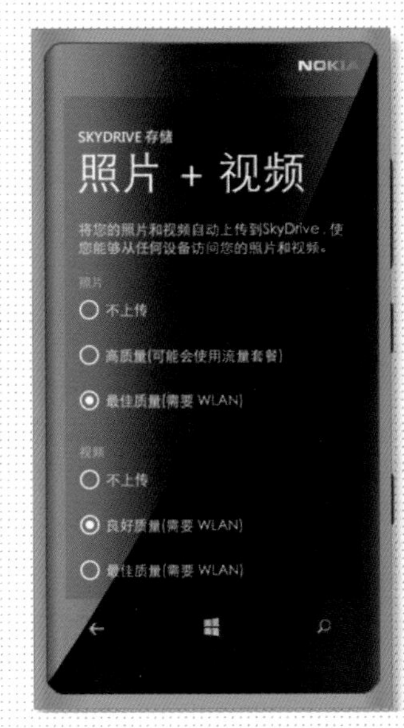

10 ▶使用相同方法完成其他内容的制作，得到界面的最终效果。

操作难点分析

Windows Phone 的很多设计元素，例如文本块、单选按钮和复选框等，都可以通过形状描边的方式制作出来。建议设置形状描边时将描边“对齐”设置为向内描边，这样不仅可以精确控制形状的大小，而且放大缩小时也不会出现明显的虚边情况。

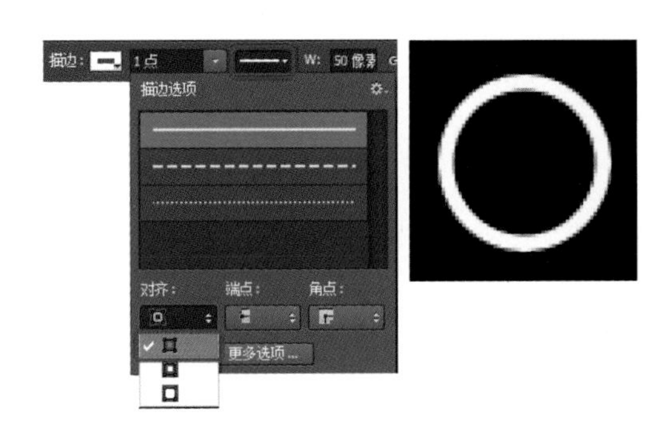

对比分析

标题性文字和其他文字的字号完全相同，不利于区分主次。字符串的间距偏大，整体感觉零散、不专业。

标题性文字的字号略小，为半透明，并且不缩进，很容易区分主次。字符间距适当，整个界面看起来更整洁、更具整体性。

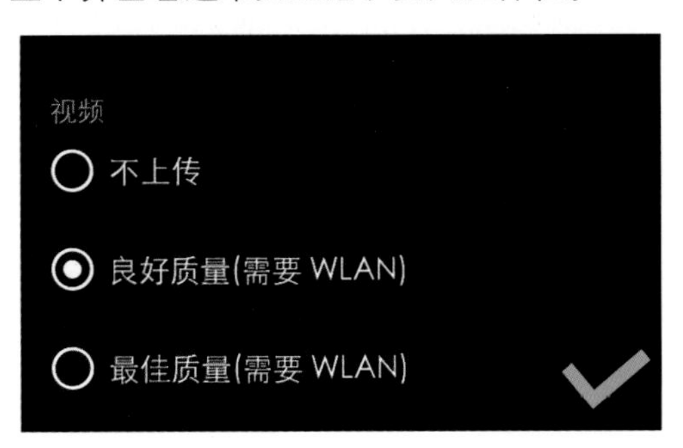

4.7.9 文本块

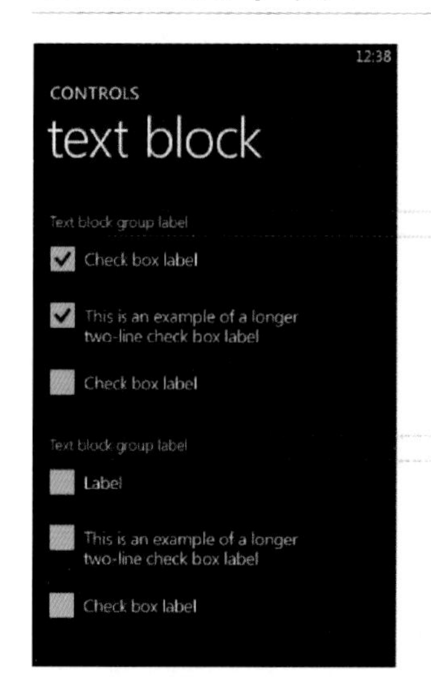

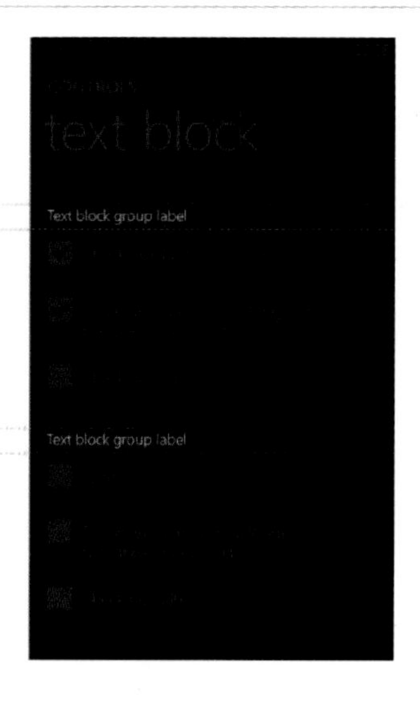

文本块会显示固定数量的文字，用来标注控件以及控件集合。所有相关联控件的所有状态下的文本块都保持一致。并且支持换行。设计文本块时请始终使用 Windows Phone 预先定制好的文本样式，而不要去重新设置字体大小、颜色、重量或者名称以满足未来的屏幕分辨率或尺寸。

实战 10 制作语音设置界面

- 源文件地址：第 4 章 \010.psd
- 视频地址：视频 \ 第 4 章 \010.swf

- 案例分析：

这款语音设置界面中的元素很少，只有几行文字和几个矩形框，几乎没有什么制作难度。制作时注意对齐元素。

- 配色分析：

背景为纯黑色，其他信息内容则全部使用白色，配色极其简单，主要通过文字大小和透明度的变化来构建层级关系。

制作分析　制作思路

01 使用“横排文字工具”输入时间和标题性的文字

02 使用“矩形工具”和“路径操作”制作出文本块

03 同时按下【Shift+Alt】键拖动复制文本块，制作出相同部分

04 继续输入其他的文字内容，适当调整它们的透明度和大小

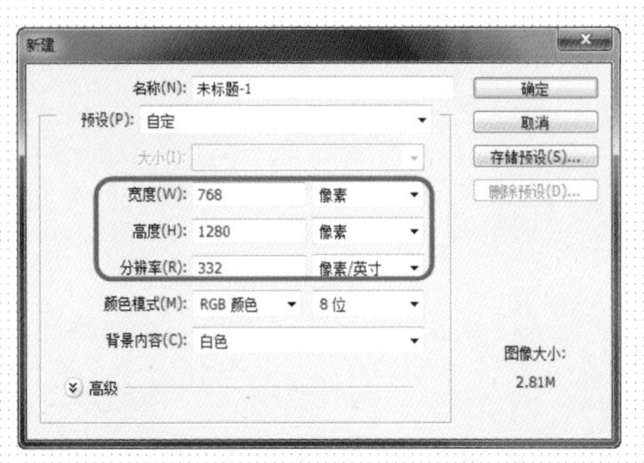

01 ▶执行“文件 > 新建”命令，新建一个空白文档。

02 ▶新建图层，设置“前景色”为黑色，按快捷键【Alt+Delete】填充颜色。

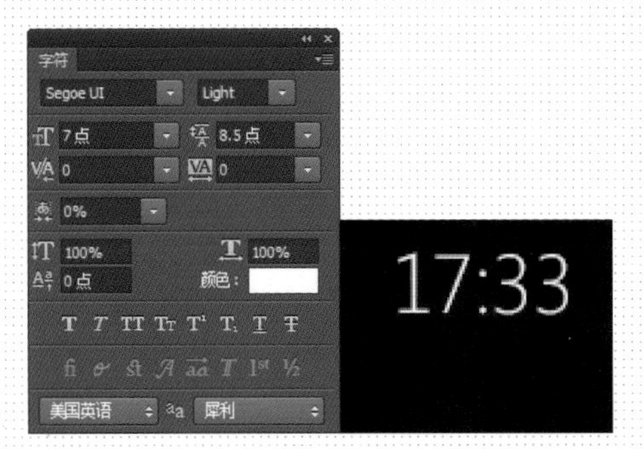

03 ▶在“字符”面板中适当设置字符属性，使用“横排文字工具”输入文字。

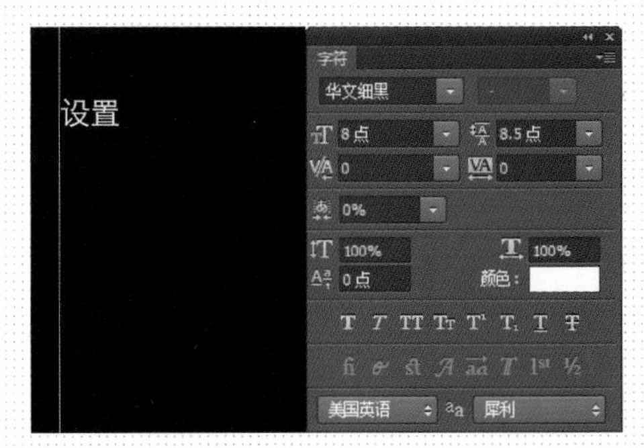

04 ▶使用“横排文字工具”输入其他文字，在“字符”面板中修改字符属性。

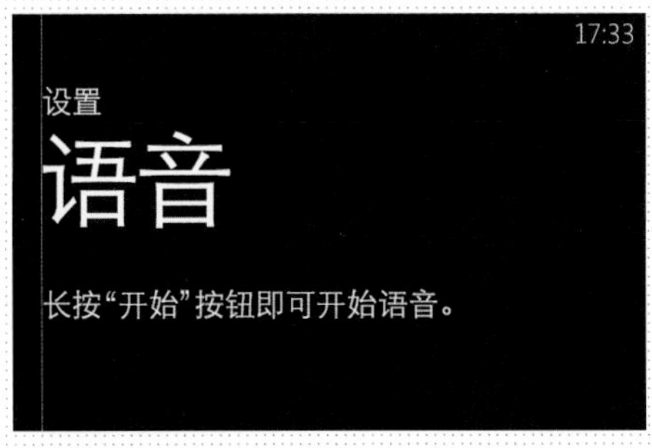

05 ▶使用相同方法输入其他文字内容。

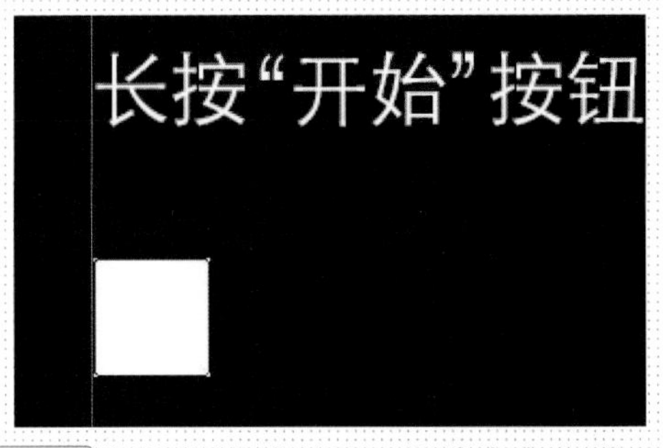

06 ▶使用“矩形工具”创建白色矩形。

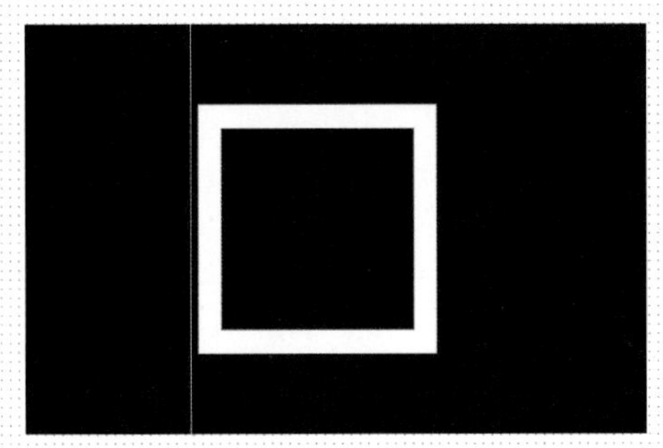

07 ▶设置“路径操作”为“减去顶层形状”，继续绘制形状。

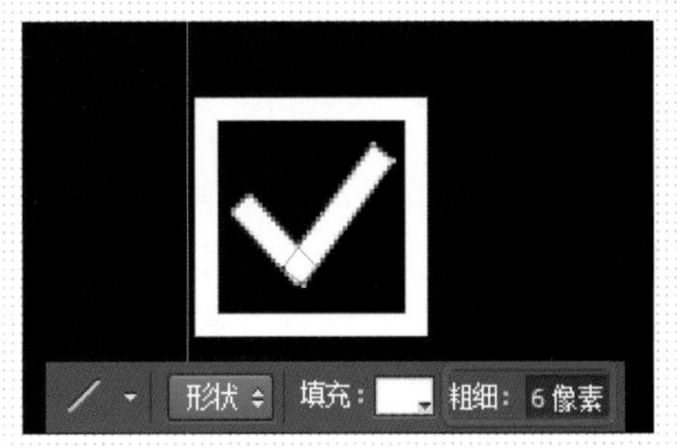

08 ▶使用“直线工具”，设置“路径操作”为“合并形状”，继续绘制形状。

09 ▶使用“移动工具”，按下【Alt】键拖动复制形状，适当调整其位置。

10 ▶使用相同方法完成相似内容的制作。

11 ▶使用相同方法完成其他内容的制作，得到界面的最终效果。

操作难点分析

制作复选框可以通过两种方法完成：1. 使用“矩形工具”配合“减去顶层形状”模式绘制矩形框，再使用“直线工具”，以“合并形状”模式绘制出对钩。2. 使用“矩形工具”直接创建出矩形框，该形状的“填充”为无，“描边”为白色，然后使用“直线工具”，以“新建图层”模式绘制对钩（此时无法使用“合并形状”模式绘制该效果）。

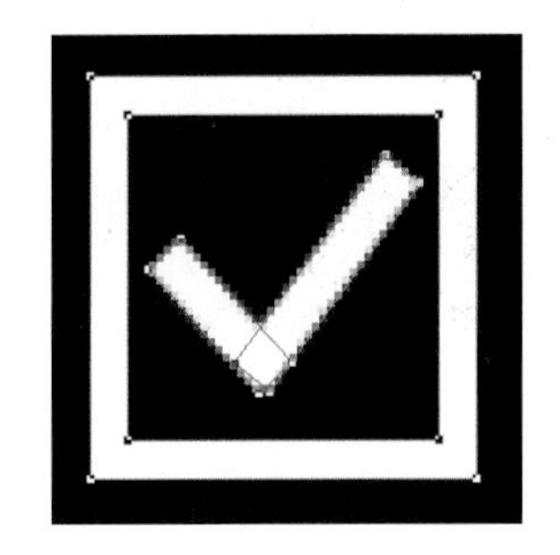

对比分析

Windows Phone 系统的文字信息主要通过调整字号和透明度来构建主次关系，这里的文字大小完全相同，层级关系不明确。

通过文字透明度和字号大小的变化来构建信息层级关系，用户可以快速找到重要信息，提高操作效果。

提问：如果快速复制出完全等距的元素？
答：可以复制图层一次，按快捷键【Ctrl+T】移动图层，按【Enter】键确认变形，然后多次快捷键【Ctrl+Shift+Alt+T】，即可使复制出的元素完全等距。

4.7.10 输入框

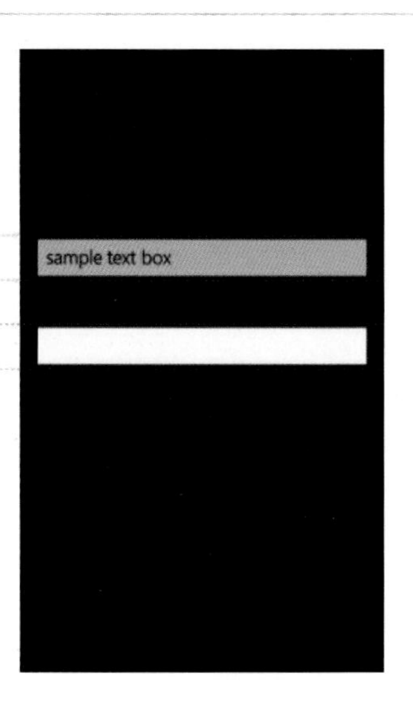

输入框控件能够显示内容并且允许用户输入或编辑文字内容。输入框可以显示单行或多行文字，多行输入框会根据控件尺寸来进行换行。输入框可以被设置成只读，但是一般来说更多情况下用于可编辑文字。当输入框获取焦点时，屏幕键盘会自动升起，除非手机有物理键盘。输入框支持两种手势：

单击—获取焦点和选择。

长按—精确定位光标。

综合实战 11 制作计算器界面

- 源文件地址：第 4 章 \011.psd
- 视频地址：视频 \ 第 4 章 \011.swf

- 案例分析：

该案例主要有两大操作难点：按键质感的刻画和不同按键的排布。排列按键时要仔细调整好大小和间距，按下【Alt+Shift】组合键拖动进行复制。

- 配色分析：

使用接近于中性灰的浅黄色作为背景，按键为白色和深灰色，显得含蓄而高端。橙色的按键和文字很好地 0 点出了重点元素。

制作分析　制作思路

01	02	03	04
使用形状工具和图层样式刻画出 3 种颜色按键的质感	新建文档，使用纹理图案创建颗粒质感的背景	将事先绘制好的按键拖入到新文档中，排列整齐	为按键添加上文字，并制作屏幕和其他元素，完成页面的制作

- 制作步骤：01——制作按键

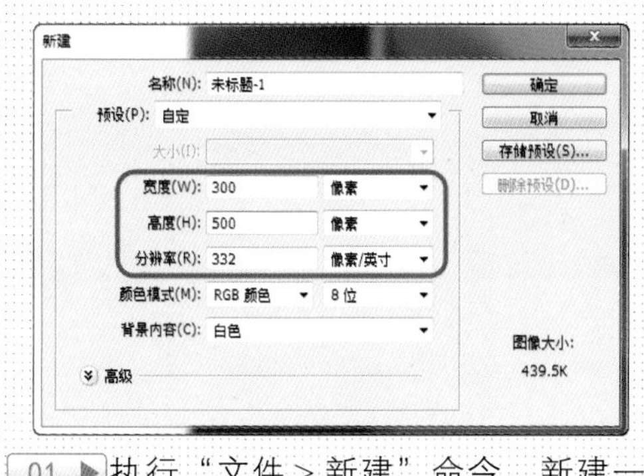

01 ▶执行“文件 > 新建”命令，新建一个空白文档。

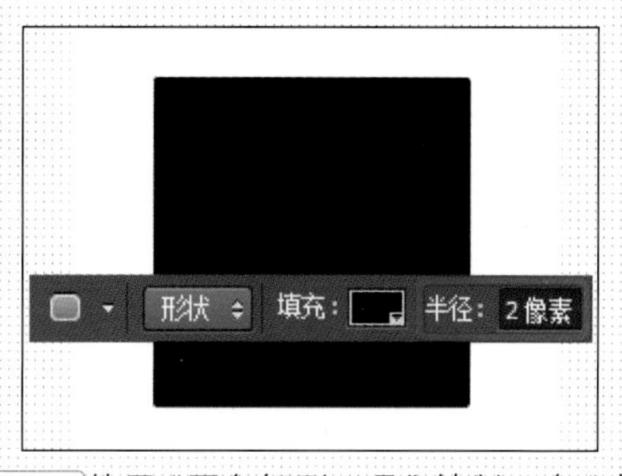

02 ▶使用“圆角矩形工具”绘制一个“半径”为 2 像素的圆角矩形。

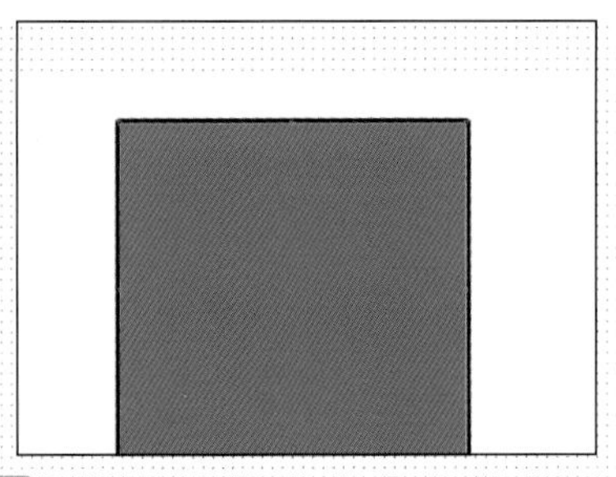

03 ▶按快捷键【Ctrl+J】复制该形状，将其等比例缩小，修改“填充”为任意色。

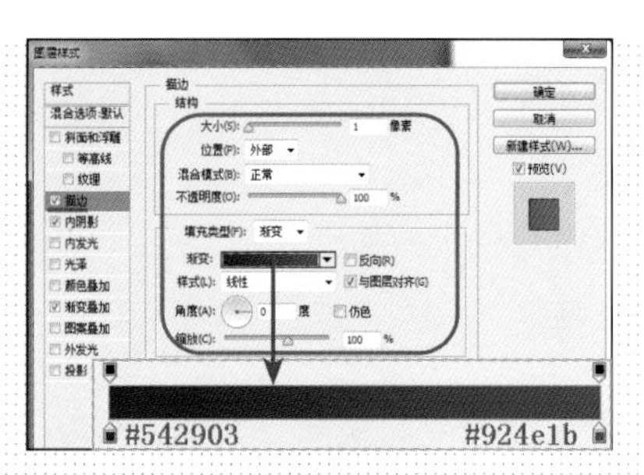

04 ▶双击该图层缩览图，打开“图层样式”对话框，选择“描边”选项设置参数值。

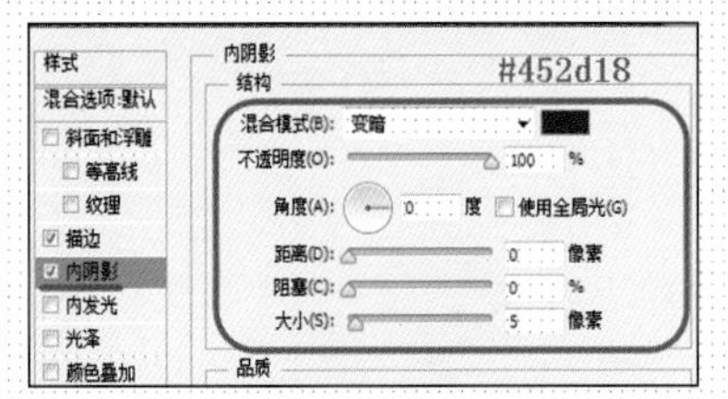

05 ▶继续在“图层样式”对话框中选择“内阴影”选项设置参数值。

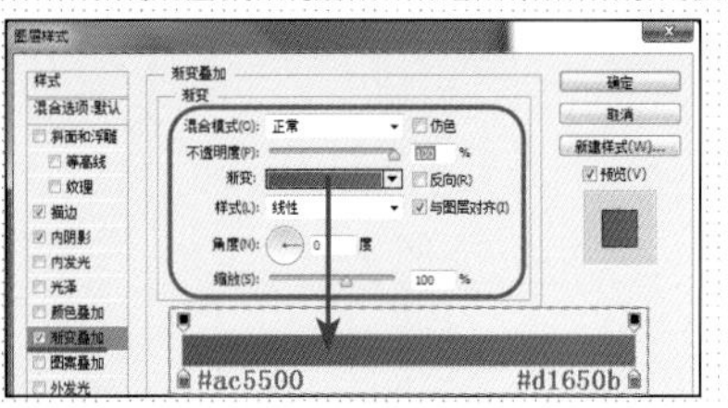

06 ▶继续在“图层样式”对话框中选择“渐变叠加”选项设置参数值。

07 ▶设置完成后单击“确定”按钮，得到图形效果。

08 ▶复制该形状，打开“图层样式”对话框，选择“渐变叠加”选项设置参数值。

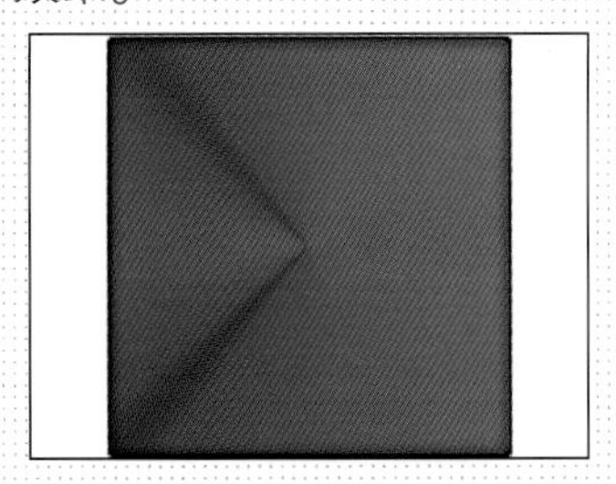

09 ▶设置完成后单击“确定”按钮，得到图形效果。

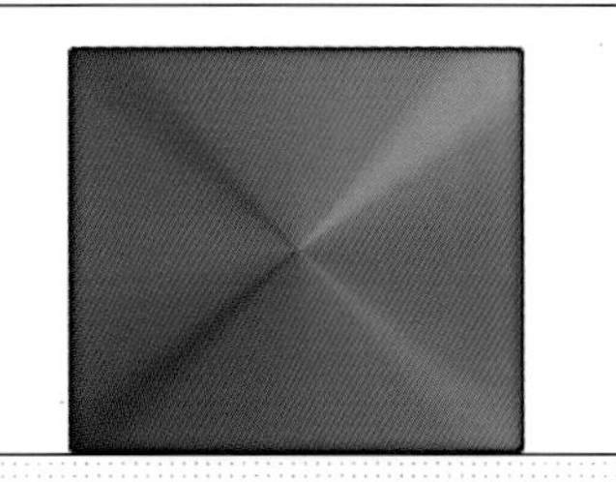

10 ▶使用相同方法完成相似内容的制作。

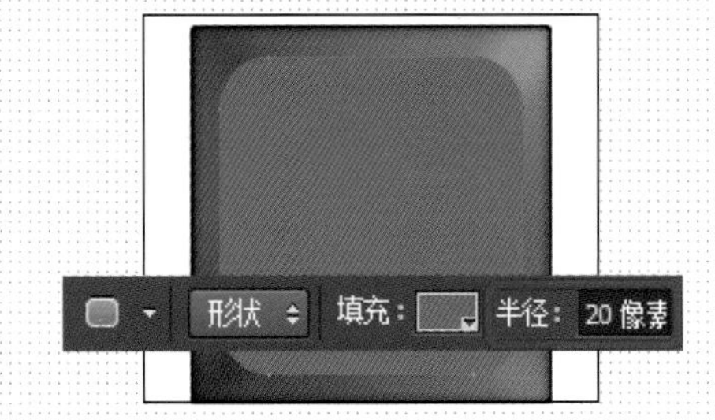

11 ▶使用“圆角矩形工具”创建一个任意颜色的圆角矩形。

12 ▶使用“添加锚点工具”和“直接选择工具”适当调整形状。

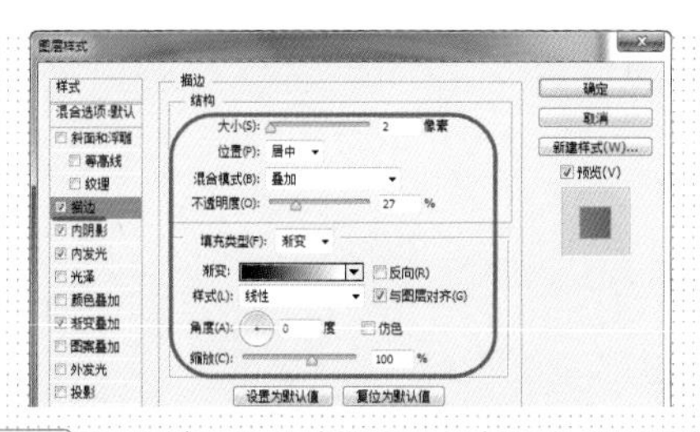

13 ▶双击该图层缩览图，打开“图层样式”对话框，选择“描边”选项设置参数值。

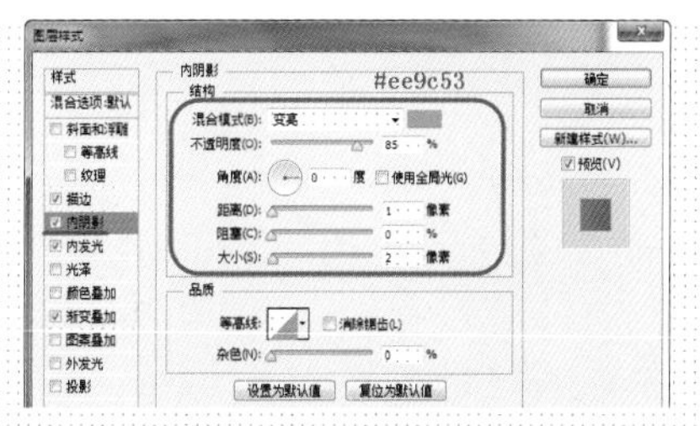

14 ▶继续在“图层样式”对话框中选择“内阴影”选项设置参数值。

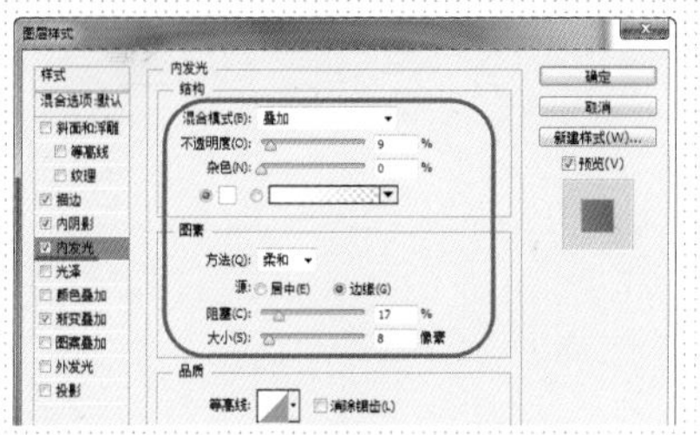

15 ▶继续在“图层样式”对话框中选择“内发光”选项设置参数值。

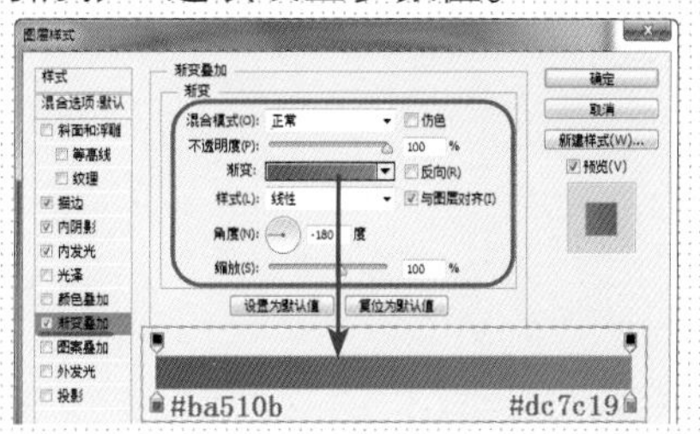

16 ▶继续在“图层样式”对话框中选择“渐变叠加”选项设置参数值。

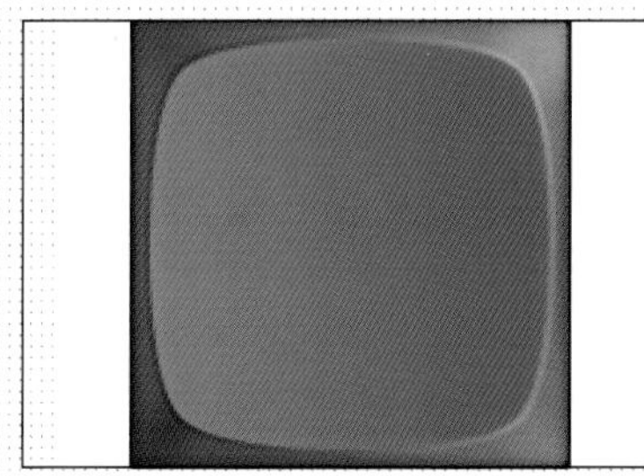

17 ▶设置完成后单击“确定”按钮，得到图形的效果。

18 ▶复制该形状，打开“图层样式”对话框，选择“内阴影”选项修改参数值。

19 ▶设置完成后单击“确定”按钮，设置该图层“填充”为 0%，得到图形的效果。

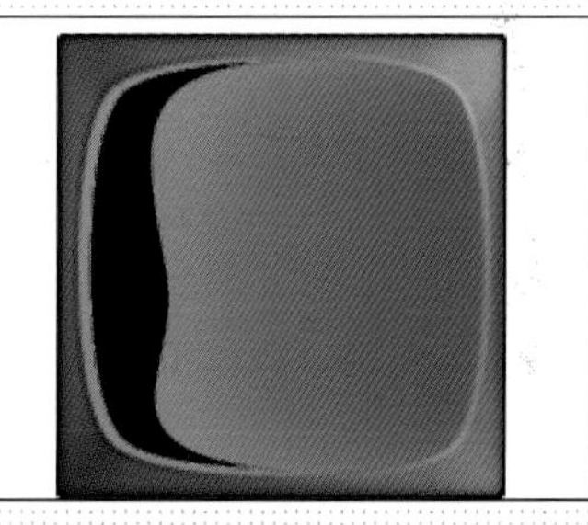

20 ▶使用“钢笔工具”创建不规则的形状，“填充”可为任意色。

21 ▶双击该图层缩览图，打开“图层样式”对话框，选择“内阴影”选项设置参数值。

22 ▶继续在“图层样式”对话框中选择“内发光”选项设置参数值。

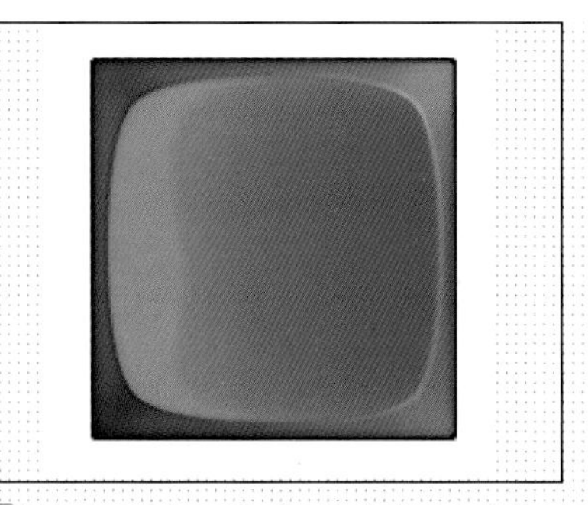

23 ▶设置完成后单击“确定”按钮，设置该图层“填充”为0%，得到图形的效果。

24 ▶使用相同方法完成相似内容的制作。

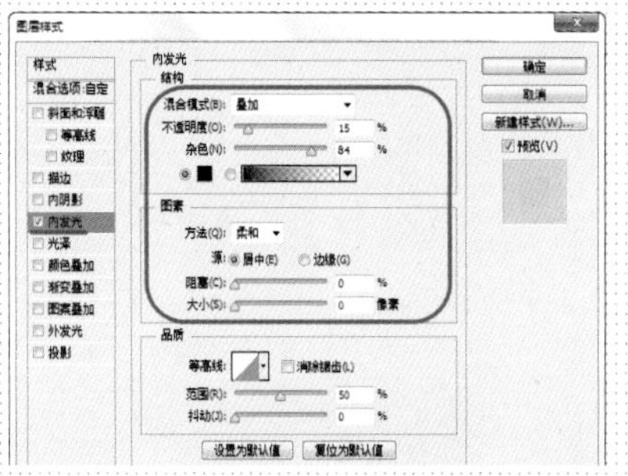

25 ▶复制“圆角矩形 1 拷贝”至图层最上方，打开“图层样式”对话框，选择“内发光”选项设置参数值。

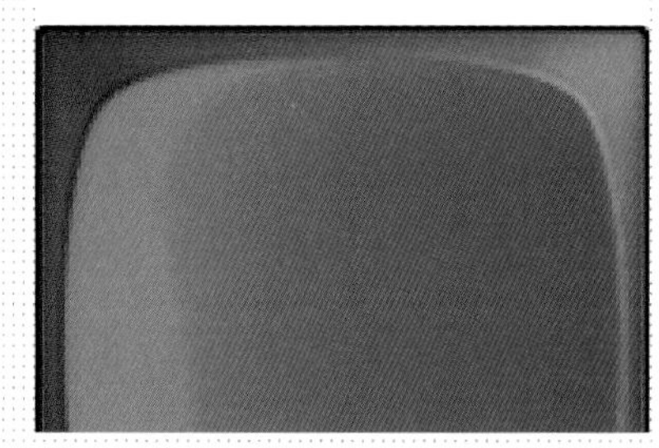

26 ▶设置完成后单击“确定”按钮，设置该图层“填充”为0%，得到图形的效果。

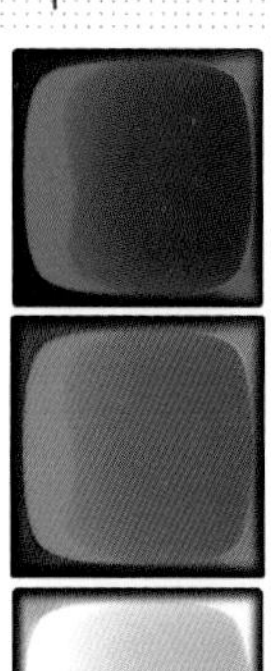

27 ▶使用相同方法完成相似内容的制作。

○ 制作步骤：02——制作键盘部分

01 ▶执行“文件 > 新建”命令，新建一个空白文档。

02 ▶新建图层，为画布填充颜色为#c8cabf。

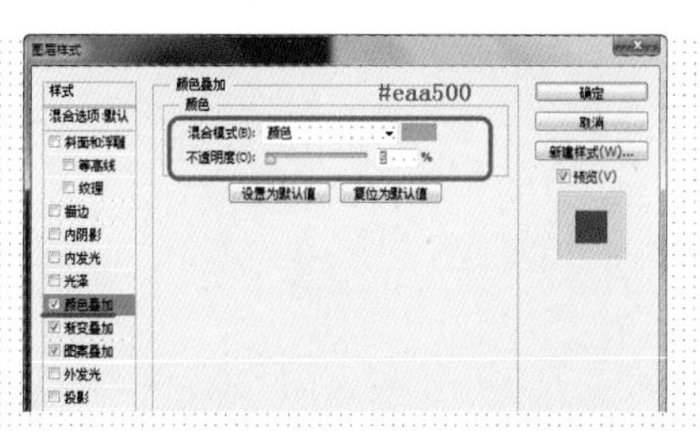

03 ▶双击该图层缩览图，打开“图层样式”对话框，选择“颜色叠加”选项设置参数值。

04 ▶继续在“图层样式”对话框中选择“渐变叠加”选项设置参数值。

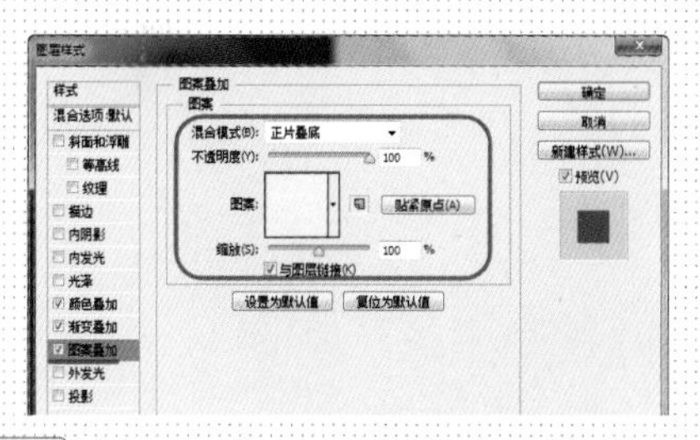

05 ▶继续在“图层样式”对话框中选择“图案叠加”选项设置参数值。

06 ▶设置完成后单击“确定”按钮，得到图形效果。

提问：如何载入外部图案进行使用？

答：这里的“图案叠加”样式使用了外部图案素材，请打开图案选取器，单击右上角的⚙按钮，在弹出的菜单中选择“载入图案”选项，以载入外部图案。

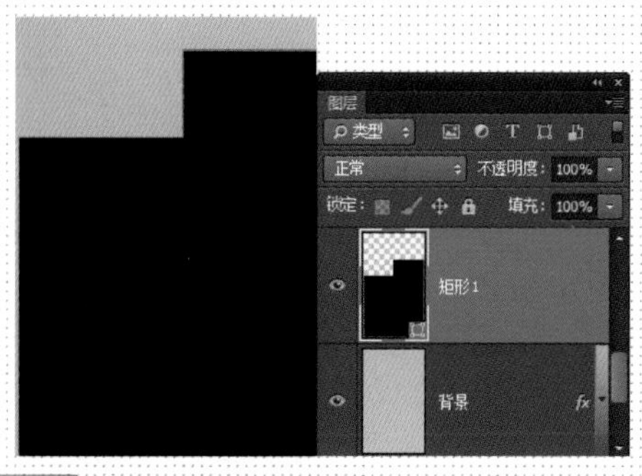

07 ▶使用“矩形工具”，以“合并形状”模式创建黑色的形状。

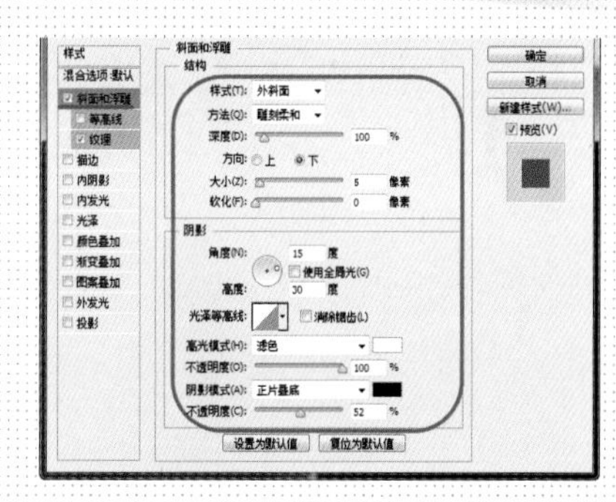

08 ▶双击该图层缩览图，打开“图层样式”对话框，选择“斜面和浮雕”选项设置参数值。

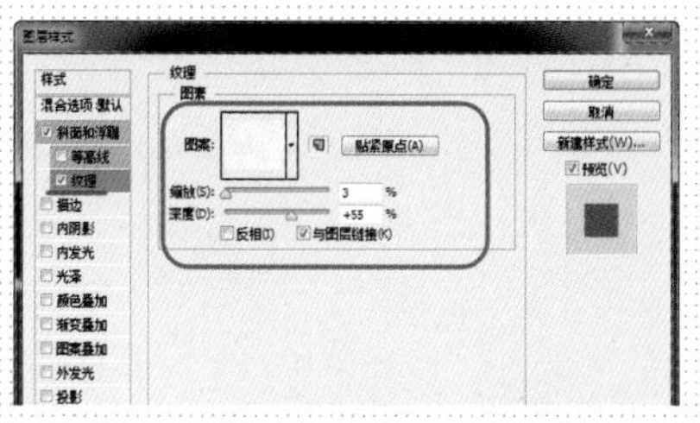

09 ▶继续在“图层样式”对话框中选择“纹理”选项设置参数值。

10 ▶设置完成后单击“确定”按钮，得到图形效果。

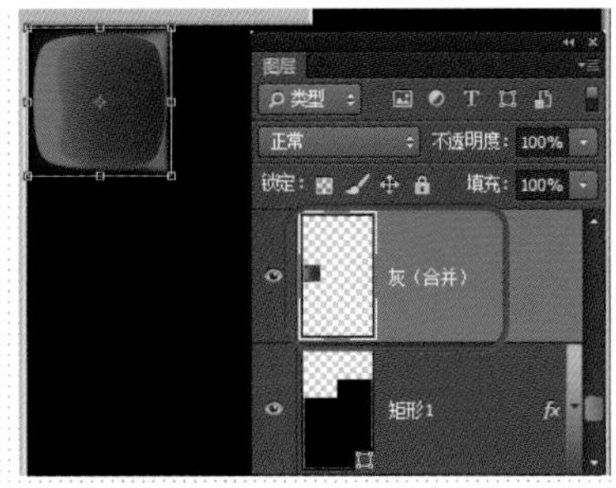

11 ▶打开之前制作好的按键，选择“灰”图层组，按快捷键【Ctrl+Alt+E】盖印图层。将其拖入设计文档，适当调整位置和大小。

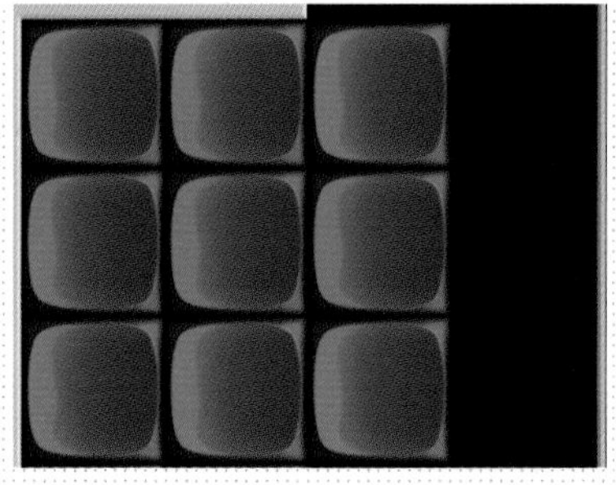

12 ▶多次按下【Alt】键拖动复制按键，分别调整它们的位置。

13 ▶使用相同方法完成相似内容的制作。

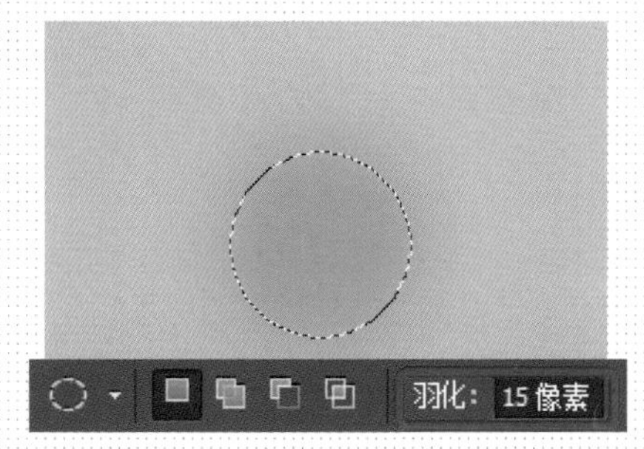

14 ▶新建图层，使用“椭圆选框工具”创建“羽化”为15像素的选区。为选区填充颜色 #ea933b。

15 ▶按快捷键【Ctrl+T】，适当调整图层的形状和位置。

16 ▶设置该图层“混合模式”为“叠加”，得到该图层的效果。

○ 制作步骤：03——制作文字和其他部分

01 ▶使用相同方法完成相似内容的制作。

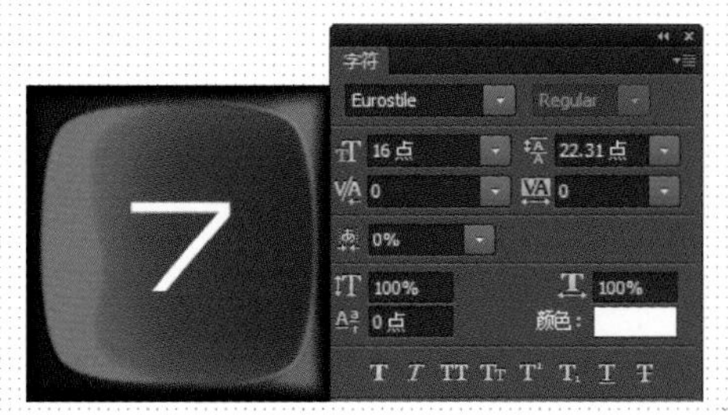

02 ▶打开“字符”面板，适当设置字符属性，使用“横排文字工具”输入相应的数字。

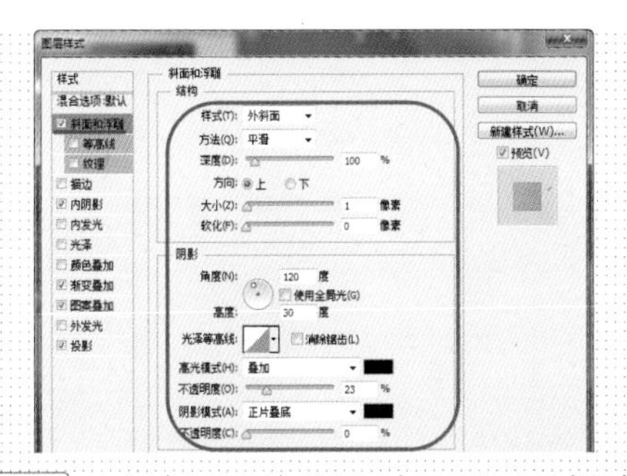

03 ▶双击该图层缩览图，打开“图层样式”对话框，选择“斜面和浮雕”选项设置参数。

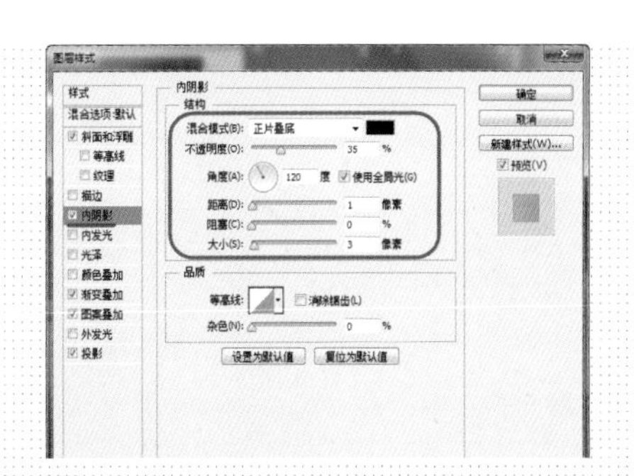

04 ▶继续在“图层样式”对话框中选择“内阴影”选项设置参数值。

05 ▶继续在“图层样式”对话框中选择“渐变叠加”选项设置参数值。

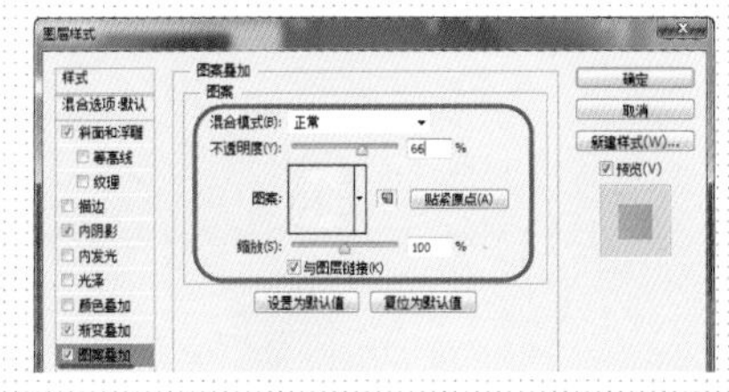

06 ▶继续在“图层样式”对话框中选择“图案叠加”选项设置参数值。

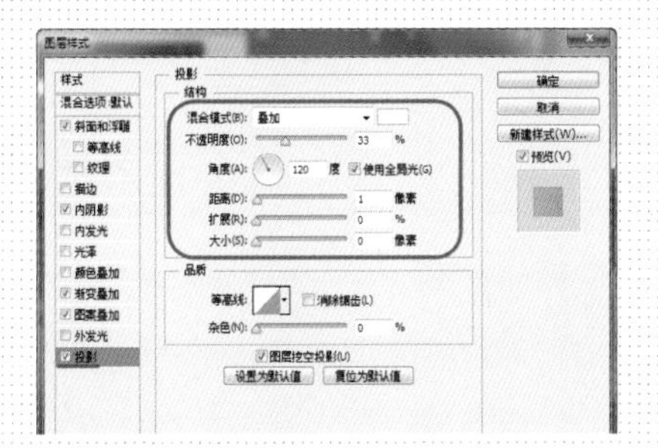

07 ▶继续在“图层样式”对话框中选择“投影”选项设置参数值。

08 ▶设置完成后单击“确定”按钮，得到文字的效果。

09 ▶使用相同方法完成相似内容的制作，得到界面的最终效果。

○ 制作步骤：04——切片存储

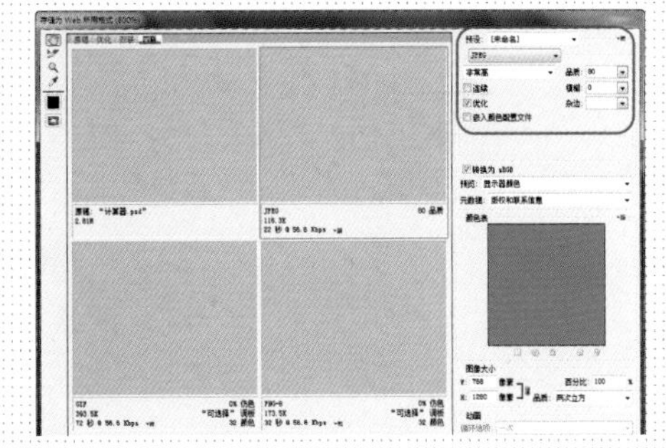

01 ▶仅显示背景图像，执行“文件 > 存储为 Web 所用格式”命令，弹出“存储为 Web 所用格式”对话框，适当设置参数值。

02 ▶设置完成后单击“存储”按钮，对图像进行存储。

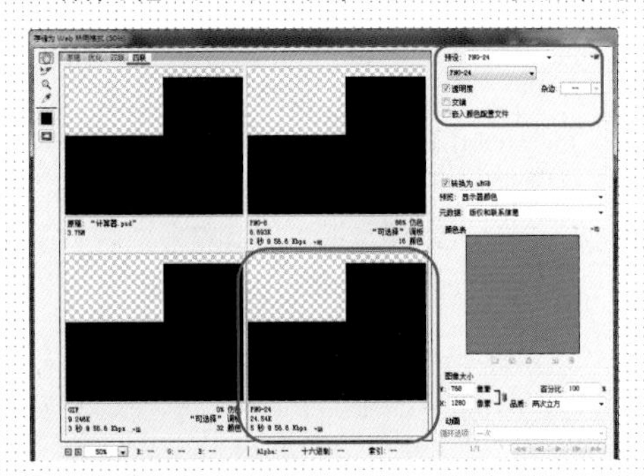

03 ▶仅显示“矩形 1”，执行“文件 > 存储为 Web 所用格式”命令，弹出“存储为 Web 所用格式”对话框，适当设置参数值。

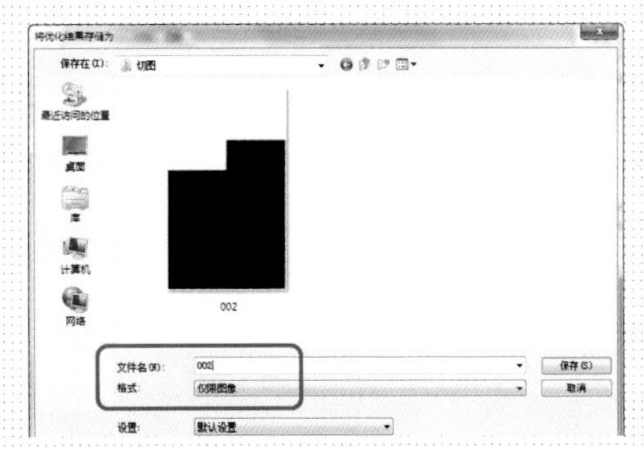

04 ▶设置完成后单击“存储”按钮，对图像进行存储。

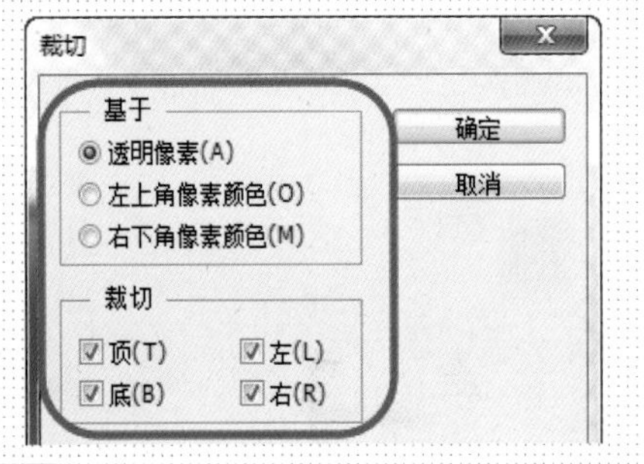

05 ▶仅显示“灰(合并)图层”，执行“图像 > 裁切”命令，裁掉画布周围的透明像素。

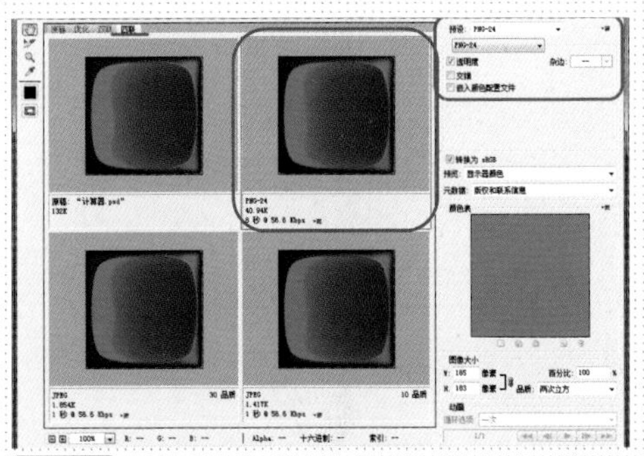

06 ▶执行“文件 > 存储为 Web 所用格式”命令，弹出“存储为 Web 所用格式”对话框，适当设置参数值。

提问：“存储为 Web 所用格式”命令有何优势？

答：相对于“存储”和“存储为”命令来说，“存储为 Web 所用格式”命令能够同时支持最多 4 种不同格式的图片优化状况，对于存储切片来说再合适不过了。

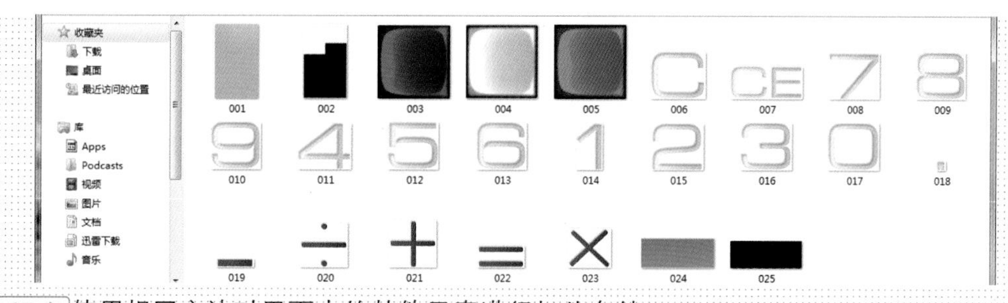

07 ▶ 使用相同方法对界面中的其他元素进行切片存储。

操作难点分析

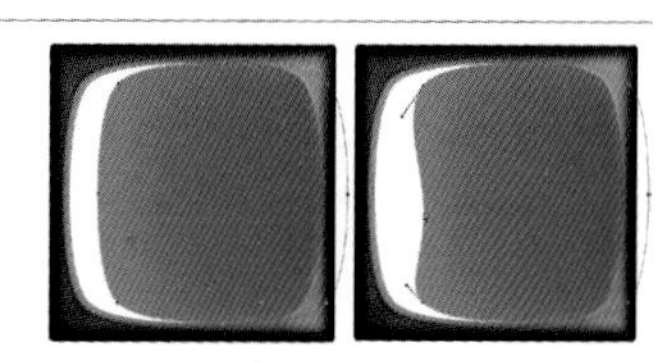

在绘制按键高光时，可以先将按键形状复制两次，按快捷键【Ctrl+E】将两个形状合并，设置一个形状的“路径操作”为“减去顶层形状”，就会得到一个大致的形状。最后再使用“直接选择工具”调整一下高光的形状，就能轻松完成该形状的制作。

对比分析

按键之间的空隙过大，给人一种粗制滥造的感觉，画面显得零散。普通的字体过于平庸，完全抵消了按键的精美质感。

按键之间的缝隙恰到好处，既不密集也不凌乱。纤细的字体显得优雅精致，圆角矩形的拐角与按键形状形成内在的呼应。

综合实战 12 制作可爱游戏界面

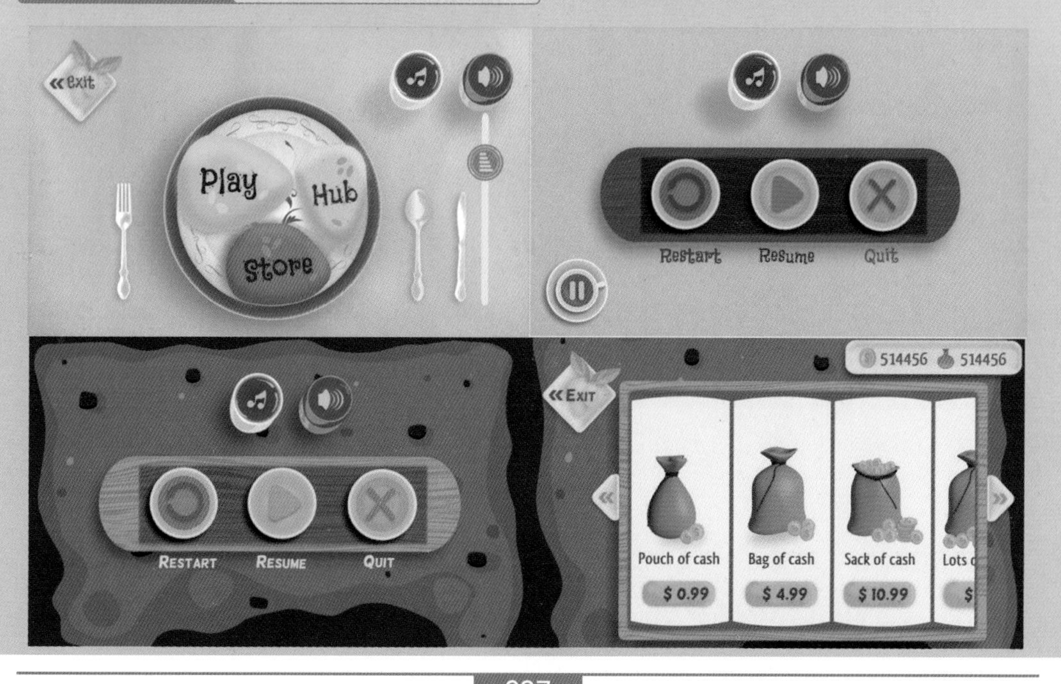

- 源文件地址：第 4 章 \012.psd
- 视频地址：视频 \ 第 4 章 \012.swf

- 案例分析：

  这是一款风格甜美可爱的游戏界面，对处理图层蒙版的要求略高。刻画物体质感时一定要仔细调整每一处细节。

- 配色分析：

  使用温暖甜美的橙色作为背景，界面中的其他元素也多采用嫩绿和粉红等明艳、甜蜜的颜色，明度和色相的对比做得很到位。

制作分析　制作思路

01	02	03	04
通过大量的正圆和图层样式刻画出盘子，并绘制花纹	使用钢笔勾勒甜点的轮廓，然后分层刻画明暗变化	使用钢笔精确创建出各种餐具的形状，适当处理光泽效果	通过椭圆和钢笔交替创建出按钮，绘制出按钮上的图标

- 制作步骤：01——制作盘子

01 ▶执行“文件 > 新建”命令，新建一个空白文档。

02 ▶设置“前景色”为 #ffcd44，按快捷键【Alt+Delete】填充颜色。

提问：如何旋转画布？

答：如果要对画布的横版或竖版模式进行切换，请执行“图像 > 图像旋转 >90 度（顺时针）/90 度（逆时针）”命令。

03 ▶使用“椭圆工具”创建一个“填充”为 #fae4f4 的正圆。

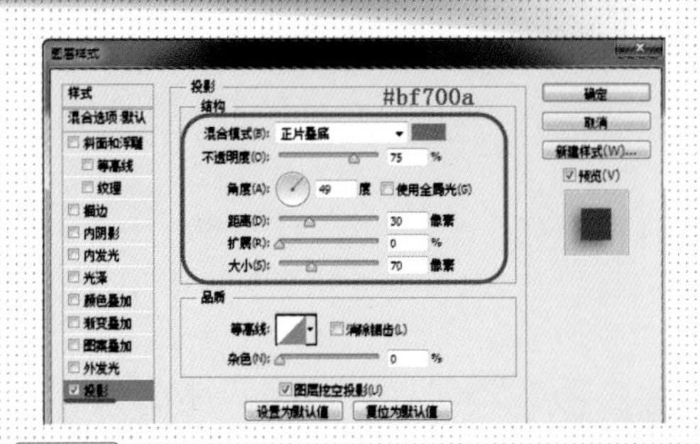

04 ▶双击该图层缩览图，打开“图层样式”对话框，选择“投影”选项设置参数值。

05 设置完成后单击“确定”按钮，得到该形状的效果。

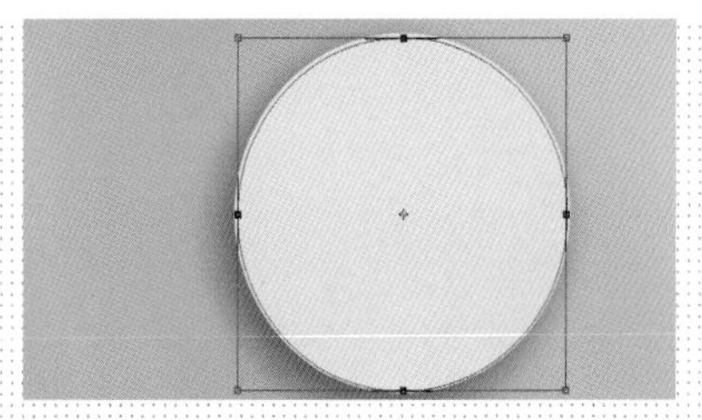

06 按快捷键【Ctrl+J】复制该形状，清除图层样式，将其等比例缩小。

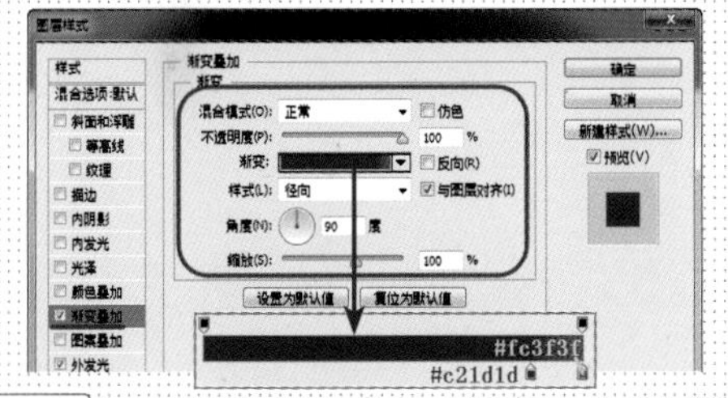

07 打开“图层样式”对话框，选择“渐变叠加”选项设置参数值。

08 继续在“图层样式”对话框中选择“外发光”选项设置参数值。

09 设置完成后单击“确定”按钮，得到该形状的效果。

10 使用相同方法完成相似内容的制作。

制作步骤：02——绘制花纹

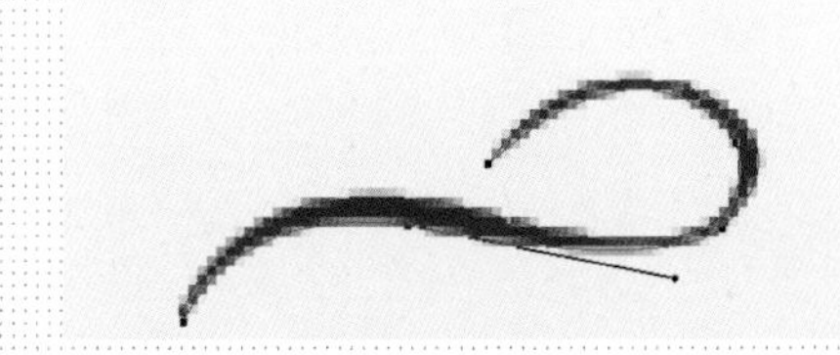

01 使用“钢笔工具”创建一个“填充”为 #d70709 的形状。

02 设置“路径操作”为“合并形状”，继续绘制形状。

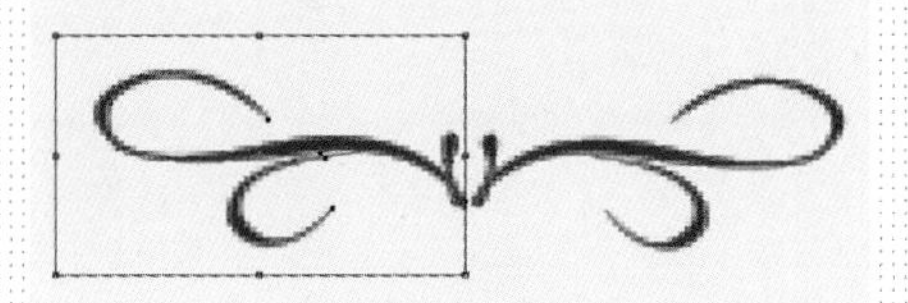

03 使用“路径选择工具”拖选全部花纹形状，按下【Alt】键拖动复制。将其水平翻转，适当调整位置。

04 使用“移动工具”，按快捷键【Ctrl+T】，按下【Alt】键单击盘子中心，将其设置新的变换中心。将形状旋转 40°。

05 ▶ 确认变形，多次按快捷键【Ctrl+Shift+Alt+T】，得到一整圈花纹。

06 ▶ 执行“文件 > 打开”命令，打开素材“第 4 章 \ 素材 \019.jpg”，将其拖入设计文档，适当调整位置和大小。

07 ▶ 设置该图层“混合模式”为“正片叠底”，得到图像效果。

08 ▶ 执行“图层 > 新建调整图层 > 色相 / 饱和度”命令，在弹出的“属性”面板中设置参数。

○ 制作步骤：03——制作甜点

01 ▶ 使用“钢笔工具”创建一个“填充”为 #bad405 的形状（为了不影响查看效果，这里暂时隐藏了花纹）。

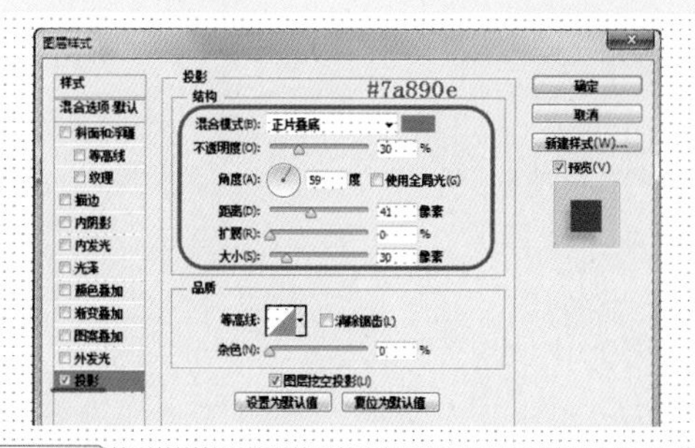

02 ▶ 双击该图层缩览图，打开“图层样式”对话框，选择“投影”选项设置参数值。

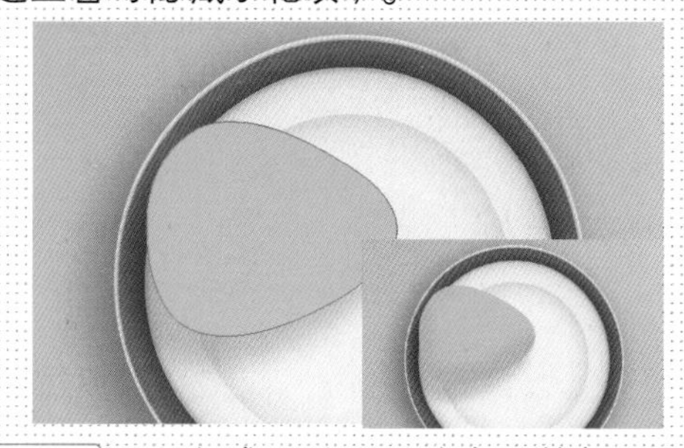

03 ▶ 设置完成后单击“确定”按钮，得到形状效果。新建图层，执行“图层 > 创建剪贴蒙版”命令，使用柔边画笔涂抹颜色 #b0c703。

04 ▶ 新建图层，执行“图层 > 创建剪贴蒙版”命令，使用柔边画笔涂抹颜色 #e0f606。为该图层添加图层蒙版，使用黑色柔边画笔适当涂抹画布。

05 ▶使用相同方法完成相似内容的制作。

06 ▶新建图层，设置“前景色”为#321d01，使用硬边笔刷绘制文字。

07 ▶使用相同方法完成相似内容的制作。

○ 制作步骤：04——制作餐具

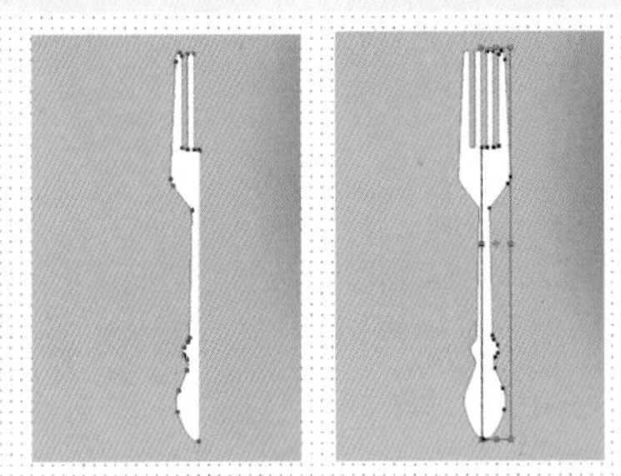

01 ▶使用“钢笔工具”创建白色的形状。使用“路径选择工具”，按下【Alt】键拖动复制路径，将其水平翻转，适当调整位置。

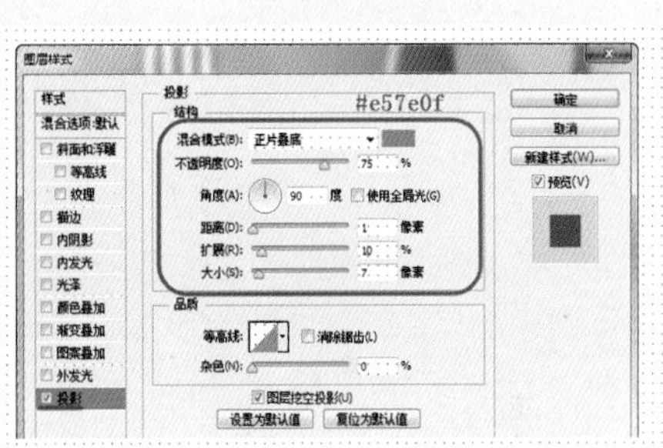

02 ▶双击该图层缩览图，弹出“图层样式”对话框，选择“投影”选项设置参数值。

提问：复制路径有何窍门？

答：将路径复制到同一图层有两种方法：1. 使用“直接选择工具”拖选需要的锚点，按【Alt】键拖动复制；2. 使用“路径选择工具”选择需要的路径，按【Alt】键拖动复制。

03 ▶设置完成后得到形状效果。使用“钢笔工具”绘制“填充”为 #ffb642 的形状。

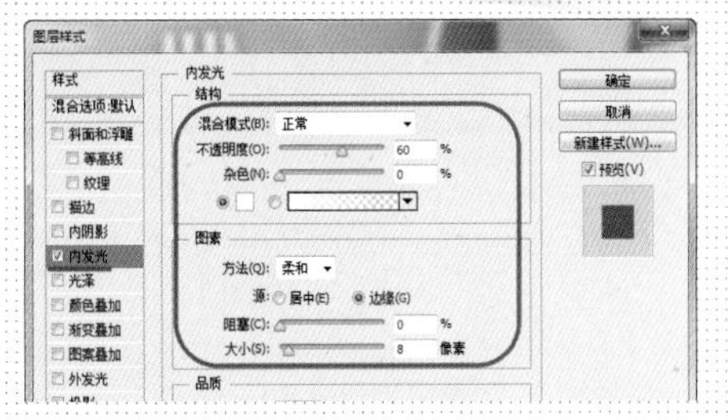

04 ▶双击该图层缩览图，弹出“图层样式”对话框，选择“内发光”选项设置参数值。

05 ▶设置完成后得到形状效果。使用相同方法完成相似内容的制作。

○ 制作步骤：05——制作按钮

01 ▶使用“椭圆工具”创建一个任意颜色的正圆。

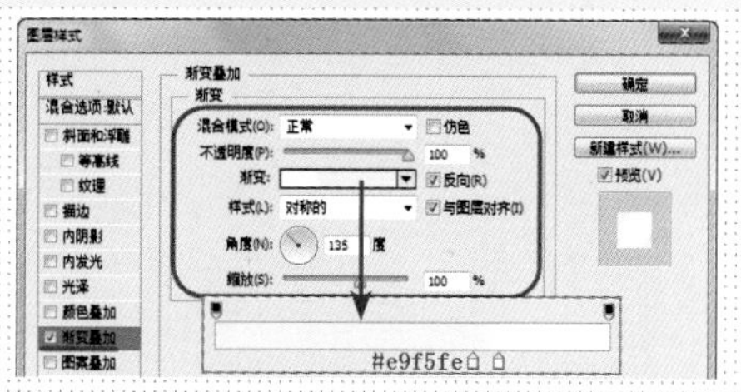

02 ▶双击该图层缩览图，弹出“图层样式”对话框，选择“渐变叠加”选项设置参数值。

03 ▶设置完成后单击“确定”按钮，得到该形状的效果。

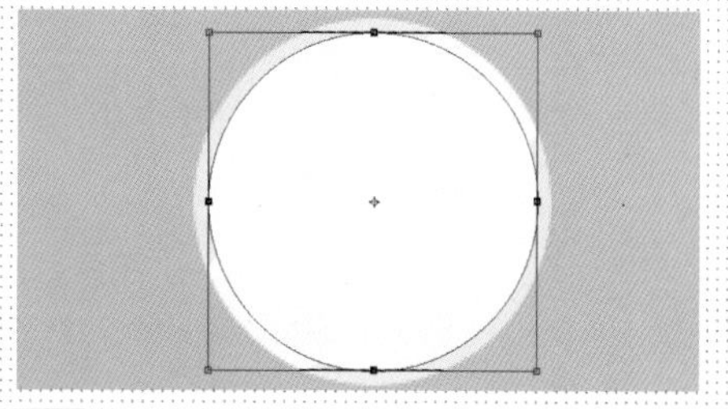

04 ▶按快捷键【Ctrl+J】复制该图层，清除图层样式，将其等比例缩小。

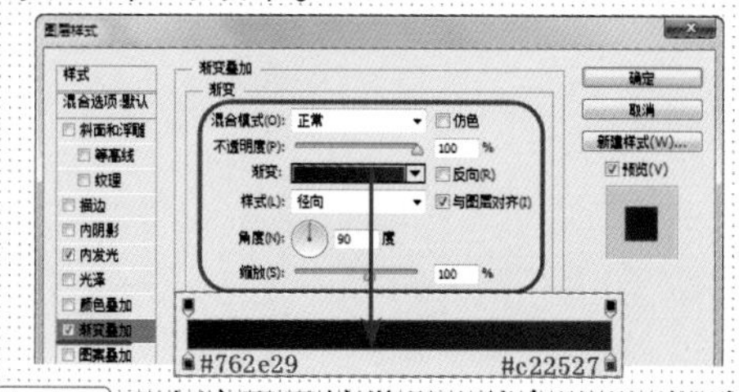

05 ▶双击该图层缩览图，弹出“图层样式”对话框，选择“渐变叠加”选项设置参数值。

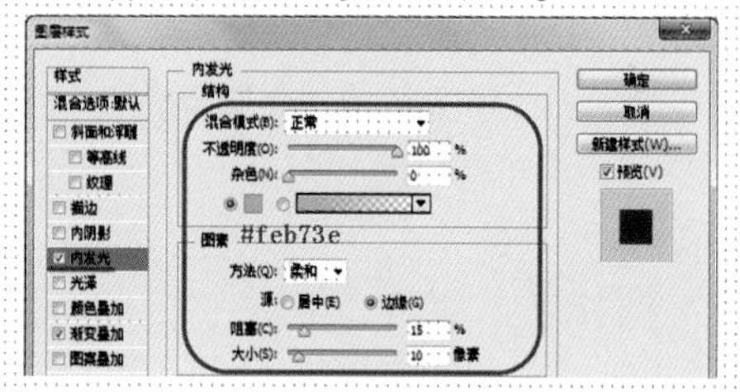

06 ▶继续在“图层样式”对话框中选择“内发光”选项设置参数值。

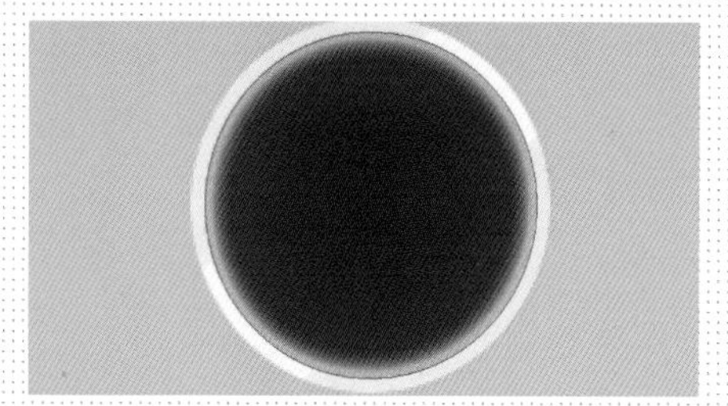

07 ▶设置完成后单击“确定”按钮，得到该形状的效果。

08 ▶使用“钢笔工具”，在“椭圆 6”下方创建“填充”为 #e3e3e2 的形状。

09 ▶使用“钢笔工具”创建“填充”为 #dbd1cf 的形状。

10 ▶使用“钢笔工具”，在图层最上方绘制“填充”为 fee2a6 的高光形状。

11 ▶使用“钢笔工具”创建“填充”为 #fee2a6 的音符形状。

12 ▶在“形状 9”下方新建图层，使用柔边画笔涂抹颜色为 #efb937 的投影。

提问：如何使用“钢笔工具”更快地绘制出精准的曲线？

答：绘制曲线的一个圆弧时应该先确定起点和终点，然后在两点间单击添加新锚点。按下【Alt】键，“钢笔工具”会临时切换为“直接选择工具”，适当调整曲线的弧度，这样就可以轻松绘制出不同形状的曲线。

13 ▶使用相同方法完成相似内容的制作，得到界面的最终效果。

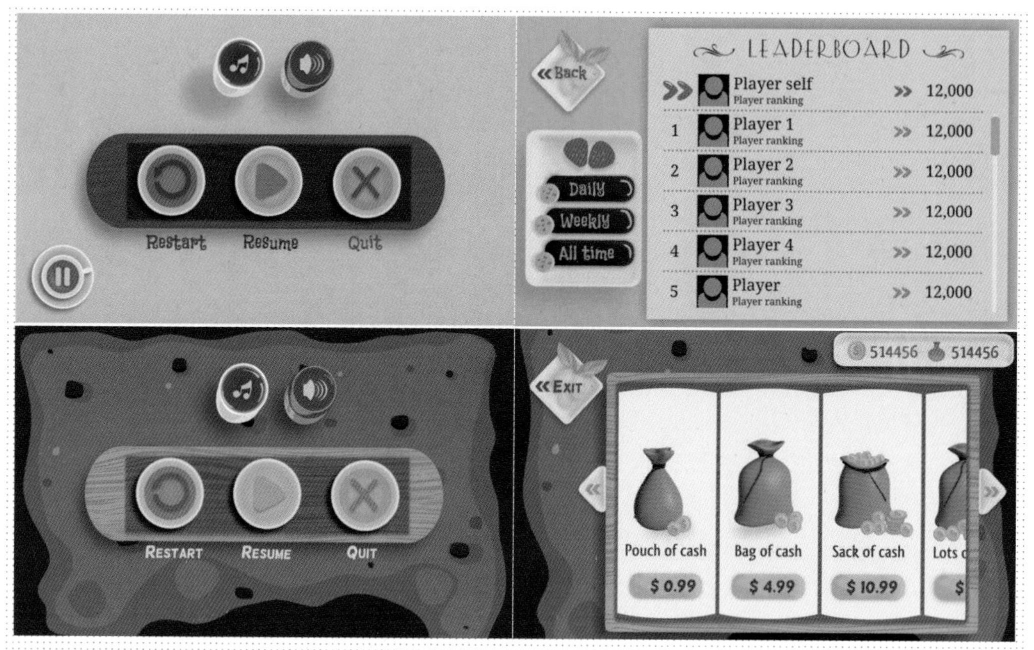

14 ▶使用相同方法完成其他界面的制作。

制作步骤：06——切片存储

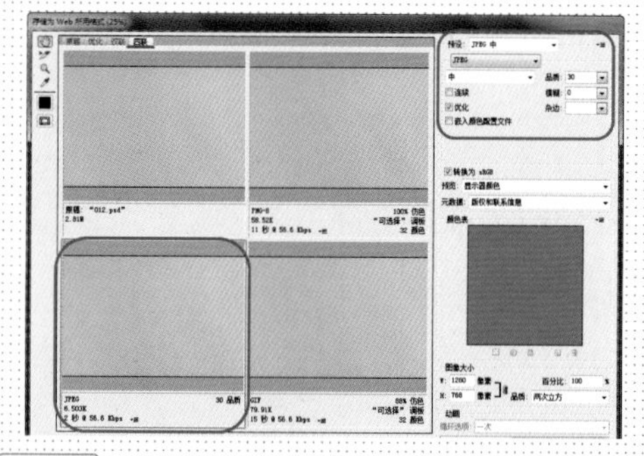

01 ▶仅显示背景图层，执行“文件 > 存储为 Web 所用格式”命令，弹出“存储为 Web 所用格式”对话框，适当设置参数值。

02 ▶单击对话框底部的“存储”按钮，弹出“将优化结果存储为”对话框，对背景进行存储。

03 ▶仅显示“盘子”图层组，执行“图像 > 裁切”命令，弹出“裁切”对话框，裁掉画布周围的透明像素。

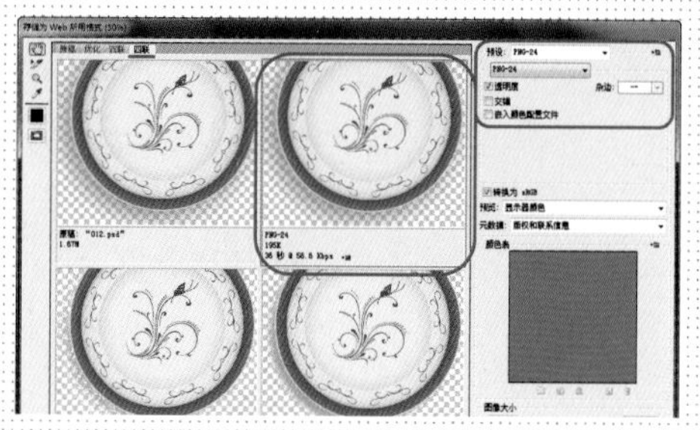

04 ▶仅显示背景图层，执行“文件 > 存储为 Web 所用格式”命令，弹出“存储为 Web 所用格式”对话框，适当设置参数值。

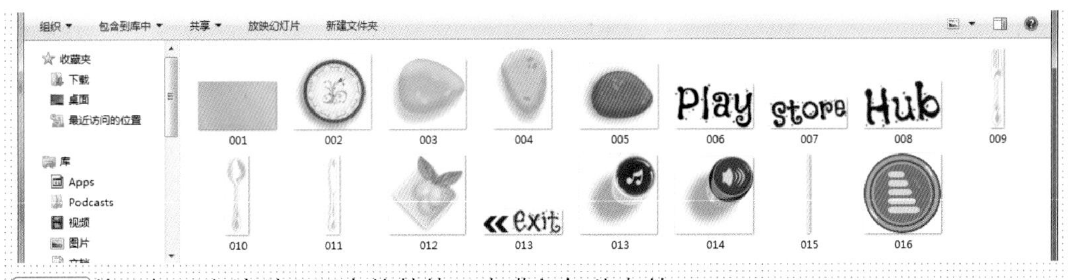

05 ▶ 使用相同方法对界面中的其他元素进行切片存储。

操作难点分析

在本案例中，刻画甜点的质感是一个关键性的步骤。我们先使用“钢笔工具”勾勒出甜点的轮廓，然后通过不断新建图层，并刷上颜色的方法一点点叠加出明暗光影变化。如果感觉某一层阴影高光的颜色不准，可以通过“色相/饱和度”命令进行调整，还可以适当使用“减淡工具”提亮一下最亮的区域，这往往能起到画龙点睛的作用。

对比分析

使用规则的圆形字体，虽然可爱，但稚嫩、有趣、灵巧的感觉削弱了不少。所有的元素都没有投影，画面的景深感大打折扣。

手绘的字体显得随意、活泼、灵动又稚拙可爱，很符合画面氛围。轻盈逼真的长阴影大大提升了画面的艺术感和吸引力。

4.8 本章小结

本章主要对 Windows Phone 的设计原则，以及框架、通知和标准控件的基本设计使用原则做了完善的介绍，并配合大量的操作案例帮助读者深入理解相关的知识点。总结起来说，Windows Phone 系统的用户界面偏简单、扁平、清晰，装饰性元素被最大幅度地削弱，为文字信息和图片等具体内容让道。希望通过本章的学习，读者们可以大致了解 Windows Phone 系统的大致设计原则。

附录 1 Photoshop CC 新增功能

相对于 Photoshop CS6 来说，最新版本的 Photoshop CC 在界面上的变化比较少，但是对各种功能的整合和完善却不少，也加入了不少的新增功能。

1. 图像大小

执行“图像>图像大小”命令，即可打开“图像大小”对话框。Photoshop CC 的“图像大小”对话框中新增了一种采样方式：保留细节（扩大）。使用这种算法可以在放大图像时获得比以往更多的图像细节。

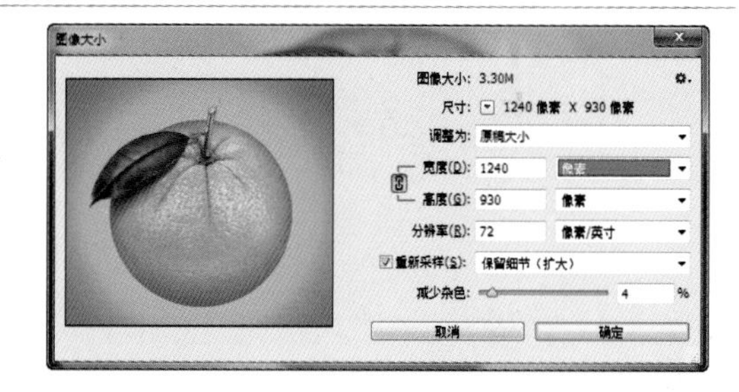

2. 全新的 Camera Raw

Camera Raw 是一款与 Photoshop 捆绑安装的专业调色软件，它功能强大、操作简单、易上手，因此深受摄影师的喜爱。

从 Photoshop CC 开始，用户可以直接执行“滤镜>Camera Raw”命令，将 Camera Raw 用于智能对象或普通图层，而不必通过 Bridge 启动。而且 Camera Raw 本身也新增了径向滤镜和垂直矫正图像等功能，进一步完善了用户体验。

3. 可编辑的圆角

Photoshop CC 加入了全新的实时路径功能，用户可以在绘制完圆角矩形和矩形后，在“属性”面板中反复修改圆角，而且能够编辑 4 个圆角的弧度。而在此之前，用户只能使用“直接选择工具”一个个地调整锚点。

4. 同时选择多个路径

之前，当用户选择多个矢量形状时，它们在“路径”面板上是不可见的。现在，用户所选择的矢量路径都会出现在“路径”面板中，方便进行各种与“路径”面板相关的操作，在一定程度上可以提高工作效率。

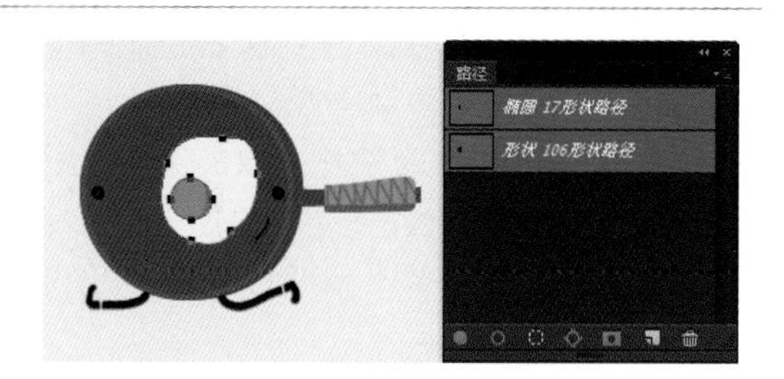

5. 隔离编辑路径

现在，Photoshop CC 可以像 Illustrator 一样将特定路径隔离起来进行编辑。用户可以使用右键快捷菜单进入隔离模式，或者双击需要编辑的形状将之隔离，这样就不必担心波及到其他路径了。

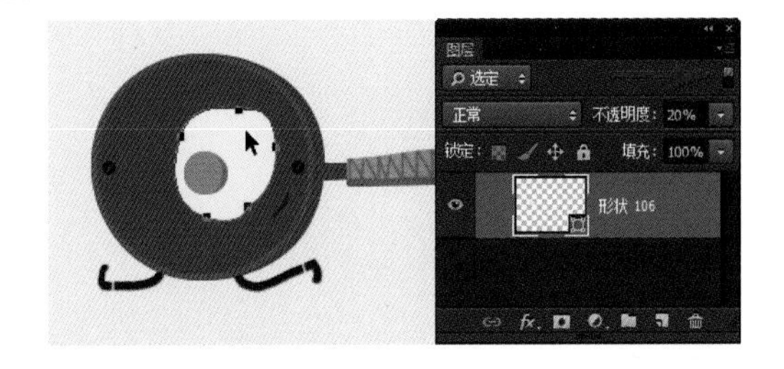

6. 载入与存储默认文字样式

Photoshop CC 在“字符样式”和“段落样式”面板的面板菜单中新增了“载入默认文字样式”和“存储默认文字样式”选项。

使用“存储默认文字样式”命令可以将当前的字符样式存储为默认样式。 这些默认样式会自动应用于新文档和尚未包含文字样式的现有文档。使用“载入默认文字样式”命令将默认的样式载入到“字符样式”或“段落样式”面板以供使用。

7. “液化”滤镜可用于智能对象

从 Photoshop CC 开始，用户可以将“液化”滤镜应用与智能对象。这意味着一次液化失败后，用户无须在原图上再操作一次，这对工作效率的提高很有用。

8. 增强的“智能锐化”滤镜

使用“智能锐化”滤镜可以将照片中的阴影和细节部分呈现出来，将照片变得更加清晰。在最新版本的 Photoshop CC 中，智能锐化得到了改进，这次的改进使图像锐化更加真实和自然，同时用户也可以使用老版本的智能锐化。

9. 全新的“防抖”滤镜

Photoshop CC 新增了“防抖”滤镜，用户可以通过执行“滤镜 > 锐化 > 防抖”命令来调用该功能。该功能可以在几乎不增加噪点、不影响画质的前提下，使因轻微抖动而造成的模糊能瞬间重新清晰起来。

该功能只能作为拍片失败的一个补救，若要得到完美的效果，还是在前期多下功夫。

附录 2 常见手机尺寸

目前，市场上的手机种类非常多，屏幕的尺寸很难有一个相对固定的参数。按照手机屏幕的横向分辨率可以大致将它们分为 4 类：低密度（LDPI）、中等密度（MDPI）、高密度（HDPI）和超高密度（XHDPI），下面是具体参数。

	低密度 LDPI	中等密度 MDPI	高密度 HDPI	超高密度 XHDPI
分辨率	12DPI 左右	160DPI 左右	240DPI 左右	320DPI 左右
小屏	240×320		480×460	
普屏	240×400 240×432	320×480	480×800 800×854 600×1024	640×960
大屏	480×800 400×854	480×800 400×854 600×1024		
超大屏	1024X600	1280×800 1024×768 1280×768	1536×1152 1920×1152 1920×1200	2048×1536 2560×1536 2560×1600

附录 3 图标的设计标准

目前，市场上比较常见的智能手机操作系统有 iOS、Android 和 Windows Phone，每种操作平台对于图标的设计尺寸都有自己的标准，构建手机 UI 界面时应该严格按照官方标准文件制作图标。下面是不同操作平台的图标设计标准。

1. iOS 系统的图标设计标准

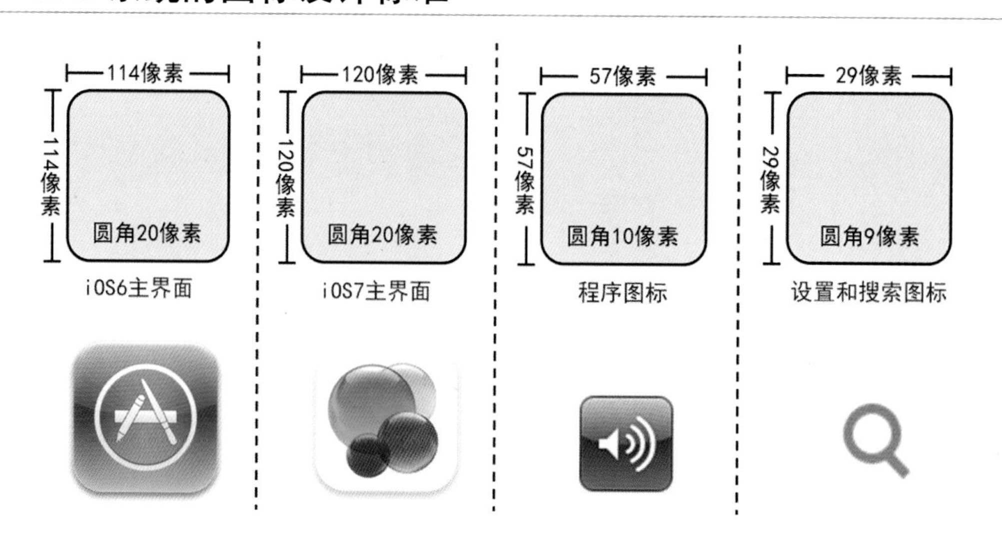

2. Android 系统的图标设计标准

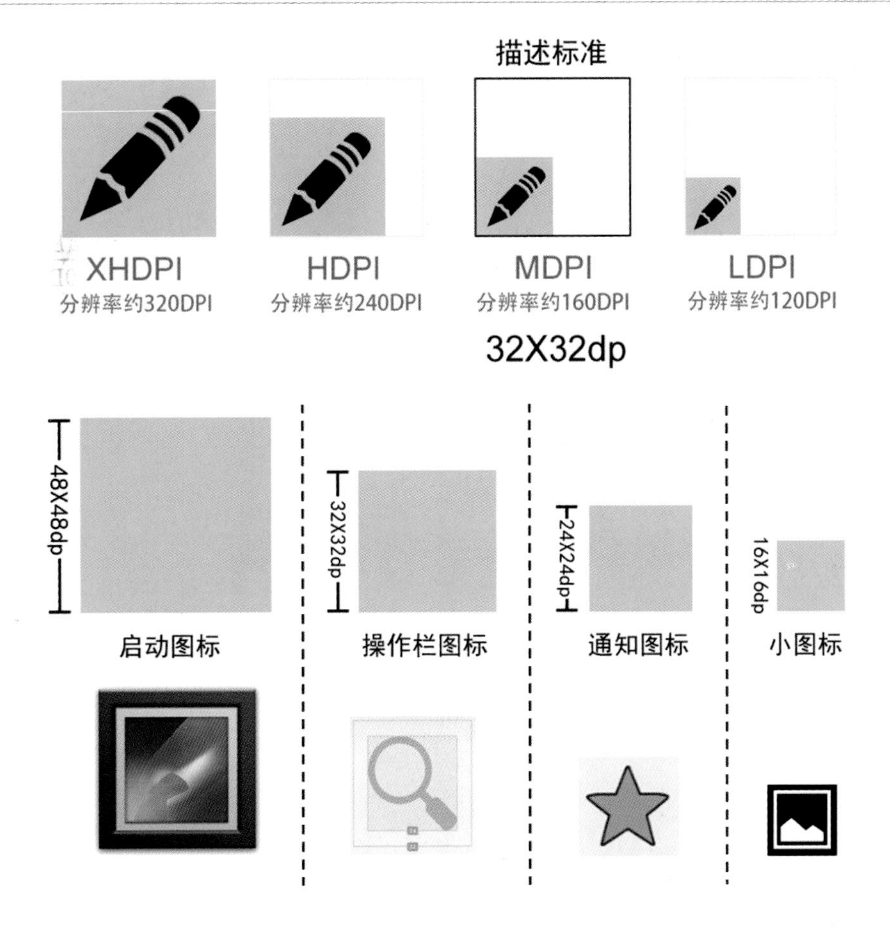

3. Windows Phone 系统的图标设计标准

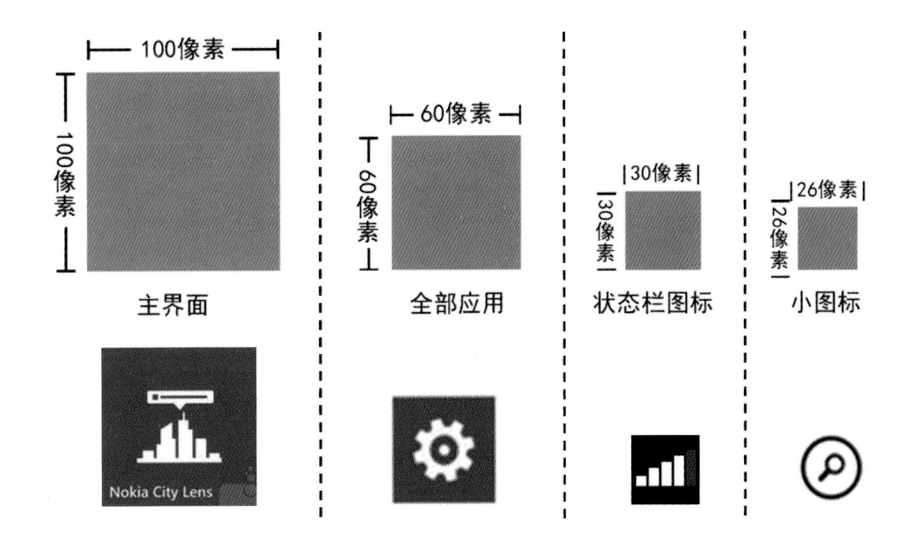

附录 4 字体设计规范

1. iOS 系统的字体设计标准

1.1 字体：黑体

1.2 字体大小：

88 像素 = 52 磅：用于客户名称

36 像素 = 20 磅：用于模块、栏目名称

28 像素 = 16 磅：用于正文

18 像素 = 12 磅：用于图标上的标签数字

1.3 字体样式：普通、黑体—简、粗体

1.4 文字颜色：

编辑性文字：黑色 #000000

表头、栏目名称：深灰 #696969

提示性文字：灰色 #bebebe

选中、深色背景上的文字：白色 #ffffff

标题、不可编文字：蓝灰 #7c8692

选中、凸出的文字：红色 c11016

2. Android 系统的字体设计标准

2.1 字体：Rotobo

2.2 字体大小：限用以下字号

12sp Text Sise Micro

14sp Text Sise Small

18sp Text Sise Medium

22sp Text Sise Large

2.3 Android 字体单位 sp 与像素的转换

PPI = $\sqrt{}$（长度像素数 ^{2} + 宽度像素数 ^{2}）/ 屏幕对角线英寸数

px = sp × ppi/160

2.4 Android 规范字号的近似用法：

规范字号	物理高度（毫米）	印刷字号（毫米）
12	1.91	1.84（七号）
14	2.22	2.46（小六号）
18	2.86	2.8（六号）
22	3.49	3.68（五号）

3. Windows Phone 系统的字体设计标准

3.1 字体：Segoe Windows Phone

3.2 字体大小：

15 点：用于客户名称

7.2 点 = 20 磅：用于模块、栏目名称

5 点 = 16 磅：用于正文

4.2 点：用于状态栏中的时间

3.3 字体样式：普通、粗体、半粗体、半细体、黑体

3.4 文字颜色：

黑色 #000000

白色 #ffffff